栄養管理と生命科学シリーズ

応用栄養学

多賀 昌樹 編著

理工図書

編集者

多賀　昌樹　和洋女子大学
家政学部　健康栄養学科　准教授

執筆者

影山　智絵　くらしき作陽大学
食文化学部　現代食文化学科　講師（第 9 章）

金行　孝雄　くらしき作陽大学
食文化学部　栄養学科　前教授（第 3 章、第 4 章）

塩原　明世　国際学院埼玉短期大学
健康栄養学科　教授（第 5 章、第 6 章）

多賀　昌樹　和洋女子大学
家政学部　健康栄養学科　准教授（第 1 章、第 2 章、第 10 章）

服部　浩子　常磐大学
人間科学部　健康栄養学科　准教授（第 7 章、第 8 章）

はじめに

2019年、日本人の平均寿命は女性が87.45歳、男性が81.41歳でいずれも過去最高を更新した。また、健康寿命（2016年）は、女性74.79歳、男性72.14歳であり、女性で13歳、男性で9歳ほどの開きがある。医療技術の著しい向上、経済発展、環境衛生の向上などにより、豊かな食生活環境に恵まれ、多くの日本人は、十分な栄養を得ることが可能となっている。一方、豊かな食生活環境は、肥満、糖尿病、高血圧症、脂質異常症、動脈硬化、悪性新生物などの生活習慣病などを招く要因にもなっている。

こうした世の中で、管理栄養士・栄養士は、国民の疾病予防、健康の維持増進および高齢者のフレイル予防のために、適正な栄養管理を行うことが責務とされ、高度な知識と技術が必要とされる。

応用栄養学は、大きく4つの分野から成り立っている。集団または個人の栄養管理を行う上での「栄養ケア・マネジメント」、日本人が摂取すべき栄養素の策定根拠を学ぶ「食事摂取基準」、人の生涯にわたる栄養学を学ぶ「ライフステージ別栄養学」、人を取りまく環境の中での「運動・ストレス・特殊環境・災害時の栄養学」である。

当教科書は、管理栄養士国家試験出題基準（ガイドライン）を意識して構成し、2020年に改訂された「日本人の食事摂取基準（2020年版）」に準拠して執筆された。また、学生の立場に立ち、図表をカラーとし、学習意欲がわく編成とした。さらに、文中に本文に即した例文を随所に設けて、理解の助けとなるようにし、章末問題として国家試験の問題を豊富に掲載して応用力の養成に心掛けた構成としている。

本書で解説した内容を理解し、応用栄養学に興味を持ち、人々の健康増進・栄養学の発展を担う管理栄養士・栄養士が多く排出されることを願い、よき学習の書として活用されることを願っている。

本書の刊行にあたり、コロナ禍で大変な中、ご執筆を賜りました執筆者の皆様に心より感謝申し上げます。

2020年9月

執筆者を代表して　多賀昌樹

目　次

第６章　成長期（幼児期・学童期・思春期）／151

第７章　成人期／179

本書の利用法

本書には内容を効果的に理解する目的で、随所に例題として５者択一の問題が配されています。教科書中の重要な箇所の文章を用いて作成したものであり、国家試験頻出箇所でもあります。

1．まず第１に教科書を精読して下さい。

2．例題問題を解答を見ないで解いて下さい。難しいと思いませんか。

3．分からない時は問題文と関係のある本文の文章を探して下さい。必ずあなたが今解いている例題のごく前近辺に解答の文章があります。

4．見つけたらよく読んで、再度、例題を解いてみて下さい。今度は簡単だと思いませんか。

5．各例題を解くたびに、１から４の行為を繰り返してください。

章末問題にはピンクの四角囲いの空欄がありますが、問題を解いた後などで忘れてはいけない重要事項をメモするために設けたものです。効果的に利用して下さい。

第1章 栄養ケア・マネジメント

達成目標

- 栄養管理で得られた情報を他職種と共有するために、文書化することができる。
- 栄養ケア・マネジメントの概念を明確に理解し、活用上の留意点を説明できる。

1 栄養マネジメントの概念

1.1 栄養ケア・マネジメントの定義

栄養ケア・マネジメントとは、栄養の側面から対象者の健康や疾患の予防や治療に必要なケアを実施することである。対象者への適切な栄養ケアを計画・実施するために、対象者の栄養状態を判定し、栄養上の改善すべき問題点を的確に把握する必要がある。そのために情報収集や多角的・包括的に栄養状態を正しく評価（アセスメント）し、対象者個々に応じた適切な栄養ケアを行い、その業務遂行のための機能や方法、手順を効率的に行うためのシステムである。栄養ケア・マネジメントの目的は、対象者の栄養状態、健康状態を改善してQOL（生活の質；quality of life）を向上させることにある。

1.2 栄養ケア・マネジメントの過程

栄養ケア・マネジメントでは、目標設定を行い、計画を立て、実施していくための過程（プロセス）を確立しておく必要がある。その基本となるのがPDCAサイクルである。PDCAサイクルは、P（plan；計画）、D（do；実施）、C（check；確認評価）、A（act：処置・改善）から構成され、これらを繰り返しながら目標達成を目指していく。

栄養ケア・マネジメント（表1.1）は、まず計画（P）設定のために、侵襲の少ない方法で、栄養スクリーニング（対象者のふるい分け）を行い、リスク者の選定を行う。次に栄養リスク者の栄養改善指標やその程度を評価・判定するために栄養アセスメントを実施し、栄養アセスメントの項目から、栄養改善のための目標設定・プランニングなどの栄養ケア・栄養プログラム計画を立てる。栄養ケア・栄養プログラム計画が決定したら、計画を実施・実践（D）する。計画実施内容に従い、状況の確認や対象者の成果の測定や記録（モニタリング）を行い、問題点があれば修正を行う。測定結果や記録を確認評価しその結果と目標の比較分析を行う（C）。検討した分析結果を踏まえ、対象者への栄養計画・プロセス、結果評価、栄養マネジメントの改善点について継続的改善、向上に向けて必要な処置を行う（A）。

1.3 栄養ケアプロセス

日本栄養士会では、個々の対象者の栄養ケアの標準化だけでなく、栄養ケアを提供するための過程を標準化することを目的として栄養管理の新しいシステムとして

表 1.1　PDCA サイクルと栄養ケア・マネジメント

PDCA サイクル	栄養ケア・マネジメント	内　　容
P（Plan：計画）	①栄養スクリーニング	対象者の栄養状態のリスクを選定するため、侵襲の少ない方法でリスク者のふるい分けを行う。
	②栄養アセスメント	身体計測、臨床検査、食事調査などの栄養指標やその程度を分析、診断、判定し関連要因を明確化する。
	③栄養ケア・プログラム計画	対象者の栄養改善のための目標設定を①栄養補給、②栄養教育、③多領域からの栄養ケア・プログラムの 3 本柱から策定する。
D（Do：実施）	④実施と内容チェック	計画に基づいて実施を行い、実施内容・状況の確認と問題点のチェックを行い計画の修正点を抽出する。
	⑤モニタリング	定期的栄養アセスメントを継続し、対象者の状況観察について記録、分析を行う。
C（Check：検証・評価）	⑥事後栄養アセスメント	対象者の栄養上の問題点がなかったかを評価判定する。
A（Act：改善・修正）	⑦サービスの評価と継続的な品質活動	計画の最終目標・目標達成状況、計画の修正の必要性の有無など、計画、実施、教育方法を検討し、修正する。
	⑧フィードバック	修正した栄養ケア・栄養プログアムを実施する。

栄養ケアプロセスを導入した。栄養管理プロセスは、栄養管理システムや用語・概念の国際的な統一を目指し、アメリカ栄養士会の提案で始まった栄養管理の手法であり、① 栄養アセスメント、② 栄養診断、③ 栄養介入、④ 栄養モニタリングと評価の 4 段階で構成されている（図 1.1）。

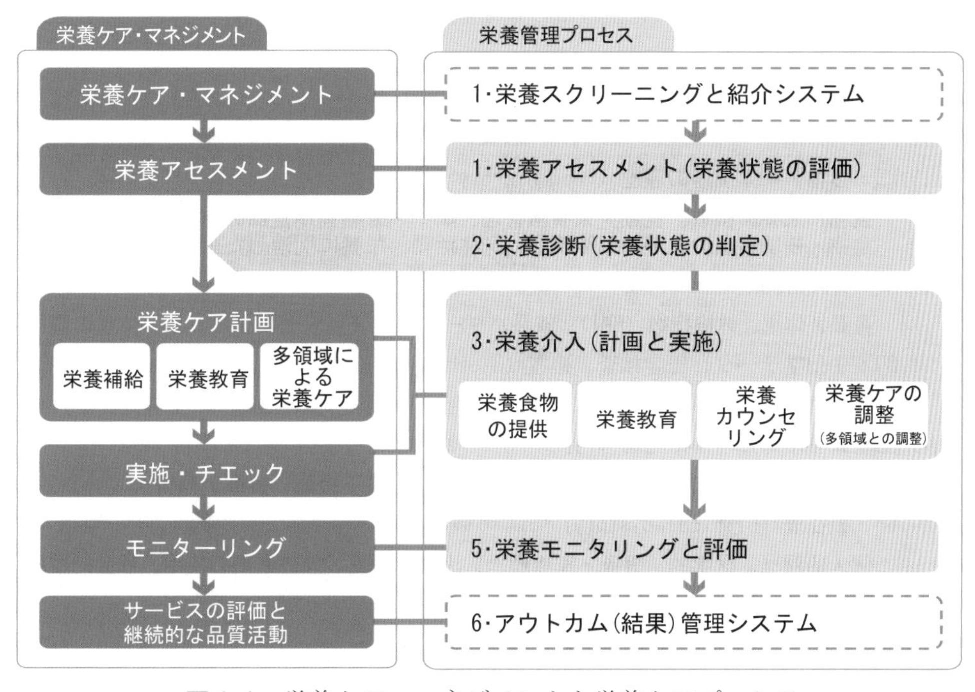

図 1.1　栄養ケア・マネジメントと栄養ケアプロセス

例題 1　栄養ケア・マネジメントに関する記述である。正しいのはどれか。1つ選べ。

1. 栄養スクリーニングでは、侵襲性の小さい指標を用いる。
2. 栄養アセスメントでは、定期的栄養アセスメントを継続し、対象者の状況観察について記録、分析を行う。
3. 栄養ケア・プログラム計画では、計画、実施、教育方法を検討し、修正する。
4. モニタリングでは、対象者の栄養上の問題点がなかったかを評価判定する。
5. フィードバックでは、身体計測、臨床検査、食事調査などの栄養指標やその程度を分析、診断、判定し関連要因を明確化する。

解説　（表1.1参照）　対象者の栄養状態のリスクを選定するため、侵襲の少ない方法でリスク者のふるい分けを行う。　**解答** 1

2 栄養アセスメント

2.1 栄養アセスメントの意義と目的

栄養アセスメントは、適切な栄養管理を実施するうえで最も重要な過程である。栄養アセスメントの目的は、栄養に関連する問題、その原因と重大性を識別するために必要なデータを取得・検証し、解釈することである。栄養アセスメントでは、個人または集団の栄養状態を主観的・客観的に評価・判定するために、5つの項目を総合的に判断し把握する（表1.2）。

表1.2　栄養評価の項目

項目
(1) FH：食物・栄養関連の履歴（Food History）
食物・栄養素摂取、食物・栄養素管理、薬剤・栄養補助食品の使用、知識・信念、食物・補助食品の入手のしやすさ、身体活動、栄養に関連した生活の質
(2) AD：身体計測（Anthropometric Data）
身長、体重、体格指数（BMI）、成長パターン指標・パーセンタイル値、体重の履歴
(3) BD：生化学データ、医学検査・処置（Biochemical Data）
検査値（例：電解質、グルコース）、検査（例：胃内容排泄時間、安静代謝率）
(4) PD：栄養に焦点をあてた身体所見（Physical Data）
身体的外見、筋肉や脂肪の消耗、消化器症状、嚥下機能、食欲、感情
(5) CH：既往歴（Clinical History）
個人的履歴、医学的・健康・家族履歴、治療、補完・代替薬剤の使用、社会的履歴

また、これらの他に、日常生活動作の調査（activities of daily living：ADL）、認知症調査、食行動、食態度、食知識、食スキル、食環境の調査などが実施される。

栄養アセスメントの結果に基づいて、栄養介入を行うための栄養療法や栄養指導プログラムなどの栄養ケアプランを作成する。

(1) 栄養スクリーニング

栄養アセスメントを実施するには、まず対象者がどのような身体状態、栄養状態、健康状態にあり、どのようなリスクがあるかを判定するために栄養スクリーニングを行う必要がある。栄養スクリーニングでは、栄養状態のリスクをもつ対象者や目標疾患に罹患している対象者を見つけ出し抽出する。栄養スクリーニングは、簡便な方法でかつ侵襲性の少なく、妥当性や信頼性が高く正確に対象者の栄養状態のリスクを感度よく判定する必要がある。栄養スクリーニングには、体格指数・体重減少率、血清アルブミン値、主観的包括的指標（subjective global assessment：SGA)、簡易栄養調査評価法などが用いられる。栄養素の摂取状況に過不足状態が続くと、身体内の状況は欠乏状態あるいは過剰状態へと移行する。欠乏状態または過剰状態が継続すると、貯蔵組織量や体液中の栄養素量に変化が起こり、さらには身体的、生理学的変化および臨床症状が異常を示し、生体の恒常性を保てなくなる。栄養スクリーニングは、栄養の過不足を潜在状態にある対象者を横断的に抽出し優先順位をつけるために重要である。

栄養スクリーニングには、体格指数・体重減少率、血清アルブミン値、主観的包括的指標、簡易栄養調査評価法などが用いられる。

1) 体格指数（body mass index：BMI）・体重減少率（loss of body weight：%LBW）

BMI：身長と体重から算出されるBMIは肥満の判定にも用いられるが、やせている対象者は低栄養状態であるリスクが高いとして判断できる。基本的にはBMIが18.5未満を低栄養（やせ）に分類する。

%LBW：BMIが低い対象者は低栄養のリスクが高いと判断できるが、低栄養になるまでの期間、今後の経過を判断する必要がある。一定期間と比較して、体重の変化がどの程度変化したのかを判断するために、体重減少率で判断する。体重減少率（% loss of body weight：%LBW）は以下の式で算出する。

%LBW＝[（平常時体重－測定時体重)/平常時体重]×100

過去6カ月で10%以上、過去1カ月で5%以上、過去2週間で2%以上の体重減少があれば、栄養障害ありと判断する。

2) 血清アルブミン値（serum albumin：ALB）

アルブミンは血清たんぱく質の約60%を占めるたんぱく質であり、半減期が14～21日と長いことから、長期的な低栄養の状態が継続すると、血清中の濃度が低下する。そのため、低栄養リスク者の対象者を抽出する指標として用いられることが多い。血清アルブミン値低栄養の基準として3.5g/dL以下を低栄養とする場合が多いが、3.0g/dLや2.5g/dLを用いている施設もある。

3）主観的包括的評価（subjective global assessment：SGA）

主観的包括的評価は、特殊な装置や臨床検査値を必要とせずに栄養評価を行う多角的指標であり、臨床的問診と身体検査の2本柱で構成されている。具体的には、体重の変化、食物摂取パターンにおける変化、消化器症状、身体機能、疾患の程度と影響、身体所見から構成される（図1.2）。

これらの評価から、A：栄養状態良好、B：軽度の栄養不良、C：中等度の栄養不良、D：高度の栄養不良を判断する。

1．体重の変化
・身長＿＿＿＿cm　・現体重＿＿＿＿kg　・通常体重＿＿＿＿kg　・減少＿＿＿＿kg
□なし　□あり　いつ頃から？＿＿＿＿週間・月・年 前から
過去2週間の体重変化　（ 減少　変化なし　増加 ）
2．食物摂取量の変化
□なし　□あり　いつ頃から？＿＿＿＿週間・月・年 前から
現在の摂取状況（常食～全粥　粥食　濃厚流動食～流動食　絶食）
3．消化器症状
□なし　□あり　□悪心　□嘔吐　□下痢　□食欲不振　□その他
いつ頃から？＿＿＿＿週間・月・年 前から
4．機能状態（ADLの変化）
□なし　□あり　いつ頃から？　週間・月・年 前から
現在の状態はどうですか？（日常生活可能　歩行可能　寝たきり）
5．疾患・診断名
＿＿＿＿＿＿＿＿＿＿＿＿　発熱（ なし　あり＿＿＿＿℃ ）
6．浮腫・腹水
□なし　□あり：□下肢の浮腫　□腹水
7．褥瘡
□なし　□あり；□部位
8．嚥下
□問題なし　□ときどきむせる　□頻回にむせる　□必ずむせる

図1.2　主観的包括的評価（SGA）の例

4）簡易栄養評価法

要介護高齢者の低栄養状態を早期に発見するための栄養スクリーニングツールとしてMNA®（mini nutritional assessment）がある。過去3カ月間の栄養状態を6個の予診項目（14ポイント）と12個の問診項目（16ポイント）から評価する。要介護高齢者用ではあるが、現在多くの病院、施設においても利用されている（8章 参照）。

例題 2 栄養スクリーニングに関する記述である。誤っているのはどれか。1つ選べ。

1. BMIは基本的には18.5未満を低栄養（やせ）に分類する。
2. 過去6カ月で10%以上の体重減少があれば、栄養障害ありと判断する。
3. 血清アルブミン値は短期的な低栄養対象者を抽出する指標として用いられる。
4. 主観的包括的評価は、臨床的問診と身体検査の2本柱で構成されている。
5. 簡易栄養評価法は要介護高齢者の低栄養状態発見するためのものである。

解説 3. 血清アルブミン値は長期的な低栄養対象者を抽出する指標である。**解答** 3

(2) 栄養アセスメント（nutritional assessment）

栄養アセスメントの手順は、まず主観的包括的栄養評価（SGA）などのような簡易的なアセスメントを用いて、栄養障害のリスク患者をスクリーニングする。栄養評価は、対象者の栄養状態を評価判定することである。栄養療法や栄養指導により栄養治療・栄養介入を行ううえで、第一に必要なことは対象者の栄養状態を把握することである。適切な栄養処方設計を立案するために、栄養歴や身体計測、身体所見ならびに臨床検査などをもとに、患者の栄養状態や病態を的確かつ総合的に評価し、栄養障害因子の同定を行う。その結果に基づいて1日に必要な栄養素量を推定し、現在の総栄養摂取量に対して過不足のある栄養素の調整を図る。また、適切な栄養補給方法を選択すると同時に食材、栄養剤、輸液製剤の形態と種類も選択する。

栄養アセスメントには、静的アセスメント（主観的栄養アセスメント）と動的アセスメント（客観的栄養アセスメント）および予後判定アセスメントがある（表1.3）。

1) 静的アセスメント

栄養介入を行う前の一時点での普遍的な栄養指標を示し、比較的代謝回転の遅いものを指標とし長期的な栄養状態の効果判定に用いられる。指標としては、身体計測や、血清総たんぱく質、血清アルブミン、免疫能などが用いられる。

2) 動的アセスメント

栄養状態の変化を経時的に判定するために用いられるもので、窒素バランス（窒素バランスと窒素平衡）によるたんぱく代謝回転率や間接熱量測定によるエネルギー代謝動態など、経時的な変動を評価し、栄養療法による栄養状態の改善ならびに原疾患に対する治療効果の短期的な判定に用いられる。比較的半減期の短いたんぱく質（rapid turnover protein：RTP）を用いて評価する。評価項目として、トラン

表 1.3　栄養アセスメントのパラメータ

①静的アセスメント（static nutritional assessment）
＜身体計測＞ 身長・体重・・BMI、%標準体重、体重変化率、%平常時体重、身長体重比 体脂肪量・・・体脂肪率、体脂肪量、徐脂肪量、上腕三頭筋皮下脂肪厚（TSF） 筋囲・・・・・上腕筋囲（AMC）、上腕筋囲面積（AMA） 腹囲・・・・・内臓脂肪面積、ウエスト/ヒップ比
＜血液生化学的指標＞ 血清総たんぱく質、血清アルブミン（Alb）、血清コレステロール 血中ビタミン、血中ミネラル
＜免疫反応＞ 遅延型皮膚過敏反応（PPD）
②動的アセスメント（dynamic nutritional asssessment ）
＜身体計測＞ 2週間の体重変化率、握力、呼吸筋力
＜血液生化学的指標＞ 高速代謝回転たんぱく質（RTP）・・トランスサイレチン、トランスフェリン（Tf）、レチノール結合たんぱく質 たんぱく質代謝動態・・・・・・・・窒素バランス、尿中3-メチルヒスチジン アミノ酸代謝動態・・・・・・・・・血漿アミノ酸パターン、フィッシャー比（BCAA/AAA） 安静時エネルギー消費量（REE）、呼吸商（RQ）、糖利用率
③予後判定アセスメント（prognostic nutritional assessment）
＜予後推定栄養指数（Buzby）＞ PNI＝158－16.6×Alb－0.78×TSF－0.2×Tf－5.8×PPD 40未満：low risk　　50以上：high risk
＜小野寺の指数＞ PNI＝10×Alb＋0.005×TLC 45以上：良好　　40以下：手術禁忌　　※PNI：prognostic nutritional index

スフェリン（半減期7～10日）、トランスサイレチン（半減期3～4日）、レチノール結合たんぱく質（半減期12～16時間）などが用いられることが多い。

3）予後判定アセスメント

術前栄養状態から術後合併症の発生率、術後の回復過程の予後を推定する栄養判定指数がある。複数の栄養指標を組み合わせて栄養障害の危険度を判定し、治療効果や予後を推定する。手術前の栄養状態から手術後の予後を判定する。指標としては、上腕三頭筋部皮脂厚、血清アルブミン、血清トランスフェリン、遅延型皮膚過敏反応などが用いられている。

例題 3　栄養アセスメントに関する問題である。正しいのはどれか。1つ選べ。

1. 血清レチノール結合たんぱく質は、静的アセスメントに含まれる。
2. 血清トランスサイレチンは、動的アセスメントに含まれる。
3. 血清アルブミンは、動的アセスメントに含まれる。

4. 血中フィッシャー比は、静的アセスメントに含まれる。
5. 遅延型皮膚過敏反応は、動的アセスメントに含まれる。

解説 動的アセスメントは、栄養状態の変化を経時的に判定するために用いられるもので、栄養療法による栄養状態の改善ならびに原疾患に対する治療効果の短期的な判定に用いられる。比較的半減期の短いたんぱく質を用いて評価する。評価項目として、トランスフェリン（半減期 7～10 日）、トランスサイレチン（半減期 3～4 日）、レチノール結合たんぱく質(半減期 12～16 時間)などが用いられることが多い。
4. 血中フィッシャー比は、動的アセスメント（表 1.3 参照）。 **解答** 2

2.2 栄養アセスメントの方法

(1) 食物・栄養に関連した履歴（FH）

栄養・食事調査は、対象者の食事内容や食習慣をできる限り正確に把握することが目的である。食事摂取、すなわちエネルギーおよび各栄養素の摂取状況の評価は、食事調査によって得られる摂取量と食事摂取基準の各指標で示されている値を比較することによって行うことができる。食事摂取量の評価は、対象者の栄養評価のなかでも最も重要な項目となる。食事調査では、対象者の栄養素の過不足や咀嚼嚥下の状態から食事容量など、栄養必要量と食事形態の設定のために重要な情報となる。食事摂取状況に関する調査方法には、陰膳法、食事記録法、24 時間食事思い出し法、食物摂取頻度法、食事歴法、生体指標などがある（表 1.4）。食事調査には、エネルギー・栄養素摂取量の過小申告・過大申告、栄養素摂取量の日間変動が存在する。それぞれの特徴によって長所と短所があることに留意し、食事調査の目的や状況にあわせて適宜選択する必要がある。

(2) 身体計測（AD）

栄養アセスメントにおいて身体の栄養状態の把握や 1 日に必要なエネルギーを推定するうえで身体計測は不可欠なものである。身体計測は身体各部を測定することにより、貯蔵エネルギーを示す体脂肪量や体たんぱく質量、筋肉量を推測することができ、対象者の栄養状態を把握することができる。

1) 身長と体重

身長と体重の測定は最も簡便に測定できる指標である。身長と体重から得られる情報は体格指数の算出や栄養状態の判定、栄養必要量の算出などに用いられる。

車いすや寝たきりで起きあがれないなど身長の測定が困難な対象者については、膝高測定値から算定式を用いて身長を推測する方法がある。

表 1.4　食事摂取調査の特徴

	食事記録法		24 時間思い出し法	食事摂取頻度法
	目安量記録法	秤量記録法		
長所	秤量記録法に比べると対象者の負担が少ない。	正確な結果が得られやすい。栄養計算がしやすい。	対象者の負担が少ない。	対象者・管理栄養士の負担が少ない。集計がしやすい。
短所	摂取量が正確に把握しづらい。栄養計算に手間がかかる。	対象者の負担が大きい。	対象者の記憶力や意欲、管理栄養士の習熟度に依存する。	対象者の記憶力に依存する。質問項目の偏りによる誤差が生じやすい。
対象	個別相談に対応できる管理栄養士がいる場合。	記録の継続が可能であり、管理栄養士がいるか栄養価計算ソフトがある場合。	リアルタイムで管理栄養士と連絡をとるのが難しい場合。	集団での食事調査を行う場合。
方法	対象者が特定期間に食べた料理・食品・目安量などをリアルタイムで記録する。	対象者が特定期間に食べた食品の重量を量り、リアルタイムで記録する。	対象者が前日 24 時間の食事内容を思い出し、管理栄養士が料理・食品・目安量などを聞き取る。	対象者が質問項目にある食品を特定期間に食べた頻度あるいは目安量を回答する。

推定身長の計算式（A：年齢）

男性（cm）＝64.19 －（0.04×A）＋（2.02×膝高）

女性（cm）＝84.88 －（0.24×A）＋（1.83×膝高）

体重は食事や排泄の影響を受けやすいことからその影響をできるだけ少なくするために、空腹時や排泄後に測定することが望ましい。

2）体格指数

身長と体重を組み合わせて体格指数を算出し、栄養状態の判定を行う。乳幼児期にはカウプ指数、学童期にはローレル指数、成人期では BMI（body mass index）を用いる（表 1.5）。

表 1.5　体格指数

	算出法		判定
乳幼児期	カウプ指数（Kaup index）	$\frac{\text{体重(kg)}}{[\text{身長(cm)}]^2}\times 10^4$	15 以下：やせ 20 以上：肥満
学童期	ローレル指数（Rohrer index）	$\frac{\text{体重(kg)}}{[\text{身長(cm)}]^3}\times 10^7$	100 未満：やせ 160 以上：肥満
成人期	BMI（body mass index）	$\frac{\text{体重(kg)}}{[\text{身長(m)}]^2}$	18.5 未満：やせ 25 以上：肥満

BMI の適正範囲は 18.5 以上 25.0 未満であり、日本人の食事摂取基準 2020 年版では、エネルギー摂取量の評価に BMI を用いることが推奨されている。

3）体重変化の評価

体重を用いた指標には、標準体重比（% ideal body weight：%IBW）、平常時体重比（% usual body weight：%UBW）、体重減少率（% loss of body weight：%LBW）がある。

%IBW＝(測定体重/標準体重)×100

標準体重は、BMI と各種疾病異常の関係において、最も罹患率の低い BMI が 22 であることから[身長(m)]^2×22 を用いて算出する。

%UBW＝(測定時体重/平常時体重)×100

%LBW＝[(平常時体重－測定時体重)/平常時体重]×100

4）体脂肪量

体脂肪は、皮下脂肪と内臓脂肪に分けられる。体脂肪量の測定は体内エネルギー貯蔵量の推定に用いられる。体脂肪量の測定には、簡便であり、対象者の負担も少ない皮脂厚計（キャリパー）を用いて算出する方法や、生体インピーダンス法による測定法を用いるのが一般的である。

（i）皮下脂肪厚の測定

皮下脂肪厚は皮脂厚計を用いて、利き腕の反対側の上腕の中点の上腕三頭筋部皮脂厚（triceps skinfold thickness：TSF）と肩甲骨下部皮脂厚（subscapular skinfold thickness：SSF）を測定する（図 1.3）。3 回の測定の平均値を下記計算式にあてはめ体脂肪量を算出する。

体脂肪率＝[(4.570/体密度)－4.142]×100

体密度：男性＝1.091－0.00116×F　　女性＝1.089－0.00133×F

F＝TSF(mm)＋SSF(mm)

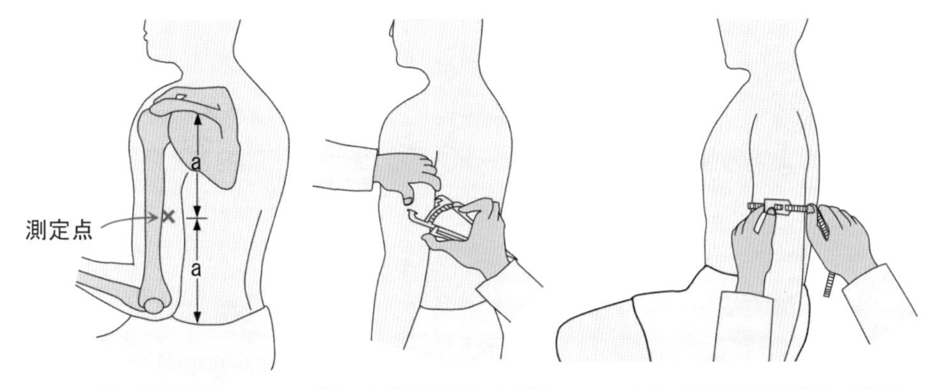

(a) 測定部位　　(b) 皮脂厚(TSF)の測定　　(c) 上腕周囲長(AC)の測定
(ダイナボット社のアディポメーターとインサーテープ)

出典）足立加代子：臨床栄養, 99(5), 臨時増刊号, 2001, p. 524 より一部改変

図 1.3　上腕周囲長と皮脂厚の測定

(ii) 生体インピーダンス法

除脂肪組織と脂肪組織の電気抵抗の差を利用した測定法であり、市販されている体脂肪計のほとんどがこの方法を用いている。手と足の間に微弱な電流を流しその抵抗量より脂肪量を算出する。身体状態による変化が大きく、同じ日でも測定した時間でばらつきがある。

(iii) 水中体重秤量法

他の測定方法の基準とされる方法であり、比較的正確な測定方法である。水中に全身を沈めて水中にある体重計で体重を量り、大気中での体重との差から身体密度を計算して測定する（図 1.4）。

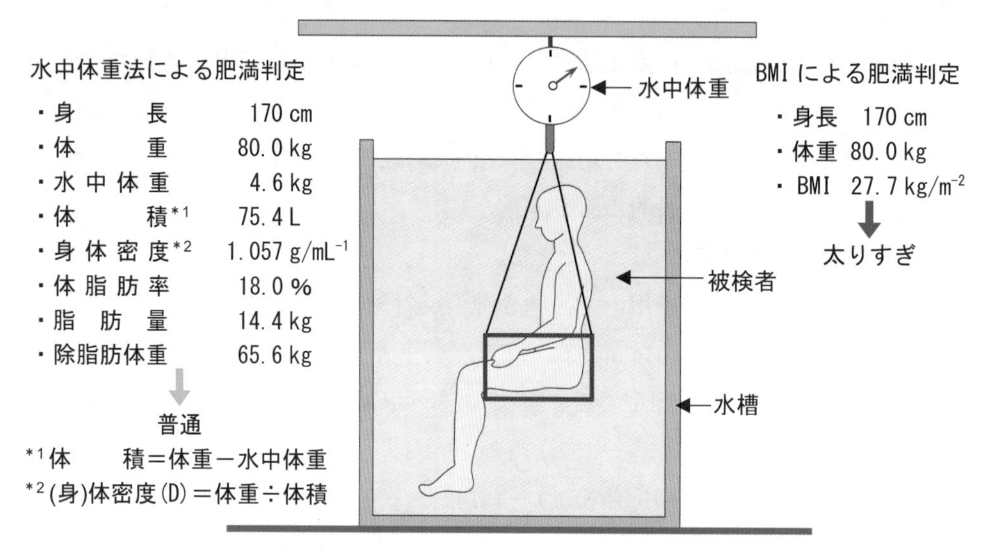

出典）久木野憲司, 穐吉敏男編；運動生理学　栄養士のための標準テキストシリーズ, 金原出版, 1996 一部改変

図 1.4　水中体重秤量法による肥満判定

5) 骨格筋量

筋たんぱく質量は栄養状態を把握する指標として重要なパラメータとなる。筋たんぱく質量は上腕周囲（arm circumference：AC）と上腕三頭筋部皮脂厚（triceps skinfold thickness：TSF）より上腕筋囲（arm muscle circumefrence：AMC）と上腕筋面積（arm muscle area：AMA）を算出する。AMC および AMA は体たんぱく質貯蔵量をよく反映する。

$$\mathrm{AMC(cm)} = \mathrm{AC(cm)} - \pi(3.14) \times \mathrm{TSF(mm)} \div 10$$

$$\mathrm{AMA(cm^2)} = [\mathrm{AMC(cm)}]^2 \div 4\pi$$

例題 4 身体計測に関する記述である。誤っているのはどれか。2つ選べ。

1. 乳幼児期の体格指数にはカウプ指数を用いる。
2. 学童期の体格指数にはBMIを用いる。
3. BMIの適正範囲は18.5以上25.0未満である。
4. BMIは体重（kg）を身長（m）の2乗で割った値である。
5. 皮下脂肪厚は上腕三頭筋部皮脂厚と鎖骨下部皮脂厚を測定する。

解説 2.学童期の体格指数にはローレル指数を用いる。 5. 皮下脂肪厚は皮脂厚計を用いて、利き腕の反対側の上腕の中点の上腕三頭筋部皮脂厚と肩甲骨下部皮脂厚を測定する。 **解答** 2、5

(3) 生化学データ、医学検査・処置（BD）

臨床検査は、対象者の健康状態・栄養状態、病態を客観的に診断し適正な栄養療法や、栄養指導により栄養介入を行うための栄養ケアプランを作成するための指標となる。臨床検査では、検体検査として対象者の尿や糞便、血液を分析したり、血液成分の生化学検査や生理機能検査として心電図や呼吸機能を検査したり、画像検査としてエコーやCTスキャンなどの方法を用いる。検体検査や生理機能検査では、結果が数量化されるので、対象者の健康状態・栄養状態や病態を客観的かつ科学的に診断することが可能となり、問題点の早期発見や予防の観点からも有用性が高い。

1) 基準値

それぞれの検査項目には、検査項目を判定するため基準値が示されており、対象者の検査結果を基準値と比較して判定する。基準値は、健常で疾病を有していない健常者の測定値のうち、分布の中央部95%が含まれる範囲のことであり、一般にこれらの基準個体の測定値の平均値±2標準偏差（SD）の1.96倍で示される。

2) 尿検査

尿検査は尿の成分を分析して評価する。尿には、体内で不要となった老廃物をはじめ、さまざまな物質が含まれている。疾病により本来尿中には含まれないものが現れてくるため、それらを検査することにより、体内の情報を得ることができる。24時間蓄尿を用いるか、早朝の尿や排尿途中の中間尿を用いる。

(i) 尿量、尿pH、尿比重

脱水を起こしている場合や急性腎不全では乏尿（400mL/日以下）となる。尿pHは体内の酸－塩基平衡を示す指標となる。尿比重は、糖尿病、脱水症などで高値を示し、腎不全、尿崩症など尿を濃縮する機能の低下により低値を示す。

(ⅱ) 尿糖

尿糖とは尿中に排泄されるグルコース（ブドウ糖）のことをいう。尿糖が高値の場合は糖尿病、甲状腺機能亢進症、肝障害などが疑われる。

(ⅲ) 尿たんぱく質

健康人の場合、尿に排泄されるたんぱく質の約60%以上がアルブミンで、その量は1日に20〜30 mg以下である。尿中アルブミンが200 mg/L以上になると尿たんぱく質は陽性となり、持続的に異常がみられる場合は、腎機能障害や尿路（尿管・膀胱・尿道）の異常が疑われる。ただし健康な場合でも激しい運動やストレスなどにより一時的に陽性を示す場合がある。

(ⅳ) 尿中尿素窒素

尿素は経口摂取したたんぱく質や組織たんぱく質の最終産物であるアンモニアから生成される。アンモニアは中枢神経に毒性を示す物質であり、肝でアンモニアを尿素に合成して無毒化し、尿中に排出される。尿中尿素窒素は、肝、腎の大まかな状態を反映する。摂取した窒素量と尿中窒素排泄量の差を窒素出納（nitrogen balance：N-balance）といい、生体内で利用されたたんぱく質の異化と同化の状態を評価することができる。アミノ酸の最終産物である尿素を24時間尿蓄尿し、体内で利用されたたんぱく質からの窒素量を測定する。異化が亢進していれば窒素出納は負になり、同化が亢進していれば窒素出納は正となる。窒素出納は尿中に排泄される窒素量を測定することにより求めることができる。

(ⅴ) 尿中ケトン体

ケトン体はアセト酢酸、β-ヒドロキシ酪酸、アセトンの総称である。飢餓状態や糖質の摂取不足の場合、脂質が代わりにエネルギー源となり、その代謝産物としてケトン体が産生される。ケトン体は不完全燃焼成分であるために、尿中ケトン体が多い場合は、生体はエネルギーの損失（グルコースの不足）を起こしている場合がある。

(ⅵ) 尿中3-メチルヒスチジン

筋肉の筋線維たんぱく質であるアクチンとミオシンが合成された後のヒスチジン残基がメチル化されることで生成される。24時間蓄尿中の3-メチルヒスチジンは体内の筋たんぱく質の分解量を反映する。

(ⅶ) 尿中クレアチニン

クレアチニンは、筋肉細胞内で筋肉収縮のエネルギー源であるクレアチンから産生される最終代謝産物であり、筋肉内でのクレアチニンの産生量は筋肉量に比例し、体重（kg）当たりほぼ一定である。血中クレアチニンは腎糸球体で濾過され、尿細管での再吸収・分泌も行われないため、尿中へのクレアチニン排泄量は糸球体濾過率（GFR）のよい指標となる。また、尿中クレアチニン産生量は筋肉量に比例しており、以下の計算式によりクレアチニン・身長係数（creatinine-hight index：CHI）を求めることにより、筋肉量の指標となる。

CHI＝1 日尿中クレアチニン排泄量(mg)/標準 1 日尿中クレアチニン排泄量(mg)×100

簡便法として、男性 23 mg/kg、女性 18 mg/Kg とし標準体重を用いて計算する。

(viii) 尿中ナトリウム量

ナトリウム排泄量から推定塩分摂取量を計算することができる。

推定塩分摂取量(g)＝尿中ナトリウム(U-Na)(mEq/日)÷17(g/mEq)

または、

24 時間 Na 排泄量(mEq/日)＝

21.98×{[随時尿 Na 濃度(mEq/L)/随時尿 Cr 濃度(mg/L)]×Pr.UCr24}0.392

Pr.UCr24：24 時間尿 Cr 排泄量推定値(mg/日)＝

−2.04×年齢＋14.89×体重(kg)＋16.14×身長(cm)−2244.45

例題 5　尿検査に関する記述である。誤っているのはどれか。1 つ選べ。

1. 尿比重は、糖尿病、脱水症などで高値を示す。
2. 尿糖が高値の場合は甲状腺機能亢進症などが疑われる。
3. 健康人の場合、尿に排泄されるアルブミンは 1 日に 20〜30 mg 以下である。
4. 3-メチルヒスチジンは体内の脂質の分解量を反映する。
5. クレアチニン・身長係数は筋肉量の指標となる。

解説　3-メチルヒスチジンは体内の筋たんぱく質の分解量を反映する。　**解答** 4

3) 血液生化学検査

(i) 末梢血液検査

① 赤血球（RBC）

赤血球は酸素や二酸化炭素の運搬に関与し、赤血球の寿命は約 120 日で、毎日 4〜5 万個が骨髄でつくられ、肝臓や脾臓で壊される。異常に減少した場合を貧血と診断する。栄養素の欠乏により、鉄ならば、小球性低色素性貧血、葉酸、ビタミン B_{12} の欠乏により、巨赤芽球性貧血と判断する。

② 白血球（WBC）

白血球には好中球、好酸球、好塩基球、リンパ球、単球が存在する。好中球、好酸球、好塩基球は殺菌作用をもつたんぱく質や酵素を含む顆粒をもち、顆粒球ともよばれる。好中球は細菌の貪食、殺菌に働き、好酸球は寄生虫や腫瘍細胞と反応するたんぱく質を含み、アレルギー反応にも関係する。リンパ球は、免疫グロブリン産生に関わるBリンパ球、細胞性免疫に関わるTリンパ球、細胞障害作用をもつNK細胞などを含む。単球は貪食作用をもち、抗原提示やサイトカインの産生などに働く。

③ ヘモグロビン・ヘマトクリット

ヘモグロビンは赤血球に含まれる血色素で、鉄色素であるヘム鉄とたんぱく質であるグロビンが結合し、酸素を全身に運搬する。ヘマトクリットは、血液の中に占める赤血球など有形成分の割合を示す（図1.5）。

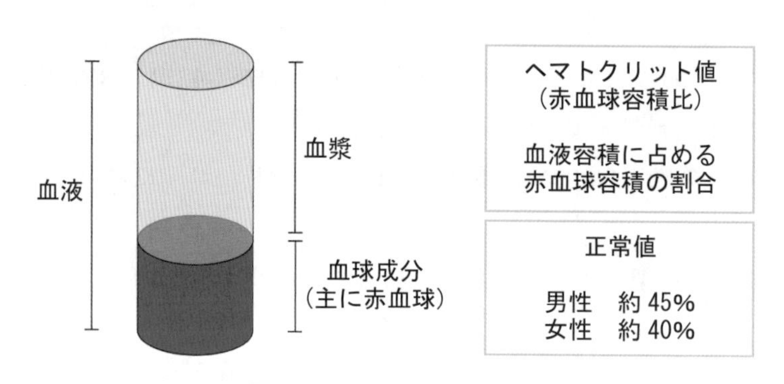

図1.5　ヘマトクリット

（ii）たんぱく質代謝

① 血清総たんぱく質（total protein：TP）

血清中の総たんぱく質は、血清中におよそ100種類以上が存在しているが、主に約60%を占めるアルブミンと約20%を占めるγ-グロブリンの総量による。栄養状態の低下によりその数値は低下する。

② 血清アルブミン（serum albumin：Alb）

アルブミンは血清中に最も多く存在するたんぱく質であり、血清たんぱく質のおよそ60%を占め、内臓たんぱく質量をよく反映していることから、重要なパラメータとして利用される。アルブミンは肝臓で合成され、体内では各種物質を運搬する働きをもつたんぱく質である。アルブミンの血中半減期は14～21日と長いため、比較的長期間のたんぱく質栄養状態を評価するのに適しており、静的アセスメントの指標とされる。血清アルブミンの基準値は4.1～5.1 g/dLであり、3.5 g/dL以下を低栄養と診断する。肝機能障害や腎疾患でも血清アルブミン量は低下する。

③ 血清トランスフェリン（transferrin：Tf）

トランスフェリンは体内では血清鉄を運搬するたんぱく質である。トランスフェリンの血中半減期はおよそ10日である。比較的短期間のたんぱく質の栄養状態を反映している。

④ 血清トランスサイレチン（transthyretin：TTR）

トランスサイレチンは肝臓で合成され、体内では甲状腺ホルモンの運搬や、血清レチノール結合たんぱく質と複合体を形成し、レチノールの血中運搬に重要な役割を果たしている。プレアルブミンともよばれる。血清中の半減期はおよそ2～4日であり、数日間のたんぱく質の栄養状態を反映している。

⑤ 血清レチノール結合たんぱく質（retinol-binding protein：RBP）

レチノール結合たんぱく質は、ビタミンAと結合する結合たんぱく質であり肝蔵で合成される。血中半減期は約16時間と短く短期間の栄養状態の把握にも広く用いられている。

例題 6　血液生化学検査に関する記述である。誤っているのはどれか。1つ選べ。

1. ヘマトクリットは、血液の中に占める赤血球など有形成分の割合を示す。
2. アルブミンは静的アセスメントの指標とされる。
3. 血清アルブミン値は3.5 g/dL以下を低栄養と診断する。
4. 血清トランスフェリンは比較的短期間の糖質の栄養状態を反映している。
5. 血清トランスサイレチンは数日間のたんぱく質の栄養状態を反映している。

解説　4. 血清トランスフェリンは比較的短期間のたんぱく質の栄養状態を反映している。　**解答** 4

(iii) 脂質代謝

脂質はリポたんぱく質として血中を運搬され、リポたんぱく質は、その比重により軽い方から、カイロミクロン、VLDL（very low density lipoprotein）、LDL（low density lipoprotein）、HDL（High density lipoprotein）に分類される。リポたんぱく質はたんぱく質、トリグリセリド（TG）、リン脂質、コレステロールからなる。

① トリグリセリド（triglyceride：TG）

トリグリセリド（中性脂肪）はグリセリンに3分子の脂肪酸がエステル結合したもので、脂質代謝異常の検査項目として用いられ、遊離脂肪酸（FFA）の抹消処理機能や消化管の吸収機能の異常の指標となる。血清中性脂肪は食事由来のキロミクロンに含まれるものと体内で合成されて主としてVLDLに組み込まれたものがある。

② 低密度リポたんぱく質コレステロール（Low-density lipoprotein cholesterol：LDL-C）

肝臓から末梢へのコレステロール供給はLDLコレステロールの形で運ばれ、末梢から肝への転送はHDLコレステロールの形で行われる。したがってLDLコレステロールの増加は末梢組織への供給過剰とも考えられるため、冠動脈疾患の危険因子とされる。

③ 高密度リポたんぱく質コレステロール（High-density lipoprotein cholesterol：HDL-C）

肝臓から末梢へのコレステロール供給はLDLコレステロールの形で運ばれ、末梢から肝への転送はHDLコレステロールの形で行われる。HDLコレステロールは、抗動脈硬化作用を有し、その量と冠動脈硬化性心疾患の発症率とは負の相関がある。一方、低HDL-C血症や高LDL-C血症は冠動脈硬化性心疾患の危険因子とされている。

（ⅳ）糖質代謝

糖質代謝を反映する指標として、血糖値、血中インスリン値、ヘモグロビンA1c（HbA1c）、1,5-AGなどがある。血糖値の測定には、空腹時血糖値、食後血糖値、糖負荷試験（75gOGTT）があり、糖尿病診断に用いられる。HbA1cは糖化ヘモグロビンともよばれ、ヘモグロビンにグルコースが結合したものであり、その半減期は約1～2カ月であり、糖尿病の血糖コントロールの指標として用いられている。

① 血糖（blood glucose）

血液中のグルコース濃度をいい、空腹時の血糖値は60～110 mg/dLである。血糖値は食後に上昇し、約30分～1時間後にピークに達する。随時血糖値200 mg/dL以上、空腹時血糖値が126 mg/dL以上、あるいは75 gグルコース負荷試験（OGTT）の2時間値が200 mg/dLなら「糖尿病型」と診断される。血糖値が50 mg/dL以下の場合を低血糖と判定される。血糖値は、糖尿病、慢性膵炎、肝硬変、甲状腺機能亢進症などで高値となる。

② ヘモグロビンA1c（glycohemoglobin A1c：HbA1c）

血中でグルコースは種々のたんぱく質に非酵素的に結合している。グリコヘモグロビンとはグルコースと赤血球中のヘモグロビン分子の結合物である。赤血球の平均寿命が約120日であることからHbA1cは過去1～2カ月間の平均血糖値を反映するため、糖尿病の長期の血糖コントロールの指標として最も有用な検査である。

糖代謝異常の判定区分と判定基準は、

① 早朝空腹時血糖値126 mg/dL以上

② 75gOGTT　2時間値 200 mg/dL 以上

③ 随時血糖値* 200 mg/dL 以上

④ HbA1c が 6.5%以上

＊随時血糖値：食事と採血時間との時間関係を問わないで測定した血糖値。糖負荷後の血糖値は除く。

①～④のいずれかが確認された場合は「糖尿病型」と判定する。

⑤ 早朝空腹時血糖値 110 mg/dL 未満

⑥ 75gOGTT　2時間値 140 mg/dL 未満

⑤および⑥の血糖値が確認された場合には、「正常型」と診断する。

上記の「糖尿病型」「正常型」いずれにも属さない場合は「境界型」と判定する。

例題 7　血液生化学検査に関する記述である。誤っているのはどれか。1つ選べ。

1. LDL コレステロールの増加は、冠動脈疾患の危険因子とされる。
2. 血糖値は肝硬変で高値となる。
3. HbA1c が 6.5%以上の場合は「糖尿病型」と判定する。
4. 随時血糖値 200 mg/dL 以上なら「糖尿病型」と判定する。
5. 早朝空腹時血糖値 120 mg/dL 未満は「正常型」と診断する。

解説　5. 110mg/dL 未満を「正常型」と診断する。　**解答** 5

（v）その他の検査項目

① 貧血の検査（表 1.6）

貧血は、小球性低色素性貧血、正球性正色素性貧血、大球性正色素性貧血の3種類に分類でき（図 1.6）、その分類には、ヘモグロビン、赤血球数、ヘマトクリットなどが用いられる。また、貧血の原因を診断するために、血清鉄、血清フェリチン、血清ビタミン B_{12}、血清葉酸などからそれぞれの欠乏を判断する。血液の液体成分である血清の中では、鉄はトランスフェリンに結合して運搬される（血清鉄）。血清トランスフェリンの濃度は総鉄結合能（TIBC）として示され、TIBC と血清鉄の値から血清鉄飽和度(%)（＝血清鉄 / TIBC×100）が算出される。鉄欠乏性貧血では、血清鉄の値が低下し、逆にトランスフェ

表 1.6　貧血の原因の診断

分　類	検査項目
小球性低色素性貧血	血清フェリチン、血清鉄など
正球性正色素性貧血	網赤血球、骨髄穿刺など（※出血の確認も重要）
大球性正色素性貧血	血清ビタミン B_{12}、血清葉酸など（※胃がんなどによる胃摘出の有無確認も重要）

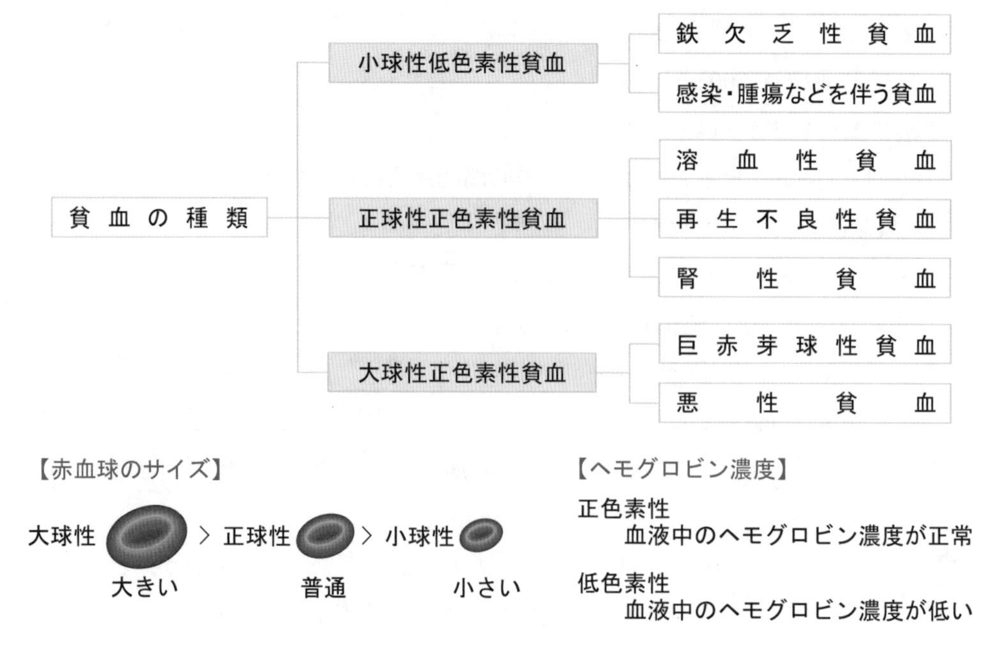

図1.6　貧血の種類

リン濃度が増加するため、鉄飽和度は低下する。また、体内の貯蔵鉄が使用され不足しており、血清フェリチン値は低値となる。

② 肝疾患の検査

AST（アスパラギン酸トランスフェラーゼ）、ALT（アラニントランスフェラーゼ）がある。AST・ALTはたんぱく質の代謝に関わるアミノ基転移酵素であるが、肝臓の細胞が何らかの障害を受けると血液中に流出（逸脱酵素）するため、血中濃度を測定することで肝障害などの程度を知ることができる。γ-GTPはアルコールに対して感受性の高い酵素であり、アルコールによる肝障害の指標として用いられる。

③ 腎疾患の検査

eGFR（推算糸球体濾過量）を用いる。GFR（糸球体濾過量）を、厳密に測定する場合には、イヌリンクリアランスを用いて測定するが、医療現場では、クレアチニンクリアランスまたは血清クレアチニン量と年齢・性別から計算できるeGFRで代用している。

④ 免疫機能検査

免疫機能の検査では、総リンパ球数（TLC）や遅延型皮膚過敏反応（ツベルクリン反応：PPD）の検査を行う。低栄養状態の持続により、免疫機能が低下し、感染症の合併や治療の長期化を招くことから免疫機能の検査は重要である。低栄養を起こした場合、リンパ球数の減少を招き、細胞性および液性免疫の関点からも易感染性の背景を生じやすくなる。

⑤ 過剰栄養に関係する指標

過剰の栄養状態と指標としては、肥満に関連するたんぱく質の指標が主体となる。

・コリンエステラーゼ

コリンエステラーゼはコリンエステルをコリンと有機酸に分解する酵素である。高値は肝細胞での産生亢進により、高栄養状態、たんぱく合成や脂質代謝の亢進を反映すると考えられ、過栄養性脂肪肝、糖尿病、ネフローゼ症候群、甲状腺機能亢進症の指標とされる。

・レプチン

レプチンは脂肪細胞や胎盤絨毛細胞などに由来する抗肥満因子として発見され、強力な摂食抑制作用およびエネルギー消費促進作用を有するペプチドホルモンである。レプチンの血中濃度は体脂肪率やBMIと正相関する。

・アディポネクチン

アディポネクチンは抗動脈硬化作用、抗糖尿病作用を有するメタボリックシンドロームの因子のひとつである。正常な脂肪組織では、インスリン感受性などの作用をもつアディポネクチンが豊富に分泌され、拮抗した作用のアディポサイトカインとのバランスを保っているが、肥満や内臓脂肪が過剰に蓄積されると、アディポネクチンの血中濃度が低下する。動脈硬化、糖尿病などのメタボリックシンドロームの予防、診断、治療において血中アディポネクチン濃度の評価が有用である。

⑥ 炎症反応の指標

・C反応性たんぱく質（CRP）

感染や何らかの組織損傷・傷害に対する免疫反応が起こると、肝臓での合成が促進し血漿濃度が上昇する。非特異的な急性期反応としてのCRP上昇であるため、CRPの上昇だけを用いて特定の病気の判断はできない。

例題 8　血液生化学検査に関する記述である。誤っているのはどれか。1つ選べ。

1. 血清葉酸欠乏の場合には大球性正色素性貧血と判断する。
2. AST・ALTの血中濃度の測定により肝障害の程度を知ることができる。
3. 遅延型皮膚過敏反応は免疫機能の検査で行われる。
4. コリンエステラーゼ低値は高栄養状態を反映する。
5. 血中アディポネクチン濃度の評価は糖尿病の診断に有用である。

解説　4. コリンエステラーゼ高値が高栄養状態を反映する。　**解答** 4

例題 9　栄養アセスメントに関する問題である。正しいのはどれか。1つ選べ。

1. 尿中クレアチニン排泄量は、体脂肪量を反映する。
2. HbA1cは、糖代謝異常の指標となる。
3. BMIは骨格筋量の指標となる。
4. ヘマトクリット値は、肝機能の評価に用いられる。
5. クレアチニン身長係数は、腎機能を評価する指標である。

解説　1. 尿中クレアチニン産生量は筋肉量に比例する。　2. HbA1cは血液中のグルコースがヘモグロビンと結合した物質である。血糖値の高い状態が続くと、ヘモグロビンに結合するグルコースの量が多くなるので、HbA1cは高くなる。HbA1cは過去1〜2カ月前の血糖値を反映する。　3. BMIは体格指数を表し、栄養状態の判定を行う。　4. 血液の中に占める赤血球など有形成分の割合を示し、貧血の原因の診断に用いる。　5. 筋肉量の指標として用いられる。　**解答** 2

(4) 栄養に焦点をあてた身体所見（PD）

臨床診査では、対象者に主に問診と身体診察を行うことにより、健康状態・栄養状態を把握しカルテ（診療録）に記載する。

1) 問診

対象者の健康状態・栄養状態を、本人または付き添いから聞き取る。対象者との信頼関係や負担に対し配慮する必要がある。問診では対象者の訴えの中心となる主訴をはじめ、現病歴、既往歴、家族歴、生活状況、生活習慣を聞き取り、対象者の健康状態・栄養状態について把握する。

主訴は対象者が訴える自覚症状のうち主要なものであり、対象者の状態と密接に関連しており最も重要な情報となる。現病歴は、その症状がいつから始まったのか、現在に至るまでの経過についての情報となる。既往歴は、その症状にかかわらず、対象者が生まれてから現在までに罹患した疾患や、健康状態・栄養状態がどのように経過したかを把握する。家族歴は対象者の両親や兄弟などの近親者の病歴、死因、健康状態・栄養状態を把握して、遺伝的な疾患や家庭での食習慣について関連がないかを把握する。栄養歴では、食生活歴として食欲や嗜好の変化に関する情報、体重歴として、これまでの体重の変化などについての情報を把握する。

2) 身体診察

身体診察は、視覚的観察により対象者の栄養状態を主観的に把握することである。身体診察は、視診（皮膚の状態、震えなどを目で見て判断する）・触診（浮腫の程度や腫瘤の状態などを手で触れて判断する）・聴診（心音、呼吸音、腸管の動きなど、聴診器を用いて判断する）・打診（腹水や胸水の有無を確かめるために腹部・胸部を指で叩いて判断する）などの方法により病的兆候の有無を見つけ出す。顔貌・表情の所見では、身体の活力、疼痛の有無や程度、不快な気分など、全身状態、精神状態が反映していることが多い（表 1.7）。

表 1.7　顔貌・表情の所見

所見項目	症状・病態	原　因
顔色	蒼白、チアノーゼ	ショック状態
	紅潮	発熱、うつ熱（熱中症）
	黄疸、紅斑	発症症状、肝疾患
形状	左右非対称	脳神経症状
	浮腫・腫脹	副鼻腔炎、腫瘍、アレルギー、 腎疾患、心疾患など
表情	乏しい、無表情、不安な表情	心因性など
顔貌	ムーンフェイス（満月様顔貌）	ステロイド剤の投与 ステロイドホルモンの過剰分泌 （クッシング症候群など）

身体所見では、体格、頭髪、皮膚、目、口腔粘膜、歯、爪などの状態を観察し、栄養障害や疾患による特有の変化を見つけ出す。栄養不良により表皮細胞に比較的早く栄養素の欠乏症状が現れやすい（表 1.8）。

表 1.8　栄養素の欠乏と症状

部　分	症　状	栄　養　素
毛髪	脱毛、乾燥、光沢がない	亜鉛、たんぱく質、必須脂肪酸
舌・口唇・口角	舌炎、口唇炎、口角炎、歯肉の腫脹、出血、口内炎	ビタミンB_2、ビタミンB_6、ナイアシン、亜鉛、鉄
爪	匙状爪	鉄
皮膚	うろこ状肌	必須脂肪酸、ビタミンA、ビタミンB_2
軟骨・骨	骨の軟化、脆弱化	カルシウム、リン、ビタミンD、マンガン
生殖器	無月経	極端な減食による低栄養
その他	浮腫	ビタミンB_1、たんぱく質、エネルギー
	貧血	鉄、たんぱく質

(5) 個人履歴（CH）

対象者の栄養アセスメントを行っていくためには、生活習慣・食生活・生活環境が栄養状態に深く関わっていることを考慮し、これらを調査し把握することが重要である。我々を取り巻く状況は、性別、健康状態、経済力、家族構成、住居、その他個々人の趣味や嗜好など日常生活全般にわたって多様化している。生活の満足度、衣食住をはじめ、家事、外出、日常的楽しみ、日常生活の情報に関する満足度など、日常生活全般の実態と意識を把握する。

1）日常生活動作（ADL）の調査

高齢者施設などにおいて、対象者の日常生活動作を把握するために行われる調査であり、食事、移動、立位保持、座位保持、寝返り、排泄、入浴、更衣などが自立できるのか介助が必要か、意思の疎通、視力障害、聴力障害、認知症の有無などについて調査する。

2）摂食機能調査

摂食嚥下機能を調べることで、誤嚥のリスクを評価する。呼吸機能、発声機能、鼻咽喉閉鎖機能、構音運動機能、摂食機能（水飲みテスト、反復唾液嚥下テスト）などを行う。

3）生活の質（QOL）の調査

WHOではQOLを『個人が生活する文化や価値観のなかで、目標や期待、基準および関心に関わる自分自身の人生の状況についての認識』と定義している。QOL調査は、この個人の日常生活における「充実感」や「満足感」を調査し把握する。

QOLの調査法には、さまざまなものが存在しており、WHOの「WHO QOL26調査票」では疾病の有無を判定するのではなく、対象者の主観的幸福感、生活の質を測定する目的で、身体的領域、心理的領域、社会的関係、環境領域の4領域のQOLを問う24項目と、QOL全体を問う2項目の、全26項目から構成されている。

例題10　栄養に焦点をあてた身体所見と個人履歴に関する問題である。正しいのはどれか。1つ選べ。

1. 問診では対象者本人からのみ健康状態・栄養状態などを聞く。
2. 匙状爪の症状は、たんぱく質の欠乏を疑う。
3. ADLの調査には視力、聴力の調査項目はない。
4. QOL調査では、個人の日常生活における充実感や満足感を調査し把握する。
5. WHO QOL26調査票は、疾病の有無を判定するためのものである。

解説　1. 客観的状況把握のため、付き添いからも聞き取る。　2. 匙状爪は鉄の欠乏による（表1.7参照）　3. 視力障害、聴力障害を問う項目がある。　5. 対象者の主観的幸福感、生活の質を問うものである。　**解答**　4

2.3 アセスメントの結果から現状把握と課題の抽出

アセスメントの結果から現状把握と課題抽出のために栄養診断（栄養状態の判定）を行う。栄養診断の目的は、食物・栄養の専門職が栄養処方あるいは栄養介入によって解決と改善を図ることができる具体的な栄養問題を認識し、記録することである。栄養診断は、栄養アセスメントに基づき栄養状態を診断し、その診断を踏まえ栄養介入の計画を立てるための重要な段階である。特徴は、栄養診断の用語が標準化されていることで、70の栄養診断が認められている。

(1) 栄養診断

栄養診断は、摂取量、臨床栄養、行動と生活環境の3つの領域から構成されている。

1) 摂取量（nutrition intake：NI）

食物あるいは栄養素の摂取量が真の必要量や推定必要量と比較し、過剰かあるいは不足かについての診断である。NIは、経口摂取や栄養補給法を通して摂取するエネルギー・栄養素・液体・生物活性物質に関わることがらと定義される。

2) 臨床栄養（nutrition clinical：NC）

疾病や身体状況に関わる栄養の問題点についての診断である。NCは、医学的または身体的状況に関連する栄養の所見・問題と定義される。

3) 行動と生活環境（nutrition behavioral/environmental：NB）

知識、態度、信念、物理的環境、食物の入手、食の安全などについての診断である。NBは、知識、態度、信念、物理的環境、食物の入手や食の安全に関連して認識される栄養所見・問題と定義される。

栄養診断の記録は、栄養アセスメントの記録からPES報告書を作成する。

PES報告は「S（signs/symptoms）の根拠に基づき、E（etiology）が原因となった(関連した)、P（problem）の栄養状態と栄養診断（判断）できる。」と簡潔な一文とする。

①P（問題点/栄養診断の分類）：対象者や対象集団の栄養状態の変化の記述

②E（病因）：「～に関して」という説明によってその原因や危険因子を記述

③S（徴候/症状）：症状や症候など対象者の栄養状態の判定のために用いたデータの科学的根拠

2.4 目的達成のための個人目標の決定

栄養プログラムの作成においては、対象者に適した目標設定を行う必要がある。目標設定は期間の長さにより、長期目標、中期目標、短期目標の3つを設定する。

それぞれの目標設定は、具体的に実行可能な目標であり、目標が複数ある場合は優先順位をつけ、実施期間に適した目標であり、対象者が主体的に行うことが重要である。また、日本人の食事摂取基準に示された、エネルギーおよび栄養素の優先順位や、各種疾患ガイドラインを踏まえて栄養介入目標を設定する。

○長期目標：対象者の最終目標（goal）となるものであり、栄養プログラムの大前提となる目標である。

○中期目標：対象者が長期目標を達成するにあたって、短期目標を5～6カ月継続した際のその中間な期間までに目指す目標である。

○短期目標：対象者が長期目標、中期目標を達成するにあたり、実施期間は1～3カ月間とし、すぐに実践可能となる具体的目標である。

3 栄養ケア計画の実施、モニタリング、評価、フィードバック

3.1 栄養ケア計画の作成と実施

栄養ケアの実施では、4つの領域から、対象者、または集団の栄養状態の改善に取り組む。4つの領域は、①食物・栄養の提供（food and /or nutrition delivery：ND）、②栄養教育（nutrition education：E）、③栄養カウンセリング（nutrition counseling：C）、④栄養管理の調整・関係領域との調整（coordination of nutrition care：RD）である。これらを踏まえ、対象者のニーズにあわせて、栄養摂取、栄養に関連した知識・行動・環境状態などの栄養問題を解決（改善）する。

(1) 食物・栄養の提供（ND）

食物・栄養の提供においては、食事・間食、経腸栄養、静脈栄養、栄養補助食品の提供や食事摂取支援、食環境の整備、栄養に関連した薬物療法の管理なども含まれる。

(2) 栄養教育（E）

栄養教育では、行動科学の理論を取り入れることで、対象者の行動変容をより効果的に促す。行動変容ステージモデルにおいて人の行動を変える場合は「無関心期」→「関心期」→「準備期」→「実行期」→「維持期」の5つのステージを通る。行動変容のステージをひとつでも先に進むには、対象者が今どのステージにいるかを把握し、それぞれのステージにあわせた働きかけが必要となる。

(3) 栄養カウンセリング（C）

栄養カウンセリングでは、対象者の情緒、態度、行動などの栄養問題に対して、カウンセラーが、心理学的な技法によって対象者と共同し、栄養介入のための戦略

を行う。人間の知的な面（知識）よりも、情緒面に重点を置き、指導・助言などは直接的には行わず、相手に解決の意欲が芽生えるようにすることを基本とする。

(4) 栄養管理の調整（RD）

栄養管理の調整は、栄養管理施行中の他の医療職種との連携や、退院あるいは新しい環境や支援機関への栄養管理を移行することである。

3.2 モニタリングと個人評価

(1) 栄養モニタリング

栄養モニタリングと評価の目的は、行われた栄養ケアの進展の量を決定することであり、目標・期待される結果が達成されたかどうかを評価することである。実施した栄養ケアを評価するためには、あらかじめモニタリング項目（栄養ケア指標）を決める必要がある。

栄養モニタリングと評価のアウトカム（結果評価）は以下の4つの項目がある。

① 食物・栄養に関連した履歴についてのアウトカム：食物・栄養素摂取、食物・栄養素管理、薬剤・栄養補助食品の使用、知識・信念、食物・補助食品の入手のしやすさ、身体活動、栄養に関連した生活の質

② 身体計測のアウトカム：身長、体重、体格指数（BMI）、成長パターン指標・パーセンタイル値、体重の履歴

③ 生化学データ、医学検査・処置のアウトカム：検査値、検査

④ 栄養に焦点をあてた身体所見のアウトカム：身体的外見、筋肉や脂肪の消耗、消化器症状、嚥下機能、食欲、感情

(2) 個人評価

栄養診断により見出された問題点を整理・分析し、問題解決に向けた栄養介入目標設定を行う。栄養介入による目標が、だれに対して、いつまでに、どのようなことを、どのように実施されたのかを評価する。

3.3 栄養マネジメントの評価

(1) 評価の種類

栄養ケア・マネジメントの評価では、実施上の問題点の検討と改善点の把握、有効性、効果、効率を明らかにすることで、評価したい内容によって評価の種類を選ぶ。

1) 経過評価

1週間から6カ月の期間での評価である。計画されたプログラムが順調に行われ

ているかを評価すること目的にし、計画の実施過程中に行われる場合が多い。

2）影響評価

12〜24カ月の短期目標に対する評価である。介入により健康状態に影響を及ぼすような活動や行動の変容が観察されるかを評価する。

3）結果評価

1年から10年の中期〜長期目標に対する評価である。健康状態や栄養状態の改善の度合、QOLへの反映など、結果目標が達成されたかを評価する。

4）形成評価

プログラムの途中で行われる評価をさし、対象者にフィードバックを与え、プログラムを最大限に成功させるために、プログラムの全体的な達成の見込みを増大させることを目的とする。

5）総括的評価

最終的に対象集団（個人）のQOLが望ましい方向にどの程度変化したかを評価する。費用効果分析（複数の栄養プログラムの効果と費用の比較）や費用便益分析（栄養プログラムにかかった費用とその成果を金額として算出した比較）などの経済評価もあわせて行い、総合的に評価する。

これらを繰り返すことで、最終的目標（goal）を達成する。この過程をシステム化し、エビデンス（evidence：根拠）に基づく栄養ケア・マネジメントを構築していく。

(2) 評価結果のフィードバック

栄養介入により、栄養管理計画が適切であったかどうかを評価する。栄養評価に基づき、栄養改善計画の立案、栄養改善を実施し、それらの検証を行う。検証結果を踏まえ、計画や実施の内容を改善する。この際、対象からの反応や各評価項目の結果を集積し、分析を行い、栄養プログラム全体にフィードバックを行う。PDCAサイクルに従い、よりよいものに改善を行っていく。

(3) 評価のデザイン

栄養管理による対象者への効果については、それらのデータを蓄積し、データを疫学的な手法を用いて客観的な解析を行い、過去のデータと比較・検討を行い、栄養管理における科学的根拠のあるデータとすることが大切である。評価デザインは妥当性と信頼性の高いものを選ぶことが重要である（表1.9）。

(4) 栄養マネジメントの記録（報告書）

適切な栄養管理を行うには、具体的な目標の設定とそれに沿った評価とフィードバックなどが重要であり、そのためには経過記録（報告書）が必要である。栄養状

表 1.9 栄養管理の評価のデザイン

評価の方法	研究の実施	結果の信頼性	概要
無作為化比較試験（RCT）	困難 ↑	高い ↑	対象者を無作為に対象群と介入群に分けて、効果を比較する。
コホート研究			特定の要因に曝露した集団と曝露していない集団を一定期間追跡し、研究対象となる疾病の発生率を比較することで、要因と疾病発生の関連を調べる観察的研究。前向きコホート研究と後ろ向きコホート研究がある。
介入前後の比較			対象集団の介入前後の変化を比較し、因果関係を評価する。
症例対照研究			疾病に罹患した患者（症例）と健康人（対照）を選び、症例と対照で比較する。
症例報告			ある個別の対象者（症例）への介入前後について1例を報告する。
実験室の研究			実験室で行われる動物実験や細胞実験などの研究報告。
経験談・権威者の意見	↓ 容易	↓ 低い	科学的根拠に基づかない経験談や権威者の一コメントによる報告。

態の評価、栄養教育の内容・評価、今後の教育計画、栄養補給計画などの方針が、誰でも理解できるように共通の言語を用い、統一された形式で書かれる。

記録法には多くの形式が存在するが、問題志向型（POS）システムが多く用いられ、問題志向型診療記録（POMR）が採用されていることが多い。POMR の経過記録には、叙述的記録である SOAP 形式が用いられており、主観的情報（S：subjective）、客観的情報（O：objective）、評価・考察（A：assessment）、計画（P：plan）に分けて記録する。

例題 11　栄養マネジメントの評価に関する記述である。正しいのはどれか。1つ選べ。

1. 経過評価は、対象者の知識や態度、信念、行動、技術などを評価する。
2. 形成評価は、投入された物的・人的・財的資源の妥当性を評価する。
3. 結果評価は、影響目標の達成度を評価する。
4. 経過評価は、経済面から結果を評価する。
5. 総括的評価は、計画されたプログラムがどのように実行されたかを評価する。

解説　結果評価（アウトカム）は、プログラム実施の終盤に、結果として短期目標、中期目標および長期目標が達成できたかを評価する。　**解答** 3

章末問題

1　栄養ケア・マネジメントに関する記述である。正しいのはどれか。1つ選べ。

1. 栄養スクリーニングは、侵襲性が高い。
2. 栄養アセスメントは、栄養状態を評価・判定する。
3. 栄養診断は、疾病を診断する。
4. 栄養ケア計画の目標設定には、優先順位をつけない。
5. モニタリングは、最終的な評価である。　(第32回国家試験)

解説　1. 栄養スクリーニングは、侵襲性の低いものを用いる。　3. 栄養診断では、栄養アセスメントに基づき栄養状態を診断する。　4. 栄養ケア計画の目標設定には、優先順位をつける。　5. モニタリングは、定期的栄養アセスメントを継続し、対象者の状況観察について記録、分析を行う。　**解答** 2

2　栄養ケア・マネジメントの手順としては、栄養スクリーニング後、(a)、(b)、(c)、(d)の順で行い、(d)に続き、必要に応じて再度(a)を行う。( )に入る正しいものの組み合わせはどれか。1つ選べ。　(第30回国家試験)

	a	b	c	d
1.	栄養アセスメント	栄養ケアプラン	栄養介入	モニタリング・評価
2.	栄養アセスメント	モニタリング・評価	栄養ケアプラン	栄養介入
3.	栄養ケアプラン	栄養アセスメント	栄養介入	モニタリング・評価
4.	モニタリング・評価	栄養介入	栄養アセスメント	栄養ケアプラン
5.	栄養介入	モニタリング・評価	栄養ケアプラン	栄養アセスメント

解説　栄養ケア・マネジメントの手順としては、栄養スクリーニング後、栄養アセスメント、栄養ケアプラン、栄養介入、モニタリング・評価の順で行い、モニタリング・評価に続き、必要に応じて再度栄養アセスメントを行う。　**解答** 1

3 栄養スクリーニングに求められる要件である。誤っているのはどれか。1つ選べ。

1. 簡便である。　2. 妥当性が高い。　3. 信頼性が高い。
4. 侵襲性が高い。　5. 敏感度が高い。　（第31回国家試験）

解説 対象者の栄養状態のリスクを選定するため、侵襲の少ない方法でリスク者のふるい分けを行う。
解答 4

4 栄養アセスメントに用いる、半減期が約20日の血液成分である。最も適当なのはどれか。1つ選べ。

1. レチノール結合たんぱく質　2. トランスサイレチン　3. トランスフェリン
4. アルブミン　5. ヘモグロビン　（第34回国家試験）

解説 アルブミンは、血清たんぱく質の約60%を占めるたんぱく質であり、半減期が14〜21日と長いことから、長期的な低栄養の状態が継続すると、血清中の濃度が低下する。そのため、低栄養リスク者の対象者を抽出する指標として用いられることが多い。
解答 4

5 動的栄養アセスメントの指標である。正しいのはどれか。1つ選べ。

1. BMI(kg/m^2)　2. 上腕三頭筋部皮下脂肪厚　3. 血清トランスフェリン値
4. クレアチニン身長係数　5. 遅延型皮膚過敏反応　（第33回国家試験）

解説 トランスフェリンは体内では血清鉄を運搬するたんぱく質である。トランスフェリンの血中半減期はおよそ10日である。比較的短期間のたんぱく質の栄養状態を反映している。
解答 3

6　栄養アセスメントに用いる血液検査項目と病態の組み合わせである。正しいのはどれか。1つ選べ。

1. クレアチニン ------ 糖代謝異常　　2. HbA1c ------ 脂質代謝異常

3. アルブミン ------ 低栄養　　4. 総コレステロール ------ 貧血

5. ヘマトクリット――――骨塩量低下　　（第31回国家試験）

解説　長期的な低栄養の状態が継続すると、血清中の濃度が低下する。そのため、低栄養リスク者の対象者を抽出する指標として用いられることが多い。　**解答** 3

7　栄養アセスメントに関する記述である。最も適当なのはどれか。1つ選べ。

1. 食事記録法による食事調査では、肥満度が高い者ほど過大申告しやすい。
2. 内臓脂肪面積は、肩甲骨下部皮下脂肪厚で評価する。
3. 上腕筋面積は、体重と上腕三頭筋皮下脂肪厚で算出する。
4. 尿中クレアチニン排泄量は、筋肉量を反映する。
5. 窒素出納が負の時は、体たんぱく質量が増加している。　　（第34回国家試験）

解説　クレアチニンは、筋肉細胞内で筋肉収縮のエネルギー源であるクレアチンから産生される最終代謝産物であり、筋肉内でのクレアチニンの産生量は筋肉量に比例し、体重（kg）当たりほぼ一定である。尿中クレアチニン産生量は筋肉量に比例しており、クレアチニン・身長係数（CHI）を求めることにより、筋肉量の指標となる。
解答 4

参考文献

1）大熊利忠、金谷節子 編　キーワードで分かる臨床栄養、羊土社、2007

2）多賀昌樹 編　臨床栄養学－基礎からわかる－、アイケイコーポレーション、2019

3）公益社団法人日本栄養士会監修、栄養管理プロセス、第一出版、2018

4）公益社団法人日本栄養士会監訳 :国際標準化のための栄養ケアプロセス用語マニュアル、第一出版株式会社、2012

5）多賀昌樹 他、サクセス管理栄養士・栄養士養成講座 応用栄養学（第6版）、第一出版、2020

6）日本糖尿病学会 編・著：糖尿病治療ガイド 2018-2019, 文光堂, 21, 2018

第2章
日本人の食事摂取基準

達成目標

■ 食事摂取基準策定の考え方や科学的根拠を理解し、食事摂取基準を栄養評価および栄養計画に活用する際の概念と留意点を理解する。

1 食事摂取基準の基礎的理解

1.1 日本人の食事摂取基準の意義

(1) 食事摂取基準の目的

日本人の食事摂取基準（dietary reference intakes : DRIs）は、健康な個人および集団を対象として、国民の健康の保持・増進、生活習慣病の発症予防のために参照するエネルギーおよび栄養素摂取の基準として厚生労働省から発表される、栄養業務におけるわが国で唯一の包括的なガイドラインである。日本人の食事摂取基準は、社会状況の変化を反映しながら5年ごとに改定され、2020年版では、栄養に関連した身体・代謝機能の低下の回避の観点から、健康の保持・増進、生活習慣病の発症予防および重症化予防に加え、高齢者の低栄養予防やフレイル予防も視野に入れて策定された食事摂取基準となっている（図2.1）

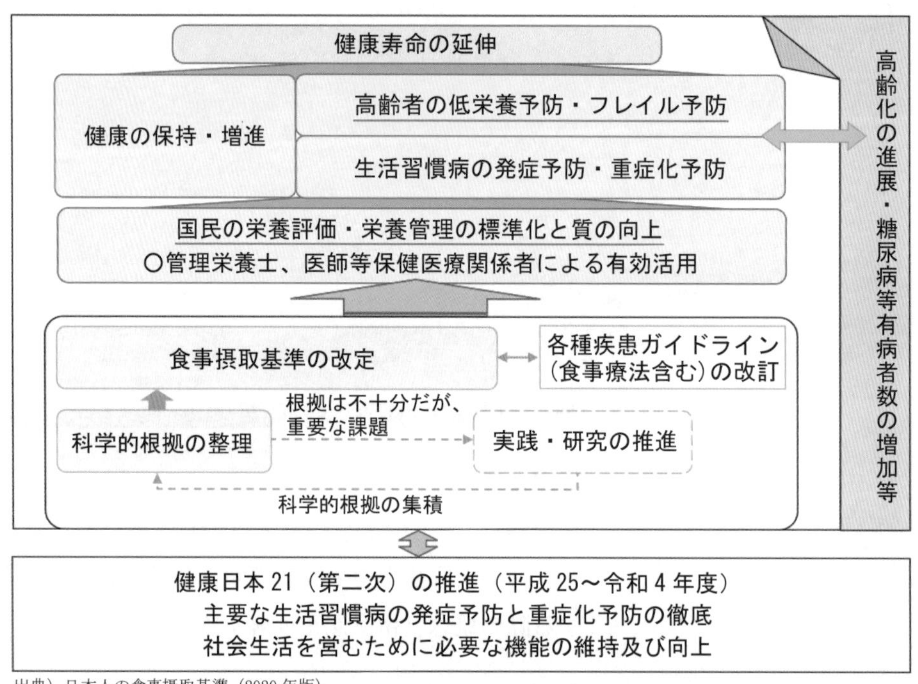

出典）日本人の食事摂取基準（2020年版）

図2.1　日本人の食事摂取基準（2020年版）策定の方向性

食事摂取基準の対象は、健康な個人および健康な者を中心として構成されている集団とし、生活習慣病などに関する危険因子を有していても、また高齢者においてはフレイルに関する危険因子を有していても、おおむね自立した日常生活を営んでいる者およびこのような者を中心として構成されている集団は含んでいる。高血圧、脂質異常、高血糖、腎機能低下に関するリスクを有していても、自立した日常生活を営んでいる者を含んでいる。

また、疾患を有していたり、疾患に関する高いリスクを有していたりする個人および集団に対して治療を目的とする場合は、食事摂取基準におけるエネルギーおよび栄養素の摂取に関する基本的な考え方や、その疾患に関連する基本的な考え方を必ず理解したうえで、その疾患に関する治療ガイドラインなどの栄養管理指針を用いることになる。

食事摂取基準ではこれらの健康な個人または集団だけでなく、保健指導レベルにある対象者の健康の維持・増進、生活習慣病の発症予防と重症化予防のために参照するエネルギーおよび各栄養素の摂取量の基準を示し、健康寿命の延伸に寄与することを目的としている。

(2) 証拠に基づく政策立案（Evidence Based Policy Making：EBPM）による策定

健康増進法に基づき、厚生労働大臣が定めるものとされている熱量（エネルギー）および栄養素について、国民の健康の保持・増進を図るうえで重要な栄養素であり、かつ十分な科学的根拠に基づき、望ましい摂取量の基準を策定できるものが、諸外国の食事摂取基準も参考に策定されている。

例題 1　日本人の食事摂取基準（2020年版）に関する記述である。正しいのはどれか。1つ選べ。

1. 日本人の食事摂取基準は、10年度ごとに改定される。
2. 高齢者の低栄養予防やフレイル予防も視野に入れて策定された。
3. 健康な個人または集団のみである。
4. 高血圧、脂質異常、高血糖、腎機能低下に関するリスクを有する者は対象ではない。
5. 諸外国の食事摂取基準は参考にしていない。

解説　日本人の食事摂取基準は、5年ごとに改訂され、2020年では、健康な個人および健康な者を中心として構成されている集団とし、生活習慣病等に関する危険因子を有していても、また高齢者においてはフレイルに関する危険因子を有していても、おおむね自立した日常生活を営んでいる者は対象としている。　**解答** 2

1.2 食事摂取基準策定の基礎理論

エネルギーは、エネルギー摂取の過不足の回避を目的とするひとつの指標が設定され、栄養素については、「摂取不足の回避を目的とする指標」、「過剰摂取による健康障害の回避を目的とする指標」、「生活習慣病の発症予防」の3つに分類され、推定平均必要量、推奨量、目安量、耐容上限量、目標量の5つの指標で構成されている（図2.2）。

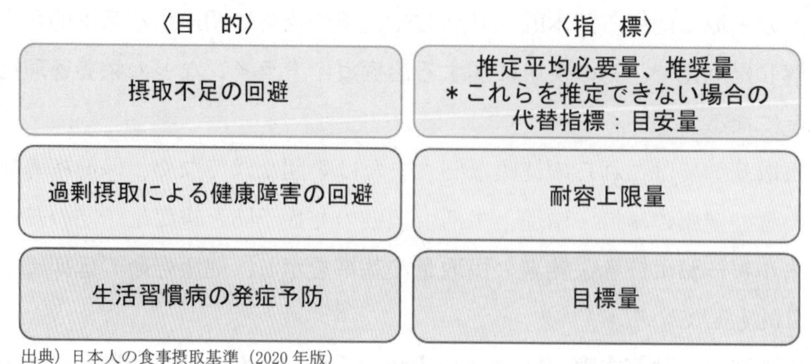

出典）日本人の食事摂取基準（2020年版）

図2.2　栄養素の指標の目的と種類

(1) エネルギー摂取の過不足からの回避を目的とした指標の特徴

日本人の食事摂取基準（2020年版）では、エネルギーの摂取量および消費量のバランス（エネルギーの収支バランス）の維持を示す指標として、BMI（body mass index）が採用され2015年版に引き続き用いられた。このため成人における観察疫学研究において報告された総死亡率が最も低かったBMIの範囲、日本人の実態などを総合的に検証し、目標とするBMIの範囲が提示された。

1) 推定エネルギー必要量

エネルギー必要量については、無視できない個人間差が要因として多数存在するため、性・年齢階級・身体活動レベル別に単一の値として示すのは困難である。しかし、エネルギー必要量の概念は重要であること、目標とするBMIの提示が成人に限られていること、エネルギー必要量に依存することが知られている栄養素の推定平均必要量の算出にあたってエネルギー必要量の概数が必要となることなどから、推定エネルギー必要量は参考表として示された。

(2) 栄養素の摂取不足からの回避を目的とした指標の特徴

1) 推定平均必要量（estimated average requirement：EAR）（図2.3）

ある対象集団において測定された必要量の分布に基づき、母集団における必要量の平均値の推定量を示す。すなわち、当該集団に属する50％の者が必要量を満たす（同時に、50％の者が必要量を満たさない）と推定される摂取量である。

2) 推奨量（recommended dietary allowance：RDA）（図2.3）

ある対象集団において測定された必要量の分布に基づき、母集団に属するほとんどの人（97～98%）が充足している量である。推奨量は、推定平均必要量が与えられる栄養素に対して設定され、推定平均必要量を用いて算出される。

推奨量＝推定平均必要量×(1＋2×変動係数)＝推定平均必要量×推奨量算定係数

3) 目安量（adequate intake：AI）（図 2.3）

目安量は、十分な科学的根拠が得られず「推定平均必要量」が算定できない場合に次の 3 つの概念に基づいて算定されている。どの概念に基づくものであるかは、栄養素や性・年齢階級によって異なる。

①特定の集団において、生体指標などを用いた健康状態の確認と当該栄養素摂取量の調査を同時に行い、その結果から不足状態を示す人がほとんど存在しない摂取量を推測し、その値を用いる場合：対象集団で不足状態を示す人がほとんど存在しない場合には栄養素量の中央値を用いる。

②生体指標などを用いた健康状態の確認ができないが、健康な日本人を中心として構成されている集団の代表的な栄養素摂取量の分布が得られる場合：栄養素摂取量の中央値を用いる。

③母乳で保育されている健康な乳児の摂取量に基づく場合：母乳中の栄養素濃度と哺乳量との積を用いる。

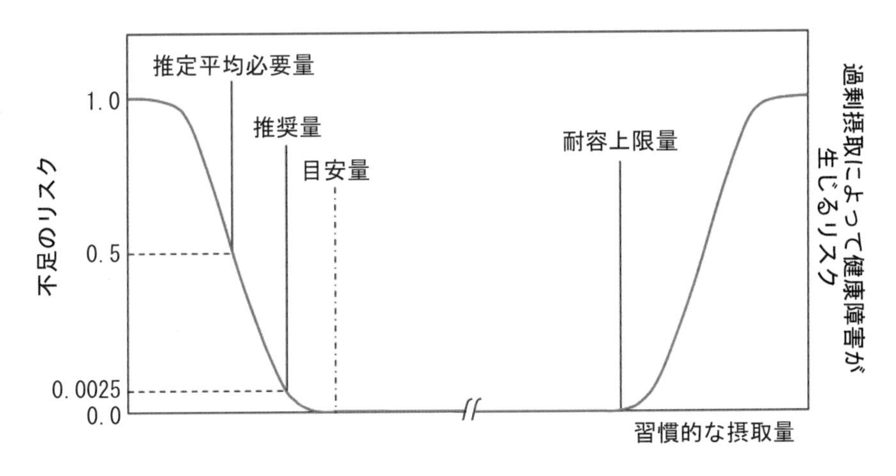

縦軸は、個人の場合は不足又は過剰によって健康障害が生じる確率を、集団の場合は不足状態にある者又は過剰摂取によって健康障害を生じる者の割合を示す。

不足の確率が推定平均必要量では0.5（50%）あり、推奨量では0.02～.03（中間値として0.025）（2～3% 又は2.5%）あることを示す。耐容上限量以上の量を摂取した場合には過剰摂取による健康障害が生じる潜在的なリスクが存在することを示す。そして、推奨量と耐容上限量との間の摂取量では、不足のリスク、過剰摂取による健康障害が生じるリスクともに 0（ゼロ）に近いことを示す。

目安量については、推定平均必要量及び推奨量と一定の関係を持たない。しかし、推奨量と目安量を同時に算定することが可能であれば、目安量は推奨量よりも大きい（図では右方）と考えられるため、参考として付記した。

目標量は、ここに示す概念や方法とは異なる性質のものであることから、ここには図示できない。

出典）日本人の食事摂取基準（2020 年版）

図 2.3　食事摂取基準の各指標（推定平均必要量、推奨量、目安量、耐容上限量）を理解するための概念図

(3) 栄養素の過剰摂取からの回避を目的とした指標の特徴

1) 耐容上限量 (tolerable upper intake level : UL) (図 2.3)

健康障害をもたらすリスクがないとみなされる習慣的な摂取量の上限を与える量とされ、これを超えて摂取すると、過剰摂取によって生じる潜在的な健康障害のリスクが高まると考えられる量である。理論的には、「耐容上限量」は、「健康障害が発現しないことが知られている習慣的な摂取量」の最大値（健康障害非発現量、no observed adverse effect level : NOAEL）と「健康障害が発現したことが知られている習慣的な摂取量」の最小値（最低健康障害発現量、lowest observed adverse effect level : LOAEL）との間に存在するが、得られた数値の不確実性と安全性に配慮して、NOAEL または LOAEL を「不確実性因子」(uncertain factor : UF) で除した値を耐用上限量とした。

(4) 生活習慣病の発症予防を目的とした指標の特徴

1) 目標量 (tentative dietary goal for preventing life-style related diseases : DG)

目標量は、生活習慣病の発症予防を目的として、特定の集団において、その疾患のリスクや、その代理指標となる生体指標の値が低くなると考えられる栄養状態が達成できる量として算定し、現在の日本人が当面の目標とすべき摂取量として設定されている。各栄養素の特徴を考慮し、次の3種類の算定方法が用いられている。

①望ましいと考えられる摂取量よりも現在の日本人の摂取量が少ない場合：食物繊維、カリウム

②望ましいと考えられる摂取量よりも現在の日本人の摂取量が多い場合：飽和脂肪酸、ナトリウム（食塩相当量）

③生活習慣病の発症予防を目的とした複合的な指標：エネルギー産生栄養素バランス（たんぱく質、脂質、炭水化物（アルコール含む）が、総エネルギー摂取量に占めるべき割合）

(5) レビューの方法

日本人の食事摂取基準（2020 年版）は、可能な限り科学的根拠に基づいた策定を行うことを基本とし、システマティック・レビューの手法を用いて国内外の学術論文や入手可能な学術資料が最大限活用され、メタ・アナリシスなど情報の統合が定量的に行われている場合には、優先的に参考されている。今回の策定では、目標量に対してエビデンスレベルが示されている（表 2.1）。

表 2.1　目標量の算定に付したエビデンスレベル[1,2]

エビデンスレベル	数値の算定に用いられた根拠	栄養素
D1	介入研究又はコホート研究のメタ・アナリシス、並びにその他の介入研究又はコホート研究に基づく。	たんぱく質、飽和脂肪酸、食物繊維、ナトリウム（食塩相当量）、カリウム
D2	複数の介入研究又はコホート研究に基づく。	—
D3	日本人の摂取量等分布に関する観察研究（記述疫学研究）に基づく。	脂質
D4	他の国・団体の食事摂取基準又はそれに類似する基準に基づく。	—
D5	その他	炭水化物[3]

1　複数のエビデンスレベルが該当する場合は上位のレベルとする。
2　目標量は食事摂取基準として十分な科学的根拠がある栄養素について策定するものであり、エビデンスレベルはあくまでも参考情報である点に留意すべきである。
3　炭水化物の目標量は、総エネルギー摂取量（100% エネルギー）のうち、たんぱく質及び脂質が占めるべき割合を差し引いた値である。

出典）日本人の食事摂取基準（2020 年版）

(6)　年齢区分

乳児については、「出生後 6 カ月未満（0～5 カ月）」と「6 カ月以上 1 歳未満（6～11 カ月）」の 2 つに区分するが、特に成長にあわせてより詳細な年齢区分設定が必要と考えられたエネルギーおよびたんぱく質については、「出生後 6 カ月未満（0～5 カ月）」および「6 カ月以上 9 カ月未満（6～8 カ月）」、「9 カ月以上 1 歳未満（9～11 カ月）」の 3 つの区分としている。1～17 歳を小児、18 歳以上を成人とし、高齢者は、65 歳以上とし、年齢区分については、65～74 歳、75 歳以上の 2 つの区分としている。なお、栄養素などによっては、高齢者における各年齢区分のエビデンスが必ずしも十分ではない点には留意すべきである。

(7)　参照体位

食事摂取基準の策定において参照する体位（身長・体重）は、性および年齢に応じ、日本人として平均的な体位をもった人を想定し、健全な発育ならびに健康の保持・増進、生活習慣病の発症予防を考えるうえでの参照値として提示し、これを参照体位（参照身長・参照体重）とよんでいる（表 2.2）。

(8)　推定平均必要量の分類

推定平均必要量はさまざまな実験研究方法により求められている。日本人の食事摂取基準で策定された推定平均必要量の求め方は 4 つに分類できる。

①集団内の半数の人に不足または欠乏の症状が現れ得る摂取量をもって推定平均必要量としたもの：ビタミン A、ナイアシン、葉酸、ナトリウム、ヨウ素、セレン

②集団内の半数の人で体内量が維持される摂取量をもって推定平均必要量とした

表 2.2　参照体位（参照身長、参照体重）[1]

性　別	男　性		女　性[2]	
年齢等	参照身長(cm)	参照体重(kg)	参照身長(cm)	参照体重(kg)
0 ～ 5 (月)	61.5	6.3	60.1	5.9
6 ～11 (月)	71.6	8.8	70.2	8.1
6 ～ 8 (月)	69.8	8.4	68.3	7.8
9 ～11 (月)	73.2	9.1	71.9	8.4
1 ～2 (歳)	85.8	11.5	84.6	11.0
3 ～5 (歳)	103.6	16.5	103.2	16.1
6 ～7 (歳)	119.5	22.2	118.3	21.9
8 ～9 (歳)	130.4	28.0	130.4	27.4
10～11 (歳)	142.0	35.6	144.0	36.3
12～14 (歳)	160.5	49.0	155.1	47.5
15～17 (歳)	170.1	59.7	157.7	51.9
18～29 (歳)	171.0	64.5	158.0	50.3
30～49 (歳)	171.0	68.1	158.0	53.0
50～64 (歳)	169.0	68.0	155.8	53.8
65～74 (歳)	165.2	65.0	152.0	52.1
75 以上 (歳)	160.8	59.6	148.0	48.8

1：0～17 歳は、日本小児内分泌学会・日本成長学会合同標準値委員会による小児の体格評価に用いる身長、体重の標準値を基に、年齢区分に応じて、当該月齢及び年齢区分の中央時点における中央値を引用した。ただし、公表数値が年齢区分と合致しない場合は、同様の方法で算出した値を用いた。18 歳以上は、平成 28 年国民健康・栄養調査における当該の性及び年齢区分における身長・体重の中央値を用いた。
2：妊婦、授乳婦を除く。

出典）日本人の食事摂取基準（2020 年版）

栄養素：たんぱく質、ビタミン B_6、カルシウム、マグネシウム、亜鉛、銅、モリブデン

③集団内の半数の人で、体内量が飽和している栄養素をもって推定平均必要量とした栄養素：ビタミン B_1、ビタミン B_2

④上記①～③以外での方法で推定平均必要量が定められた栄養素：ビタミン C、鉄

(9) 策定の留意事項

1) 摂取源

食事として経口摂取される通常の食品に含まれるエネルギーと栄養素を対象とする。耐容上限量については、いわゆる健康食品やサプリメント由来のエネルギーと栄養素も含む。

通常の食品のみでは必要量を満たすことが困難なものとして、胎児の神経管閉鎖障害のリスク低減のために、妊娠を計画している女性、妊娠の可能性がある女性および妊娠初期の女性に付加する葉酸に限り、通常の食品以外の食品に含まれる葉酸

の摂取について提示してある。

2) 摂取期間

食事摂取基準は、習慣的な摂取量の基準について、「1日当たり」を単位として表現したものであり、短期間（例えば、1日間）の食事の基準を示すものではない。ある程度の測定誤差、個人間差を容認し、さらに、日間変動が非常に大きい一部の栄養素を除けば、習慣的な摂取を把握するため、または管理するために要する期間はおおむね「1カ月程度」と考えられている。

3) 摂取量

食事摂取基準で示される摂取量は、すべて習慣的な摂取量である。原則として、1皿、1食、1日、数日間などの短期間での管理を前提としたものではないため、これらに用いる場合には注意を要する。

例題 2　日本人の食事摂取基準（2020年版）に関する記述である。正しいのはどれか。1つ選べ。

1. エネルギーの収支バランスの維持を示す指標として、HbA1c が採用された。
2. 推定平均必要量は、母集団に属するほとんど（97～98％）の人が充足していると推定される摂取量である。
3. 目安量は、生活習慣病の1次予防を目的に設定された指標である。
4. 耐容上限量の算定には、不確実性因子が用いられている。
5. 目標量には、エビデンスレベルが示されている。

解説　エネルギー摂取の過不足の回避を目的とする1つの指標（BMI）が設定され、栄養素については、「摂取不足の回避を目的とする指標」、「過剰摂取による健康障害の回避を目的とする指標」、「生活習慣病の発症予防」の3つに分類し、推定平均必要量、推奨量、目安量、耐容上限量、目標量の5つの指標で構成されている。**解答** 5

例題 3　集団内の半数の人で、体内量が飽和している栄養素をもって推定平均必要量とした栄養素である。正しいのはどれか。1つ選べ。

1. たんぱく質　2. ビタミンA　3. ビタミンB_1　4. ビタミンC　5. 鉄

解説　推定平均必要量はさまざまな実験研究方法により求められている。日本人の食事摂取基準で策定された推定平均必要量の求め方は4つに分類されている。ビタミンB_1は、摂取量が増えていくと、肝臓内の量が飽和し、同時に血中内の量が飽和し、尿中にビタミンB_1の排泄が認められ、それ以降は、摂取量の増加に伴い、ほぼ直線的に増大する。　　**解答 3**

2 食事摂取基準活用の基礎理論

健康な個人または集団を対象として、健康の保持・増進、生活習慣病の発症予防のための食事改善に食事摂取基準を活用する場合は、PDCA サイクルに基づく活用を基本とする。食事摂取状況のアセスメントにより、エネルギー・栄養素の摂取量が適切かどうかを評価する。食事評価に基づき、食事改善計画の立案、食事改善を実施し、それらの検証を行う。検証を行う際には、食事評価を行う。検証結果を踏まえ、計画や実施の内容を改善する。

2.1 食事摂取状況のアセスメント方法と留意点

(1) 食事摂取基準の活用と食事状況のアセスメント

食事摂取、すなわちエネルギーおよび各栄養素の摂取状況を評価するためには、食事調査によって得られる摂取量と食事摂取基準の各指標で示されている値を比較することによって行うことができる。ただし、エネルギー摂取量の過不足の評価には、BMI または体重変化量を用いる。食事調査によって得られる摂取量には必ず測定誤差が伴うため、実施する食事調査について、測定誤差の種類とその特徴、程度を知ることが重要である。測定誤差でとくに留意を要するのは、過小申告・過大申告と日間変動の2つがある。

また、食事調査からエネルギーおよび各栄養素の摂取量を推定する際には、食品成分表を用いて栄養価計算を行うが、食品成分表の栄養素量と実際にその摂取量を推定しようとする食品の中に含まれる栄養素量は必ずしも同じではなく、そうした誤差の存在を理解したうえで対応する。

さらに、エネルギーや栄養素の摂取量が適切かどうかの評価は、生活環境や生活習慣などを踏まえ、対象者の状況に応じて臨床症状や臨床検査値も含め、総合的に評価する必要がある。なお、臨床症状や臨床検査値は、対象とする栄養素の摂取状況以外の影響も受けた結果であることに留意する（図 2.4)。

(2) 食事調査

食事摂取状況に関する調査法には、陰膳法、食事記録法、食事思い出し法、食物摂取頻度法、食事歴法、生体指標などがある。それぞれの特徴によって長所と短所があることに留意し、食事調査の目的や状況にあわせて適宜選択する必要がある。

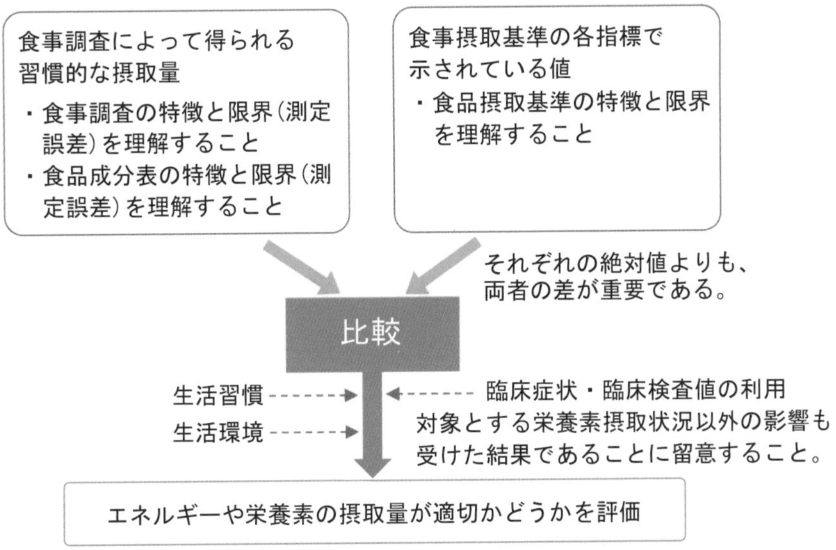

出典）日本人の食事摂取基準（2020 年版）

図 2.4　食事摂取基準を用いた食事摂取状況のアセスメントの概要

(3) 食事調査の測定誤差

1) 過小申告・過大申告

食事調査法には複数種類が知られており、その多くが対象者による自己申告に基づいて情報を収集する。その場合の過小申告・過大申告は避けられない。このうち、出現頻度が高いのは過小申告であり、そのなかでも特に留意を要するものはエネルギー摂取量の過小申告である。調査法や対象者によってその程度は異なるものの、エネルギー摂取量については、日本人でも集団平均値として男性で 11%程度、女性で 15%程度の過小申告が存在する。さらに、過小申告・過大申告の程度は肥満度の影響を強く受ける。

2) エネルギー調整

エネルギー摂取量と栄養素摂取量との間には、多くの場合、強い正の相関が認められる。栄養素摂取量の過小・過大申告はエネルギー摂取量の過小・過大申告に強く相関し、また、栄養素摂取量の日間変動はエネルギー摂取量の日間変動に強く同期する。そこで、エネルギー摂取量の過小・過大申告および日間変動による影響を可能な限り小さくしたエネルギー調整とよばれている密度法を用いる。密度法では、エネルギー産生栄養素については、当該栄養素由来のエネルギーが総エネルギー摂取量に占める割合（%エネルギー）として表現される。エネルギーを産生しない栄養素については、一定のエネルギー（たとえば 1,000 kcal）を摂取した場合に摂取した栄養素量（重量）で表現する。

3) 日間変動

エネルギーならびに栄養素摂取量には日間変動が存在する。食事摂取基準は習慣的な摂取量として評価するため、日間変動を考慮し、その影響を除去した摂取量の情報が必要となる。しかし、日間変動の程度は個人ならびに集団によって異なり、また、栄養素によっても異なる。

2.2 活用における基本的留意事項

(1) 身体状況調査

身体状況のなかでも体重ならびにBMIは、エネルギー管理の観点から最も重要な指標であり、積極的に用いることが勧められる。食事改善を計画し実施した結果を評価する場合には、BMIよりも体重のほうが数値の変化が大きいため鋭敏な指標である。体重の減少または増加を目指す場合は、おおむね4週間ごとに体重を継続的に計測記録し、16週間以上のフォローを行うことが勧められる。体格の指標としては、この他に腹囲や体脂肪率などがある。必要に応じて利用することが望ましい。

(2) 臨床症状・臨床検査の利用

栄養素摂取量の過不足の指標として、臨床症状および臨床検査が利用できる場合がある。例えば、鉄欠乏性貧血における血中ヘモグロビン濃度などの血液指標や月経のある女性における経血量、血清LDLコレステロールやアルブミンなども利用可能である。しかし、臨床症状や臨床検査値は対象とする栄養素の摂取状況以外の影響も受けた結果であるため、慎重な解釈と利用が望まれる。

(3) 食品成分表の利用

食事調査によってエネルギーおよび栄養素の摂取量を推定したり、献立からエネルギーおよび栄養素の給与量を推定したりする際には、食品成分表を用いて栄養価計算を行う。現在、わが国で最も広く用いられているものは日本食品標準成分表2015年版（七訂）であるが、栄養素の定義に関しては、食事摂取基準と日本食品標準成分表2015年版（七訂）とで異なるものがある（表2.3）。

表2.3　食事摂取基準と日本食品標準成分表2015年版（七訂）および日本食品標準成分表2015年版（七訂）追補2017年版で定義が異なる栄養素とその内容

栄養素	定　義		食事摂取基準の活用に際して日本食品標準成分表を用いるときの留意点
	食事摂取基準	日本食品標準成分表	
ビタミンE	α-トコフェロールだけを用いている。	α-、β-、γ-及びδ-トコフェロールをそれぞれ報告している。	α-トコフェロールだけを用いる。
ナイアシン	ナイアシン当量を用いている	ナイアシンとナイアシン当量をそれぞれ報告している。	ナイアシン当量だけを用いる。

出典）日本人の食事摂取基準（2020年版）

食品成分表の栄養素量と、実際にその摂取量や給与量を推定しようとする食品の中に含まれる栄養素量は必ずしも同じではない。しかし、この誤差の方向やその程度を定量化して示すことは困難である。そのため、食品成分表を利用する際には、この誤差の存在を十分に理解したうえで柔軟な対応が望まれる。

(4) エネルギー収支バランス

エネルギーについては、エネルギーの摂取量および消費量のバランス（エネルギー収支バランス）の維持を示す指標として提示したBMIを用いる。実際には、エネルギー摂取の過不足について体重の変化を測定することで評価する。測定されたBMIが、目標とするBMIの範囲を下回っていれば「不足」、上回っていれば「過剰」のおそれがないか、他の要因も含め、総合的に判断する。生活習慣病の発症予防の観点からは、体重管理の基本的な考え方や、各年齢階級の望ましいBMI（体重）の範囲を踏まえて個人の特性を重視し、対応することが望まれる。また、重症化予防の観点からは、体重の減少率と健康状態の改善状況を評価しつつ、調整していくことが望まれる。

(5) 指標の特性などを総合的に考慮

生活習慣病の発症予防に資することを目的に、目標量が設定されているが、生活習慣病の発症予防に関連する要因は多数あり、食事はその一部である。このため、目標量を活用する場合は、関連する因子の存在とその程度を明らかにし、これらを総合的に考慮する必要がある。例えば、心筋梗塞では、その危険因子として肥満、高血圧、脂質異常症とともに、喫煙や運動不足があげられる。栄養面では、食塩の過剰摂取、飽和脂肪酸の過剰摂取など、関連する因子は数多くある。それらの存在を確認するとともに、それぞれの因子の科学的根拠の強さや発症に影響を与える程度を確認する必要がある。

2.3 個人の食事改善を目的とした活用

食事調査を行い、食事摂取基準を活用して個人の摂取量から摂取不足や過剰摂取の可能性などを推定する。その結果に基づいて、食事摂取基準を活用し、摂取不足や過剰摂取を防ぎ、生活習慣病の発症予防のための適切なエネルギーや栄養素の摂取量について目標とする値を提案し、食事改善の計画、実施につなげる。

また、目標とするBMIや栄養素摂取量に近づけるためには、料理・食物の量やバランス、身体活動量の増加に関する具体的な情報の提供、効果的なツールの開発など、個人の食事改善を実現するための栄養教育の企画や実施、検証もあわせて行う（図2.5）。

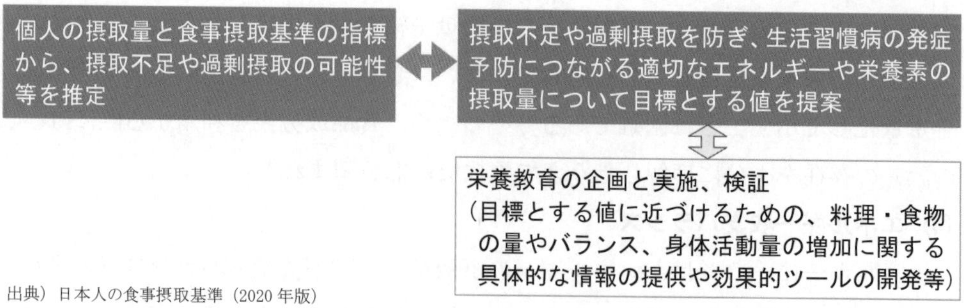

出典）日本人の食事摂取基準（2020年版）

図 2.5　食事改善（個人）を目的とした食事摂取基準の活用の基本的概念

(1) 食事摂取状況のアセスメント

個人の日々選択する食品は異なり、食欲も違うなど、日々の摂取量に影響を及ぼすさまざまな要因が存在するため、個人の習慣的な摂取量を把握することは困難である。このように個人の摂取量は、大きな測定誤差が含まれた値であり、特に日間変動が大きく、個人の真の摂取量ではないことなど、数値の限界を理解したうえで、摂取量から、食事摂取基準の指標を適用して、アセスメントを行う。エネルギー摂取量のアセスメントは、エネルギー出納の正負を評価するものであり、その評価指標にはBMIまたは体重変化量を用いる。

(2) 食事改善の計画と実施

食事改善の計画と実施は、食事摂取状況の評価を行い、その結果に基づいて行うことが基本である。そうした結果を参考にして、食事改善の計画を立案し、実施する。そのためには、対象とする個人の特性を十分に把握しておくことが重要となる。また、目的に応じて臨床症状や臨床検査のデータを用いる。

2.4 集団の食事改善を目的とした評価・計画と実施

食事摂取基準を適用し、食事摂取状況のアセスメントを行い、集団の摂取量の分布から、摂取不足や過剰摂取の可能性がある人の割合などを推定する。その結果に基づいて、食事摂取基準を適用し、摂取不足や過剰摂取を防ぎ、生活習慣病の発症予防のための適切なエネルギーや栄養素の摂取量について目標とする値を提案し、食事改善の計画、実施につなげる。

(1) 食事摂取状況のアセスメント

エネルギー摂取の過不足を評価する場合にはBMIの分布を用いる。栄養素については、食事調査法によって得られる摂取量の分布を用いる。その際、食事調査法に起因する測定誤差（特に、過小申告・過大申告と日間変動）が結果に及ぼす影響の意味と程度を十分に理解して評価を行う。

(2) 食事改善の計画と実施

食事摂取状況のアセスメント結果に基づき、食事摂取基準を適用した食事改善の計画と実施を行う。

例題 4　食事摂取状況のアセスメント方法と留意点についての問題である。正しいのはどれか。1つ選べ。

1. 過小申告・過大申告の程度は肥満度の影響はない。
2. 日間変動の程度は栄養素による差はない。
3. 食事摂取基準を活用する場合は、PDCA サイクルに基づく活用を基本とする。
4. 栄養素摂取量の過不足の指標として、臨床症状および臨床検査は利用できない。
5. エネルギー摂取量のアセスメントは、身長の変化を指標とする。

解説　健康な個人または集団を対象として、健康の保持・増進、生活習慣病の発症予防のための食事改善に食事摂取基準を活用する場合は、PDCA サイクルに基づく活用を基本とする。食事摂取状況のアセスメントにより、エネルギー・栄養素の摂取量が適切かどうかを評価する。　5. エネルギー摂取量のアセスメントは、その評価指標には BMI または体重変化量を用いる。　**解答** 3

3 エネルギー・栄養素別食事摂取基準

3.1 エネルギー

今回エネルギーの摂取量および消費量のバランス（エネルギー収支のバランス）の維持を示す指標として目標とする BMI が採用された。推定エネルギー必要量値については、参考表として提示された。

3.2 エネルギー摂取量の過不足の評価法

エネルギー摂取量は、食品に含まれる脂質、たんぱく質、炭水化物のそれぞれについて、エネルギー換算係数を用いて算定したものの和である。一方、エネルギー消費量は、基礎代謝、食後の熱産生、身体活動の3つに分類される。身体活動は、さらに、運動、日常の生活活動、自発的活動の3つに分けられる。

エネルギー出納バランスは、「エネルギー摂取量－エネルギー消費量」として定義される。

成人においては、その結果が体重の変化と体格（body mass index：BMI）であり、エネルギー摂取量がエネルギー消費量を上回る状態が続けば体重は増加し、逆に、エネルギー消費量がエネルギー摂取量を上回る状態（負のエネルギー出納バランス）では体重が減少する。健康の保持・増進、生活習慣病予防の観点からは、エネルギー摂取量が必要量を過不足なく充足するだけでは不十分であり、望ましいBMIを維持するエネルギー摂取量（＝エネルギー消費量）であることが重要である。そのため、エネルギーの摂取量および消費量のバランスの維持を示す指標としてBMIが採用され、目標とするBMIの範囲を以下のように示した。

表 2.4　目標とする BMI の範囲（18 歳以上）[1,2]

年齢（歳）	目標とするBMI（kg/m^2）
18～49	18.5～24.9
50～64	20.0～24.9
65～74[3]	21.5～24.9
75 以上[3]	21.5～24.9

1：男女共通。あくまでも参考として使用すべきである。
2：観察疫学研究において報告された総死亡率が最も低かったBMIを基に、疾患別の発症率とBMIの関連、死因とBMIとの関連、喫煙や疾患の合併によるBMIや死亡リスクへの影響、日本人のBMIの実態に配慮し、総合的に判断し目標とする範囲を設定。
3：高齢者では、フレイルの予防および生活習慣病の発症予防の両者に配慮する必要があることも踏まえ、当面目標とするBMIの範囲を21.5～24.9kg/m^2とした。

出典）日本人の食事摂取基準（2020 年版）

(1) 基礎代謝基準値（表 2.5）

基礎代謝基準値は、参照体位において推定値と実測値が一致するように決定されている。そのため、基準から大きく外れた体位で推定誤差が大きくなる。日本人でも、肥満者で基礎代謝基準値を用いると、基礎代謝量を過大評価する。逆に、やせの場合は基礎代謝量を過小評価する。

(2) 身体活動レベル

成人の身体活動レベルは、健康な日本人の成人で測定したエネルギー消費量と推定基礎代謝量から求めた値を用いた。身体活動の強度を示す指標には、メッツ値（metabolic equivalent：座位安静時代謝量の倍数として表した各身体活動の強度の指標）と、Af（activity factor：基礎代謝量の倍数として表した各身体活動の強度の指標）がある。絶食時の座位安静時代謝量は、仰臥位で測定する基礎代謝量よりおよそ10%大きいため、メッツ値×1.1≒Afという関係式が成り立つ。平均年齢75歳前後までの健康で自立した高齢者について身体活動レベルを測定した報告から、前期高齢者の身体活動レベルの代表値を1.70とし、身体活動量で集団を３群に分けた検討も参考にして、レベルⅠ、レベルⅡ、レベルⅢを決定した（表 2.6）。

表 2.5　参照体重における基礎代謝量

性別	男性			女性		
年齢(歳)	基礎代謝基準値 (kcal/kg 体重/日)	参照体重 (kg)	基礎代謝量 (kcal/日)	基礎代謝基準値 (kcal/kg 体重/日)	参照体重 (kg)	基礎代謝量 (kcal/日)
1～2	61.0	11.5	700	59.7	11.0	660
3～5	54.8	16.5	900	52.2	16.1	840
6～7	44.3	22.2	980	41.9	21.9	920
8～9	40.8	28.0	1,140	38.3	27.4	1,050
10～11	37.4	35.6	1,330	34.8	36.3	1,260
12～14	31.0	49.0	1,520	29.6	47.5	1,410
15～17	27.0	59.7	1,610	25.3	51.9	1,310
18～29	23.7	64.5	1,530	22.1	50.3	1,110
30～49	22.5	68.1	1,530	21.9	53.0	1,160
50～64	21.8	68.0	1,480	20.7	53.8	1,110
65～74	21.6	65.0	1,400	20.7	52.1	1,080
75 以上	21.5	59.6	1,280	20.7	48.8	1,010

出典）日本人の食事摂取基準（2020 年版）

表 2.6　年齢階級別に見た身体活動レベルの群分け（男女共通）

身体活動レベル	Ⅰ（低い）	Ⅱ（ふつう）	Ⅲ（高い）
1～2　（歳）	—	1.35	—
3～5　（歳）	—	1.45	—
6～7　（歳）	1.35	1.55	1.75
8～9　（歳）	1.40	1.60	1.80
10～11（歳）	1.45	1.65	1.85
12～14（歳）	1.50	1.70	1.90
15～17（歳）	1.55	1.75	1.95
18～29（歳）	1.50	1.75	2.00
30～49（歳）	1.50	1.75	2.00
50～64（歳）	1.50	1.75	2.00
65～74（歳）	1.45	1.70	1.95
75 以上（歳）	1.40	1.65	—

出典）日本人の食事摂取基準（2020 年版）

3.3 たんぱく質

たんぱく質の必要量（推定平均必要量）は、「推定平均必要量＝維持必要量＋新生組織蓄積量」と表される。　また、推奨量は、「推奨量＝推定平均必要量×推奨量算定係数」と表される。なお、新生組織蓄積量は小児と妊婦においてのみ生じる。

(1)　成人・高齢者・授乳婦

窒素出納法を用いて得られたたんぱく質維持必要量は、１歳以上すべての年齢区分に対して男女ともに、たんぱく質維持必要量を0.66 g/kg 体重/日とした。

日常食混合たんぱく質における維持必要量として、日常食混合たんぱく質の利用効率を90％と見積もり、「維持必要量＝良質な動物性たんぱく質における維持必要量/日常食混合たんぱく質の利用効率」とした。たんぱく質維持必要量はkg 体重当たりで報告されている。そこで、これに参照体重を乗じて１人１日当たりのたんぱく質維持必要量とした。すなわち、「維持必要量（g/日）＝維持必要量（g/kg 体重/日）×参照体重（kg）」とした。

授乳婦における付加量については、母乳中たんぱく質量を食事性たんぱく質から母乳たんぱく質への変換効率を70％と見積もり、「維持必要量への付加量＝母乳中たんぱく質量/食事性たんぱく質から母乳たんぱく質への変換効率」とした。

(2) 小児

1〜17 歳の小児において成長に伴い蓄積されるたんぱく質蓄積量を要因加算法によって算出した。すなわち、「たんぱく質蓄積量＝体重増加量×体たんぱく質」とした。

たんぱく質蓄積量は、成長に伴うたんぱく質の蓄積量として、小児の各年齢階級における参照体重の増加量と参照体重に対する体たんぱく質の割合から算出した。

新生組織蓄積分＝たんぱく質蓄積量÷蓄積効率

小児におけるたんぱく質摂取の重要性を考慮し、丸め処理には切り上げが用いられている。

(3) 妊婦

妊娠期の体たんぱく質蓄積量は体カリウム増加量より間接的に算定した。すなわち、カリウム・窒素比（2.15 mmol カリウム/g 窒素）、およびたんぱく質換算係数（6.25）を用いて、体たんぱく質蓄積量を「たんぱく質蓄積量＝体カリウム蓄積量÷カリウム・窒素比×たんぱく質換算係数」で算出した。

体たんぱく質蓄積量は、妊娠中の体重増加により変化することを考慮に入れる必要があり、最終的な体重増加量を11 kg として策定している。

(4) 目標量に高齢者のフレイル予防を考慮

高齢者のフレイル予防の観点から、総エネルギーに占めるべきたんぱく質由来エネルギーの割合（％エネルギー）について、65 歳以上の目標量の下限が15％エネルギーに引き上げられている。65 歳以上の高齢者について、フレイル予防を目的とした量を定めることは難しいが、身長・体重が参照体位に比べて小さい者や、特に75 歳以上であって加齢に伴い身体活動量が大きく低下した者など、必要エネルギー摂取量が低い者では、目標量の下限が推奨量を下回る場合もあるが、その場合でも下限は推奨量以上とすることが望ましい。

3.4 脂質

脂質については、脂質、飽和脂肪酸、n-6 系脂肪酸、n-3 系脂肪酸について基準が示されている。脂質の食事摂取基準は、炭水化物やたんぱく質の摂取量を考慮に入れて設定する必要があるため、1 歳以上については目標量として、総エネルギー摂取量に占める割合（%エネルギー：%E）で示された。脂質の目標量を設定する主な目的は、飽和脂肪酸の過剰摂取を介して発症する生活習慣病を予防することにある。このことから、上限は、飽和脂肪酸の目標量を考慮して設定され、下限は、必須脂肪酸の目標量を下回らないよう設定された。なお、コレステロールは、体内で合成されるため、目標量の設定は困難であるが、脂質異常症の重症化予防の目的から 200 mg/日未満に留めることが望ましいことが記載されている。

3.5 炭水化物

炭水化物が直接に特定の健康障害の原因となるとの報告は、2 型糖尿病を除けば、理論的にも疫学的にも乏しい。そのため、炭水化物については推定平均必要量（および推奨量）も耐容上限量も設定しない。同様の理由により、目安量も設定されていない。一方、炭水化物はエネルギー源として重要であるため、この観点から指標を算定する必要があり、アルコールを含む合計量として、たんぱく質および脂質の残余として目標量（範囲）が設定されている。

食物繊維は数多くの生活習慣病の発症率または死亡率との関連が検討されており、メタ・アナリシスによって数多くの疾患と有意な負の関連が報告されているまれな栄養素である。食物繊維は、摂取不足が対象とする生活習慣病の発症に関連するという報告が多いことから、3 歳以上で目標量が設定されている。

アルコール（エタノール）は、エネルギーを産生するが、炭水化物でも、人にとって必須の栄養素ではないため、食事摂取基準としては、アルコールの過剰摂取による健康障害への注意喚起を行うに留め、指標は算定しないことにした。

3.6 エネルギー産生栄養素バランス

「エネルギーを産生する栄養素、すなわち、たんぱく質、脂質、炭水化物（アルコールを含む）とそれらの構成成分が、総エネルギー摂取量に占めるべき割合（%エネルギー）」としてこれらの構成比率が目標量として示された。

3.7 ビタミンの食事摂取基準設定の特徴

日本人の食事摂取基準 2020 年版で、摂取基準が策定されたビタミンは、脂溶性ビタミンが4種類（ビタミンA、ビタミンD、ビタミンE、ビタミンK）、水溶性ビタミンが9種類（ビタミンB_1、ビタミンB_2、ナイアシン、ビタミンB_6、ビタミンB_{12}、葉酸、パントテン酸、ビオチン、ビタミンC）の合計13種類である。ビタミンの食事摂取基準の科学的根拠を表2.7、表2.8に示す。

(1) ビタミンD

骨折リスクを上昇させないビタミンDの必要量に基づき目安量が設定されている。日照により皮膚でビタミンDが産生されることを踏まえ、フレイル予防を図る者はもとより、全年齢区分を通じて、日常生活において可能な範囲内での適度な日照を心がけるとともに、ビタミンDの摂取については、日照時間を考慮に入れることが重要である。

(2) ビタミンB_1、ビタミンB_2、ビタミンC

ビタミンB_1は、脚気を予防するに足る最小必要量からでなく、ビタミンB_2は、欠乏症である口唇炎、口角炎、舌炎などの皮膚炎を予防するに足る最小摂取量から求めた値ではなく、それぞれの体内量が飽和する最小摂取量をもって推定平均必要量とした。

また、ビタミンCは、欠乏症である壊血病の予防ではなく、心臓血管系の疾病予防効果および抗酸化作用を発揮できる最小摂取量をもって推定平均必要量とした。

いずれも欠乏症を回避する最小摂取量を基に設定した値ではないことに注意すべきである。例えば、災害時の避難所における食事提供の計画・評価のために当面の目標とする栄養の参照量として活用する際には留意が必要である。

(3) 葉酸

胎児の神経管閉鎖障害は受胎後およそ28日で閉鎖する神経管の形成異常であり、葉酸の欠乏が要因となる。多くの場合、妊娠を知るのは、神経管の形成に重要な時期（受胎後およそ28日間）よりも遅いので、妊娠初期だけでなく、妊娠を計画している女性、妊娠の可能性がある女性は神経管閉鎖障害発症の予防のために付加的に400μg/日の葉酸（プテロイルモノグルタミン酸）の摂取が望まれる。

表2.7　脂溶性ビタミンの必要量の科学的根拠

脂溶性ビタミン	ビタミンA	【EAR】肝臓内ビタミンA貯蔵量を20μg/gに維持するために必要な量
	ビタミンD	【AI】全国4地域における16日間食事記録法を用いた調査結果
	ビタミンE	【AI】国民健康・栄養調査の中央値
	ビタミンK	【AI】国民健康・栄養調査の結果と日本人のビタミンK摂取量の調査結果

出典）日本人の食事摂取基準（2020年版）

表 2.8　水溶性ビタミンの必要量の科学的根拠

水溶性ビタミン	ビタミンB_1	【EAR】ビタミンB1摂取量と尿中ビタミンB1排泄量との関係における変曲点
	ビタミンB_2	【EAR】ビタミンB2摂取量と尿中ビタミンB2排泄量との関係における変曲点
	ナイアシン	【EAR】ペラグラ発症予防レベルの尿中ナイアシン代謝産物排泄量
	ビタミンB_6	【EAR】血漿PLP濃度を30nmol/Lに維持する摂取量
	ビタミンB_{12}	【EAR】悪性貧血患者への筋肉内注射投与による治療に必要な量
	葉　酸	【EAR】赤血球中葉酸濃度を305nmol/L以上に維持する量
	パントテン酸	【AI】国民健康・栄養調査の中央値
	ビオチン	【AI】トータルダイエット法による調査
	ビタミンC	【EAR】心臓血管系の疾病予防と抗酸化作用が期待できる血漿ビタミンC濃度を維持できる摂取量

出典）日本人の食事摂取基準（2020年版）

3.8 ミネラル（無機質）

日本人の食事摂取基準2020年版で、摂取基準が策定されたミネラルは、多量ミネラルが5種類（ナトリウム、カリウム、カルシウム、マグネシウム、リン）、微量ミネラルが8種類（鉄、亜鉛、銅、マンガン、ヨウ素、セレン、クロム、モリブデン）の合計13種類である。ミネラルの食事摂取基準の科学的根拠を（表2.9）、（表2.10）に示す。

(1) ナトリウム

目標量は、男性7.5 g、女性7.0 gであるが、高血圧および慢性腎臓病（CKD）の重症化予防のための食塩相当量の量は男女とも6.0 g/日未満とする。

(2) カリウム

WHOのガイドラインでは、成人の血圧と心血管疾患、脳卒中、冠状動脈性心臓病のリスクを減らすために、食物からのカリウム摂取量を増やすことを強く推奨している。カリウム摂取量と血圧、心血管疾患などとの関係を検討した結果、これらの生活習慣病の発症予防のために3,510 mg/日のカリウム摂取を推奨している。そこで、平成28年国民健康・栄養調査の結果に基づく日本人の成人（18歳以上）におけるカリウム摂取量の中央値（2,183 mg/日）と3,510 mg/日との中間値である2,842 mg/日を、目標量を算出するための参照値とした。

(3) カルシウム

1歳以上については、要因加算法を用いて推定平均必要量が設定されている。具体的には、性別および年齢階級ごとの参照体重を基にして体内蓄積量、尿中排泄量、経皮的損失量を算出し、これらの合計を見かけの吸収率で除して算出している。推奨量は、他の多くの栄養素と同様に個人間変動係数を10％と見積もり、推定平均必要量に推奨量算定係数1.2を乗じた値とした。

(4) 鉄

鉄の推定平均必要量は、要因加算法を用いて算定されている。鉄の要因加算法で用いられた諸量としては ① 基本的鉄損失、② 成長に伴う鉄蓄積、③ 月経血による鉄損失、④ 吸収率、⑤ 必要量の個人間変動がある。

1) 基本的鉄損失

4集団41人において報告された値を代表値として採用し、体重比の0.75乗で外挿して、性・年齢階級別に基本的損失を推定している。

2) 成長に伴う鉄蓄積

小児では、成長に伴って鉄が蓄積され、① ヘモグロビン中の鉄蓄積、② 非貯蔵性組織鉄の増加、③ 貯蔵鉄の増加に大別される。

3) 月経血による鉄損失

月経血への鉄損失については、20歳前後の日本人では、月経出血量の平均が37.0 mL/回、月経周期の中央値が31.0日という値を20歳以上に適用し、ヘモグロビン濃度、ヘモグロビン中の鉄濃度から、月経血による補填に必要な鉄摂取量を推定している。

4) 吸収率

諸外国の通常食における推定吸収率に加え、FAO／WHOが採用している吸収率を参考にして15％としている。

5) 必要量の個人間変動

体表面積や体重増加量の変動に基づいて必要量の個人間変動による変動係数が年齢階級別に見込んでおり、15歳以上の変動係数は10％としている。

① 成人男性・月経のない女性：推定平均必要量＝基本的鉄損失÷吸収率

② 月経のある女性：推定平均必要量＝(基本的鉄損失＋月経血による鉄損失)÷吸収率

③ 小児（男児・月経のない女児）：推定平均必要量＝(基本的鉄損失＋ヘモグロビン中鉄蓄積＋非貯蔵性組織鉄の増加＋貯蔵鉄の増加)÷吸収率（15％）

推奨量は①、②ともに個人間の変動係数を10％と見積もり、推定平均必要量に推奨量算定係数1.2を乗じた値とした。

③の変動係数は20％（1～14歳）、10％（15歳以上）であることより推奨量算定係数は各々1.4および1.2である。

表 2.9　多量ミネラルの必要量の科学的根拠

多量ミネラル	ナトリウム	【EAR】不可避損失量
	カリウム	【AI】国民健康・栄養調査の中央値
	カルシウム	【EAR】要因加算法を用いた骨量を維持するために必要な摂取量
	マグネシウム	【EAR】出納実験による Mg 平衡維持量
	リン	【AI】国民健康・栄養調査の中央値

出典）日本人の食事摂取基準（2020 年版）

表 2.10　微量ミネラルの必要量の科学的根拠

微量ミネラル	鉄	【EAR】鉄損失、鉄蓄積、吸収率など、要因加算法を用いて算出
	亜鉛	【EAR】要因加算法における総排泄量を補う真の吸収量の達成に必要な摂取量
	銅	【EAR】Cu の平衡維持量と血漿・血清 Cu 濃度
	マンガン	【AI】日本人を対象とした食事調査結果
	ヨウ素	【EAR】甲状腺への 1 日当たりの蓄積量
	セレン	【EAR】血漿グルタチオンペルオキシダーゼ活性値が飽和値の 2/3 となるときの摂取量
	クロム	【AI】食品成分表を用いた日本人の Cr 摂取量
	モリブデン	【EAR】アメリカ人を対象とした出納実験による平衡維持量

出典）日本人の食事摂取基準（2020 年版）

例題 5　日本人の食事摂取基準（2020 年版）の栄養素に関する記述である。正しいのはどれか。1 つ選べ。

1. たんぱく質維持必要量を 0.92 g/kg 体重/日とした。
2. ビタミン D の目安量は、骨折リスクを上昇させない必要量に基づき設定されている。
3. ビタミン C は、壊血病を予防し得る量として設定された。
4. カルシウムは、出納法により算定されている。
5. 鉄の推定平均必要量は、出納法を用いて算定されている。

解説　1. 1 歳以上すべての年齢区分に対して男女ともに、0.66 g/kg 体重/日である。3. 壊血病の予防ではなく、心臓血管系の疾病予防効果および抗酸化作用を発揮できる最小摂取量をもって推定平均必要量とした。　4. 要因加算法を用いて推定平均必要量が設定されている。　5. 鉄の要因加算法で用いられた諸量としては①基本的鉄損失、②成長に伴う鉄蓄積、③月経血による鉄損失、④吸収率、⑤必要量の個人間変動がある。

解答　2

章末問題

1　日本人の食事摂取基準（2020年版）における策定の基本的事項に関する記述である。正しいのはどれか。1つ選べ。

1. 摂取源には、サプリメントは含まれない。
2. 参照体位は、望ましい体位を示している。
3. BMI（kg/m^2）は、18歳以上のエネルギー収支バランスの指標である。
4. 高齢者の年齢区分は、70歳以上である。
5. 目安量（AI）は、生活習慣病の予防を目的とした指標である。

（第33回国家試験改変）

解説　1. サプリメントも含まれる。　2. 日本人の中央値である。　4. 高齢者を65〜74歳、75歳以上の2区分とした。　5. 十分な科学的根拠が得られず「推定平均必要量」が算定できない場合に算定されている。　**解答** 3

2　日本人の食事摂取基準（2020年版）における策定の基本的事項に関する記述である。正しいのはどれか。1つ選べ。

1. 対象者に、生活習慣病のリスクを有する者は含まれない。
2. 対象とする摂取源に、ドリンク剤は含まれない。
3. 示された数値の信頼度は、栄養素間で差はない。
4. 望ましい摂取量は、個人間で差はない。
5. ネルギー収支バランスの指標に、成人ではBMI（kg/m^2）を用いる。

（第34回国家試験改変）

解説　1. 生活習慣病のリスクを有する者も含む。　2. ドリンク剤も含まれる。　3. 栄養素間で差がある。　4. 個人間で差は存在する。　**解答** 5

3　日本人の食事摂取基準（2020 年版）において、1 歳以上で推奨量（RDA）が設定されている栄養素である。正しいのはどれか。1 つ選べ。

1. n-3 系脂肪酸　2. 炭水化物　3. ビタミンD　4. ビタミンB_1　5. カリウム

（第 33 回国家試験改変）

解説　1. 目標量が定められている。　2. %エネルギーの目標量が示されている。3. 目安量が示されている。　5. 目安量が示されている。　**解答** 4

4　日本人の食事摂取基準（2020 年版）と日本食品標準成分表 2015 年版（七訂）で、定義（対象とする化学物質の範囲）が異なる栄養素である。正しいのはどれか。1 つ選べ。

1. ビタミンA　2. ビタミンD　3. ビタミンE　4. ビタミンK　5. ビタミンC

（第 34 回国家試験改変）

解説　(3) ビタミンEおいて、食事摂取基準ではα-トコフェロールのみを用いている。　**解答** 3

5　日本人の食事摂取基準（2020 年版）において、75 歳以上で目標とする BMI（kg/m^2）の範囲である。正しいのはどれか。1 つ選べ。

1. 18.5 ～ 22.0　2. 18.5 ～ 24.9　3. 20.0 ～ 24.9
4. 21.5 ～ 24.9　5. 22.5 ～ 28.0

（第 32 回国家試験改変）

解説　フレイル予防の観点から、65 歳以上の高齢者において BMI の範囲を 21.5～24.9kg/m^2 している。　**解答** 4

6　日本人の食事摂取基準（2020 年版）における、成人の推定平均必要量（EAR）の策定根拠に関する記述である。正しいのはどれか。1 つ選べ。

1. ビタミン B_1 は、尿中にビタミン B_1 の排泄量が増大し始める摂取量から算定された。
2. ナイアシンは、尿中にナイアシン代謝産物の排泄量が増大し始める摂取量から算定された。
3. ビタミン C は壊血病を予防できる摂取量から算定された。
4. カルシウムは、骨粗鬆症を予防できる摂取量から算定された。
5. 鉄は、出納実験で平衡状態を維持できる摂取量から算定された。

（第 34 回国家試験改変）

解説　2. ペラグラ発症予防レベルの尿中ナイアシン代謝産物排泄量。　3. 心臓血管系の疾病予防と抗酸化作用が期待できる血漿ビタミン C 濃度を維持できる摂取量。　4. 要因加算法を用いた骨量を維持するために必要な摂取量。　5. 鉄損失、鉄蓄積、吸収率など、要因加算法を用いて算出。　**解答** 1

7　日本人の食事摂取基準（2020 年版）における、ビタミンの耐容上限量（UL）に関する記述である。正しいのはどれか。1 つ選べ。

1. ビタミン A では、カロテノイドを含む。
2. ビタミン E では、α-トコフェロール以外のビタミン E を含む。
3. ナイアシンでは、ナイアシン当量としての量で設定されている。
4. ビタミン B_6 では、食事性ビタミン B_6 としての量で設定されている。
5. 葉酸では、プテロイルモノグルタミン酸としての量で設定されている。

（第 32 回国家試験改変）

解説　1. β-カロテンの過剰摂取によるプロビタミン A としての過剰障害は、胎児奇形や骨折も含めて知られていないので、耐容上限量を考慮したビタミン A 摂取量（レチノール相当量）の算出にはプロビタミン A であるカロテノイドは含められていない。　2. α-トコフェロールのみの値である。　3. ナイアシンの食事摂取基準の表に示した数値は、強化食品由来およびサプリメント由来のニコチン酸あるいはニコチンアミドの耐容上限量である。　4. 通常の食品を摂取している者で、過剰摂取

による健康障害が発現したという報告は見あたらないことから耐用上限量は設定されていない。 **解答** 5

8 日本人の食事摂取基準（2020年版）の小児に関する記述である。正しいのはどれか。1つ選べ。

1. 1歳児の基礎代謝基準値は、4歳児より低い。
2. 身体活動レベル（PAL）は、2区分である。
3. 炭水化物の目標量（DG）は、成人に比べ高い。
4. 脂質の目標量（DG）は、男女で異なる。
5. 鉄の推定平均必要量（EAR）は、要因加算法で算出した。

（第33回国家試験改変）

解説 1. 1歳児の基礎代謝基準値は、4歳児より高い。 2. 6歳以上では3区分である。 3. 成人と同じである。 4. 男女差はない。 **解答** 5

9 日本人の食事摂取基準(2020年版）において、授乳婦に付加量が設定されている栄養素である。誤っているのはどれか。1つ選べ。

1. たんぱく質　2. ビタミンA　3. 葉酸　4. カルシウム　5. 鉄

（第33回国家試験改変）

解説 4. 授乳中は、腸管でのカルシウム吸収率が非妊娠時に比べて軽度に増加し、母親の尿中カルシウム排泄量は減少することによって、通常よりも多く取り込まれたカルシウムが母乳に供給されることから、付加量は必要がない。 **解答** 4

第3章 成長・発達・加齢

達成目標

- 生体の形態的、機能的な特徴をライフステージ別に理解し、説明できる。
- 身体諸機能の加齢変化および老化について説明できる。

1　成長・発達・加齢の概念

ヒトの成長過程は胎児期と出生後の２つに区別される。出生後は加齢に従って成長期（新生児期、乳児期、幼児期、学童期、思春期）および成人期と老年期に区分される。出生前の胎児期に始まる一連の生物的発達過程に及ぼす栄養は妊娠期の母体に依存する。出生直後から加齢につれて各区分における望ましい栄養および食生活の特徴的な諸問題について理解する。

1.1 成長

成長は形態的に身体の各部位の重量や大きさが増加し、機能的に成熟する現象をいう。

ヒトの発生は受精することから始まり受精６日ごろに着床し、妊娠が始まる。胎盤形成は７週頃から始まり、15 週頃に完成し、胎盤と胎児は臍帯によって結ばれ、胎児への栄養供給が行われる。

成長期は、身体的、精神的に多くの進行性の変化がみられる時期である。栄養学的には一生のうちでその需要率がいちばん高くなる時期であり、発育・発達が活発である。成長の度合いは、発育の時期や器官別に異なる。

ヒトは出生後、成長時期に応じて新生児期（出生～28 日頃まで）、乳児期（～1 歳未満）、幼児期（～６歳未満）学童期（～12 歳）、思春期（10～18 歳）の各区分とされ、続いて成人期（～65 歳頃）および老年期（65 歳以降）に分けられる。出生 28 日未満を新生児といい、特に出生後７日までを早期新生児という。成長と発育はほぼ相関しているので成長と発達をまとめて称することが多いが、常に一致しているわけではない。

1.2 発達

運動能力や免疫機能を含む身体の諸機能や各臓器・器官・組織の働きが成熟する過程を発達という。

身体を構成する各種器官の発育速度は器官によって異なっており、発育パターンはスキャモンにより４つの型に分類される。図 3.1 はスキャモンの臓器別発育曲線を示したもので 20 歳での各臓器重量を 100 として各年齢の重量を百分率で表したものである。一般型は第１発育スパート（乳児期）と第２発育スパート（思春期）によりＳ 字状発育曲線を示す。神経系の発達は３歳時で成人の 2/3 に近い値になり、学童期前に成人の約90%に達する。リンパ型は胸腺、リンパ腺、免疫系などで幼児から学童期にかけて著しく成長し、思春期で成人の2倍となり、その後低下する。生殖器型は思春期以降急激に成長する。

生まれてからの時間経過とともに生ずる一連の形態的、機能的変化を加齢変化という。臓器などの機能は30代から次第に低下する（図3.2）。加齢に伴う高齢期は老化という生命現象で示される時期で、生物学的には体構成や機能の変化を示す時期である。

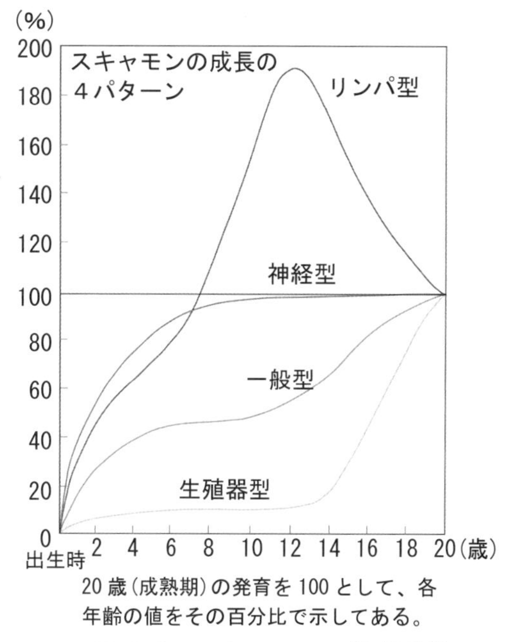

図3.1　スキャモンの発育曲線

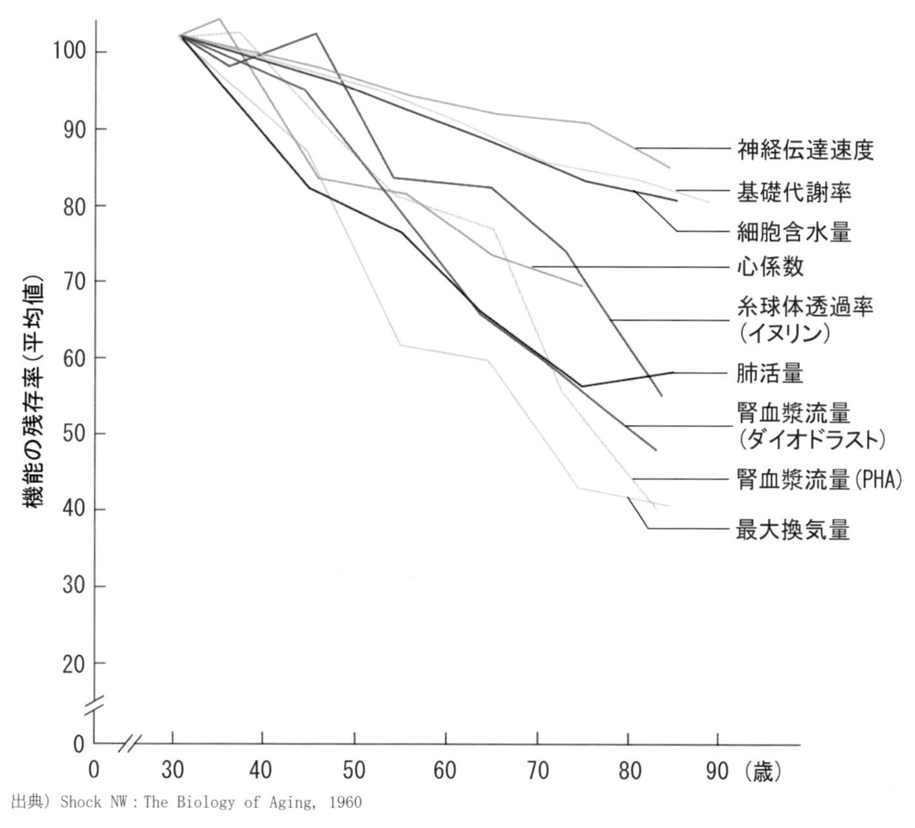

出典）Shock NW：The Biology of Aging, 1960

図3.2　ヒトの加齢に伴う種々の機能低下

例題 1　スキャモンの発育曲線に関する記述である。正しいのはどれか。1つ選べ。

1. 30歳までの成長・発達度を100としている。
2. 一般型は、乳幼児期より急激に成長し、12歳頃に完成する。
3. 神経型は、乳幼児期と思春期に著しく成長する。
4. リンパ型は、10～12歳頃に20歳時の2倍程度まで成長する。
5. 生殖型は、成人期に急激に成長する。

解説　1. 20歳の発育を100として各年齢の値をその百分比で示している。　2. 一般型は乳児期、思春期に成長が加速してS字型曲線を示す。　3. 神経型は乳幼児期での成長が著しく、成人のほぼ90%まで成長する。　4. リンパ型は正解である。　5. 生殖型は思春期以降に急激に成長する。　**解答** 4

1.3 加齢

加齢は生物が生きている間に歳を重ねることをいう。加齢変化とは生まれてから時間経過とともに生じる一連の形態的、機能的変化をさす。一方、老化は一旦完成した体の機能が低下したり、生活習慣病や老年病が発生したりすることにより徐々に進行する体の機能の低下による総合的変化として表せる。

加齢に伴い実質細胞数が減少し、臓器の重量や除脂肪体重は低値を示す。各臓器では予備能力の低下や組織の脆弱性、恒常性の機能が低下するのがみられる。これらの変化は臓器によって低下の程度が異なる。骨量も低下する。体脂肪量は加齢によってほとんど変化しない。多くの高齢者では筋肉の萎縮や体脂肪の増加が起こり、体脂肪率は増加する。体内の脂肪の分布は、下肢の脂肪が減少し腹腔内の内臓脂肪が増加する傾向がある。フレイルとは老化に伴う種々の機能低下（予備能力の低下）を基盤とし、さまざまな健康障害に対する脆弱性が増加している状態をさす（図3.3）。

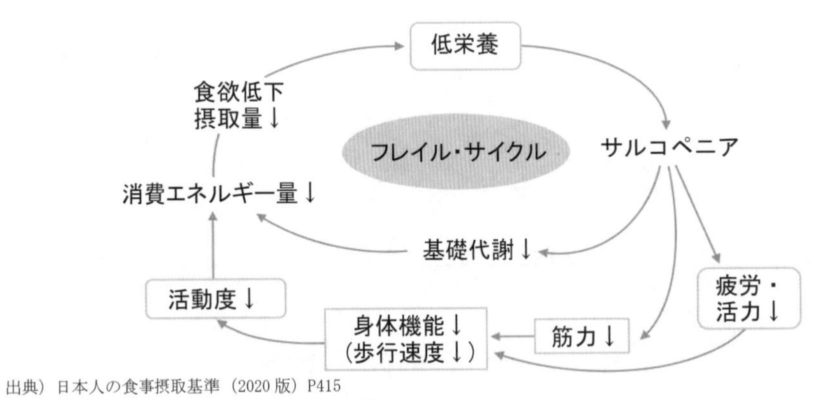

出典）日本人の食事摂取基準（2020版）P415

図3.3　フレイル・サイクル

一方、サルコペニアは加齢に伴って生じる骨格筋量と骨格筋力の低下として定義される。骨格筋量の減少を必須としてそれ以外に筋力または運動機能の低下のいずれかが存在すればサルコペニアと診断される。

例題 2　加齢に伴う変化に関する記述である。正しいのはどれか。

1. 各臓器の恒常性機能は同じように低下する。　2. 除脂肪体重は、減少する。
3. 体脂肪量は増加する。　4. フレイルとは老化に伴う骨格筋量の減少をいう。
5. サルコペニアは骨格筋量と筋力の減少を必須として診断される。

解説　1. 臓器によって低下の程度は異なる。　2. 加齢により脂肪を除いた体組成は減少する。　3. 体脂肪量は加齢によってほとんど変化しない。　4. 老化に伴う種々の機能低下を基盤とし、さまざまな健康障害に対する脆弱性が増加している状態をさす。　5. 骨格筋量の減少を必須としてそれ以外に筋力または運動機能の低下のいずれかが存在すればサルコペニアと診断される。　**解答** 2

2 成長・発達・加齢に伴う身体的・精神的変化と栄養

2.1 身長・体重・体組成

体重は出生時で3,000 gであるが生後3～4日目頃になると一時的に出生時体重の3～10%ほど減少する。これは生理的体重減少といわれる。その後、体重は急速に増加し生後3～4カ月で出生時の約2倍、1歳で約3倍、2歳半で約4倍、4歳で約5倍となる。

出生時の身長の平均値は約50 cmであり、最初の1年で25 cmほど伸び、年間身長増加が最も大きい時期である。身長の成長は栄養状態や疾病の影響を受けにくい。

出生時の頭囲は約33 cmで胸囲よりやや大きく、生後1年で胸囲とほぼ等しく、2歳以降に胸囲が頭囲を上まわる。新生児の脳重量は体重の約15%で、頭重量は成人の2%に比べて重い。

体表面積はエネルギーおよび水分代謝と関連があり新生児は0.2 m^2、10歳で1 m^2、成人で1.5 m^2である。

図3.4は日本人男女の乳児について観察した身長のパーセンタイル発育曲線である。この発育曲線上で10～90パーセンタイルの範囲内に沿って発育している場合は正常な発育状態であると考えてよい。しかし、多少離れていても、発育曲線に沿って発育し、身長および体重のバランスがとれていれば経過観察することでよい。幼

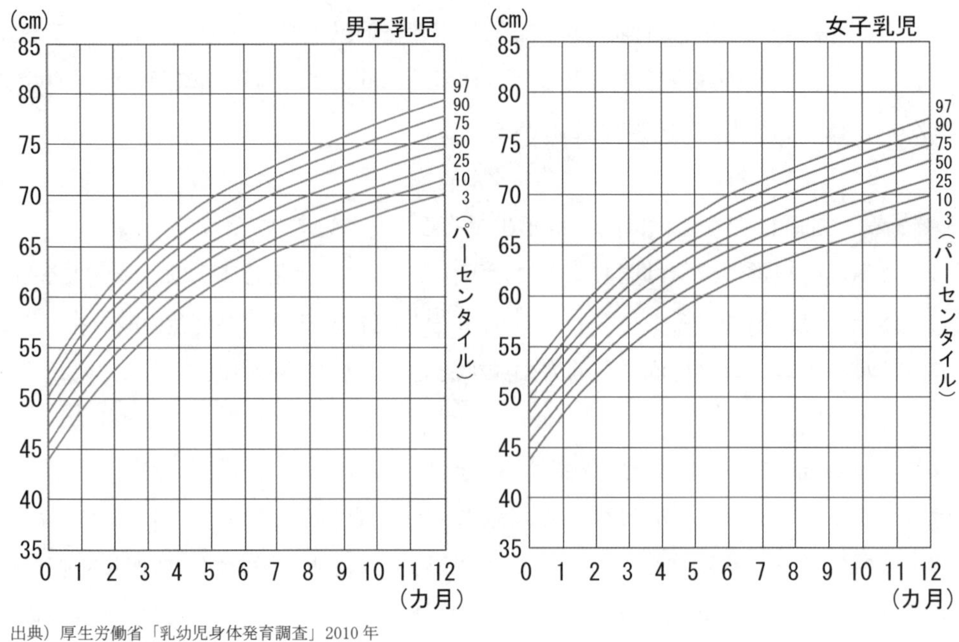

出典）厚生労働省「乳幼児身体発育調査」2010年

図 3.4　乳児身長発育パーセンタイル曲線

児期は身長、体重などの体格面で乳児に比べて成長が緩やかになる一方、運動機能および精神面は発達がめざましい時期である。成長と発育の著しい幼児期は、発育の重点が体重から身長に移り、皮下脂肪の減少がみられ、やせた筋肉質の体型になる。

身長および体重の成長速度は10〜12歳児になると女児の身長、体重が男児の発達を上回る。その後、男子は女子より約2年遅れて著しい成長・発達を示す第2発育急進期となり、女子の体位を追い越す。

学童は小学生の時期をさし、6歳から12歳までの小児をいう。その特徴は心身ともに成長、発達の途上にある。10歳からの後半になると急激な成長（第2発育急進期）を示し身長や体重の年間発育量は最大となる。

思春期は女子で身長、体重とも一時的に男子を追い越す。男子が女子よりも約2年遅れる。男子よりも女子の発達が速く、10〜12歳頃に第2発育急進期（思春期スパート）がみられる。男子は12〜14歳頃に第2発育急進期が始まる。第2次性徴の発現は身長増加が停止するまでの期間で、女児10〜16歳頃、男児は12〜18歳頃を思春期という。性ホルモンの分泌が高まり、性器の成熟が起こり、男性として、あるいは女性として成人体型が完成する時期である。

年間発育量は時代とともに早くなっていく傾向がみられる。思春期における体重の急増加期に皮下脂肪の沈着が始まる。男子は15歳、女子は16〜17歳頃にピークを迎える。女子の皮下脂肪は、男子よりも大きい値を示している。特に胸部、下腹部、大腿部など皮下脂肪が沈着して15～16歳頃には女性的な体型になる。男子では骨格や筋肉が発達し、男性的な体系になる。思春期とそれ以降20歳前半までを青年期ともいう。

例題 3　年間身長増加が最も大きいのはどれか。

1. 乳児期　　2. 幼児期　　3. 学童期　　4. 思春期　　5. 青年期

解説　乳児期は1年間で約25 cm伸びる。　参考：幼児期では年間7 cm前後、学童の年間身長の増加は6 cm前後、思春期では14 cm、15歳前後で10 cm前後伸びる。青年期では、年間の身長増加はほとんど認めない。　**解答** 1

2.2 消化・吸収

新生児のアミラーゼ活性は低いが、母乳中のアミラーゼは胃酸やたんぱく質分解酵素に抵抗性があり小腸まで到達する。その他、唾液からもアミラーゼが分泌する。

新生児では胆汁酸プールは少なく、中性脂肪の消化・吸収に不利である。しかし、新生児の膵リパーゼの低活性を補い中性脂肪の消化・吸収を助ける機構が胃液中のリパーゼや母乳胆汁酸刺激リパーゼにある。

たんぱく質分解酵素のトリプシンは、授乳に伴い活性が急速に増し、生後2日で出生時の4倍、1カ月で成人と同程度になる。

ペプチダーゼの活性は新生児で幼児の約17%程度しかない。

乳歯は生後6カ月頃より生え始め、2歳半ぐらいで完了する。永久歯は6歳頃から生え始め、14歳頃までに第二大臼歯が生え28本の永久歯が出そろう。第三大臼歯の生歯の生える時期は16～30歳頃で個人差が大きい（図3.5）。

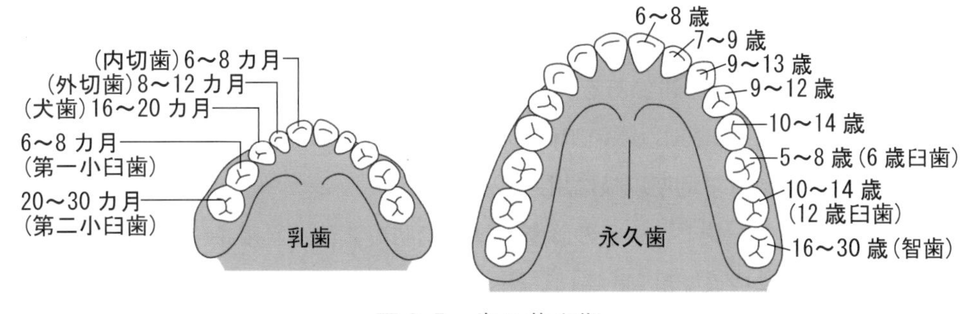

図3.5　歯の萌出期

2.3 代謝

幼児期は諸機能の発達が著しく、体内の代謝および身体活動が活発となる。新生児期での消化機能の未熟さは食物アレルギーと関係があり、食物アレルギー児は1歳児で6～7%、3歳児で3%程度存在する。

小児の肥満は一般に単純性肥満で、摂取エネルギー量が長期にわたり消費エネルギー量を上まわるために中性脂肪が蓄積されて生じる。肥満の判定は、成人ではbody mass index（BMI）を用いる。小児に対する肥満の判定は標準体重を目安にした肥満度による判定とカウプ指数による判定がある。ローレル指数は学童期以降に用いる。

メタボリックシンドロームの診断基準は内臓脂肪の蓄積が必須条件である。また、女性の更年期は閉経に伴うエストロゲンの分泌低下によって肥満、脂質異常症、骨密度など生活習慣病のリスクが増大する時期である。

高齢者では消化管筋層が薄くなり、消化管の運動は低下する。特に萎縮性胃炎による胃酸分泌量の減少は無酸症の割合を高くする。

例題 4　消化・吸収能の発育に関する記述である。正しいのはどれか。1つ選べ。

1. 新生児の中性脂肪の消化に母乳胆汁酸刺激リパーゼが働く。
2. トリプシンの活性は遅く、生後6カ月で出生時の4倍となる。
3. ペプチダーゼの活性は新生児期でも幼児期でも同じである。
4. 永久歯は、3歳頃から生え始める。
5. 永久歯は、8歳前後に生えそろう。

解説　1. 新生児の中性脂肪の消化・吸収を助ける機構が胃液中のリパーゼや母乳胆汁酸刺激リパーゼである。　2. 生後2日で出生時の4倍になる。　3. 新生児は幼児の約17%程度しかない。　4. 永久歯は6歳頃から生え始める。　5. 永久歯が生えそろうのは14歳頃まででである。

解答　1

例題 5　代謝に関する記述である。正しいのはどれか。1つ選べ。

1. カウプ指数は 思春期以降の肥満判定に用いられる。
2. ローレル指数は学童期以降に用いる。
3. メタボリックシンドロームの診断基準は脂肪の蓄積が必須条件である。
4. 肥満の判定に成人では skeletal muscle index（SMI）が用いられる。
5. 高齢者にみられる萎縮性胃炎では、胃酸分泌量が増加しやすい。

解説　1．カウプ指数は乳幼児の発育評価に用いられる。　3．メタボリックシンドロームの診断基準は内臓脂肪の蓄積が必須条件である。　4．肥満の判定に成人では body mass index（BMI）が用いられる。skeletal muscle index（SMI）は骨格筋指数のこと（第8章参照）。　5．萎縮性胃炎では胃粘膜が萎縮し薄くなるため、胃酸分泌量は低下する。

解答 2

2.4 運動・知能・言語・精神・社会性

幼児期は運動能力の発達とともに精神的発達を伴って周囲のことに好奇心をもち始め、さまざまなことに関心をもつようになる。

運動機能の発達には順序があり、頭部から下肢へ、中心（首、肩、腰）から末梢（腕、手、指）へと向かい粗大運動から微細運動へ向かう。粗大運動は1～4歳で1人歩き、階段の昇降、両足飛び、片足立ち、片足飛び、スキップへと発達する。微細運動は拇指と人差し指でものをつかむ、2個の積み木を積む、6～8個の積み木を積む、十字形を模写、丸を模写、4角の模写へとだんだん複雑な運動に発達する。

幼児期にめざましい知的発達がみられる。言語を理解して行動し、言語を使って表現できるようになり自我の発達と自己主張がみられるようになる。

学童は幼児期に続き精神機能の発達が著しい。年齢とともに情緒の表現は豊かになり、怒りや嫉妬、愛情などの対象は親、兄弟から友人へと広がっていく。高学年になると自我のコントロールもできるようになり、理解、思いやり、我慢、推理、創造の力がつき不安や恐れ、悩みなどを精神的不快感としてもつようになる。

社会性の発達は1～2歳では基本的に1人遊びが主流である。3歳頃から食教育が受けられるようになり、仲間との集団遊びを楽しめるようになるなど社会性の発達がみられる。幼児期には社会性も発達し友人に自己をあわせ、集団行動も増える。生活全般で家族よりも友人からの影響が強くなる。知的能力の発達もめざましい。

思春期は精神発達もめざましく非常に複雑である。この時期には、思考力が高まり、抽象的・理論的思考が可能となり、知的理解が進み、科学的概念の把握ができるようになる。抽象的思考の発達は、精神面への関心を深め、自己の内面に目を向けるようになり、自我を確立し、精神的に自立した存在へと発達を遂げていく。しかし、この時期の自我の目覚めは自己中心的であり自己主張は強くなり、一方、自己統制力は十分でないため自己を通すための反抗が目立つ。思春期は第2反抗期ともいわれ既成の道徳的観念や権威に対して親や教師と対立する。

日本人の食事摂取基準（2020年版）では18～65歳を成人とした。成人期は年齢幅が広く、思春期後期より性成熟の完成がみられるが女性は男性より早熟である。

20 歳代前半でも身体的になお徐々に成長がみられる。肉体および体力的にも充実した時期を迎えるが、就職や進学などで社会生活が大きく変わる時期である。

精神的にも自立する時期にあたり社会生活の初期段階であるが 30 歳を過ぎる頃になるとすべての組織や臓器の諸機能は衰退の過程に入る。40 歳代に入ると体力の低下や疲労感を自覚するようになり体の衰えに直面する。男女ともに家庭や職場の中心的役割を担う存在となり、精神的にも身体的にも大きなストレスを受ける年齢層となる。女性の更年期は生殖期から非生殖期への移行期間であり個人差はあるが 45〜55 歳頃で閉経前後あわせて約 10 年間とされる。なお、男女とも加齢によって体の適応力や機能が低下し、生活習慣病の原因となる諸種の進行性変化が顕在化していく。精神的にも退行性精神障害がみられ、更年期うつ病、初老期うつ病などを発症することがある。しかし、知識、知恵、理解力、判断力、総合力などは衰えることがなく、社会的、経済的および人間関係もほぼ安定して充実する時期である。

女性の更年期障害は更年期に現れる多種多様の症候群で、器質的変化に相応しない自律神経失調症を中心とした不定愁訴を主訴とする症候群と定義され、血管運動神経障害（自律神経症状）、精神神経症状などが特徴である。精神神経症状としては憂鬱、焦り感、不安感、疲労感、頭痛、不眠、物忘れ、判断力低下など不定愁訴が症状としてみられる。

高齢者は 65 歳以上とし、年齢区分については 65〜74 歳、75 歳以上の 2 区分とした。ただし、栄養素などによっては、高齢者における各年齢区分のエビデンスが必ずしも十分ではない点には留意すべきである。高齢者は生理機能の低下などによって、歩行、身支度、着替え、食事、家事などの日常生活活動動作の低下により生活活動を自分自身で行うことがだんだん困難になってゆく。

高齢者では身体状況の変化と同様に精神的変化は加齢によって影響を受ける。高齢者の精神的特徴として人格、感情、知的機能などに変化が現れ、自己中心的で猜疑心が強くなり新しい情報を解釈する能力が減退する。また、保守性が強くなり変化を好まない傾向がみられる。さらに頭痛、めまい、脱力感などさまざまな主観的異常を感じ、病気ではないかと気に病むことが多くなる（心気性）。

例題 6　運動・精神の変化に関する記述である。正しいのはどれか。1 つ選べ。

1. 幼児期の運動機能の発達は微細運動から粗大運動へ向かう。
2. 学童期には自我を確立する。
3. 思春期は第 2 反抗期といわれる。
4. 女性の更年期は 40〜50 歳頃で閉経前後あわせて約 10 年間とされる。
5. 高齢者は、加齢によって精神的に影響を受けることはない。

解説　1. 粗大運動から微細運動へ向かう。　2. 自我を確立するは思春期である。4. 女性の更年期は45～55歳頃である。　5. 身体的変化と同様に精神面でも影響を受ける。 **解答** 3

2.5 食生活・栄養状態

乳・幼児期は摂食、消化、吸収機能が未熟であり、成長・発達が順調に進むようにするために適正な栄養摂取と食生活が必要かつ重要である。

(1) 乳児期

食生活は、生後の乳汁栄養から生後5～6カ月頃の離乳食、12～18カ月頃の離乳完了に至る。この時期のエネルギー必要量は、体重当たりでは成人の約2倍にもなる。母乳、人工乳ともに乳糖が主体である。

乳汁のたんぱく質は乳清たんぱく質とカゼインに大別される。乳清たんぱく質は主としてラクトアルブミンとグロブリンよりなる。カゼインは胃酸により凝乳塊（ミルクカード）となる。母乳中の抗体などの一部のたんぱく質は消化されずに未分解のままで吸収される。胃内での乳汁滞留時間は、母乳は2～3時間、牛乳は3～5時間、育児用粉乳はその中間である。

脂質の消化吸収は十分ではない。10～15%は便中に排泄される。生後6カ月以上たつと成人と同じ95%以上が吸収されるようになる。胆汁酸の生成が不十分で膵臓リパーゼの活性は成人の1/10 以下である。

乳児期の体の70%は水であって細胞外の水分が多い。腎臓の濃縮力を成人と比較すると新生児で1/3、幼児で成人の値に達する。

1日の水分必要量は乳児期で150～125mL/kg、幼児期で120mL/kg、学童期で90～50mL、成人で70～40mL/kgである。

(2) 幼児期

食生活は幼児食となり、成人食への移行を念頭に規則正しい食生活のリズムと適正な食習慣をつけさせることが重要である。身体活動の発達に伴いエネルギー必要量とともに成長に必要な組織増加分のエネルギーも必要であり、さらに身体活動量も増加することを考慮する。幼児期の消化器官は未発達で一度に多くの食物を摂取することができないので3度の食事の他に間食を与える。

幼児肥満は学童肥満、成人肥満へと移行するために、成人肥満の予備軍にならないように注意が必要である。さらに、食生活や栄養素摂取のアンバランスから生じるやせや各栄養素欠乏症の回避も重要である。

(3) 学童期

身体的・精神的発達に伴い、自己管理能力も身についてくる時期であり、学校給食も実施され、正しい食生活と食習慣の確立の時期である。この時期の肥満は成人肥満へつながることが知られており、過剰摂取と活動・運動不足は十分注意する必要がある。

(4) 思春期

この時期の急速な成長の変化のために、十分なエネルギー・栄養素摂取が必要である。また、運動などにより身体活動量も増加するため、消費エネルギーに見合った摂取エネルギーが補給されなければならない。また貧血が起きやすい。

精神的な発達の不安定な時期でもあり、この時期には間違った食生活、やせ願望や肥満恐怖のために、神経性食欲不振症（拒食症）、神経性大食症（過食症）といった摂食障害に陥りやすい。

例題７　乳児期の食生活に関する記述である。正しいのはどれか。１つ選べ。

1. 乳児期のエネルギー必要量は体重当たりでは成人とほぼ同じである。
2. 乳汁のたんぱく質は乳清たんぱく質とカゼインに大別される。
3. 胃内での乳汁滞留時間は、母乳より牛乳の方が短い。
4. 膵臓リパーゼの活性は成人とほぼ同じである。
5. １日の水分必要量は、乳児期より成人期の方が多い。

解説　1. エネルギー必要量は、体重当たりでは成人の約２倍である。　3. 母乳は2～3時間、牛乳は3～5時間である。　4. 乳児は胆汁酸の生成が不十分のため、膵臓リパーゼの活性は成人の1/10 以下である。　5. １日の水分必要量は乳児期で150～125 mL/kg、成人で70～40 mL/kg である。

正解　２

例題８　幼児期・学童期・思春期の食生活に関する記述である。誤りはどれか。１つ選べ。

1. 幼児期には３度の食事の他に間食を与える。
2. 学童期は学校給食も実施され、正しい食生活と食習慣の確立の時期である。
3. 学童期の肥満と成人肥満の肥満とに関連はない。
4. 思春期は拒食症、過食症といった摂食障害に陥りやすい。

解説　3. 学童期の肥満は成人肥満へつながる恐れがある。　**解答**　３

2.6 加齢と老化

高齢になると脳室が拡大し、脳の容積および重量の減少が認められる。脳の神経細胞およびシナプスの減少が観察される。また、リポフスチンやアルツハイマー神経原線維が増加する。脳における神経伝達物質は加齢により影響を受け神経伝達速度は低下する。短期記憶機能と関係の深い海馬も萎縮する。

加齢に伴い、疾病を伴わず生理機能が進行的に低下していくことを生理的老化という。一方、栄養、運動、ストレス、遺伝的要因により病的な状態を伴うのを病的老化という。病的老化の主な疾病としては、高血圧、動脈硬化、心筋梗塞、脳卒中、糖尿病などがある。生理的な加齢といってもすべてが暦上の年齢に従って同じパターンをたどるわけではない。加齢変化の多くは避けることができないが、生体の諸器官の機能低下の程度はヒトによって大きな差がある。また、一人の高齢者においても、諸器官の機能の老化は同一ではない。

老化のメカニズムはまだ明らかでないが、主な考え方は老化の原因は遺伝子にプログラムされており寿命も遺伝子により制御されているというプログラム説と生体内に生じたフリーラジカル（遊離基）が生体成分と反応して有害の過酸化物を生じて細胞機能を低下させ老化を引き起こすというフリーラジカル説がある。

プログラム説では真核細胞の染色体の末端にテロメアとよばれる構造があり、テロメアはラセン状になって染色体に保持された遺伝子情報を保護する役目を担っている。プログラム学説ではテロメアは細胞が分裂するたびに短くなっている。ヒトではおよそ100回程度の細胞分裂でテロメアのDNAの供給源が使い果たされるとすべての有糸分裂が停止し、体内の細胞は複製老化（細胞複製の不可逆的停止）の状態になる。体内の細胞がどんどん老化していくにつれて、生体は損傷を受けた細胞を置換する能力を徐々に失っていく。テロメアの分裂が休止することからプログラム説は「分裂時計」であると考えられている。生物は、テロメラーゼとよばれる酵素の介入のおかげで、十分の長さのテロメアをもつ子孫をつくることができる。テロメラーゼは幹細胞とほとんどのがん細胞では発現するが、体細胞にはない酵素である。

フリーラジカル説では体内の血球やその他のほとんどの細胞は代謝の過程で、ある種の強力な酸化物（オキシダント）を産生する。例えば、スーパーオキシド、過酸化水素、ペルオキシラジカル、ヒドロキシルラジカルなどで、これらは活性酸素（ROS）とよばれる。フリーラジカルは不対電子（対をなしていない電子）をもつ原子または分子のことをいう。ヒドロキシラジカルは特に反応性に富む分子で、たんぱく質、核酸、脂質あるいはその他の物質と反応してその構造を変え、組織の損傷を引き起こす。このような状態は酸化的ストレスとよばれ、もし、それが大きかったり、長く続いたりするならば細胞に重篤な損傷がもたらされる。ROS は今や多くの細胞障害において重要な役割を担っていると考えられており、あるものは細胞死をもたらす。

例題 9　加齢と老化に関する記述である。誤りはどれか。2つ選べ。

1. 加齢により短期記憶機能と関係の深い海馬も萎縮する。
2. 加齢に伴い、疾病を伴わず生理機能が低下していくことを生理的老化という。
3. 老化のメカニズムにはプログラム説とフリーラジカル説がある。
4. 小児と高齢者のテロメアの長さを比較すると、高齢者の方が長い。
5. 加齢に伴う活性酸素量の低下は、老化を促進する。

解説　4. プログラム学説ではテロメアは細胞が分裂するたびに短くなっている。5. 活性酸素は生体成分と反応して有害な過酸化物を生じて細胞機能を低下させ老化を引き起こす（フリーラジカル説）。　**解答** 4、5

章末問題

1　成長・発達に関する記述である。最も適当なのはどれか。1つ選べ。

1. 精神機能の変化の過程を、成長という。　2. 身長が伸びる過程を、発達という。
3. 臓器発育は、一定の速度で進む。
4. 身長が急激に伸びる時期は、成人までに2回存在する。
5. 体重 1kg 当たりの体水分量は、新生児期より学童期で多い。（第 34 回国家試験）

解説　1. 成長とは身体の長さや重さなどの大きさが形態上増加すること。　2. 発達とは運動能力や免疫機能を含む身体の諸機能や各臓器・器官・組織の働きが成熟する過程である。　3. スキャモンの発育曲線が示すように発育速度は器官によって異なる。　4. 発育急進期は乳児期と思春期の2回存在する。　5. 1日の水分必要量は乳児期で 150〜125 mL/kg、学童期で 90〜50 mL/kg である。**解答** 4

2 成長・発達・加齢に伴う変化に関する記述である。正しいのはどれか。1つ選べ。

1. 体水分量に占める細胞外液の割合は、新生児期より成人期の方が大きい。
2. 胸腺重量は、成人期に最大となる。
3. 糸球体濾過量は、成人期より高齢期の方が大きい。
4. 塩味の閾値は、成人期より高齢期の方が高い。
5. 唾液分泌量は、成人期より高齢期の方が多い。　（第33回国家試験）

解説　1．幼児の細胞外液は体重の30%、成人では20%である。体内の水の増減は筋肉や脂肪に関係している。筋肉には水分がたくさん含まれている。成長とともに筋肉量（細胞）が増え細胞内水分が多くなる。　2. 胸腺重量は思春期に最大の20～38gになる。　3. 加齢に伴い腎臓重量は減少し、腎血流量や糸球体濾過量は減少傾向にあるが個人差も大きい。　5. 唾液分泌量は高齢期になると減少する。　**解答** 4

3 成長・発達に伴う変化に関する記述である。正しいのはどれか。1つ選べ。

1. 頭囲と胸囲が同じになるのは4歳頃である。
2. 体重1kg当たりの摂取水分量は、成人期より幼児期の方が多い。
3. カウプ指数による肥満判定基準は、年齢に関わらず一定である。
4. 乳幼児身体発育曲線における50パーセンタイル値は、平均値を示している。
5. 微細運動の発達は、粗大運動の発達に先行する。　（第32回国家試験）

解説　1. 出生時の頭囲は平均33cmで胸囲は32cmである。1歳時には頭囲と胸囲は45～46cmとほぼ同じとなる。　2. 摂取水分量は成人期で40～70mL/kg、幼児期で90～100mL/kgである。　3. カウプ指数は乳幼児の成長バランスを判定する手法で加齢により増加する。　4. 計測値の統計的分布の上で全体を100%としたとき、小さい方から数えて50%目の値を示す表示法である。　5. 粗大運動の発達が先行する。
解答 2

4　スキャモンの発育曲線の型とその特徴の組み合せである。正しいのはどれか。1つ選べ。

1. 一般型----------- 乳児期より学童期に急激に増加する。
2. 神経型----------- 他の型より早く増加する。
3. 生殖器型----------- 出生直後から急激に増加する。
4. リンパ型----------- 思春期以降に急激に増加する。
5. リンパ型----------- 20歳頃に最大値となる。

（第31回国家試験）

解説　1. 一般型は出生から乳児期、さらに思春期の2回にわたり成長が加速する時期がありS字型曲線を示す。　2. 脳・神経型は乳幼児期での成長が著しく、成人のほぼ90%まで成長する。　3. 生殖器型は思春期以降急激に成長する。　4. 5. 胸腺、リンパ腺、免疫系など幼児期から学童期にかけて著しく成長し、思春期で成人の2倍となり、その後低下する。

解答　2

5　成人期に比較して高齢期に起こる変化に関する記述である。正しいのはどれか。1つ選べ。

1. 消化管機能は、亢進する。
2. 肺活量は、増加する。
3. 血管抵抗は、増大する。
4. 免疫機能は、亢進する。
5. 腎血流量は、増加する。

（第30回国家試験）

解説　1. 消化酵素の活性が加齢により低下するが、消化吸収率は高齢者でも高く維持されているという報告が多く、消化管全体としての機能は高齢者でも比較的高く維持されている。　2. 肺活量は加齢により低下するが、通常の生活では機能低下の影響はみられない。　3. 血管の肥厚および硬化によって血管抵抗は増加する。
4. 免疫機構は加齢に伴う機能低下の最も著しい機能のひとつである。　5. 加齢に伴い腎臓重量は減少し、腎血流量や糸球体濾過量は減少傾向にあるが個人差も大きい。

解答　3

6 成長・発達・加齢に関する記述である。正しいのはどれか。1つ選べ。

1. 低出生体重児とは、出生体重が 3,000 g 未満の児をいう。
2. リンパ組織の機能的成長は、学童期で最低となる。
3. 1年間の体内カルシウム蓄積量は、成人期に最大となる。
4. 塩味閾値は、高齢者で上昇する。
5. 唾液分泌量は、高齢者で増加する。

（第29回国家試験）

解説 1. 低出生体重児とは出生時体重が 2,500 g 未満の児をいう。 2. 胸腺、リンパ腺、免疫系など幼児期から学童期にかけて著しく成長し、思春期で成人の2倍となり、その後低下する。 3. 1年間の体内カルシウム蓄積量は12～14歳が最も多い。 5. 唾液分泌量は高齢期になると減少する。

解答 4

7 成人期以降の加齢に伴う身体的変化である。正しいのはどれか。1つ選べ。

1. 細胞内液量は、増加する。
2. 収縮期血圧は、上昇する。
3. 糸球体濾過量は、増加する。
4. 肺活量は、増加する。
5. 細胞内テロメアは、長くなる。

（第29回国家試験）

解説 1. 高齢者の細胞内液は筋肉量の減少により少なくなる。 2. 加齢に伴って動脈はエラスチン、コラーゲン、カルシウム、コレステロールなどの蓄積により弾力性を失い、動脈内膜および中膜は厚くなる。そのため血液は流れにくくなり、血圧は加齢に伴って上昇する。 3. 加齢に伴い腎臓重量は減少し、腎血流量や糸球体濾過量は減少傾向にあるが個人差も大きい。 4. 肺活量は加齢により低下するが、通常の生活では機能低下の影響はみられない。 5. テロメアは細胞が分裂するたびに短くなる。

解答 2

8　成長・発達の過程に関する記述である。正しいのはどれか。1つ選べ。

1. 骨格は、乳幼児期と思春期に著しく発育する。
2. 脳の重量は、6歳で成人の約60%になる。
3. 尿濃縮力は、1歳で成人と同程度になる。
4. 胸腺の重量は、思春期以後増加する。
5. 微細運動の発達は、粗大運動の発達に先行する。　（第27回国家試験）

解説　1. 一般型は出生から幼児期、さらに思春期の2回にわたり成長が加速する時期がありS字型曲線を示す。　2. 脳重量の増加は6歳で成人の約90%になる。　3. 最大腎濃縮力は幼児期後半になって成人期に近づく。　4. 胸腺、リンパ腺、免疫系など幼児期から学童期にかけて著しく成長し、思春期で成人の2倍となり、その後低下する。　5. 運動機能の発達は粗大運動から微細運動へと発達する。**解答** 1

9　成長、発達に伴う身体的変化に関する記述である。正しいのはどれか。1つ選べ。

1. 乳幼児身体発育曲線における50パーセンタイル値は、平均値を示している。
2. カウプ指数は、{体重(g)/身長(cm)^3} ×10で算定される。
3. 学童期のローレル指数による肥満判定基準は、年齢によらず同じである。
4. 頭囲が出生時の約1.5倍となるのは、2歳頃である。
5. 体重が出生時の約3倍になるのは、4歳頃である。　（第26回国家試験）

解説　1. 計測値の統計的分布の上で全体を100%としたとき、小さい方から数えて50%目の値を示す表示法である。　2. {体重(g)/身長(cm)^2} ×10　3. ローレル指数は身長の影響を大きく受けるため、年齢、性別によって標準値が変動するという欠点がある。　4. 頭囲48 cmの50%タイルは乳幼児（男子）頭囲発育パーセンタイル表から2歳である。　5. 体重が出生時の約3倍になるのは1歳頃である。**解答** 4

10 成人期から高齢期にかけての加齢に伴う変化に関する記述である。正しいのはどれか。

1. 腎血漿流量は低下する。
2. 分時最大換気量は増加する。
3. 基礎代謝量は増加する。
4. 除脂肪体重は増加する。
5. 味覚閾値の変化は、塩味より酸味が大きい。　（第22回国家試験）

解説　1. 加齢に伴い腎臓重量は減少し、腎血流量や糸球体濾過量は減少傾向にあるが個人差も大きい。　2. 加齢に伴い肺機能が低下し分時最大換気量は減少する。　3. 男性の基礎代謝量は18〜49歳で1,530 kcal/日、65〜74 歳で1,400 kcal/日である。　4. 若年者に比べ高齢者では、体重当たりに占める除脂肪組織の割合は低い。　5. 味覚の閾値の変化は酸味より塩味が大きい。　**解答** 1

11 加齢に伴い高齢期にみられる指標に関する記述である。正しいのはどれか。

1. 骨格筋量は、増加する。
2. 総体たんぱく質に占めるコラーゲンの割合は、増加する。
3. 塩味の味覚閾値は、低下する。
4. 収縮期血圧は、低下する。
5. 糸球体濾過値は、増加する。　（第21回国家試験）

解説　1. 加齢に伴い骨格筋量は減少する。　2. 加齢に伴い腱や関節へのコラーゲン蓄積は増加する。　3. 塩味の閾値は、成人期より高齢期の方が高い。　4. 加齢に伴って動脈はエラスチン、コラーゲン、カルシウム、コレステロールなどの蓄積により弾力性を失い、動脈内膜および中膜は厚くなる。そのため血液は流れにくくなり、血圧は加齢に伴って上昇する。　5. 加齢に伴い腎臓重量は減少し、腎血流量や糸球体濾過量は減少傾向にあるが個人差も大きい。　**解答** 2

12　成長・発達、加齢に関する記述である。正しいのはどれか。

1. 各臓器の発達速度に差はない。
2. 30歳以降、加齢に伴い糸球体濾過値（GFR）が高まる。
3. 若年者に比べ高齢者では、体重当たりに占める除脂肪組織の割合は低い。
4. 高齢者の体内水分量の減少は、細胞外液量の減少による。
5. 加齢により、テロメアが伸長する。　（第20回国家試験）

解説　1. スキャモンの発育曲線が示すように発育速度は器官によって異なる。2. 濾過値は減少する。　4. 細胞内液量の減少による。　5. 加齢により、テロメアが短くなる。　**解答** 3

参考文献

1）石井　巧、他「応用栄養学」第一出版株式会社　2003
2）戸谷誠之、伊藤節子、渡邊玲子 編「健康・栄養科学シリーズ　応用栄養学」南江堂　2010
3）「平成22年乳幼児身体発育調査報告書（概要）」厚生労働省雇用均等・児童家庭局企画　2010
4）清水孝雄　監訳「イラストレイテッド　ハーパー・生化学」原書29版　丸善出版　2013
5）多賀昌樹、辻　悦子、仲森隆子 編著「管理栄養士養成課程 栄養管理と生命科学シリーズ　応用栄養の科学」理工図書　2014
6）金行孝雄「代謝栄養学」理工図書　2016
7）東條仁美 編「スタディ　応用栄養学」建帛社　2018

第4章 妊娠期・授乳期

達成目標

- 妊娠期、授乳期における身体の特徴について説明できる。
- 妊娠期、授乳期の栄養アセスメントに必要な評価方法について説明できる。
- 妊娠期、授乳期の発育・健康保持に適した栄養補給法と栄養素等摂取量について説明できる。
- 妊娠期、授乳期に特徴的な栄養マネジメントについて説明できる。

1 妊娠期・授乳期の生理的特徴

1.1 妊娠の成立・維持

妊娠の成立は卵巣から排卵された卵子が卵管内で精子と出会って受精した後、約1週間で子宮腔内へと運ばれそこで着床した時点をさす。分娩予定日は最終月経の初日を0日として数へ満280日、妊娠40週0日として計算される。在胎期間の区分により流産、早産、正期産、過期産と区分されている。妊娠22週末で妊娠が終了した場合を流産という。22週以上37週未満で生児を分娩した場合を早産、37週以上42週未満では正期産、42週以上を過期産という。妊娠期間を3区分する場合は妊娠初期（～13週6日)、妊娠中期（14週0日～27週6日)、妊娠後期（28週0日～）とした。

妊娠の成立とともに排卵後の妊娠黄体から、また胎盤のもととなる胎児由来の絨毛組織からそれぞれ妊娠の維持に重要なホルモンであるプロゲステロンとヒト絨毛性ゴナドトロピン（hCG）が分泌される。特にhCGは尿中に容易に検出されることから、妊娠の免疫学的診断方法のマーカーとして用いられる。

(1) 性周期

性周期は卵巣周期と子宮内膜周期の2つの別々の周期で構成されている。卵巣周期では卵胞の発育について、子宮内膜周期では子宮内の変化について述べる。2つの周期はともに視床下部―下垂体―卵巣ホルモンによって調節されている。これらの周期の平均日数は約28日だが数日増減することがある（図4.1)。

1) 卵巣周期

卵巣周期は卵胞期と黄体期に分けられ各期はそれぞれ周期の半分を占める。卵胞期と黄体期は排卵と月経の開始によって区別される。すなわち、月経開始から排卵までが卵胞期で排卵から月経開始までが黄体期である。

(i) 卵胞期

卵胞期はグラーフ卵胞が成熟し、2次卵胞も発育する。この間、エストロゲンの分泌は徐々に増加し、黄体形成ホルモン（LH)、卵胞刺激ホルモン（FSH）の分泌もピークを迎えるがプロゲステロン濃度は低いままである。

排卵はグラーフ卵胞の破裂と骨盤腔への2次卵母細胞の放出で、通常28日周期で14日目に起きる。排卵前期の最終段階でみられる高濃度のエストロゲンはLHの放出を促進する。この結果LHにより生じるLHサージがグラーフの卵胞破裂と2次卵母細胞の放出をもたらす。

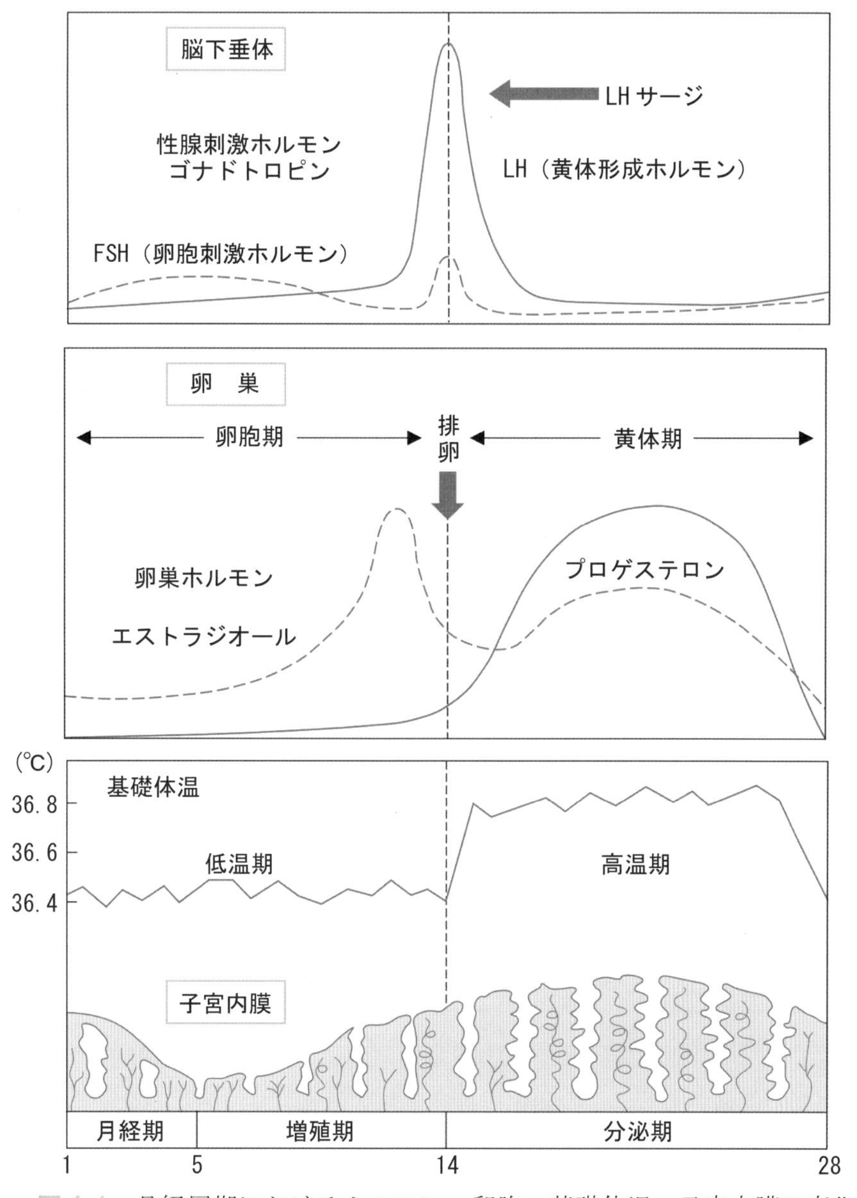

図 4.1　月経周期におけるホルモン、卵胞、基礎体温、子宮内膜の変化

（ii）黄体期

黄体期は黄体によるエストロゲンとプロゲステロンの合成・分泌が主たる目的である。これらのホルモンは受精卵の着床や成長に不可欠である。受精が成立しないと黄体は退縮し最終的に白体になる。白体はその後ゆっくりと卵巣の深部に移動して壊される。黄体の退縮は、排卵後約 10 日目から 12 日目に hCG の非依存下で始まる。したがって黄体期に入ってプロゲステロン濃度は徐々に増加する。一方、エストロゲン濃度は一旦減少するが再び増加に転ずる。

2）子宮内膜周期

子宮内膜周期は増殖期、分泌期、月経期に分けられる。

（ⅰ）増殖期

子宮内膜の成長は主にこの時期に行われる。これはエストロゲンの作用による。この時期の成長は著しく、子宮内膜の厚さは１〜2㎜から増殖期の終わりには8〜10㎜まで増え、排卵まで維持される。同時に肥厚している子宮内膜の機能層内で血管と分泌腺が伸長する。

（ⅱ）分泌期

分泌期に子宮内膜が成熟する。エストロゲンの分泌が減少し子宮内膜の肥厚が止まる。一方、粘液の分泌腺はより発達し、血管は子宮内膜の表面へ広く分布しラセン状になる。

（ⅲ）月経期

受胎が起こらなければ、子宮内膜表面は次の周期に備える。月経はプロスタグランジンによるラセン動脈の血管収縮で始まり、局所での虚血性障害を起こす。炎症性の細胞が浸潤し子宮内膜表面のさらなる崩壊を引き起こす。この間、子宮内膜表面が子宮壁から脱落するまで出血が続くように血栓を壊す因子が活性化される。

(2) 基礎体温

基礎体温は肉体的、精神的に安静なときの体温であり、通常は朝覚醒したとき、女性用体温計で口腔内の舌下温を測定する。毎日１回測定して体温表に記録すると基礎体温曲線が得られる。基礎体温曲線は排卵のある月経周期では低温相、高温相が現れ、曲線が２相を示す。性周期にあわせて体温に変動が起こり、月経開始から排卵日まで下降期（低温期）、排卵から月経にかけて上昇期（高温期）となりおよそ0.3〜0.4℃の変動がある。この変化はエストロゲンとプロゲステロンが関与している。この記録から排卵の有無や排卵の時期が予測できる。妊娠すると月経がなくなるとともに高温相がそのまま持続する。これを高温相の持続といって、妊娠の早期診断になる。

1.2 胎児付属物

胎児が子宮内で発育するための組織や器官として胎盤、臍帯、羊水、卵膜がある。これらは総称して胎児付属物という。

胎盤を構成するのは胎児と母体の両者であり、受精卵が着床したところに子宮内膜由来の脱落膜と胎児由来の絨毛膜により形成される。

胎盤の重要な機能のひとつは母体から胎児への栄養素の輸送である。輸送の形態は単純拡散、促進拡散、能動輸送などで栄養素によって異なる。また、胎児の肺は呼吸機能がなく、胎盤でのガス交換を介して呼吸している。さらに、胎盤は妊娠を維持するための hCG、プロゲステロンやエストロゲンなどのホルモンを分泌する臓器でもある。胎盤は妊娠 15 週末頃に完成し、その後も増大して妊娠 38 週頃まで発育する。

臍帯は胎児と胎盤をつなぐ索状器官で、1 本の臍帯静脈と 2 本の臍帯動脈を含む。

羊水は子宮腔を満たす液で妊娠初期から存在し、妊娠 32 週前後で 700～800 mL と最大量に達する。羊水は外圧から胎児を保護し、保温の働きをする。また、さまざまな成長因子を含み消化管や肺の分化成熟を促進している。卵膜は羊膜、絨毛膜、脱落膜の 3 つをあわせたものである。

1.3 胎児の成長

受精から 8 週末（最終月経から 10 週未満；妊娠 10 週未満）の胎児を、胎児としての特徴が十分でないため、胎芽とよぶ。妊娠 10 週以降から出産までを胎児とよぶ。胎児の主要器官は、妊娠 16 週頃にほぼできあがり、卵膜という袋の中で羊水にうかんだ状態になる。その間、特に受精後第 3 週から第 8 週にかけては、胎児の大切な器官の分化が急速に行われ（器官形成期）、さまざまな影響を受けやすく、感染、薬物、放射線などによって胎児は奇形を来しやすい時期である（臨界期）。40 週では体重は約 3,000 g、身長は約 50 cm となり、新生児としての機能が整う。しかし、胎児あるいは母体に何らかの障害がみられる場合、子宮内胎児発育遅延を呈することもある。

1.4 母体の生理的変化

(1) 妊娠期の生理的変化

母体の全身の組織・器官は妊娠によって著しい生理的変化が生ずる。この変化は胎児や付属物によりもたらされ、妊娠の終了とともに妊娠前の状態に回復する。

1) 物質代謝

(ⅰ) 体重増加

妊娠後期には妊娠前と比較して胎児、胎児付属物、子宮重量、乳房、循環血液量と細胞外液と内液の増加や脂質、たんぱく質の蓄積により母体の体重は約 20%増加する。

(ⅱ) 水分代謝

母体の血漿膠質浸透圧の低下、毛細血管透過性の亢進、Na 蓄積などにより、妊娠後期は循環血液量と細胞外液は約 3,000 mL 増加する。下肢は下大静脈の部分的な圧迫のため静脈圧が上昇し、浮腫を生じやすくする。

(iii) 栄養素の代謝

たんぱく質は妊娠後期に胎児と胎盤に 500 g、子宮、乳房と母体血中のヘモグロビンとして 500 g が蓄えられている。

糖質は妊娠時にエストラジオールやプロゲステロンの作用により、末梢組織でのインスリン抵抗性が上昇するため、食後の高血糖が持続され、胎児への糖供給が効率的に行われるようになる。また、胎盤から分泌されるヒト胎盤ラクトゲンが増加し血中遊離脂肪酸が増加するため、妊娠後期にインスリン抵抗性は妊娠初期よりも上昇する。

妊娠中期から血中脂質が上昇し、母体に大量の脂質が蓄積される。妊娠後期に胎児の栄養需要が増加するため脂肪の蓄積量は減少する。母体エネルギー源としてできるだけ脂質を利用し、胎児への糖の供給を優先させる。分娩後、血中脂質は低下し授乳によりさらに低下する。

胎児・胎盤の発育と母体の赤血球増加のため鉄の需要が増加する。また胎児の骨格発育のため、多量のカルシウム摂取が必要とされる。

2) 血液・循環器系の変化

循環血液量の増加、胎盤循環の維持、代謝亢進に伴う酸素消費量の増加により、心臓活動は亢進する。妊娠後期に妊娠子宮の圧迫により横隔膜が挙上し、心臓は左上方に転移する。

循環血液量は 28〜36 週において最高になる。血漿量は妊娠初期から増加し、24〜36 週に非妊娠時の 40〜50%増となる。赤血球は初期に低下するがその後増加して妊娠 36 週に最高となる。特徴的なのは血漿量の増加が赤血球の増加を上回り水血症の状態になる。血液量の増加は胎児が栄養と酸素をさらに要求するために必要である。

3) 血液の変化

循環血液量は増加するが、血漿量の増加が赤血球の増加を上回るためヘモグロビンとヘマトクリット値は低下する。胎児・胎盤の発育や母体赤血球が増加するため、妊娠後期は1日当たり約 16 mg の鉄が必要となる。

鉄摂取が不十分な場合、母体のヘモグロビンとヘマトクリット値が低下するが胎児のヘモグロビン産生は障害されない。妊娠中は血液凝固能の亢進状態であるので、フィブリノーゲンは非妊娠時の約 50%増加する。

4) 呼吸器系の変化

妊娠すると酸素消費量は胎児と母体自身のために約 20%程度の増加をみる。子宮の増大によって横隔膜が挙上され、胸部が左右に拡大し胸郭周囲は5〜10 cm増大する。このため妊婦の呼吸は胸式呼吸となる。1回の換気量は約40%増量し、やや過呼吸の状態で保持される。

5）消化器系の変化

下部食道括約筋の緊張低下のため、胃・食道逆流症を起こしやすくなる。妊娠初期につわりを生じ悪心、嘔吐、胸やけなどの症状が出現する。中期と後期に入ると子宮の増大により胃が押し上げられ腸管が圧迫される。さらに、プロゲステロン濃度の増加とモチリン濃度の減少により消化管の運動機能が低下することで胃内容物の通過時間の延長、胃のもたれや便秘が多くなる。

6）泌尿器系の変化

子宮が増大し膀胱は圧迫されるので頻尿となる。また、代謝が盛んになって老廃物が増加するので腎血流量、糸球体濾過率はともに上昇する。腎機能が高まるため、ブドウ糖やたんぱく質の排泄が高まるので、正常妊娠においても一過性の尿糖やたんぱく尿がみられる。さらにアルドステロンが増加し、腎尿細管でのナトリウムの再吸収を促進するのでナトリウムが貯留しやすくなる。

7）内分泌系の変化

下垂体は軽度に肥大する。プロラクチン濃度は妊娠進行とともに上昇し、妊娠後期には非妊娠時の約10倍となる。また、オキシトシン濃度は妊娠進行にともない上昇する。抗利尿ホルモン（ADH）濃度は変化しない。

甲状腺は妊娠期間中に軽度腫大する。血中サイロキシン（T4）、トリヨードサイロニン（T3）濃度は非妊娠時と比較し、2〜3倍に増加する。

血中コルチゾール濃度は妊娠の進行に伴い上昇し、妊娠後期には非妊娠時の3〜4倍となる。妊娠中にはレニン・アンギオテンシンⅡ産生が亢進しアルドステロン産生が亢進する。

例題 1　妊娠期の生理的変化に関する記述である。誤っているのはどれか。1つ選べ。

1. 妊娠後期は循環血液量と細胞外液は約3,000 mL増加する。
2. 食後の高血糖が持続する。
3. 妊娠中期から血中脂質が上昇し、母体に大量の脂質が蓄積される。
4. 鉄の需要が増加する。
5. 心臓活動は沈静する。

解説　1. 血漿膠質浸透圧の低下、毛細血管透過性の亢進、Na 蓄積などにより増加する。　2. エストラジオールやプロゲステロンの作用により、末梢組織でのインスリン抵抗性が上昇するため高血糖が持続する。　3. 妊娠後期の胎児の栄養需要の増加に備えるため脂質が蓄積される。　4. 胎児・胎盤の発育と母体赤血球増加のため増加する。　5. 循環血液量の増加、胎盤循環の維持、代謝亢進に伴う酸素消費量の増加により、心臓活動は亢進する。　**解答** 5

例題 2　妊娠期の生理的変化に関する記述である。誤っているのはどれか。1つ選べ。

1. 母体のヘモグロビンとヘマトクリット値が低下する。
2. フィブリノーゲンは非妊娠時の約 50%増加する。
3. 腎血流量、糸球体濾過率はともに上昇する。
4. 一過性の尿糖やたんぱく尿がみられる。
5. プロラクチン濃度は妊娠後期には低下する。

解説　1. 血漿量の増加が赤血球の増加を上回るため低下する。　2. 妊娠中は血液凝固能の亢進状態であるため増加する。　3. 代謝が盛んになって老廃物が増加するため上昇する。　4. 腎機能が高まり、ブドウ糖やたんぱく質の排泄が高まるため。5. プロラクチン濃度は妊娠後期には非妊娠時の約 10 倍にもなる。プロラクチンには乳汁分泌の可能な乳腺の発達などを促す作用がある。　**解答** 5

(2) 分娩

ヒトの妊娠期間は平均して 40 週間である。妊娠の終わりには胎児は強制的に子宮から排出され、母親との身体的なつながりが絶たれる。出産が近づくと子宮の収縮性が増強する。胎児が産道を降下し始めると子宮頸部が伸展され、反射的に下垂体後葉からオキシトシン分泌が刺激され、子宮筋をさらに収縮させる。オキシトシンは子宮筋膜でのプロスタグランジン生成を促進し、プロスタグランジンの作用によっても子宮収縮が増強される。これらの作用により子宮が激しい収縮を起こして陣痛が起こり胎児と付属物（胎盤、臍帯、卵膜、羊水）が母体外に排泄される。この現象が分娩である。

(3) 産褥

産褥は分娩の終了後、子宮、産道、悪露の回復から妊娠可能な身体に戻るまでの過程（復古）をさし産褥期にある女性は褥婦という。産褥期は妊娠・分娩により変化した母体が回復するための重要な期間であり、分娩後 6～8 週をさす。

(4) 授乳期の生理的変化

1) 物質代謝

(ⅰ) 体重の変化

分娩直前に 7～12 kg 増加していた母体体重は、分娩による胎児とその付属物の排泄・出血で 4～6 kg の減少をみる。その後 3～6 カ月頃までに妊娠前の体重に復帰することが望ましい。

(ⅱ) エネルギー代謝の変化

分娩後は高プロラクチンが維持された状態であるためエストロゲンやプロゲステロンが急激に低下し、乳汁生成のため糖質、脂質の動員と乳汁分泌に適した身体的変化をみる。分娩後は子宮や産道が妊娠前の状態に戻るためエネルギー代謝は異化亢進を示す。妊娠中に蓄積されたたんぱく質は貯蔵エネルギーとして働く。

2) 循環器

妊娠後期に増加した循環血液量は分娩による出血や悪露により減少する。赤血球や血中ヘモグロビン濃度は、分娩後の利尿亢進に伴う水分喪失により一時的に上昇するが、失った水分が戻るにつれて分娩後 2～3 日で最低値を示し、その後、徐々に回復する。

白血球は分娩直後に最高値に達するが、1～2 週間で非妊娠時の値に戻る。

3) 子宮

妊娠後期に子宮壁の平滑筋細胞肥大により約 1,000 g に増大した子宮重量は 6～8 週で非妊娠時の 50～100 g に戻る。分娩による胎盤剥離などによって生じた子宮内膜の創傷は約 6～8 週で妊娠前の状態に回復する。これを子宮復古という。

4) 女性の乳房

女性の乳房は第 2 次性徴のひとつに数えられている。乳腺そのものは生下時に既に存在しているが、平坦であった乳腺の原基は思春期になると女性ホルモンの影響を受けて発育し、女性らしい乳房が形成される。乳腺は思春期の終わりになってもまだ完全に発育しておらず、最初の妊娠によって始めて発育が完了する。授乳が始まると乳房は最大となる。

5) 乳腺

乳房は乳腺とそれを包む結合組織、脂肪組織からなり、非妊娠時には脂肪組織がほとんどを占める。乳腺は皮膚線の一種で、15～25 個の独立した乳腺葉からなる複合管状胞状腺であり、各腺葉がそれぞれ 1 本の乳管で乳頭に開口している（図 4. 2）。

乳房と乳腺は乳児にとって最適な栄養を与える器官である。泌乳（乳汁の生産と分泌）は出生の直後に起こるが、乳腺組織の発達と乳汁分泌に対する準備は思春期

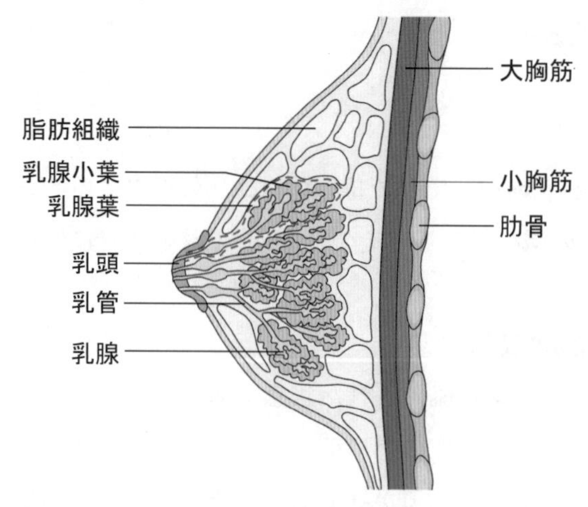

図 4.2　女性乳房の矢状断

に既に始まっている。乳腺の成長と発達は女性の第2次性徴の一部であり女性ホルモンによって制御されている。妊娠中における胎盤由来のエストロゲン、プロゲステロン、hCGおよび下垂体前葉由来のプロラクチンの作用により乳汁分泌の可能な乳腺に発達する。プロラクチンによる乳汁生産の開始と維持に加えて、下垂体後葉ホルモンのオキシトシンによって乳汁は乳児が吸えるように射出される。

例題 3　授乳期の生理的変化に関する記述である。誤っているのはどれか。1つ選べ。

1. 分娩後はエネルギー代謝は異化亢進を示す。
2. 赤血球や血中ヘモグロビン濃度は、一時的に上昇する。
3. 女性の乳房は第1次性徴のひとつに数えられている。
4. プロラクチンの作用により乳汁の生産開始と維持が行われる。
5. 乳汁は、オキシトシンによって乳児が吸えるように射出される。

解説　1. 分娩後は子宮や産道が妊娠前の状態に戻るため亢進する。　2. 分娩後の利尿亢進に伴う水分喪失により一時的に上昇するが、徐々に回復する。　3. 女性の乳房は第2次性徴のひとつである。　4. 正しい　5. 乳汁の射出には下垂体後葉ホルモンのオキシトシンが作用する。　**解答** 3

1.5 母乳分泌のメカニズム

乳腺の機能は乳汁の合成、分泌、射出であり、これらの働きは乳汁分泌とよばれ妊娠と出産に関連する。乳汁の産生はプロゲステロンとエストロゲンの作用とともに、下垂体前葉から分泌されるプロラクチンによって大きく刺激される。プロラクチンは乳房を肥大させるとともに乳腺を発達させ乳汁の産生を促す。また、ヒト胎盤ラクトゲンなどのホルモンも乳房の発育に寄与し、妊娠後期には乳房の大きさは非妊娠時より1～2 kgの増加がみられる。しかし、この時期に乳頭を刺激しても乳頭先端部からわずかに母乳がにじみ出る程度で十分量の母乳分泌は行われない。この仕組みを司っているのがエストロゲンやプロゲステロンである。これらはプロラクチンの乳たんぱく質合成や乳糖合成酵素による乳糖合成を抑制し母乳産生を阻止する。分娩後胎盤が排出されてエストロゲンやプロゲステロンの分泌が低下するとプロラクチン受容体数が上昇し、初乳が分泌される（図4.3）。

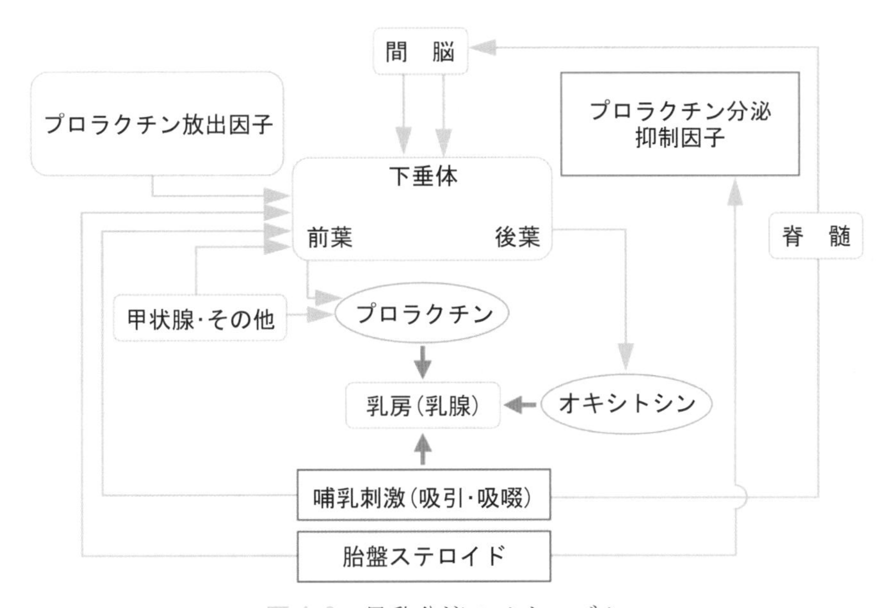

図4.3　母乳分泌のメカニズム

脳下垂体後葉から分泌されるオキシトシンは乳腺の筋上皮細胞を収縮させ、乳頭から乳汁を射出（射乳）させる。オキシトシンやプロラクチンは乳児が母親の乳頭を吸引する吸啜（哺乳）刺激に反応して分泌される。分娩後1日目の乳汁分泌は乳頭を圧出するとわずかににじむ程度で、すぐには開始されない。2～3日すると乳房は緊満して乳汁分泌が始まり徐々に増加する。産褥3日目までに90％の褥婦に乳汁分泌が始まる。個人差はあるが約1年間乳汁を分泌し続ける。また、オキシトシンは子宮を収縮させ、子宮復古も促す。

例題4　母乳分泌のメカニズムに関する記述である。誤っているのはどれか。1つ選べ。

1. プロラクチンは乳房を肥大させるとともに乳腺を発達させ乳汁の産生を促す。
2. エストロゲンやプロゲステロンは母乳産生を促す。

3. オキシトシンは乳頭から乳汁を射出させる。
4. オキシトシンやプロラクチンは乳児の吸啜刺激に反応して分泌される。
5. オキシトシンは子宮を収縮させ、子宮復古も促す。

解説　2. エストロゲンやプロゲステロンはプロラクチンの乳たんぱく質合成や乳糖合成酵素による乳糖合成を抑制し母乳産生を阻止する。　**解答** 2

1.6 母乳

(1) 母乳の成分変化

母乳の成分は分娩から数日を経て徐々に変化する。乳児の栄養や健康のために日々変化していく母乳を、その時々にしっかり与えることが大切である（表4.1）。

表4.1　母乳の成分

成分＼泌乳期	初乳*1		移行乳*2		成乳*3	
	冬季	夏期	冬季	夏期	冬季	夏期
全固形分(g/dL)	12.3	13.1	12.5	12.9	12.0	12.2
粗たんぱく質(g/dL)	2.04	2.21	1.94	1.93	1.09	1.13
脂肪(g/dL)	3.06	3.38	3.34	3.47	3.72	3.56
乳糖(g/dL)	5.16	5.24	5.29	5.56	6.15	6.33
エネルギー(kcal/dL)	63.2	68.1	65.5	67.6	65.7	65.7
ナトリウム(mg/dL)	30.0	37.4	26.5	28.4	12.2	13.0
カリウム(mg/dL)	74.1	73.4	70.8	75.8	47.4	49.9
カルシウム(mg/dL)	30.3	28.4	30.2	29.9	25.9	26.0
リン(mg/dL)	17.5	16.0	18.7	18.4	13.5	13.6
鉄(μg/dL)	43.3	46.9	39.6	44.4	25.4	25.1

*1：分泌後3～5日の母乳　*2：分泌後6～10日の母乳　*3：分泌後121～240日の母乳

資料）井戸田正也「日本小児栄養消化器病学会雑誌」5(1), 1991

1) たんぱく質

母乳のたんぱく質濃度は初乳で高く、最初の1カ月で2/3程度まで減少し、最終的に初乳の1/2程度まで減少する。

2) 脂質

初乳から成乳にかけて、母乳100g中の脂質含有量は3.4g/dLから3.6g/dLに増加する。

3) 乳糖

母乳中の糖質含有量は初乳5.2g/dLから成乳6.3g/dLに増加する。糖質のうち乳糖含量は終期にかけて増加していくが、オリゴ糖は低下していく。

4）ミネラル

母乳中のナトリウム、カリウム濃度は分娩後 1 カ月で著明に減少するが、カルシウム、マグネシウム、リン、塩素濃度は分泌期間中にほとんど変化しない。

例題 5　母乳の成分変化に関する記述である。誤っているのはどれか。1 つ選べ。

1. 母乳のたんぱく質濃度は初乳で高く成乳で低い。
2. 初乳から成乳にかけて、母乳中の脂質含有量は増加する。
3. 糖質含有量は初乳より成乳の方が多い。
4. 乳糖含量は初乳より成乳の方が多い。
5. 母乳中のナトリウムは分娩後増加する。

解説　5. 母乳中のナトリウム、カリウム濃度は分娩後 1 カ月で著明に減少する。

解答 5

(2) 初乳と成乳の比較

初乳は産褥 3〜5 日目まで分泌された乳汁をいい、分娩後 10〜15 日で成乳になる。初乳から成乳への移行期間の間の乳汁を移行乳という。初乳の泌乳量は産褥 3 日目で 150 mL 以上、5 日目で 250 mL 以上あれば一応良好と判断する。成乳となる頃から 1 日量は 500 mL 程度となり、生後 1 カ月で 1 日 780 mL となり、離乳後期まで安定した泌乳量となるが個人差が大きい。

1）初乳

初乳は成乳に比べたんぱく質、抗菌物質やミネラルに富み乳糖や脂質が少ない。なかでもラクトアルブミン、ラクトグロブリンが多い。水溶性半透明で黄色味を帯び、粘稠性がある。

抗菌物質としては免疫グロブリン（Ig）である IgA、IgM、IgG さらにリゾチームやラクトフェリンが含まれる。IgA は初乳中に含まれる免疫グロブリンの 90％以上を占めており、食物アレルギーの原因となる IgE の腸内吸収を妨げる。

リゾチームは酵素の一種で、細菌の細胞壁を分解して細菌を死活化させる。たんぱく質であるラクトフェリンは細菌やウイルスの鉄分を奪って繁殖を抑制する他、ビフィズス因子となって乳児の腸内環境を整える作用がある。

冷凍母乳では、これら抗菌物質は過熱処理によって変性するので注意を要する。

2）移行乳

初乳から成乳へと移り変わる途中の乳汁は移行乳とよばれ、成分的には初乳と成乳の中間的存在である。

3）成乳

成乳は初乳と比べ脂肪と乳糖が増加する。たんぱく質は減少し乳白色でサラッとした性状である。授乳中の脂肪のほとんどはトリグリセリドでエマルジョンの状態にある。たんぱく質の大部分はカゼインが占めている。哺乳量のピークは産後3カ月頃である。

乳糖を分解するラクターゼの活性は分娩直後では低いが、母乳を与えると急速に活性化される。また、脂質を消化する膵液リパーゼの活性は新生児では低いが、母乳中に含まれる胆汁酸刺激性リパーゼにより脂肪消化が助けられる。

4）母乳栄養の利点

（i）栄養成分組成

母乳には乳児が必要としている栄養成分を必要十分含んでいる。その組成と分泌量は新生児の消化力に最適であり、容易に消化される。

人乳はカゼインを0.3 g/100 g含み、牛乳の2.4 g/100 gに比べて少ない。それに対してα-ラクトアルブミンは人乳0.16g/100g、牛乳0.11g/100gである（表4.2）。

表4.2　母乳と牛乳の比較[1]

	母乳100g	牛乳100g		母乳100g	牛乳100g
エネルギー(kcal)	65	67	炭水化物(g)	7.2	4.8
たんぱく質(g)	1.1	3.3	ミネラル(mg)	0.2	0.7
カゼイン(g)[2]	0.3	2.4	ナトリウム(mg)	15	41
α-ラクトアルブミン(g)[2]	0.16	0.11	カリウム(mg)	48	150
水分(g)	88	87.4	カルシウム(mg)	27	110
脂質(g)	3.5	3.8	リン(mg)	14	93
多価不飽和脂肪酸(g)	0.61	0.21	鉄(mg)	Tr	Tr
飽和脂肪酸(g)	1.32	2.33			

1）5訂増補日本食品標準成分表 2005　2）日本食品大辞典（第3版）医歯薬出版株式会社

母乳中にカゼインが少なく、母乳を摂取した乳児の胃内ではレニン（凝乳酵素）により微細で柔らかく消化されやすいソフトカードが形成される。一方、人工乳の素材である牛乳中のカゼインは胃内で大きく硬めのハードカード（凝塊）になる。

一価不飽和脂肪酸や多価不飽和脂肪酸は母乳に多く、飽和脂肪酸は牛乳に多く含まれている。乳糖は母乳に多く、カルシウムは牛乳に多い。

(ⅱ) 衛生的で罹患率が低い

母乳は母親から直接に乳児の口腔内に放出されるので新鮮であるとともに衛生的である。母乳に含まれるリゾチーム、ラクトフェリンなどの抗菌物質や免疫グロブリンにより乳児の抵抗力が高まり、感染症に罹りにくく重症化しにくい。

(ⅲ) 食物アレルギー

ミルクアレルギーは、牛乳の乳清中に含まれるβ-ラクトグロブリンが原因のひとつである。母乳にはβ-ラクトグロブリンが含まれず、ミルクアレルギーに罹りにくい。

(ⅳ) スキンシップ

母乳の授乳時に母親と乳児の肌が直接触れ合い、母子間のスキンシップにより、乳児の健やかな神経発達を促す。

5) 母乳栄養児に配慮したい点

(ⅰ) ウイルス感染

成人T細胞白血病ウイルス、サイトメガロウイルス、AIDSウイルスは乳児が産道を通過して娩出する過程で、あるいは母乳摂取によって母親から乳児にまれに感染することがある。

(ⅱ) 母乳汚染

農薬であるBHCや発がん性のあるPCB、環境ホルモンであるダイオキシンなど、残留性で毒性の強い物質が母乳を汚染し、汚染された母乳を通じて乳児の健康が蝕まれる恐れがある。多くの母乳汚染物質は脂溶性であり乳児の脂肪に蓄積される。

例題 6　初乳と成乳および牛乳の比較に関する記述である。誤っているのはどれか。1つ選べ。

1. 初乳には成乳よりIgAが多く含まれる。
2. 人乳は牛乳よりカゼインが多く含まれる。
3. α-ラクトアルブミンは人乳の方が牛乳より多く含まれる。
4. 一価不飽和脂肪酸や多価不飽和脂肪酸は牛乳より母乳に多く含まれている。
5. 母乳にはβ-ラクトグロブリンは含まれていない。

解説　1. IgAは初乳中に含まれる免疫グロブリンの90%以上を占めている。　2. 人乳はカゼインを0.3 g/100 g含み、牛乳の2.4 g/100 gに比べて少ない。　5. β-ラクトグロブリンは牛乳の乳清中に含まれており、ミルクアレルギーの原因のひとつである。

解答 2

2 妊娠期・授乳期の栄養アセスメントと栄養ケア

2.1 妊娠期の栄養アセスメント

(1) 臨床診査

臨床診査については、現病歴、既往歴の把握、家族歴の把握、過去の妊娠・分娩歴の把握などの項目について行う。

(2) 臨床検査

1) 血圧

妊娠高血圧症候群がない限り血圧には大きな変動はない。妊娠中は血管運動神経中枢が不安定で起立時は一過性の脳虚血状態を起こし、立ちくらみや目まいを起こしやすい。

2) 尿たんぱく・尿糖

妊娠中の尿の状態で重要な指標となるのは尿たんぱくと尿糖である。尿たんぱくは正常でもごく少量は排泄されているが30 mg/dL以上のたんぱくの排泄は異常であり、腎機能の障害を意味する。尿糖は妊娠中にしばしば排泄がみられ、その頻度は10～15%である。妊婦の糖尿は分娩後に消失するが、連続して出現する場合は空腹時の尿糖や血糖を測定する。

3) 血液検査

妊娠時は血液量の増加のため赤血球は増えるがそれ以上に血漿量が増加することにより、赤血球は減少し、ヘモグロビン値やヘマトクリット値は低下する。貯蔵鉄の低下を反映し血清フェリチン値の低下がみられる。フィブリノーゲンの増加は分娩から産褥までの止血に携わる。赤血球沈降速度は赤血球の減少、アルブミンの低下、グロブリンの増加、およびフィブリノーゲンの増加などにより促進する。

白血球数は増加する。血清総たんぱく質やアルブミンは血漿の増加と胎児の需要が増加するため減少する。血清脂質の総コレステロール、HDLコレステロールおよび中性脂肪はともに増加し、脂質異常症の傾向となる。

4) 身体計測

(i) 身長

妊婦の低身長（150 cm未満）や非妊娠時の体格がやせ（BMI 18.5未満）のものでは、低出生体重児や早産のリスクが高いので妊娠中の栄養が特に重要である。

(ii) 体重

妊娠初期にはつわりなどで体重が減少することもあるが、妊娠15週頃から体重は漸増し始める。妊娠中の生理的体重増加の目安は7～12 kg程度とされる。

(3) 服薬

胎芽および初期の胎児は各器官が分化する時期に有害な薬物使用およびある種の栄養素の欠乏や過剰などで、これらに対する感受性が高い器官に種々の奇形や異常を発生しやすい。この感受性の高い時期を臨界期という。

疾患を有する場合の妊娠で特に妊娠中も服薬を継続する必要のある者は注意を要する。

例題 7 妊娠期の栄養アセスメントに関する記述である。誤っているのはどれか。1つ選べ。

1. 妊娠時はヘモグロビン値やヘマトクリット値は上昇する。
2. 血清フェリチン値が低下する。
3. 赤血球沈降速度は促進する。
4. 白血球数は増加する。
5. HDL コレステロールは増加する。

解説 1. 妊娠時は血液量の増加のため赤血球は増えるがそれ以上に血漿量が増加するためヘモグロビン値やヘマトクリット値は低下する。 2. 貯蔵鉄の低下を反映し血清フェリチン値の低下がみられる。 3. 赤血球の減少、アルブミンの低下、グロブリンの増加、およびフィブリノーゲンの増加などにより促進する。 **解答** 1

2.2 妊娠期・授乳期の食事摂取基準

(1) 妊婦・授乳婦に対する付加量

1) エネルギー

(i) 妊婦に対する付加量

女性の妊娠（可能）年齢によって、推定エネルギー必要量に区分があることに鑑み妊娠中に適切な栄養状態を維持し正常な分娩をするために、妊娠前と比べて余分に摂取すべきと考えるエネルギー量を妊娠期別に付加量として示す。

妊娠中には身体活動レベルが妊娠初期と後期に減少するが基礎代謝量は逆に、妊娠による体重増加によって後期に大きく増加する結果、総エネルギー消費量の増加率は妊娠初期、中期、後期とも、妊婦の体重の増加率とほぼ一致しており、全妊娠期において体重当たりの総エネルギー消費量はほとんど差がない。したがって、妊娠前の総エネルギー消費量（推定エネルギー必要量）に対する妊娠による各時期の総エネルギー消費量の変化分は妊婦の最終体重増加量11 kgに対応するように補正する。また、妊娠期別のたんぱく質の蓄積量および脂肪としてのエネルギー蓄積量をそれぞれ推定し、それらの和としてエネルギー蓄積量を求めた。最終的に各妊娠期におけるエネルギー付加量（kcal/日）は妊婦による総エネルギーの変化量（kcal/日）＋エネルギー蓄積量（kcal/日）として求められ 50 kcal 単位で丸めて処理を行い、初期：50 kcal/日、中期：250 kcal/日、後期：450 kcal/日とする。

（ⅱ）授乳婦に対する付加量

授乳期の総エネルギー消費量は、妊娠前と同様であり、総エネルギー消費量の変化という点からは授乳婦に特有なエネルギーの付加量を設定する必要はない。一方、総エネルギー消費量には、母乳のエネルギー量そのものは含まれないので、授乳婦はその分のエネルギーを摂取する必要がある。

母乳のエネルギー量は、泌乳量を哺乳量（0.78 L/日）と同じとみなし、また母乳中のエネルギー含有量は、663 kcal/L とすると、

母乳のエネルギー量（kcal/日）＝0.78 L/日×663 kcal/L≒517 kcal/日

と計算される。

一方、分娩後における体重の減少によりエネルギーが得られる分、必要なエネルギー摂取量が減少する。体重減少分のエネルギーを体重 1 kg 当たり 6,500 kcal、体重減少量を 0.8 kg/月とすると、

体重減少分のエネルギー量（kcal/日）＝

6,500 kcal/kg 体重×0.8 kg/月÷30 日≒173 kcal/日

となる。

したがって、正常な妊娠・分娩を経た授乳婦が、授乳期間中に妊娠前と比べて余分に摂取すべきと考えられるエネルギーを授乳婦のエネルギー付加量とすると、

授乳婦のエネルギー付加量（kcal/日）＝

母乳のエネルギー量（kcal/日）－体重減少分のエネルギー量（kcal/日）

として求めることができる。その結果、付加量は 517－173＝344 kcal/日となり、丸め処理を行って 350 kcal/日とする。

2）栄養素

（ⅰ）たんぱく質

① 妊婦に対する付加量

妊娠期の体たんぱく質蓄積量は体カリウム増加量により間接的に算定できる。妊娠後期の平均の体カリウム増加量は 2.08 mmol/日であり、これにカリウム・窒素比（2.15mmol カリウム/g 窒素）およびたんぱく質換算係数を用いて、体たんぱく質蓄積量を算定する。ここで新生組織における体たんぱく質蓄積量は妊娠中の体重増加量により変化することを考慮し、最終的な体重増加量を 11 kg とする。妊娠中の体

重増加量に補正を加えカリウム増加量を求め、体たんぱく質蓄積量を算定した。妊婦のたんぱく質付加量（推奨量）は初期 0 g/日、中期 5 g/日、後期 25 g/日とした。

② 授乳婦に対する付加量

授乳期には乳汁分泌に対する付加が必要であり授乳期のたんぱく質付加量は、泌乳に対する付加量として算出される。離乳開始期までの 6 カ月間を母乳のみによって授乳した場合、1 日当たりの平均泌乳量を 0.78 L/日とした。この間の母乳中のたんぱく質濃度の平均値は 12.6 g/L とした。食事性たんぱく質から母乳たんぱく質への変換効率を 70％として授乳婦の付加量（推定平均必要量）を 15 g/日としている。

推奨量は推奨量換算係数を 1.25 として 17.6 g/日をまるめて処理して 20 g/日である。

例題 8　妊婦・授乳婦の栄養素に関する記述である。誤っているのはどれか。1 つ選べ。

1. 妊娠期におけるエネルギー付加量（kcal/日）は初期・中期・後期で異なる。
2. 授乳期におけるエネルギー付加量（kcal/日）は初期・中期・後期の区別はない。
3. 妊娠期のたんぱく質推奨量の付加量は初期、中期、後期で異なる。
4. 授乳期のたんぱく質推奨量の付加量は初期、中期、後期で異なる。

解説　1. 初期：50 kcal/日、中期：250 kcal/日、後期：450 kcal/日である。　2. 全期を通じて 350 kcal/日である。　3. 初期 0 g/日、中期 5 g/日、後期 25 g/日である。　4. 全期を通じて 20 g/日である。

解答 4

（ⅱ）脂質

① 脂質（％エネルギー）・飽和脂肪酸（％エネルギー）

生活習慣病の発症予防の観点からみて、妊婦および授乳婦が同年齢の非妊婦・非授乳婦の女性と異なる量の総脂質または飽和脂肪酸を摂取すべきとするエビデンスは見い出せない。したがって、目標量は非妊婦・非授乳中の女性と同じとして脂肪の総エネルギーに占める割合は 20～30％、飽和脂肪酸は 7％以下とした。

② n-6 系脂肪酸

平成 28 年国民健康・栄養調査から算出された妊婦の n-6 系脂肪酸摂取量の中央値が胎児の発育に問題がないとされる値として考え目安量を 9 g/日とした。同じ栄養調査から算出された授乳婦の n-6 系脂肪酸摂取量の中央値が授乳婦の大多数で必須脂肪酸として欠乏症状が認められない量であり、かつ n-6 系脂肪酸を十分含む母乳を分泌できると考え目安量を 10 g/日とした。

③ n-3 系脂肪酸

平成28年国民健康・栄養調査から算出された妊婦および授乳婦の n-3 系脂肪酸摂取量の中央値から妊婦の目安量を 1.6 g/日、授乳婦の目安量を 1.8 g/日とした。

(iii) 炭水化物

生活習慣病の発症予防の観点からみて妊婦および授乳婦が同年齢の非妊娠・非授乳中女性と異なる量の炭水化物を摂取すべきとするエビデンスは見い出せない。したがって目標量は妊娠可能年齢の非妊娠・非授乳中の女性と同じく 50～65％とした。

(iv) ビタミン

ビタミンは生体の機能を維持するのに必須の微量栄養素であり、体内で合成されないので食物より摂取する必要がある。ビタミンAは多量に摂取した場合に胎児に対して催奇形性をもつという報告がある。また、ビタミンAの過剰症に注意する必要があるので18歳以上における上限量は2,700 μgレチノール当量/日としている。ビタミンAの妊婦に対する付加量（推奨量）は妊娠後期で80 μg RAE/日、授乳婦で450 μg RAE/日としている。

水溶性ビタミンは一度に多量摂取しても体内に蓄積しない。取り込まれなかった分は尿中に排泄され過剰の心配は少ない。しかし、妊娠悪阻に陥った場合は急性ビタミンB_1欠乏が生じウエルニッケ脳症を来すことがある。多くの場合、ビタミンB_1を補充することで病状が改善される。妊婦のビタミン付加量はパントテン酸とビオチンを除いて作成されている。授乳婦では、基本的に母乳中のビタミン含量を1日当たりの泌乳量から策定している。

(v) ミネラル

① 鉄

妊娠期に必要な鉄は、基本的鉄損失に加えて胎児の成長に伴う鉄貯蔵、臍帯・胎盤中への鉄貯蔵および循環血液量の増加に伴う赤血球量の増加による鉄の需要が増すが、鉄の需要は妊娠の初期、中期、後期によって異なっている。妊婦の付加推奨量は初期 2.5 mg/日、中期・後期を 9.5 mg/日としている。授乳婦の付加量は分娩時失血に伴う鉄の損失を考慮する必要はなく、母乳への損失を補うことで十分であるとし、授乳婦の推奨付加量を 2.5 mg/日とする。

② カルシウム

胎児のカルシウム蓄積は主に妊娠終期に起こる。この期間に胎児の必要量が満たされない場合に母体の骨吸収が起こる恐れがある。新生児の体内カルシウム含量と妊娠中のカルシウム吸収効率の上昇を考慮すると妊娠中に付加量は必要ないとされている。

例題 9　妊婦・授乳婦の栄養素に関する記述である。誤っているのはどれか。1つ選べ。

1. 妊婦および授乳婦の脂質と飽和脂肪酸の目標量は非妊婦・非授乳中の女性と同じである。
2. n-6 系脂肪酸の目安量は妊婦と授乳婦で同じである。
3. ビタミンAの多量摂取は胎児に対して催奇形性をもつ可能性がある。
4. 妊婦に対する鉄の付加推奨量は初期と中期・後期で異なる。
5. 妊婦・授乳婦に対するカルシウムの付加量は設定されていない。

解説　2. 妊婦の目安量は9g、授乳婦の目安量は10gである。　**解答** 2

2.3 妊娠期の栄養ケア

(1) 妊娠初期（～13週6日）

妊娠初期は胎児の骨や内臓の形成期であるが、多くのエネルギーを必要としないので、無理に栄養素の補給を行うより、良質の食品をバランスよく摂るように配慮する。この時期は先天性異常を予防するためにも薬物の使用や喫煙、アルコールの過剰摂取に気をつける。つわりは妊婦の多くが経験する変化である。この時期は胎児の器官分化の臨界期にあたるので注意を要する。

(2) 妊娠中期・終期

妊娠中期は、つわり症状がおさまり、胎動を自覚するようになる。妊娠中期以降に胎児の発育が急速に増し、母体のためにも栄養素全体の需要が増加する。一方、増大した子宮により消化器などが圧迫され一度に多量の食事が摂れなくなるので食事は4～6回に分け、十分に栄養を配分して摂取する。

胎児が急速に成長するので子宮がさらに大きくなる。3回の食事の他に補食を与える。貧血や妊娠高血圧症候群が発症しやすい時期なので、その予防のために栄養管理が重要である。妊娠性貧血の予防や胎児の発育のために、たんぱく質は不足しないようにし、摂取たんぱく質の半分は動物性たんぱく質で摂るようにする。不足しがちな鉄、カルシウムの摂取も心がける。

(3) 栄養と奇形

1) 葉酸

葉酸は補酵素のテトラヒドロ葉酸となり、一炭素化合物の輸送体として機能する。葉酸は赤血球の成熟やプリン体およびピリミジンの合成に関与している。葉酸の欠乏は巨赤芽球性貧血（ビタミンB_{12}欠乏症によるものと鑑別できない）を引き起こす。また、母体に葉酸欠乏があると、胎児の神経管閉鎖障害や無脳症を引き起こす可能性がある。さらに、動脈硬化の引き金になるホモシステインの血清値が高くなる。葉酸の推定平均必要量と推奨量は、赤血球中の葉酸濃度と血漿総ホモシステイン値の維持についての報告を基にして18歳以上の男女で推定平均必要量200 μg/日、推奨量240 μg/日と算定された。妊婦の推奨付加量は240 μg/日、授乳婦の推奨付加量は100 μg/日である。

胎児の神経管閉鎖障害は、受胎後およそ28日で閉鎖する神経管の形成異常であり、臨床的に無脳症・二分脊椎・髄膜瘤などの異常を呈する。神経管閉鎖障害の発症は葉酸摂取のみにより予防できるものではないが、受胎前後のプテロイルモノグルタミン酸投与が神経管閉鎖障害のリスクの低減に有効であることが明らかになっている。その他に、プテロイルモノグルタミン酸の摂取によってリスク軽減が期待される胎児の奇形として口唇・口蓋裂や先天性心疾患があげられている。したがって、最も重要な神経管の形成期に母体が十分な栄養状態であることが望ましい。

しかし、受胎した時期の予測が困難であるので妊娠を計画している女性、妊娠の可能性がある女性あるいは妊娠初期の妊婦は、胎児の神経管閉鎖障害発症の予防のために摂取が望まれる葉酸の量を、狭義の葉酸（サプリメントや食品中に強化される葉酸）として400 μg/日とした。

2）嗜好品

妊娠中の生活習慣が胎児の発育・発達に与える影響は大きい。特に重要なのは喫煙および飲酒である。タバコの煙のニコチンは血管を収縮させ、子宮・胎盤循環血液量を減少させる。また、一酸化炭素は血液の酸素運搬能を低下させ、胎児は低酸素状態になる。喫煙している妊婦は低出生体重児の出産リスクや出生後の乳幼児突然死症候群のリスクが高まる。

妊娠初期からの過度の飲酒は、胎児性アルコール症候群という先天性奇形症候群をもたらす。アルコールは胎盤を通じて胎児に移行する。胎児の器官が形成される妊娠初期は、薬物の影響を受けやすい。また、カフェインの催奇性はヒトでは確認されていないが、妊娠中はカフェインを多く含む飲料を控えることが望ましい。

例題 10　妊娠期の栄養ケアに関する記述である。誤っているのはどれか。1つ選べ。

1. 葉酸の欠乏は巨赤芽球性貧血を引き起こす。
2. 母体の葉酸欠乏は、胎児に神経管閉鎖障害や無脳症を引き起こす可能性がある。
3. 受胎前後のプテロイルモノグルタミン酸投与は、神経管閉鎖障害のリスク低減に有効である。

4. 栄養機能食品による葉酸摂取は控える。
5. アルコールは胎盤を通じて胎児に移行する。

解説 4. 通常の食品以外の食品（栄養機能食品を含む）に含まれる葉酸の 400 μg/日を摂取することが望まれる。 **解答** 4

2.4 妊産婦の疾患と栄養ケア

(1) つわりと妊娠悪阻

妊娠初期における消化器系を主体とした症状で食欲不振、悪心、嘔吐、を主とした症状が出現する。これらの不快症状はつわりといわれ、全妊婦の 50～80%でみられる。つわりは妊娠 5～6 週頃から発症し、妊娠 8～12 週頃ピークになる。妊娠 16 週頃までに自然治癒するものが多い。つわりが生理的範囲を超えて悪心や嘔吐の蔓延化により、5%以上の体重減少、ケトン尿症、代謝性アシドーシスなどの代謝障害や、ひどい場合に意識障害を来すことがある。このような状態は妊娠悪阻といわれ治療が必要となる。

1) 妊娠初期の栄養と食事指導

妊娠女性の推定エネルギー必要量は、妊娠前の必要量に妊娠に伴う付加量を加えて求める。妊娠初期では年齢、身体レベルにかかわらず 1 日当たり 50 kcal を付加する。一般に水分の多いもの、冷たいものが食べやすく、固形物が食べられないときには水分だけでも摂取する。つわり、妊娠悪阻の治療にはまず輸液による水分補給と栄養素の補給を行い症状が軽快してきたら徐々に食事摂取をすすめる。

2) ビタミン B_1 欠乏とウェルニッケ脳症

妊娠悪阻とはつわり症状が増悪し、頻回な嘔吐のため脱水・飢餓状態になり、乏尿・代謝性アシドーシスなど多彩な症状がみられる。つわり症状が悪化し食事摂取が困難となり、妊婦に栄養障害や代謝異常を来し加療を必要とする。治療は絶食、輸液療法が中心になり、食事摂取不能による母体の代謝異常に加え、多量のブドウ糖輸液によりビタミン B_1 の消費を招き、ウェルニッケ症候群の発症から、ときとして重篤な神経学的後遺症や妊産婦死亡につながるケースもあるので慎重な栄養管理が必要となる。

(2) 貧血

妊婦の循環血漿量は妊娠 12 週頃より増加し始め、妊娠 34 週にピークとなり、非妊娠時より 40～50%増加するが、血漿量の増加（約 42%）が赤血球量の増加（約 24%）を上回るため血球成分量が血漿量の増加に追いつかず、血中ヘモグロビン濃度は希釈により低下し、見かけ上の貧血状態になる（生理的水血症）。一方、妊娠に起因する貧血を妊娠性貧血という。妊娠期にみられる貧血の大部分は鉄欠乏による小球性低色素性貧血である。また、ビタミンB_{12}欠乏や葉酸欠乏による大球性高色素性貧血が認められることがある。

WHOによる妊婦の貧血の基準は全期間を通じて、ヘモグロビン濃度は11.0g/dL未満、ヘマトクリット値は33.0％未満となっている。

1）栄養ケアと食生活上の注意

母体から胎児への鉄の移行は濃度勾配にかかわらず胎盤のトランスフェリン受容体を介して、母体から胎児に輸送される（能動輸送）。鉄吸収を促進し造血に関連する栄養素（たんぱく質、銅、ビタミンC、葉酸、ビタミンB_{12}など）の摂取に留意する。

妊婦貧血の治療は食事療法と鉄剤の補給が行われる。食品中の鉄はヘム鉄と非ヘム鉄があり、非ヘム鉄よりヘム鉄の吸収がよいので赤身の肉、魚介類や卵類を積極的にとる。食品中の鉄の多くは三価の鉄で、胃酸やビタミンCによって二価の鉄に変えられて吸収される。

(3) 低体重・過体重（痩せと肥満）

妊娠前のBMIで表される母親の体格が胎児の発育・発達におおきく影響する。妊娠前に体重が少ない場合は、胎児発育不全、低出生体重児分娩、子宮内発育遅延や早産のリスクが高まる。体重が多い場合は妊娠糖尿病や妊娠高血圧症候群発症、脳出血、腎不全、子癇や巨大児分娩、帝王切開分娩などのリスクが高まる。

妊娠中の適正な体重増加は妊娠前の体型によって異なる。目標体重の増加量は非妊娠時の標準体重が普通の場合（BMI 18.5～25）で妊娠の全期間を通じて推奨体重増加量は7～12kg、やせの場合（BMI＜18.5）で9～12kg、肥満の場合BMI≧25では個別対応としている。

例題 11　妊産婦の疾患と栄養ケアに関する記述である。正しいのはどれか。1つ選べ。

1. 妊娠悪阻で起こるウェルニツケ・コルサコフ症候群は、ビタミンB_6欠乏による。
2. 妊娠期にみられる貧血の大部分は鉄欠乏による大球性高色素性貧血である。
3. 母体から胎児への鉄の移行は胎盤のラクトフェリン受容体を介して輸送される。
4. 妊娠前の母親の体格が胎児の発育・発達に影響することはない。
5. 妊娠前の体重が多い場合は、妊娠糖尿病や妊娠高血圧症候群発症などのリスクが高まる。

解説　1．ビタミンB_1の欠乏による。　2．小球性低色素性貧血である。　3．トランスフェリンである。　4．おおきく影響する。　**解答**　5

(4) 妊娠糖尿病

妊娠時はインスリン抵抗性が増すので耐糖能は低下しやすく、血糖値は上昇しやすい。妊娠は、潜在的な糖代謝異常を顕在化させる一因であるともいえる。妊娠糖尿病は妊娠中のインスリン抵抗性増大とインスリン分泌亢進の均衡が失われることによるインスリン欠乏状態により生じる。

1) 妊娠糖尿病の定義

「妊娠中に初めて発見または発症した糖尿病に至っていない糖代謝異常である」と定義され、妊娠中の明らかな糖尿病、糖尿病合併妊娠は含まれない。

2) 診断基準

妊娠糖尿病は75g糖負荷試験において空腹時血糖値 ≧ 92mg/dL、1時間値 ≧180mg/dL、2時間値 ≧ 153 mg/dL の 1 点以上を満たす場合に診断される（表 4.3）。

表 4.3　妊娠中の糖代謝異常と診断基準

(1) 妊娠糖尿病
75gOGTT において次の基準の 1 点以上を満たした場合に診断する。
1. 空腹時血糖値 ≧ 92 mg/dL (5.1 mmol/L)
2. 1 時間値 ≧ 180 mg/dL (10.0 mmol/L)
3. 2 時間値 ≧ 153 mg/dL (8.5 mmol/L)

(2) 妊娠中の明らかな糖尿病※
以下のいずれかを満たした場合に診断する。
1. 空腹時血糖値 126 mg/dL 以上
2. HbA1c 値が 6.5%以上
※　随時血糖値 ≧ 200 mg/dL あるいは 75gOGTT で 2 時間値 ≧ 200 mg/dL の場合は、妊娠中の明らかな糖尿病の存在を念頭に置き、1 または 2 の基準を満たすかどうかを確認する。

(3) 糖尿病合併妊娠
1. 妊娠前に既に診断されている糖尿病
2. 確実な糖尿病網膜症があるもの

出典）日本糖尿病・妊娠学会編（2015）

3) 妊娠糖尿病の母体と胎児に対する影響

母体に対しての影響は妊娠高血圧症候群、子宮内胎児死亡、羊水過多症など、胎児に対しては巨大児などがみられる。

4) 予防と食事管理

妊娠糖尿病の血糖コントロールの基本は食事療法である。血糖管理は空腹時血糖値が 100 mg/dL 未満、食後2時間の血糖値 120 mg/dL 未満、HbA1c 5.0%前後、グリコアルブミン 15.0%前後を目標とする。食事療法で適切な血糖管理ができない場合は、インスリン療法を行う。

5）食事療法

(ⅰ) 総エネルギー量

糖代謝異常妊婦における1日当たりの食事摂取のエネルギー量は普通体格の妊婦（非妊娠時 BMI＜25）標準体重×30 ＋ 200 kcal/日を目安とする。肥満妊婦（非妊時 BMI ≧ 25）の場合は標準体重×30 kcal/日とする。標準体重は BMI と各種疾患の関係において最も罹患率の低い BMI が 22 であることから身長（m）^{2}×22 の計算式から算出された。

(ⅱ) 分割食

食後、高血糖や食前の低血糖、高ケトン血症の制御のためには、食事を 4〜6 回に分けて食し毎回各栄養素を均等に摂取することが望ましい。

例題 12　妊娠糖尿病に関する記述である。正しいのはどれか。1つ選べ。

1. 妊娠時はインスリン抵抗性が低下するので耐糖能は向上しやすい。
2. 妊娠糖尿病は妊娠前に初めて発見または発症した糖尿病に至っていない糖代謝異常である。
3. 妊娠糖尿病の胎児に対する影響として巨大児などがみられる。
4. 妊娠糖尿病の血糖コントロールの基本はインスリン療法である。
5. 妊娠糖尿病では摂取エネルギーが同じ場合、1日3回食の方が頻回食より血糖値は安定する。

解説　1. 妊娠時はインスリン抵抗性が増すので耐糖能は低下しやすい。　2. 妊娠糖尿病は「妊娠中に初めて発見または発症した糖尿病に至っていない糖代謝異常である」と定義される。　4. 妊娠糖尿病の血糖コントロールの基本は食事療法である。5. 食事を 4〜6 回に分けて食し毎回各栄養素を均等に摂取することが望ましい。

解答 3

(5) 妊娠高血圧症候群

1）妊娠高血圧症候群の病型分類

妊娠すると循環血液量が増加するが通常の妊娠では代償的に血管抵抗が減弱し、血圧はむしろ低下する。妊娠高血圧症候群とは妊娠 20 週以降、分娩後 12 週までの間に高血圧となる疾患であり、時にたんぱく尿や全身の臓器障害を伴うことがある。さらに、高血圧が妊娠前あるいは妊娠20週までに存在する場合を高血圧合併妊娠という（表4.4）。

妊娠期は、循環血液量が増大することに加えて、妊娠高血圧症候群では血管攣縮による末梢血管の抵抗により血圧の上昇がある。妊娠高血圧症候群の発症機序は胎盤形成障害と母体の要因とに分けられる。胎盤形成障害は妊娠早期に発症し、児の発育に影響し胎児発育不全を引き起こす。一方、母体の要因としては妊娠後期に発症し、胎児発育への阻害はないか、あっても軽度である。

妊娠高血圧症候群の主な症状は高血圧、たんぱく尿、浮腫、体重増加、血液濃縮（ヘマトクリット上昇）、溶血などがある。

表4.4　妊娠高血圧症候群の病型分類

(1) 妊娠高血圧腎症

① 妊娠20週以降に初めて高血圧が発生し、かつたんぱく尿が伴うもので、分娩後12週までに正常に復する場合。

② 妊娠20週以降に初めて発症した高血圧に、たんぱく尿を認めなくても、基礎疾患のない肝機能障害、進行性の腎障害、脳卒中、血液凝固障害のいずれかを認める場合で、分娩12週までに正常に復する場合。

③ 妊娠20週以降に初めて発症した高血圧に、たんぱく尿を認めなくても、子宮胎盤機能不全（胎児発育不全、臍帯動脈血流波形異常、死産）を伴う場合。

(2) 妊娠高血圧

妊娠20週以降に初めて高血圧を発症し、分娩12週までに正常に復する場合で、かつ妊娠高血圧腎症の定義にあてはまらないもの。

(3) 加重型妊娠高血圧腎症

① 高血圧が妊娠前あるいは妊娠20週までに存在し、妊娠20週以降にたんぱく尿、もしくは基礎疾患のない肝腎機能障害、脳卒中、血液凝固障害のいずれかを伴う場合。

② 高血圧とたんぱく尿が妊娠前あるいは妊娠20週までに存在し、妊娠20週以降に、いずれか、または両症状が憎悪する場合。

③ たんぱく尿のみを呈する腎疾患が妊娠前あるいは妊娠20週までに存在し、妊娠20週以降に高血圧が発症するもの。

④ 高血圧が妊娠前あるいは妊娠20週までに存在し、妊娠20週以降に子宮胎盤機能不全を伴う場合。

(4) 高血圧合併妊娠

高血圧が妊娠前あるいは妊娠20週までに存在し、加重型妊娠高血圧腎症を発症していない場合。

出典）日本産科婦人科学会（2018）

2) 関連疾患

(i) 子癇

妊娠20週以降に初めて痙攣発作を起こし、てんかんや2次性痙攣が否定されるものである。

(ⅱ) HELLP 症候群

HELLP 症候群とは溶血（hemolysis)、肝酵素の上昇（elevated liver enzymes)、血小板減少（low platelet count）の 3 徴候を来す症候群である。治療を行わないと血液が固まりにくくなり、全身の臓器に障害が起こり重篤な状態になることがある。

3）食事療法

(ⅰ) エネルギー摂取

妊娠高血圧症候群の予防は妊娠中の適切な体重増加が重要である。エネルギー量は非妊娠時の BMI が 24 以下の妊婦で、理想体重×30kcal＋200kcal/日とし、非妊娠時の BMI が 24 以上の妊婦で、理想体重×30kcal/日とする。

(ⅱ) 塩分摂取

塩分摂取は 7〜8 g 程度とする。(極端な塩分制限は勧められない。予防には 10 g/日以下が勧められる。)

(ⅲ) たんぱく質

たんぱく質の摂取は理想体重×1.0 g/日とし、予防は理想体重×1.2〜1.4 g/日が望ましい。

(ⅳ) 水分摂取

水分摂取は 1 日尿量 500 mL 以下や肺水腫では前日の尿量に 500 mL を加える程度に制限するが、それ以外は制限しない。口渇を感じない程度の摂取が望ましい。

(ⅴ) その他

動物性脂質と糖質は制限、高ビタミン食とすることが望ましい。予防には軽度の運動と規則正しい生活を勧める。

例題 13　妊娠高血圧症候群に関する記述である。正しいのはどれか。1 つ選べ。

1. 妊娠高血圧症候群とは妊娠 20 週以降、分娩後 20 週までの間に高血圧となる疾患である。
2. 高血圧が妊娠前または妊娠 10 週までに存在する場合は高血圧合併妊娠という。
3. 妊娠高血圧症候群の予防は妊娠中の適切な体重増加が重要である。
4. 妊娠高血圧症候群では、塩分を 5 g/日以下に制限する。
5. 妊娠高血圧症候群では、高カルシウム食とする。

解説　1. 妊娠高血圧症候群とは妊娠 20 週以降、分娩後 12 週までの間に高血圧となる疾患である。　2. 妊娠 20 週までに存在する場合を高血圧合併妊娠という。

4. 塩分摂取は7〜8ｇ程度である（極端な塩分制限は勧められない）。　5. 動物性脂質と糖質は制限し、高ビタミン食とすることが望ましい。　**解答** 3

2.5 出産後の健康・栄養状態およびQOL（生活の質）の維持向上

(1) 授乳期の栄養アセスメント

授乳期とは分娩後、新生児と乳児に母乳を与える期間をいい、この期間の女性を授乳婦という。乳汁を母体内で産生して乳児を養い育む期間であり、乳児がほとんどの栄養を乳以外の食物から摂取できるようになるまで約1年を要する。

授乳期は身体的には産褥期での妊娠・分娩の状態から回復し、非妊娠時の状態に復帰するとともに、乳汁分泌が開始され、社会的・心理的には妊娠中から発達させてきた母親の役割を確立させていく時期である。この時期は母乳が新生児にとって最良の栄養法であり、さまざまな利点があることを母親自身が理解したうえで母乳保育に取り組むことが重要である。この時期の母体には産褥期としての栄養回復と母乳（初乳から成乳への変化を支える）の調整と新生児の成長を保持増進するという3つの重要な変化がみられる点に特徴がある。

この時期は母乳が新生児にとって最良の栄養法であり、さまざまな利点があることを母親自身が理解したうえで母乳保育に取り組むことが重要である。

分娩後には高プロラクチンが維持された状態でエストロゲンやプロゲステロンが急激に低下し、乳汁生成のための糖質、脂質の動員と乳汁分泌に適した身体的変化をみる。分娩後は子宮や産道が妊娠前の状態に戻るためエネルギー代謝は異化亢進をしめす。妊娠中に蓄積したたんぱく質は貯蔵エネルギーとして働く。

授乳婦では産褥期とそれに続く一定の期間は無月経となる。月経の再開には授乳の有無とその期間が大きく関与している。母乳のみで育てている母親では3カ月以降に初めて排卵をみることが多い。

(2) 産褥期の健康とQOL

産褥とは分娩を終了した母体が妊娠前の状態に復古するまでをさし、その期間はおおよそ6〜8週間とされている。産褥期の10日間は特に慎重な管理が必要な時期であり、食生活では母乳の泌乳を維持するための栄養補給が必要である。

この時期に授乳のために十分な睡眠がとりにくい状態があると、産褥3〜10日にかけてうつ状態、不安、不眠、流涙、混乱などの精神症状がでることがある。これはマタニティーブルーとよばれ、ほとんどは一過性でホルモンの変化によるものと考えられる。母親が授乳すると、泌乳を促すオキシトシンが分泌する。また、オキシトシンは子宮や産道の復古に効果的に作用する。エストロゲンは産褥期に入ると急速に低下し泌乳が開始される。

(3) 栄養ケアの留意点

1) 身体計測

体重は分娩後6カ月を目安に非妊娠時の体重に戻るのが望ましく、増加や減少または停滞がみられる場合は摂取栄養素の過不足を考える。

2) 臨床診査

(ⅰ) 乳腺炎

乳房の張り、乳房の色、痛みや発熱の有無、乳汁分泌量などに注意し、乳腺炎の場合は乳汁がうっ滞して乳房が赤く腫れ、痛みやしこり、発熱などがみられる（うっ滞性乳腺炎）。乳汁のうっ滞を防ぐため、乳児の飲み残しは毎回搾乳して乳房を空にする。

(ⅱ) 母乳分泌の不足

乳房の張りがない、哺乳時間が長い、授乳間隔が短い、体重増加が思わしくない、機嫌が悪い、排便回数や量が少ないなどの兆候が複数みられた場合は母乳不足を疑い、速やかに育児用ミルクの利用を考える。

哺乳時間については、健康な乳児の1回当たりの哺乳時間は10～15分で、最初の5分で全哺乳量の70～80%を摂取する。母乳不足があると哺乳時間が長くなり乳首をなかなか離さない。体重の平均増加率は0～3カ月では30g/日、3～6カ月では15～20g/日とされている。個人差があるが、この値より著しく低い場合は母乳不足を考える必要がある。

例題 14　産褥期に関する記述である。正しいのはどれか。1つ選べ。

1. 産褥期は分娩後3～5週間とされている。
2. 産褥3～10日にかけて発症する精神症状をマタニティーブルーという。
3. 母親の泌乳を促すプロラクチンの分泌が子宮や産道の復古に作用する。
4. エストロゲンは産褥期に入ると急速に上昇し泌乳が開始される。
5. 分娩後の母体体重は、産後3カ月頃までに妊娠前の体重に復帰するのが望ましい。

解説　1.　産褥とは分娩を終了した母体が妊娠前の状態に復古するまでをさし、その期間はおおよそ6～8週間とされている。　3. 射乳を促すオキシトシンが子宮や産道の復古に作用する。　4. 胎盤由来のエストロゲンとプロゲステロンが低下すると、プロラクチン受容体数が上昇し、初乳が分泌される。 5. 体重は分娩後6カ月を目安に非妊娠時の体重に戻るのが望ましい。　**解答** 2

2.6 妊産婦のための食生活指針

2006（平成 18）年 2 月「健やか親子 21」推進検討会は妊産婦のための食生活指針を報告書として発表した。この趣旨は妊娠期および授乳期はお母さんの健康と赤ちゃんの健やかな発育に大切な時期である。この時期の望ましい食生活が実践できるよう、何をどれだけ食べたらよいかを分かりやすく伝えるために作成された。その内容を（表 4.5）に示す。

指針は「妊産婦が注意すべき食生活上の課題を明らかにしたうえで、妊産婦に必要とされる食事内容とともに、妊産婦の生活全般、からだや心の健康にも配慮」して作成されている。健康づくりのために望ましい食事については、何をどれだけ食べたらよいかを分かりやすくスライドで示した。「食事バランスガイド」に妊娠期・授乳期に付加すべき（留意すべき）事項を加えた「妊産婦のための食事バランスガイド」が作成されている。

表 4.5　妊産婦のための食生活指針

(1) 妊娠前から健康なからだづくりを
(2) 「主食」中心に、エネルギーをしっかりと
(3) 不足しがちなビタミン・ミネラルを「副菜」でたっぷりと
(4) からだづくりの基礎となる「主菜」は適量を
(5) 牛乳・乳製品などの多様な食品を組み合わせて、カルシウムを十分に
(6) 妊娠中の体重増加は、お母さんと赤ちゃんにとって望ましい量に
(7) 母乳育児も、バランスのよい食生活のなかで
(8) たばことお酒の害から赤ちゃんを守りましょう
(9) お母さんと赤ちゃんの健やかな毎日は、からだと心にゆとりのある生活から生まれます

章末問題

1　妊娠期の栄養に関する記述である。最も適当なのはどれか。1 つ選べ。

1. 胎児の神経管閉鎖障害の発症リスクを低減させるために、妊娠前からビタミン C を付加的に摂取する。
2. 妊娠悪阻は、ウェルニッケ脳症の原因になる。
3. β-カロテンの大量摂取は、胎児奇形をもたらす。
4. 妊娠中の低体重は、産後の乳汁産生不足の原因にならない。
5. 鉄の需要は、妊娠初期に比べ後期に低下する。　（第 34 回国家試験）

解説　1. 付加的に葉酸を 400 μg/日摂取する。　2. 妊娠悪阻に陥った場合、急性ビタミンB_1欠乏症からウェルニッケ脳症を来すことがある。　3. カロチノイドはビタミンAへの変換が調節されているのでAの過剰症は生じない。　4. 妊娠中の低体重は、産後の低栄養状態から乳汁産生不足になることがある。　5. 妊婦の鉄付加推奨量は初期 2.5 mg/日、中・後期 9.5 mg/日としている。　**解答** 2

2　妊娠期の身体的変化に関する記述である。正しいのはどれか。1つ選べ。

1. 体重は、一定の割合で増加する。
2. 基礎代謝量は、増加する。
3. 循環血液量は、減少する。
4. ヘモグロビン濃度は、上昇する。
5. インスリン感受性は、高まる。

（第33回国家試験）

解説　1. 通常は妊娠中期から後期における1週間あたりの推奨体重増加量は低体重および普通の場合に 0.3～0.5 kg/週の増加が望ましい。肥満の場合は個別に対応する。　2. 分娩時には全体として約 12kg の増加量となり、妊娠中の基礎代謝量は妊娠初期 5%、妊娠後期には 15～20%増加する。　3. 循環血液量は妊娠終期には非妊娠時の 40～45%増となる。　4. 循環血液量は増加するが血漿量の増加が赤血球の増加を上まわるためヘモグロビンとヘマトクリット値は低下する。　5. インスリン感受性（グルコースの取り込み）は低下する。正常妊娠時にはインスリン抵抗性増大とインスリン分泌の均衡がほぼとれており、血漿グルコース濃度はほぼ正常範囲に維持される。インスリン感受性とはインスリンの効きやすさのことで、インスリン抵抗性はインスリンに対する感受性が低下し、インスリンが十分に発揮できない状態をいう。　**解答** 2

3　母乳に関する記述である。正しいのはどれか。1つ選べ。

1. 乳糖は、成熟乳より初乳に多く含まれる。
2. ラクトフェリンは、初乳より成熟乳に多く含まれる。
3. 吸啜刺激は、プロラクチンの分泌を抑制する。

4. 母乳の脂肪酸組成は、母親の食事内容の影響を受ける。
5. 母親の摂取したアルコールは、母乳に移行しない。　（第32回国家試験）

解説　1. 乳糖は初乳で5.24 g/dL,、成熟乳6.33 g/dLである。　2. ラクトフェリンは初乳に多い。　3. 吸啜刺激はプロラクチンの分泌を増加し、乳汁の産生を促す。(射出ではない)　4. 母体の長鎖不飽和脂肪酸の摂取量は母乳の脂肪酸組成に影響する。　5. 飲酒後30〜60分程度で乳汁中のアルコールは最高濃度に達し、多量に飲んだ場合には2時間程度は授乳を避けることが望ましい。　**解答** 4

4　妊娠期の糖代謝異常に関する記述である。誤っているのはどれか。1つ選べ。

1. 妊娠糖尿病とは、妊娠中に初めて発見または発症した、糖尿病に至ってない糖代謝のことをいい、明らかな糖尿病は含まれない。
2. 妊娠糖尿病の診断基準は、非妊娠時の糖尿病の診断基準とは異なる。
3. 妊娠糖尿病では、巨大児を出産する可能性が高い。
4. 肥満は、妊娠糖尿病発症のリスク因子である。
5. 糖尿病合併妊娠では、インスリン療法を行う。　（第32回国家試験）

解説　1.　2.　3.　4. は正しい。　5. 食事療法のみでは血糖コントロール不良の場合はインスリンの使用が考慮される。　**解答** 5

5　母乳に関する記述である。正しいのはどれか。1つ選べ。

1. 吸啜刺激は、オキシトシンの分泌を低下させる。
2. 吸啜刺激は、プロラクチンの分泌を増加させる。
3. 分泌型IgA量は、初乳より成熟乳に多い。
4. たんぱく質量は、牛乳より母乳に多い。
5. 多価不飽和脂肪酸量は、牛乳より母乳に少ない。（第31回国家試験）

解説　1. 2. 吸啜刺激はプロラクチンとオキシトシンの分泌を増加する。　3. 分泌型 IgA 量は初乳に多い。　4. 牛乳はカゼインを母乳より約8倍多く含む。　5. 多価不飽和脂肪酸は母乳に多く、牛乳には飽和脂肪酸が多く含まれている。　**解答** 2

6　妊産婦の身体と食生活に関する記述である。誤っているのはどれか。1つ選べ。

1. 妊娠前からの健康的なからだづくりを推奨する。
2. 非妊娠時にBMI 18.5 kg/m^{2}未満であった妊婦の推奨体重増加量は、7 kg 未満である。
3. 主食を中心にエネルギーを摂る。
4. 多様な食品を組み合わせてカルシウムを摂る。
5. 妊婦の喫煙は、低出生体重児のリスクとなる。　（第31回国家試験）

解説　1. 3. 4. 5. は正しい。　2. 非妊娠時に BMI 18.8 kg/m^2 未満であった妊婦の推奨体重増加量は 9 kg～12 kg である。　**解答** 2

7　初乳より成熟乳に多く含まれる母乳成分である。正しいのはどれか。1つ選べ。

1. たんぱく質　2. 乳糖　3. IgA　4. ラクトフェリン　5. リゾチーム

（第30回国家試験）

解説　1. 母乳のたんぱく質は初乳で 2.2 g/dL、成熟乳 1.1 g/dL である。　2. 母乳の乳糖は初乳で 5.24 g/dL、成熟乳 6.33 g/dL である。　3. 4. 5. 初乳には感染防御物質として分泌型 IgA、ラクトフェリン、リゾチームなどを多く含む。　**解答** 2

8　母乳に関する記述である。正しいのはどれか。1つ選べ。

1. 吸啜刺激は、オキシトシンの分泌を低下させる。
2. 吸啜刺激は、プロラクチンの分泌を低下させる。

3. 分泌型 IgA は、成熟乳より初乳に多く含まれる。
4. 母乳には、牛乳よりたんぱく質が多く含まれる。
5. 母親の摂取したアルコールは、母乳に移行しない。　（第 29 回国家試験）

解説　1. 2. 吸啜によって、母体の視床下部が刺激されプロラクチンとオキシトシンの分泌が増加する。　4. たんぱく質は母乳より牛乳に多い。　5. アルコールは母乳に移行する。　**解答** 3

9　妊娠期・授乳期に関する記述である。正しいのはどれか。1 つ選べ。

1. 血中エストロゲン値の上昇により、乳汁分泌は促進される。
2. 吸啜刺激は、プロラクチン分泌を低下させる。
3. オキシトシンは、子宮筋の弛緩を促す。
4. 日本人の食事摂取基準（2020 年版）では、出産後 5 カ月までの泌乳量を 400 mL/日としている。
5. 非妊娠時の体格区分が「ふつう」の妊婦は、妊娠中の推奨体重増加量を 7～12 kg とする。　（第 27 回国家試験改変）

解説　1. 乳汁はプロラクチンの作用により乳腺で生成されるが、妊娠中は胎盤由来のエストラジオール、プロゲステロンによりプロラクチン受容体の発現が抑制されており、乳汁分泌は少量認められるのみである。　2. 吸啜刺激はプロラクチン分泌を増加させ、乳腺で乳汁を生成させる。　3. オキシトシンは乳汁放出の他、分娩後の子宮を収縮させ子宮復古を促す。　4. 離乳前期の乳児を対象とした哺乳量 780 mL/日が授乳婦の泌乳量として用いられる。　**解答** 5

10　妊娠母体の生理的変化に関する記述である。正しいのはどれか。1 つ選べ。

1. 循環血液量は減少する。
2. 血液凝固能は低下する。
3. 腸管のカルシウム吸収率は上昇する。
4. インスリンの感受性は増大する。
5. 血中ヒト絨毛性ゴナドトロピン（hCG）値は、妊娠初期よりも後期に高い。

解説　1．循環血液量は妊娠終期には非妊娠時の40～45％増となる。　2．フィブリノーゲンは非妊娠時の約50％増加する。　3．妊娠中のカルシウムの吸収率の上昇を考慮にいれると妊娠中の付加量は必要ないとされている。　4．妊娠時には胎盤で血糖値を上げやすいホルモン（インスリン拮抗ホルモン）などが産生されるため、妊娠中期以降にインスリンが効きにくい状態になり（インスリン抵抗性）、血糖値が上昇しやすくなる。　5．血中hCG値は妊娠初期に高い。　**解答**　3

11　妊娠期に関する記述である。正しいのはどれか。1つ選べ。

1．妊娠高血圧症候群の予防には、食塩摂取量として12 g/日以下が勧められる。
2．非妊娠時に比べて、インスリン抵抗性は低下する。
3．ビタミンB_{12}欠乏により、ウェルニッケ・コルサコフ症候群が起こる。
4．妊娠時に最も多くみられる貧血は、巨赤芽球性貧血である。
5．妊娠糖尿病は、将来糖尿病を発症するリスクが高い。　（第26回国家試験）

解説　1．塩分摂取は7～8 g/日とする（極端な塩分制限は勧められない）。　2．インスリン抵抗性は増加する。　3．ビタミンB_1欠乏によりウェルニッケ・コルサコフ症候群が起こる。　4．妊娠時に多くみられる貧血は、鉄欠乏性貧血である。　5．正しい（妊娠中に血糖値が高くなった女性は将来糖尿病になりやすい）。**解答**　5

12　妊娠中の検査指標の動態に関する記述である。正しいのはどれか。1つ選べ。

1．鉄欠乏性貧血では、不飽和鉄結合能（UIBC）は低下する。
2．鉄欠乏性貧血では、血清トランスフェリン値は低下する。
3．妊娠高血圧症候群では、血清LDL-コレステロール値は低下する。
4．正常妊娠では、血漿フィブリノーゲン値は上昇する。
5．正常妊娠では、血清アルブミン値が上昇する。　（第25回国家試験）

解説　1．上昇する。（不飽和のトランスフェリンと結合しうる鉄量を不飽和鉄結合能という。） 2. 鉄欠乏性貧血では鉄を増やそうとする働きが強くなりトランスフェリチン値は増加する。 3. 妊娠高血圧症候群では血清 LDL-コレステロール値は上昇する。 4. 血清フィブリノーゲン値は妊娠終期に非妊娠時の約 1.7 倍になる。 5. 正常妊娠で、血清アルブミンが低下する。（妊娠によって循環血液量が増加するが、なかでも血漿量が増加する。よって相対的に血球量や血清アルブミン量が減少する。）

解答 4

13 「妊産婦のための食生活指針（平成 18 年）」に関する記述である。正しいのはどれか。1 つ選べ。

1. 食事由来の脂肪酸組成は、母乳の脂肪酸組成に影響しない。
2. 胎児の神経系器官形成のために、n-3 系脂肪酸のより多い摂取が必要である。
3. 非妊娠時に低体重（やせ）であった妊婦の推奨体重増加量は、7〜8 kg である。
4. アルコールは、乳児の吸啜刺激によるプロラクチンの分泌を促進する。
5. 妊婦の喫煙は、子どもの出生体重に影響しない。 （第 25 回国家試験）

解説 1. 母体の長鎖不飽和脂肪酸の摂取量は母乳の脂肪酸組成に影響する。 2. DHA は神経組織の重要な構成脂質である。DHA は特に神経シナプスや網膜の光受容体に多く存在する。妊娠中は胎児のこれらの器官が成長するため、より多くの n-3 系脂肪酸の摂取が必要とされる。 3. 非妊娠時に BMI 18.8 kg/m² 未満であった妊婦の推奨体重増加量は 9 kg〜12 kg である。 4. 飲酒はプロラクチン分泌を抑制し、乳汁の分泌量や授乳期間などの低下に関与する。 5. 喫煙は低出生体重のリスクを高める。

解答 2

14 妊娠期に関する記述である。正しいのはどれか。1 つ選べ。

1. 妊娠期間中を通じて、循環血液量は変化しない。
2. 妊娠高血圧症候群の予防には、カリウムを 1 日 1,000 mg 以下に制限する。
3. 糖尿病と診断されている患者が、妊娠した場合を妊娠糖尿病という。

4. 妊娠末期は妊娠初期より、鉄の需要が増加する。
5. 栄養機能食品による葉酸摂取は控える。　(第25回国家試験)

解説　1. 妊娠期間中を通じて循環血液量は25～50%高まる。　2. 妊娠高血圧症候群の予防には高血圧の予防に効果があるとする海藻中のカリウムなどが有効であるとする報告がある。　3. 妊娠糖尿病とは、妊娠中に初めて発見または発症した、糖尿病に至ってない糖代謝のことをいい、明らかな糖尿病は含まれない。　4. 妊娠期に必要な鉄は基本的鉄損失に加えて、①胎児の成長に伴う鉄の貯蔵、②臍帯、胎盤中への鉄貯蔵、③循環血液量の増加に伴う赤血球量の増加による鉄需要の増加がある。　5. 妊娠1カ月以前から妊娠3カ月までの間、食品からの葉酸摂取に加えて、いわゆる健康食品から1日400 μgのプロテロイルモノグルタミン酸の摂取が勧められる。

解答　4

参考文献

1) 三木明徳、井上貴央　監訳「からだの構造と機能」西村書店　1998
2) 妊産婦のための食生活指針「健やか親子21」推進検討会（食を通じた妊産婦の健康支援方策研究会）厚生労働省 2006
3) 江指隆年、中嶋洋子 編著「ネオエスカ 応用栄養学　第5版」同文書院 2010
4) 戸谷誠之、伊藤節子、渡邊玲子 編「健康・栄養科学シリーズ　応用栄養学　改訂第4版」南江堂　2012
5) 中坊幸弘、木戸康博 編「栄養科学シリーズ　応用栄養学」講談社サイエンティフィク　2010
6) 多賀昌樹、辻悦子、仲森隆子 編「管理栄養士養成課程　栄養管理と生命科学シリーズ　応用栄養の科学」理工図書 2014
7) 鯉淵典之、栗原　敏「リッピンコット　シリーズ　イラストレテッド　生理学」丸善出版 2014
8) 日本人の食事摂取基準 策定検討会「日本人の食事摂取基準 2020年版 策定検討会報告書」厚生労働省　2020

第5章 新生児期・乳児期

達成目標

- 新生児・乳児期の栄養管理の基本となる生理的・身体的特徴を説明できる。
- 身体発育曲線を用いた栄養アセスメントができる。
- 母乳栄養、人工栄養の特徴について説明できる。
- 摂食機能の発達と離乳の方法およびその支援について説明でき、離乳食の食事計画・調理と評価ができる。

1 新生児期・乳児期の生理的特徴

1.1 生理的特徴

小児期のうち、出生28日未満を新生児期、それ以降満1歳までを乳児期とよぶ。乳児期は人生のうちで最も成長の著しい時期である。身体的成長のみならず、心身の成長・発達も著しい。この成長と発達を総合して発育という。この時期の栄養状態は、この時期に留まらず発育への影響が大きい。極端な栄養不良があれば、脳細胞の発育にも影響を及ぼす。したがって、乳児期のアセスメントは適切な発育を促すうえからも重要である。

1.2 呼吸器系・循環器系の適応

出生後すぐに、胎児循環より胎外循環（肺呼吸）に切り替わり卵円孔が閉鎖する。乳児期は新陳代謝が盛んで、心拍数、呼吸数は多く、体温は成人に比べ高い（表5.1）。また、心臓は小さく収縮力も弱いため、年少児ほど血圧は低い。乳幼児は成人に比べ体表面積が大きく、皮下脂肪も少ないため、環境の影響を受けやすい。食事、運動、睡眠、入浴、体温により脈拍、心拍数、呼吸数、血圧は変化する。新生児、乳児は腹式呼吸を行うが、呼吸中枢が未熟なため、リズムは不規則である。

表5.1　体温、脈拍、呼吸の年齢別標準値

	体温(℃)	脈拍数(回/分)	呼吸数(回/分)	最大血圧(mm)	最小血圧(mmHg)
新生児	36.7～37.5	70～170	40～50	60～80	60
乳　児	36.8～37.3	80～160	30～40	80～90	60
幼　児	36.6～37.3	2歳:80～130 4歳:80～120 6歳:75～115	2-3歳:25～30 4-6歳:20～25	90～100	60～65
学　童	36.5～37.3	70～110	15～20	100～120	60～70
成　人	36.0～36.5	55～90	15～20	110～130	60～80

1.3 体水分量と生理的体重減少

新生児は、正規産児で体重の75～80%が体水分であり、成人に比べ体重当たりの水分量が非常に多い。新生児期には細胞外液の割合が高く、出生直後の尿量の増加などにより減少し、1歳頃までには細胞外液が体重の20～25%、細胞内液が30～40%と成人と同等の比率に収まる。

出生時の身長は約50 cm、体重は約3,000 gであるが、1年間で約75 cm（1.5倍）、

約 9 kg（3 倍）に成長する（表 5.2）。生後 3〜4 日の間には皮膚の脱落や肺からの水分損失、胎便（胎生期に嚥下された羊水や脱落した腸管上皮など）、尿の排泄などにより 150〜300 g（出生体重の 5〜10%）の体重減少がみられる。これを生理的体重減少という。生後 7〜14 日で出生時の体重に戻る。

表 5.2　身長・体重の推移

		出生時	3 カ月	6 カ月	9 カ月	1 歳	3 歳	6 歳
男児	身長(cm)	48.7	61.9	67.9	71.8	74.9	95.1	114.9
	体重(kg)	2.98	6.63	8.01	8.73	9.28	14.1	20.05
女児	身長(cm)	48.3	60.6	66.4	70.3	73.3	73.3	113.7
	体重(kg)	2.91	6.16	7.52	8.20	8.71	13.59	19.66

（平成 22 年乳幼児発育調査結果平均値）

1.4 腎機能の未熟性

出生直後は腎臓の糸球体濾過量（GFR）が低く、集合管、ヘンレ係蹄が短く、抗利尿ホルモンの分泌が少ないことから、尿の濃縮力は成人の約 1/3 と低い。2 歳前後に成人と同等の濃縮力になるといわれる。また、不感蒸泄も多いことから（表 5.3）、脱水には注意が必要である。

表 5.3　体内水分量と排泄量

	必要水分量(mL/kg/日)	不感蒸泄(mL/kg/日)	尿量(mL/kg/日)
乳児	150	50〜60	80〜90
幼児	100	40	50
学童	80	30	40
成人	50	20	30

例題 1　乳児に関する記述である。正しいのはどれか。1 つ選べ。

1. 小児期のうち、出生 30 日未満を新生児期、それ以降満 1 歳までを乳児期とよぶ。
2. 乳児期は心拍数、呼吸数は多く、体温は成人に比べ高い。
3. 新生児は、成人に比べ体重当たりの水分量が非常に少ない。
4. 生後 2 日の間に 150〜300 g の体重減少がみられる。
5. 出生直後は尿の濃縮力は成人の約 3 倍と高い。

解説　1. 出生 28 日未満を新生児期という。　3. 成人に比べて非常に多い。4. 生後 3〜4 日の間に減少がみられ、これを生理的体重減少という。　5. 腎臓の糸球体濾過量が低いため尿の濃縮力は成人の約 1/3 と低い。　**解答** 2

1.5 体温調節の未熟性

乳児は、体温調節機能が不完全であり、成人よりも基礎代謝が多いため体温が高い。一方、体温調節可能域は狭く、環境温度の影響を受けやすい。特に、低出生体重児は、皮下脂肪が少なく、体温あたりの体表が相対的に多く、細胞外液の割合が大きく、褐色脂肪細胞やエネルギーの蓄積が少ないなどの理由から環境温の影響を受けやすい。

1.6 新生児期、乳児期の発育

(1) 体格の発育（図 5.1）

わが国では、乳幼児の発育の年次推移を知る目的で、10 年ごとに乳幼児発育調査が行われており、乳幼児の成長・発達の基準値として使用されている。体重および身長の発育値はパーセンタイル値で示されており、母子手帳などに採用される。成長曲線は 50 パーセンタイル値と基準線（3、10、25、75、90、97 パーセンタイル、もしくは -3.0、-2.5、-1.0、1.0、2.0 SD）が示されており、これに児の成長が沿っているかどうかで評価する。基準線と基準線の間をチャンネルとよび、測定値による曲線がそのチャンネルを横切った場合、児の成長について確認が必要と考える。

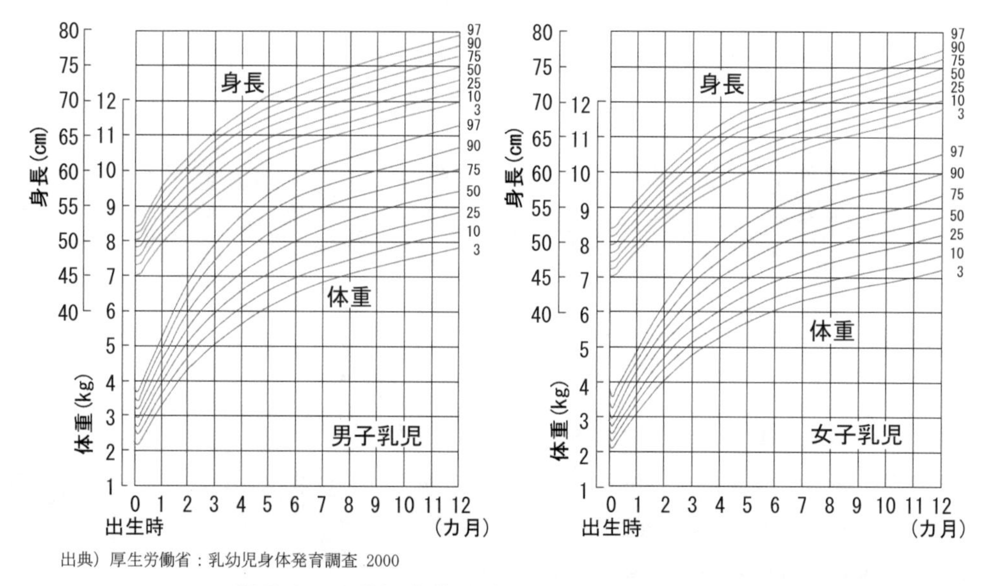

出典）厚生労働省：乳幼児身体発育調査 2000

図 5.1　乳幼児身体発育パーセンタイル曲線

(2) 運動機能の発達

乳児期・幼児期は言葉の獲得が進み、運動機能の発達が盛んである。また、家族・友人などとの関わりを通して社会性が育まれる。

子どもの成長発達は、いくつかの原則に基づき進行してゆく。

① 方向性：頭部から足に向けて進行する。

② 順序性：体の中心部から末梢に向けて進行する。

③ 器官別に成長・成熟の時期・速さに違いがある（図 3.1 参照）。

④ 個人差がある。

運動機能の発達は、首の座り、寝返り、お座り、つかまり立ち、一人歩きの順に進むのが一般的である。しかし、発達の速度、順序には個人差がみられる。一般的には、日本版デンバー式発達スクリーニング検査（DENVERⅡ）が用いられている。発達評価法には、DENVERⅡ以外にも遠城式乳幼児分析的発達検査法（0～4 歳対象、暦年齢相当の 6 領域）、津守式乳幼児精神発達検査法（5 領域について、質問した内容を養育者による観察記録で評価）などさまざまな方法が開発されている。それぞれの特徴を理解して使用する。

(3) 知能の発達

生後 1 カ月頃より物を目で追うようになり、3 カ月頃には物を動かすと 180 度追うことが可能となる（追視）。乳児期後半には、欲しいものを取ろうとする志向性が芽生える。生後 6～7 カ月頃には記憶が発達し始める。1 歳 6 カ月頃には自分がとった行動と結果を結び付け、経験済みのことに関しては結果を予測することが可能になる。

発達評価の結果より、知能指数（IQ：Intelligence Quotient）や発達指数（DQ：Development Quotient）を算出して評価する。知能指数は、知能検査の結果から算出された精神（知能）年齢と、子どもの生活（暦）年齢によって算出される。100 前後であれば年齢に応じた知能である。発達指数は、発達検査の結果で出された発達年齢と、子どもの生活（暦）年齢によって算出される。100 前後であれば年齢に応じた発達状態である。

生後 2～3 カ月児では人の違いは区別できないが、生後 6～7 カ月で母親など特定の人と見知らぬ人を区別するようになり、分離不安や人見知りが始まる。

1 歳までは一人遊びがほとんどであるが、1 歳を過ぎると他の子供に関心をもち、同じ遊びをするようになる。3 歳を過ぎる頃には友達と一緒に遊べるようになり、社会性を身に着けていく。

(4) 言語の発達

言語については、生後 2～3 カ月で「アー」「ウー」などの喃語（なんご）を出すようになり、生後 9～10 カ月で他の人がいったことを真似るようになる。1 歳頃、「マンマ」など意味のある言葉（初語）を発するようになり、2 歳頃 2 語文を話せるようになる。

数量概念については1歳6カ月頃には1つか2つ以上（たくさん）の区別しか分からないが、3～4歳になると数の違いを理解できるようになる。また、時間概念については、2歳頃になると「きのう」「あした」など過去・未来を表す言葉がみられ始め、4歳頃には正しく理解して使えるようになる。

(5) 免疫機能の発達

新生児の免疫を担うのは、母体から経胎盤的に移行する免疫グロブリン（IgG）であるが、出生後は半減期21日ほどで減少する。この免疫能を補完する因子に母乳中に含まれるIgAがある（図5.2）。出生後は体内で免疫細胞をつくり始めるが、成人と同じレベルに達するのは5～6歳といわれ、それまでは免疫力が低く、さまざまな感染症にかかりやすい。そのため、予防接種により免疫を獲得することが推奨される。

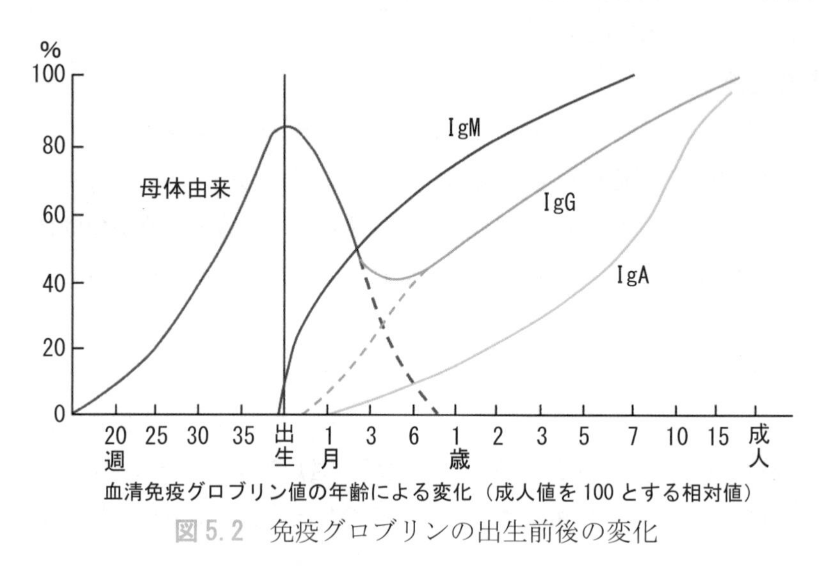

図5.2　免疫グロブリンの出生前後の変化

例題 2　乳幼児に関する記述である。正しいのはどれか。1つ選べ。

1. 乳児は、成人よりも基礎代謝が少ない。
2. 乳児は、環境温度の影響を受けにくい。
3. 乳幼児発育調査では体重および身長の発育値は平均値で示されている。
4. 成長発達は体の中心部から末梢に向けて進行する。
5. 新生児は母乳からIgGを獲得し、免疫能を補完している。

解説　1. 成人よりも基礎代謝が多い。　2. 体温調節可能域が狭いため、環境温度の影響を受けやすい。　3. 平均値ではなくパーセンタイル値である。　5. 母乳中の分泌型IgAである。　**解答** 4

1.7 摂食・消化管機能の発達

(1) 哺乳機能の発達

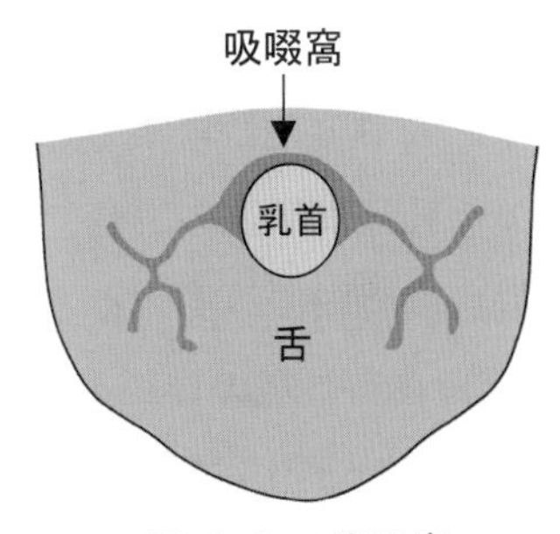

図 5.3　吸啜窩

乳児にとって栄養の中心となる哺乳行動は、胎生 24 週頃よりみられる吸啜（吸う事）に始まる。羊水を飲み込むことにより嚥下反射が発達する。

哺乳期の乳児の上あごには、吸啜窩とよばれるくぼみがあり、乳首を固定しやすい構造になっている（図 5.3）。口腔内を陰圧にし、舌や下顎で乳首を圧して乳汁を絞り出す咬合圧も哺乳を助けている。生後間もない新生児が母乳（またはミルク）を飲むことができるのは、吸乳のための一連の哺乳反射によるものである。

①探索反射：口の周りや頬を刺激すると、刺激の方向に顔を向けて口を開く。

②捕捉反射：口に入ったものを舌と唇でくわえる。

③吸啜反射：口に物が入るとリズミカルに舌を動かして吸う。

④嚥下反射：口の中にたまったものを飲み込む。

また、生後 4 カ月頃までは舌の押し出し反射（口唇に固形物が触れると反射的に舌で押し出してしまう）がみられる。

(2) 咀嚼機能の発達

生後 4〜5 カ月頃になると、哺乳反射、舌の押し出し反射などが徐々に消失してくる。また、6〜7 カ月頃になると、自分の意志（随意）による哺乳へと移行する。反射の少なくなった頃より離乳食を開始し、順次硬さを増していく。離乳食を食べる訓練を積むことにより、舌、あご、歯ぐきの連携による咀嚼機能が発達する。

6〜9 カ月頃になると乳歯が生え始める（図 3.5 参照）。最初に生える前歯は、噛み切ることはできるがすり潰すことはできない。1〜3 歳にかけて咀嚼に重要な第一・第二臼歯が生えることにより噛む力は著しく高まる。1 歳で 8 本、2〜3 歳で上下 10 本ずつ、合計 20 本が生え揃う。

(3) 消化管機能の発達

1) 胃

新生児の胃の形状は、縦型（細長い筒型）をし、成人のような湾曲がみられない。同時に噴門部の食道括約筋圧が弱く、胃の内容物は容易に逆流する。授乳後の溢乳（いつにゅう）（口から漏れ出る現象）、吐乳の原因となる。

10〜12 歳で成人特有の形に変化する。胃の容量は、成人で 1,500 mL であるのに対し、出生直後は約 30〜40 mL、新生児期は約 50〜150 mL、5 歳児で約 700〜800 mL である（表5.4）。出生直後の胃内はほぼ中性であり、生後1週間ほどで胃酸の分泌が徐々に増加し、pHが低下するものの、胃内容物は成人ほど強酸性にならない。母乳、人工乳はソフトカード化し消化されやすい。乳汁は母乳の場合、2〜2.5時間、牛乳で約3時間程度胃内に停滞すると考えられている。胃内の消化は自律神経の作用を受けるため、精神的ストレスがあると消化は抑制される。嫌いなものを無理やり食べさせられると停滞時間が長引くといわれている。

表5.4　胃の容量の変化

年　齢	容量(mL)
新生児	30〜60
3カ月児	170
1歳児	460
5歳児	830
成　人	1,300〜1,500

2）小腸

腸の長さは、成人では身長の約4.5倍であるが、新生児では約7倍、乳幼児では約6倍である。在胎30週以前の胎児では小腸の有効な蠕動運動は乏しく、不規則で協調性のない収縮がみられるが、吸啜－嚥下運動の協調性が出現する在胎30〜33週頃になると短時間のまとまった腸管の運動が観察されるようになる。成熟児に比べ、早産児で乳汁の通過時間は遅い傾向にある。

胎児期の小腸粘膜の防御機構は未熟であり、分子量の大きなたんぱく質も透過する。このような粘膜防御機構の未熟性は、羊水中の成長因子やホルモンの透過を容易にし、出生前後の消化管発達に重要な意味をもつ。分泌型IgA[*1]は腸管の局所免疫としての役割を担っているが、これに果たす初乳の役割は大きい。通常は未消化のたんぱく質が吸収を受けることはないが、母乳中のIgAは吸収され、乳児の血清中に移行する。

3）大腸

出生直後は腸内細菌が存在しないが、乳汁を摂取することや、母親との接触により次第に腸内細菌叢が形成されるとされている。大腸内には乳酸菌をはじめ各種の腸内細菌が生息し、未消化物を分解して分解産物を生産する。腸内細菌の繁殖には食物繊維や消化吸収されなかった成分が利用されている。

(4) 栄養素の消化吸収

1）糖質の消化吸収

新生児期・乳児期では、唾液中のαアミラーゼは胃酸で失活し、膵液中のαアミラーゼ活性も低いため、多糖類の消化に無理がある。逆に、乳糖（ラクトース）を

*1 **分泌型IgA**：粘膜局所の免疫グロブリン。ウィルス、細菌などの抗原刺激を受け、B細胞より分化した粘膜固有層にある形質細胞から分泌される。初乳中に多く含まれ、IgGのような胎盤を介しての移行はみられない。

分解するラクターゼは、胎生 40 週頃に成熟し、出生後の哺乳にあわせて急激に活性が高まる。

2）たんぱく質の消化吸収

たんぱく質は主に胃液中のペプシンによって分解される。新生児期にはペプシン活性が低いが、哺乳開始とともに上昇し、2 歳頃には成人と同等になる。

膵液中のたんぱく質分解酵素（トリプシン、キモトリプシン）は、3 歳頃までに分泌が増加し、成人と同等となる。

3）脂質の消化吸収

新生児期は胆汁酸の分泌能、膵リパーゼ活性が低く、総じて脂質吸収能が低い。膵リパーゼ活性は生後 6 カ月頃を過ぎて成人と同等となる。

例題 3　乳幼児に関する記述である。正しいのはどれか。1 つ選べ。

1. 哺乳期の乳児の下あごには、吸啜窩とよばれるくぼみがある。
2. 3 カ月頃になると乳歯が生え始める。
3. 新生児の胃の形状は、成人のような湾曲がみられない。
4. 出生直後の胃内は酸性である。
5. 牛乳より母乳の方が胃内に停滞する時間が長い。

解説　1. 乳児の上あごにある。　2. 乳歯が生え始めるのは 6〜9 カ月頃である。4. 出生直後の胃内はほぼ中性である。　5. 牛乳の方が長い。　**解答** 3

例題 4　乳幼児に関する記述である。正しいのはどれか。1 つ選べ。

1. 乳幼児では腸の長さは、身長の約 8 倍である。
2. 母乳中の IgG は吸収され、乳児の血清中に移行する。
3. 母親由来の腸内細菌が存在する。
4. 新生児期・乳児期では、唾液中の α アミラーゼは胃酸で失活する。
5. 新生児期は、乳糖を分解するラクターゼは母乳由来のものである。

解説　1. 身長の約 6 倍である。　2. 母乳中の IgA である。　3. 出生直後は腸内細菌は存在しない。　4. 新生児期・乳児期のアミラーゼ活性は弱いため、母乳中のアミラーゼが胃酸やたんぱく質分解酵素に抵抗性があり、小腸まで到達する。　5. 乳糖を分解するラクターゼは、胎生 40 週頃に成熟し、出生後の哺乳にあわせて急激に活性が高まる。　**解答** 4

2 新生児期・乳児期の栄養アセスメントと栄養ケア

新生児、乳児の栄養アセスメントには、① 出生時の身体計測状況、および子宮内発育状況の把握、② 出生時の合併症の有無、③ 授乳の方法と摂取状況、離乳食の摂取状況、④ 成長状況、⑤ 精神運動発達状況、⑥ 母子関係などの状況を組み合わせ、場合によっては身体診察所見、血液生化学検査とともに評価を行う。

2.1 低出生体重児

出生体重が 2,500 g 未満の児は、低出生体重児といわれ、そのうち、出生体重が 1,500 g 未満の児を極低出生体重児、1,000 g 未満の児は超低出生体重児とよばれる。1,000 g 未満で出生した超低出生体重児では、約半数が未熟児動脈管開存症[*2]を発症する。また、超低出生体重児では、肺の未熟性を基盤として子宮内での炎症、人工呼吸器、酸素供給による肺損傷などが加わり呼吸障害が遷延することがしばしばである。これを慢性肺障害とよび、重症例では水分制限を必要とする。授乳量の不足、酸素消費の増大などにより発育、発達の遅れがみられる。

2.2 低体重と過体重

胎児期や乳幼児期の栄養は、年を経て、成人になってからの肥満、2 型糖尿病、高血圧や循環器疾患などと関連がある。過体重は、生後 3 カ月以上の乳児では、カウプ指数 20 以上を肥満としている。低体重は、標準体重の 80%以下、あるいは、カウプ指数で 13 未満のやせを低体重としている（図 6.2 参照）。体重増加不良を来す疾患もきわめて多いが、その原因としては、① 摂取エネルギー不足、② 摂取エネルギーの喪失、③ 代謝の亢進、④ 栄養利用不全に大別される。

2.3 哺乳量と母乳性黄疸

新生児期、乳児期の栄養素摂取状況については、表 5.5 にあげた項目を中心として評価する。母乳栄養児では、授乳前後の体重測定によりその差（体重増加 1g≒母乳 1 mL）を授乳量と考える。月齢別の授乳量の目安は、表 5.6 に示す。

*2 **未熟児動脈管開存症（PDA）**：大動脈と肺動脈をつなぐ胎児期の交通路（動脈管）が出生後も開存している状態。発育不良、哺乳不良、頻拍、頻呼吸などの症状がみられる。動脈管開存症は先天性心奇形の 5～10%を占め、男女比は 1 :3 である。PDA は未熟児では非常に多くみられる（出生体重 1,750g 未満では約 45%、出生体重 1,200g 未満では 70～80%）。PDA の約 3 分の 1 は自然に閉鎖し、超低出生体重児でも同様である。

表 5.5　摂取量評価のためのチエック項目

- 授乳方法（母乳/人工乳）
- 1回授乳量
- 1回総授乳量・総授乳回数
- 1回授乳時間
- 離乳食の回数
- 除去している食品の有無
- ビタミン剤や鉄剤の有無
- 離乳食の性状、種類
- 人工授乳：種類、調乳濃度
- 離乳食の摂取量
- その他
  ①授乳、離乳食の摂取環境
  ②与える時間帯
  ③離乳食摂取時の口の動かし方（モグモグ、カミカミ）

表 5.6　月齢別授乳回数と授乳量のめやす

月齢	回数	月齢	授乳量/回
0	7〜8	0〜1・2	80mL
1〜3	6	1〜2	120〜150mL
4〜5	5	2〜3	150〜160mL
		3〜4	200mL

多くの新生児では生後3〜4日から黄疸が現れ、母乳栄養児では生後1週間頃から症状が強くなり、生後3カ月頃まで続くことがある（遷延性黄疸）。症状が重くなった場合には検査を要するが、多くの場合は生理的なものである。新生児期には赤血球数が多く、破壊される血球数が多いこと、破壊によって産生された間接ビリルビンから直接ビリルビンへの代謝が、母乳中の遊離脂肪酸の存在により低下していることが考えられている。

2.4 ビタミンK摂取と乳児ビタミンK欠乏性出血症

新生児はビタミンK欠乏に陥りやすい。ビタミンKは胎盤を通過しにくく、母体からの移行が少ないこと、新生児・乳児はビタミンKの吸収能が低いこと、母乳中のビタミンK 含有量が少ないこと、乳児では腸内細菌によるビタミンK産生量が低いことなどがその原因と考えられている。そのため、まれにではあるが欠乏症である新生児メレナ（消化管出血）を生後7日までに、約1カ月後に突発性頭蓋内出血を起こすことがある。これを予防するため、現在では出生時、生後1週（産科退院時）、1カ月検診時の3回、児にビタミンK含有シロップ（ケイツーシロップ®）を内服させる。

例題 5　乳幼児に関する記述である。誤っているのはどれか。1つ選べ。

1. 出生体重が2,500 g 未満の児は、低出生体重児といわれる。
2. 1,000 g 未満の児は超低出生体重児といわれる。
3. 胎児期や乳幼児期の栄養は、成人になってからの生活習慣病と関連がある。
4. 母乳栄養児の哺乳量は、授乳前後の体重測定により得られる。
5. ビタミンEの欠乏により新生児メレナを発症することがある。

解説　3. 胎児期や乳幼児期の栄養は、年を経て、成人になってからの肥満、2型糖尿病、高血圧や循環器疾患などと関連がある。　4. 母乳栄養児では、授乳前後の体重測定によりその差（体重増加1g≒母乳1mL）を授乳量と考える。　5. ビタミンKの欠乏により新生児メレナを生後7日までに、約1カ月後に突発性頭蓋内出血を起こすことがある。
解答 5

2.5 鉄摂取と貧血

乳児は生後2〜3カ月で、ヘモグロビンが胎児型から成人型へ変化することや、急激な体重増加で鉄需要が増加する時期となり、相対的に母体由来の鉄が減少して不足することで生理的に貧血傾向になる。

母体からの鉄移行は、主に妊娠の後期に行われるため、早産児では移行鉄量が不足するため未熟児は胎生期の貯蔵鉄が少ないため鉄欠乏性貧血になりやすい。母乳の鉄の吸収率は49%と良好だが、100g当たりの鉄含有量は0.04mgと少ないので適切な内容の離乳食の摂取が必要である。成熟児であっても離乳後期には母体由来の鉄が減少するため離乳期には鉄欠乏性貧血を起こしやすい。乳児の1日鉄推奨量は男児5mg（女児4.5mg）で、急速に成長するこの時期に母乳やミルク、離乳食からの鉄摂取が不十分だと鉄欠乏を起こすので注意が必要である。

2.6 乳児下痢症と脱水

乳幼児期にみられる下痢を主症状した疾患を乳児下痢症という。乳児下痢症の原因は、食事、薬物、体質、環境などさまざまであるが、ウイルス感染によるものが多い。なかでも、ロタウイルスによる感染が多く、冬季の乳幼児の下痢の多くはロタウイルスによるものといわれている。乳児下痢症の一般的な症状は、下痢、発熱、嘔吐、食欲不振などであり、脱水症を引き起こすので注意が必要である。下痢、嘔吐が激しい場合は、絶食とし、水分と電解質の補給を行うため経口補水液（Oral Rehydration Solution：ORS）や輸液を用いる。

2.7 2次性乳糖不耐症

乳糖不耐症は、新生児期あるいは乳児早期に、哺乳後数時間ないし数日で著しい下痢を呈することで発症する。乳に含まれる乳糖をグルコースとガラクトースに分解する乳糖分解酵素（ラクターゼ）の活性が低下しているために、乳糖を消化吸収できず、著しい下痢や体重増加不良を来す疾患である。母乳や通常の調整乳の摂取を中止して無乳糖ミルクに切り替える。

2.8 食物アレルギー

食物アレルギーとは、特定の食物を摂取した後にアレルギー反応を介して皮膚・呼吸器・消化器あるいは全身性に生じる症状である。有病者は乳児期が最も多く、加齢とともに漸減する。乳児から幼児早期の主要原因食物は、鶏卵、牛乳、小麦の割合が高く、そのほとんどが小学校入学前までに治ることが多い。

食物アレルギーの発症を心配して、離乳の開始や特定の食物の摂取開始を遅らせても、食物アレルギーの予防効果があるという科学的根拠はないことから、生後5～6カ月頃から離乳を始める。離乳を進めるにあたり、食物アレルギーが疑われる症状がみられた場合、自己判断で対応せずに、必ず医師の診断に基づいて進めることが必要である。なお、食物アレルギーの診断がされている子どもについては、必要な栄養素などを過不足なく摂取できるよう、具体的な離乳食の提案が必要である。

2.9 便秘

乳児では母乳量の不足、発酵性のある糖質の不足、食物繊維の不足など食事性の便秘が多い。排便回数が極端に少なく、便の水分量が減少した状態であり、軟便だが排便が2、3日以上みられない場合や極少量の硬い便が1日1、2回認められるが十分な量の排便がない場合がある。哺乳量が十分でも便秘がある場合には、マルツエキス（小児用便秘薬）、ヨーグルト、水あめ、発酵性食品などを与える。

例題 6　乳幼児に関する記述である。正しいのはどれか。1つ選べ。

1. 未熟児は鉄欠乏性貧血になりやすい。
2. 乳児下痢症の原因にはノロウイルスによる感染が多い。
3. 乳糖不耐症はアミラーゼの活性が低下しているために発症する。
4. 乳児から幼児早期のアレルギーの原因は、えび、そば、落花生の割合が高い。
5. 食物アレルギーと診断がされた子どには、ビタミンを充分に摂るようにする。

解説　1. 母体からの鉄移行は、主に妊娠の後期に行われるため、早産児では移行鉄量が不足するため未熟児は胎生期の貯蔵鉄が少ないため鉄欠乏性貧血になりやすい。2. ロタウイルスによる感染が多い。　3. ラクターゼの活性が低下しているためにである。　4. 鶏卵、牛乳、小麦の割合が高い。　5. 必要な栄養素などを過不足なく摂取できるようにする。

解答　1

2.10 乳児期の栄養補給法；母乳栄養、人工栄養、混合栄養、離乳食

乳児期の栄養は、乳汁栄養と離乳食によって構成されている。乳汁栄養には、母乳栄養と人工乳栄養がある。乳児は、出生後に「口から初めての乳汁摂取」を行うことになるが、新生児期、乳児期 前半の乳児は、身体の諸機能は発達の途上にあり、消化・吸収機能も不十分である。そのため、この時期の乳児は、未熟な消化や吸収、排泄などの機能に負担をかけずに栄養素を摂ることのできる乳汁栄養で育つ。

(1) 母乳栄養

乳児を育てるために母親の体内でつくられる母乳は、乳児の成長のみならず母体の回復を早めるためにも重要である。WHO では、「生後6カ月間は完全な母乳哺育を実施すべきであり、また適切な補完食を摂りながら、2歳頃までは母乳を継続的に与えるべきである」としている（「乳幼児の栄養に関する世界的運動戦略」2003)。

わが国においても、妊娠中の検診回数が多いほど母乳栄養の割合が多くなり、その重要性についての指導と理解が深まっている。

母乳栄養には次のような利点がある。

①消化吸収がよく、代謝への負担が少ない

母乳の成分（表5.7）は、乳児の未熟な消化能力に適した組成で構成され、ほぼ完全に消化・吸収されることが知られている。

表5.7　乳汁の成分組成

泌乳期	全固形分 (g/dL)	エネルギー (kcal/100g)	たんぱく質 g/dL	脂質 (g/dL)	乳糖 (g/dL)	灰分 (g/dL)
初乳(3～5日)夏季	13.1	68.1	2.04	3.06	5.16	0.32
移行乳(6～10日)夏季	12.9	67.6	1.93	3.47	5.56	0.33
成熟乳(121～240日)夏季	12.2	65.7	1.13	3.56	6.33	0.22
泌乳期	Ca (mg/dL)	P (mg/dL)	Fe (μg/dL)	Na (mg/dL)	K (mg/dL)	
初乳(3～5日)夏季	28.4	16	43.3	37.4	73.4	
移行乳(6～10日)夏季	29.9	18.4	44.4	28.4	75.8	
成熟乳(121～240日)夏季	26	132.6	25.1	13	49.9	

参考）井戸田正ほか、最近の日本人人乳組成に関する全国調査(第1報)、日本小児栄養消化器病学会雑誌、1991、145-158.

② 感染防御因子を含む

母乳は感染防御因子として、免疫グロブリン、ラクトフェリン、オリゴ糖、リゾチーム、マクロファージなど多くの成分を含んでいる。特に分泌型免疫グロブリンA（分泌型 IgA）は腸管の粘膜を覆い、細菌やウィルスの侵入を防いでいる。IgA は特に初乳中に多く含まれ、乳児を感染症から守っている。

③ 母子関係の確立に役立つ

授乳による母子の肌の触れ合いは、子どものみならず母親にも満足感を与える。この感覚的相互作用（母子相互作用）は、乳児の精神的発達によい影響を与えるとともに、母親の育児への自信にもつながり、安定した母子関係の確立に役立つ。

④ 産後の母体の回復を早める

乳児の吸啜による刺激は、脊髄より視床下部に刺激を与え、下垂体後葉からのオキシトシンの分泌を促す。オキシトシンは子宮の筋肉収縮を促し、産後の母体の回復を早める。

⑤ 衛生的、経済的である

母乳は味、におい、温度も乳児にとって最適とされ、必要なときにすぐに授乳することができ、経済的である。

(2) 人工乳栄養

母乳不足や母親の就業など、さまざまな理由で母乳栄養を行うことができないため、母乳以外の乳（育児用ミルク）により乳汁栄養を行うことを人工乳栄養という。1979（昭和 54）年より現在の「調製粉乳」の規格となり、成分・含量のみならず免疫防御などの機能面、乳児の発育面においてもより母乳栄養に近づけるための改良がなされている。

1) 調製粉乳の種類（表 5.8）

育児用ミルクには対象ならびに用途によりさまざまな製品がある。一般的に用いられる乳児用調製粉乳の他、9 カ月以降の児を対象としたフォローアップミルク、アレルギー児を対象としたアレルギー用ミルク、心臓・腎臓疾患児用低ナトリウムミルクなどがある。

(ⅰ) 乳児用調製粉乳

成熟乳の母乳代替品として含まれるべき栄養素の種類と適量範囲が定められている。牛乳カゼインの一部を消化吸収のよいラクトアルブミンに置換し、乳性たんぱく質中の β-ラクトグロブリンを分解してアレルゲン性を低減している。また、アミノ酸組成も母乳に近づけており、タウリンも添加されている。脂質についても、乳脂肪の一部を植物性の油脂で置換し、多価不飽和脂肪酸量を増加し、消化吸収のよい組成としている。脳や網膜の発達に関与するといわれる DHA（ドコサヘキサエン酸）を強化するとともに、脂質代謝に必須となるカルニチンやホルモンの前駆体としてのコレステロールも強化されている。乳糖は母乳の含有量に近づけ、さらに腸内細菌叢を母乳栄養の場合と同じ状態にするために各種オリゴ糖を加え、便性も改善されている。

表 5.8　育児用ミルクの種類と特徴

育児用ミルクの種類			特　　徴
調整粉乳	乳児用調整粉乳		母乳の代替品として使用。
	フォローアップミルク		成分は牛乳に近く、不足する鉄やビタミン類を添加。生後 9 カ月以降に使用する。
	低出生体重児用粉乳		早産児の母乳を参考に、たんぱく質、糖質、灰分は多く、脂肪を減らしてある。添加ビタミンも多い。出生体重 1.5kg 以下に用いる。
市販特殊ミルク	牛乳アレルゲン除去粉乳	たんぱく質分解乳	たんぱく質を分子量の小さいペプチドやアミノ酸に分解、抗原性を低減、アレルギー治療ミルクに比べ風味がよく飲みやすい。
		アミノ酸混合乳	牛乳のたんぱく質を全く含まないアレルギー治療ミルク。20 種類のアミノ酸、ビタミン、ミネラルを添加。
	大豆たんぱく調整乳		牛乳のたんぱく質に対するアレルギー治療ミルク。大豆を主原料にし、大豆に不足するメチオニン、ヨウ素を添加、ビタミン、ミネラルを強化してある。
	無乳糖粉乳		乳糖分解酵素欠損や乳糖不耐症に使用、下痢や腹痛を防ぐ。糖質をブドウ糖まで分解してあるので乳糖を含まない。
	低ナトリウム粉乳		心臓、腎臓、肝臓疾患に使用、ナトリウムは 1/5 以下。浮腫の強いときに使用。
	MST 乳		脂肪吸収障害児用ミルク。炭素数 6～10 の中鎖脂肪酸（MCT）のみを脂肪分として用い、水に可溶性で、カイロミクロンを形成せず、容易に吸収する。
市販外特殊ミルク	登録特殊ミルク		「特殊ミルク共同安全開発委員会」が、開発、供給、登録を行った先天代謝異常症用のミルク。厚労省と乳業メーカーの協力で公費負担で提供している。
	登録外特殊ミルク		各種代謝異常の治療に必要な特殊ミルクを乳業メーカーの負担で無償で提供している。
	薬価収載の特殊ミルク		アミノ酸代謝異常用と糖質代謝異常用に医薬品として薬価収載している特殊ミルク。

（ii）フォローアップミルク

母乳の代替え食品ではなく、離乳が順調に進んでいる場合は、使用する必要はない。離乳が順調に進まず、鉄欠乏のリスクが高い場合や、適正な体重増加がみられない場合には、医師に相談したうえで必要に応じて利用する。

（iii）乳児用液体ミルク

乳児用液体ミルクは、人工乳を容器に密封したものであり、常温での保存も可能であり、災害時などのライフラインが断絶した場合でも授乳が可能となる。平成 30 年に乳児用調整液状乳の製造・販売等を可能とする改正省令等が公布され、許可基準に適合した乳児用液体ミルクの製造・販売が可能となった。

2）特殊ミルク

さまざまな疾病をもった乳児の栄養として、疾病内容に適応した配合の特殊ミルクが開発されている。特殊ミルクには市販品と非市販品がある。医師の指導の下に症状に応じた乳を与えることが重要である。

3）調乳

調乳とは、人工乳を乳児に適するように一定の処方を用いて調整することをいう。WHO/FAO は 2007 年、「乳児用調製粉乳の安全な調乳、保存、および取り扱いに関するガイドライン」を作成している。また、わが国においても厚生労働省が同年、医療従事者を対象に、「授乳・離乳の支援ガイド」を策定し、どの施設においても、保護者に対して一貫して支援が可能となるよう示された。その後改訂を重ね、2019 年改訂では、食物アレルギー予防、妊娠期からの授乳・離乳などに関する情報提供のあり方などが加わった。

- **調乳濃度**：標準調製濃度は、13.5～15％で、各製品の標準濃度で使用する。
- **無菌操作法**：家庭など、少量の調乳の際に用いられる方法である。70 度以上の湯でミルクを溶解し、適温に冷まして与える。
- **終末殺菌法**：病院など大量調乳する際に用いる方法である。まとめて調乳し、哺乳瓶または専用バッグに分注して殺菌槽で殺菌する（72～95℃）。殺菌後は冷却して保存し、与えるときに再加熱する。7℃以下で保存すれば 24 時間は安全である。
- **授乳量と回数**：母乳同様、自律授乳を基本とする。1 日の授乳回数と哺乳量をおおよそ決めたうえで、児が欲しがるときに欲しがるだけ与える。

例題 7　乳幼児に関する記述である。誤っているのはどれか。1 つ選べ。

1. 分泌型 IgA は腸管の粘膜を覆い、細菌やウィルスの侵入を防いでいる。
2. IgA は特に初乳中に多く含まれる。
3. オキシトシンは子宮の筋肉収縮を促し、産後の母体の回復を早める。
4. 乳児用調製粉乳では、乳性たんぱく質中の β-ラクトグロブリンを分解してアレルゲン性を低減している。
5. フォローアップミルクは母乳の代替え食品である。

解答　5. フォローアップミルクは母乳の代替え食品ではない。離乳が順調に進まず、鉄欠乏のリスクが高い場合や、適正な体重増加がみられない場合に医師に相談したうえで必要に応じて利用する。　**解答** 5

(3) 混合栄養

母親の就労など何らかの理由で哺乳できない場合に母乳と人工乳を併用する栄養方法を混合栄養という。母乳が少しでも出るのなら、母乳の分泌量のパターンにより、それに応じた人工乳の足し方を考える。混合栄養では母乳の分泌を維持することが重要であり、出来る限り頻繁に児に吸啜させることが望ましい。母乳を与える意義は大きいので、母乳量が少ない場合でも追加の人工乳は必要最低限とし、母乳の割合を多くするようにする。

授乳時に毎回人工乳を補う方法と、母乳と人工乳を交互に与える方法があるが、母乳の回数が１日３回以下にならないように注意する。母親の就業による混合栄養では、出勤前と帰宅後には必ず母乳を与えるようにする。日中も可能であれば冷蔵または冷凍母乳を利用するなど、母乳を与えることが望ましい。

(4) 離乳

離乳とは、母乳または乳児用ミルクなどの乳汁栄養から幼児食に移行する過程をいう。この間に乳児の摂食機能は、乳汁を吸うことから食物をかみつぶして飲み込むことへと変化し、摂食する食品の種類、量も増加していく。同時に、摂食行動は次第に自立へと向かっていく。この時期を離乳期とよび、成長に伴い母乳または育児用ミルクだけでは不足するエネルギー・栄養素を補完するために、乳汁から幼児食に移行する過程である。このときに与えられる食事を離乳食という。

2.11 授乳・離乳の支援ガイド

乳児期後半には、離乳食が開始されることから、その内容、摂取量の評価が必要となる。離乳食については、「授乳・離乳の支援ガイド」を参考にする。「授乳・離乳の支援ガイド」は、妊産婦や子どもに関わる保健医療従事者が基本的事項を共有し、支援を進めていくことができるよう、保健医療従事者向けに策定され、2019年に改訂された（表5.9）。

(1) 離乳の開始

離乳の開始とは、なめらかにすりつぶした状態の食物を初めて与えたときをいう。その時期は凡そ生後5～6カ月頃が適当である。

発育の目安としては、① 首の座りがしっかりとしている、② 支えると座ることができる、③ 食物に興味を示す、④ スプーンなどを口に入れても下で押し出すことが少なくなる（哺乳反射の減弱）などがあげられる。

離乳を開始した後も、母乳または育児用ミルクは授乳のリズムに沿って子どもが欲するまま、または子どもの離乳の進行および完了の状況に応じて与えるが、子どもの成長や発達、離乳の進行の程度や家庭環境によって子どもが乳汁を必要としなくなる時期は個人差が出てくる。そのため乳汁を終了する時期を決めることは難しく、いつまで乳汁を継続することが適切かに関しては、母親の考えを尊重して支援を進める。母親が子どもの状態や自らの状態から、授乳を継続するのか、終了するのかを判断できるように情報提供を心がける（授乳・離乳の支援ガイド）。

表 5.9 授乳・離乳の支援ガイド（離乳の進め方の目安）

		離乳の開始 → 離乳の完了 以下に示す事項は、あくまでも目安であり、子どもの食欲や成長・発達の状況に応じて調整する。			
		離乳初期 生後 5〜6 カ月頃	離乳中期 生後 7〜8 カ月頃	離乳後期 生後 9〜11 カ月頃	離乳完了期 生後 12〜18 カ月頃
食べ方の目安		○子どもの様子をみながら１日１回１さじずつ始める。 ○母乳や育児用ミルクは飲みたいだけ与える。	○１日２回食で食事のリズムをつけていく。 ○いろいろな味や舌ざわりを楽しめるように食品の種類を増やしていく。	○食事リズムを大切に、１日３回食に進めていく。 ○共食を通じて食の楽しい体験を積み重ねる。	○１日３回の食事リズムを大切に、生活リズムを整える。 ○手づかみ食べにより、自分で食べる楽しみを増やす。
調理形態		なめらかにすりつぶした状態	舌でつぶせる固さ	歯ぐきでつぶせる固さ	歯ぐきで噛める固さ
１回当たりの目安量					
Ⅰ	穀物（g）	つぶしがゆから始める。 すりつぶした野菜等も試してみる。 慣れてきたら、つぶした豆腐・白身魚・卵黄等を試してみる。	全がゆ 50〜80	全がゆ 90〜軟飯 80	軟飯 90〜 ご飯 80
Ⅱ	野菜・果物（g）		20〜30	30〜40	40〜50
Ⅲ	魚（g）		10〜15	15	15〜20
	又は肉（g）		10〜15	15	15〜20
	又は豆腐（g）		30〜40	45	50〜55
	又は卵（g）		卵黄 1〜全卵 1/3	全卵 1/2	全卵 1/2〜2/3
	又は乳製品（g）		50〜70	80	100
歯の萌出の目安			乳歯は生え始める。	１歳前後で前歯が８本生えそろう。	離乳完了期の後半頃に奥歯（第一乳臼歯）が生え始める。
摂食機能の目安		口を閉じて取り込みや飲み込みが出来るようになる。	舌と上あごで潰していくことが出来るようになる。	歯ぐきで潰すことが出来るようになる。	歯を使うようになる。

※ 衛生面に十分に配慮して食べやすく調理したものを与える。

例題 8　離乳に関する記述である。正しいのはどれか。1つ選べ。

1. 混合栄養とは、母乳と人工乳を併用する栄養方法である。
2. 混合栄養では母乳量を徐々に減らして追加の人工乳の量を増やしていく。
3. 離乳は「授乳・離乳の支援ガイド」に沿って、理想的な時期に進行することが重要である。
4. 離乳の開始とは、果汁を与えたときをいう。
5. 哺乳反射は1歳頃までみられる。

解説　2. 混合栄養では母乳量が少ない場合でも追加の人工乳は必要最低限とする。3. 「授乳・離乳の支援ガイド」は参考とし、個体差を考え、画一的にならないようにする。　4. 離乳の開始とは、なめらかにすりつぶした状態の食物を初めて与えたときをいう。　5. 生後5〜6カ月で減弱するため、このころに離乳食を開始する。

解答 1

(2) 離乳の進行

離乳の進行は、子どもの発育および発達の状況に応じて食品の量や種類および形態を調整しながら、食べる経験を通じて摂食機能を獲得し、成長していく過程である。食事を規則的に摂ることで生活リズムを整え、食べる意欲を育み、食べる楽しさを体験していくことを目標とする。食べる楽しみの経験としては、いろいろな食品の味や舌ざわりを楽しむ、手づかみにより自分で食べることを楽しむといったことだけでなく、家族などが食卓を囲み、共食を通じて食の楽しさやコミュニケーションを図る、思いやりの心を育むといった食育の観点も含めて進めていくことが重要である。

1) 離乳初期（生後5カ月〜6カ月頃）

離乳食は1日1回与える。母乳または育児用ミルクは子どもの欲するままに与える。この時期は、離乳食を飲み込むこと、その舌ざわりや味に慣れることが主目的である。

2) 離乳中期（生後7カ月〜8カ月頃）

離乳食は1日2回にしていく。母乳または育児用ミルクは離乳食の後にそれぞれ与え、離乳食とは別に母乳は子どもの欲するままに、育児用ミルクは1日に3回程度与える。生後7、8カ月頃からは舌でつぶせる固さのものを与える。

3) 離乳後期（生後9カ月〜11カ月頃）

離乳食は1日3回にし、歯ぐきでつぶせる固さのものを与える。食欲に応じて、離乳食の量を増やし、離乳食の後に母乳または育児用ミルクを与える。離乳食とは別に、母乳は子どもの欲するままに、育児用ミルクは1日2回程度与える。鉄の不足には十分配慮する。

(3) 手づかみ食べ

「手づかみ食べ」は食べ物を目で確かめて、手指でつかんで、口まで運び口に入れるという目と手と口の協調運動であり、摂食機能発達のうえで重要な役割となる。摂食機能の発達過程では、手づかみ食べが上達し、目と手と口の協働ができていることにより、食器・食具が上手に使えるようになる。またこの時期には、「自分でやりたい」という欲求が出てくるようになり、自分で食べる楽しみを増やす観点からも重要である。

(4) ベビーフード

離乳食は、手作りが好ましいが、ベビーフードなどの加工食品を上手に使用することにより、離乳食をつくることに対する保護者の負担が少しでも軽減するのであれば、ベビーフードの利用もひとつの方法である。平成27年乳幼児栄養調査において、離乳食について、何かしらの困ったことがあると回答した保護者は74.1%であり、「つくるのが負担、大変」と回答した保護者の割合が最も高かった。ベビーフードは、各月齢の子どもに適する多様な製品が市販されており、手軽に使用ができる一方、そればかりに頼ることの課題も指摘されていることから、ベビーフードを利用する際の留意点を踏まえ、適切な活用方法を周知することが重要である。

(5) 乳児ボツリヌス症

乳児ボツリヌス症は、食品中にボツリヌス毒素が存在して起こる従来のボツリヌス食中毒とは異なり、1歳未満の乳児が、芽胞として存在しているボツリヌス菌を摂取し、当該芽胞が消化管内で発芽、増殖し、産生された毒素により発症する。はちみつは、乳児ボツリヌス症を引き起こすリスクがあるため、1歳過ぎまでは与えない。

(6) 離乳の完了

離乳の完了とは、形のある食物をかみつぶすことができるようになり、エネルギーや栄養素の大部分を母乳または育児用ミルク以外の食物から摂取できるようになった状態をいう。その時期は生後12カ月から18カ月頃である。なお、離乳の完了は、母乳または育児用ミルクを飲んでいない状態を意味するものではない。 食べ方は、手づかみ食べで前歯で噛み取る練習をして、一口量を覚え、やがて食具を使うようになって、自分で食べる準備をしていく。

2.12 乳児期の栄養と肥満、生活習慣病

胎児期や乳児期の栄養摂取の習慣が年を経て成人となってからの肥満や糖尿病、高血圧などと関連があることが報告されている。また、乳児期に培われた味覚や食嗜好はその後の食習慣にも影響を与える。乳児期の食環境は、生涯を通した生活習慣病の予防の意味での健康的食生活を身に着けるうえでも重要な時期である。乳児の食事摂取基準を表5.10に示す。

例題 9　離乳に関する記述である。正しいのはどれか。1つ選べ。

1. 離乳食後期では歯ぐきでつぶせる固さのものを与える。
2. 離乳食後期では母乳は子どもの欲するままに与えないで、極力離乳食を食べるように努める。
3. 手づかみ食べは、不衛生なので推奨されない。
4. はちみつは離乳後期まで与えない。
5. 離乳の完了とは、母乳または乳児用ミルクを飲んでいない状態を意味する。

解説　2. 母乳は子どもの欲するままに与える。　3. 食べ物を目で確かめて、手指でつかんで、口まで運び口に入れるという目と手と口の協調運動であり、摂食機能発達のうえで重要な役割となる。　4. 乳児乳ボツリヌス症を予防するため、1歳過ぎまでは与えない。　5. 離乳の完了とは、形のある食物をかみつぶすことができるようになり、エネルギーや栄養素の大部分を母乳または育児用ミルク以外の食物から摂取できるようになった状態をいう。その時期は生後12カ月から18カ月頃である。

解答　1

例題10　離乳に関する記述である。誤っているのはどれか。1つ選べ。

1. 貧血予防のため、9カ月頃から鉄を多く含む食品を使う。
2. 手づかみ食べは豆のように細かいもので行う。
3. ベビーフードはできるだけ使用を減らす。
4. 離乳完了の時期は、生後10カ月頃である。
5. 乳児期の摂取過多などの食習慣は大人になれば修正される。

解説　2. 大きな食品を前歯で噛み切るように与える。　3. ベビーフードも上手に使用すれば有用である。　4. 離乳完了の時期は、生後12～18カ月である。　5. 食習慣は成人の肥満につながるなど影響する。

解答　1

表 5.10　乳児の食事摂取基準（2020 年版）

エネルギー・栄養素			月　齢	0～5(月)		6～8(月)		9～11(月)	
			策定項目	男児	女児	男児	女児	男児	女児
エネルギー		(kcal/日)	推定エネルギー必要量	550	500	650	600	700	650
たんぱく質		(g/日)	目安量	10		15		25	
脂質	脂質	(%エネルギー)	目安量	50		40			
脂質	飽和脂肪酸	(%エネルギー)	—	—		—			
脂質	n-6系脂肪酸	(g/日)	目安量	4		4			
脂質	n-3系脂肪酸	(g/日)	目安量	0.9		0.8			
炭水化物	炭水化物	(%エネルギー)	—	—		—			
炭水化物	食物繊維	(g/日)	—	—		—			
ビタミン（脂溶性）	ビタミンA	(μgRAE/日)[1]	目安量	300		400			
			耐容上限量	600		600			
ビタミン（脂溶性）	ビタミンD	(μg/日)	目安量	5.0		5.0			
			耐容上限量	25		25			
ビタミン（脂溶性）	ビタミンE	(mg/日)	目安量	3.0		4.0			
ビタミン（脂溶性）	ビタミンK	(μg/日)	目安量	4		7			
ビタミン（水溶性）	ビタミンB_1	(mg/日)	目安量	0.1		0.2			
ビタミン（水溶性）	ビタミンB_2	(mg/日)	目安量	0.3		0.4			
ビタミン（水溶性）	ナイアシン	(mgNE/日)[2]	目安量	2		3			
ビタミン（水溶性）	ビタミンB_6	(mg/日)	目安量	0.2		0.3			
ビタミン（水溶性）	ビタミンB_{12}	(μg/日)	目安量	0.4		0.5			
ビタミン（水溶性）	葉酸	(μg/日)	目安量	40		60			
ビタミン（水溶性）	パントテン酸	(mg/日)	目安量	4		5			
ビタミン（水溶性）	ビオチン	(μg/日)	目安量	4		5			
ビタミン（水溶性）	ビタミンC	(mg/日)	目安量	40		40			
ミネラル（多量）	ナトリウム	(mg/日)	目安量	100		600			
ミネラル（多量）	(食塩相当量)	(g/日)	目安量	0.3		1.5			
ミネラル（多量）	カリウム	(mg/日)	目安量	400		700			
ミネラル（多量）	カルシウム	(mg/日)	目安量	200		250			
ミネラル（多量）	マグネシウム	(mg/日)	目安量	20		60			
ミネラル（多量）	リン	(mg/日)	目安量	120		260			
ミネラル（微量）	鉄	(mg/日)[3]	目安量	0.5		—			
			推定平均必要量	—		3.5	3.5	3.5	3.5
			推奨量	—		5.0	4.5	5.0	4.5
ミネラル（微量）	亜鉛	(mg/日)	目安量	2		3			
ミネラル（微量）	銅	(mg/日)	目安量	0.3		0.3			
ミネラル（微量）	マンガン	(mg/日)	目安量	0.01		0.5			
ミネラル（微量）	ヨウ素	(μg/日)	目安量	100		130			
			耐容上限量	250		250			
ミネラル（微量）	セレン	(μg/日)	目安量	15		15			
ミネラル（微量）	クロム	(μg/日)	目安量	0.8		1.0			
ミネラル（微量）	モリブデン	(μg/日)	目安量	2		3			

[1] プロビタミンＡカロテノイドを含まない。
[2] 0～5 カ月児の目安量の単位は mg/日。
[3] 6～11 カ月は１つの月齢区分として男女別に算定した。

章末問題

1　乳幼児期の生理的特徴に関する記述である。正しいのはどれか。1つ選べ。

1. 脈拍数は、年齢とともに増加する。
2. 体重当たりの体水分量は、成人に比較して少ない。
3. 新生児の生理的黄疸は、生後2、3日頃に出現する。
4. 乳歯は、生後2、3カ月で生え始める。
5. 血清免疫グロブリン（IgG）値は、生後3カ月まで上昇する。（第29回国家試験）

解説　1. 乳児期は新陳代謝が盛んで、脈拍数、呼吸数は多く、体温は成人に比べ高い。　2. 新生児は、正規産児で体重の75〜80%が体水分であり、成人に比べ体重当たりの水分量が非常に多い。　4. 乳歯が生え始めるのは6〜9カ月頃である。5. IgGは母体から経胎盤的に移行するが、出生後は半減期21日ほどで減少する。出生後は体内で免疫細胞をつくり始めるが、成人と同じレベルに達するのは5〜6歳といわれる。
解答 3

2　乳幼児期の生理的特徴に関する記述である。正しいのはどれか。1つ選べ。

1. 乳歯は、生後3〜4か月頃より生え始める。
2. 運動機能の発達は、微細運動が粗大運動に先行する。
3. 身長の1年間当たりの増加量は、年齢に伴い大きくなる。
4. 大泉門は、生後6か月頃に閉鎖する。
5. 体重当たりの体水分量の割合は、成人に比較して多い。　（第28回国家試験）

解説　2. 発達は中央から末梢へ、粗大運動から微細運動へと進行する。　3. 出生時の身長は約50 ㎝、1年間で約75 ㎝（1.5倍）成長する。乳幼児期の方が身長増加率が著しい。　4. 個人差はあるが1歳6カ月〜2歳までには閉鎖する。　**解答** 5

3 成長・発達に伴う変化に関する記述である。正しいのはどれか。1つ選べ。

1. 頭囲と胸囲が同じになるのは4歳頃である。
2. 体重1kg当たりの摂取水分量は、成人期より幼児期の方が多い。
3. カウプ指数による肥満判定基準は、年齢に関わらず一定である。
4. 乳幼児身体発育曲線における50パーセンタイル値は、平均値を示している。
5. 微細運動の発達は、粗大運動の発達に先行する。　(第32回国家試験)

解説　1. 生後1年でほぼ同じになる。　3. 年齢によって異なる。　4. 中央値を示している。5. 発達は中央から末梢へ、粗大運動から微細運動へ進行する。　**解答** 2

4 新生児期・乳児期の栄養に関する記述である。正しいのはどれか。1つ選べ。

1. 頭蓋内出血の予防として、ビタミンAを投与する。
2. 母乳性黄疸が出現した場合には、母親のカロテン摂取量を制限する。
3. 乳糖不耐症では、乳糖強化食品を補う。
4. ビタミンDの欠乏により、くる病が起こる。
5. フェニルケトン尿症では、フェニルアラニンを増量したミルクを用いる。

(第32回国家試験)

解説　1. ビタミンK欠乏により突発性頭蓋内出血を起こすことがある。これを予防するため、児にビタミンK含有シロップ（ケイツーシロップ®）を内服させる。
2. 母乳性黄疸の原因として母乳不足があるので哺乳量を増やす。　3. 乳糖分解酵素（ラクターゼ）の活性が低下し、乳糖を消化吸収できないため、無乳糖ミルクに切り替える。　5. フェニルアラニンを制限したミルクを用いる。　**解答** 4

5 スキャモンの発育曲線の型とその特徴の組み合わせである。正しいのはどれか。1つ選べ。

1. 一般型----------- 乳児期より学童期に急激に増加する。

2. 神経型----------- 他の型より早く増加する。

3. 生殖器型----------- 出生直後から急激に増加する。

4. リンパ型----------- 思春期以降に急激に増加する。

5. リンパ型----------- 20 歳頃に最大値となる。　（第 31 回国家試験）

解説　1. 一般型は乳児期と思春期によりS 字状発育曲線を示す。　2. 神経系の発達は3 歳時で成人の 2/3 に近い値になり、学童期前に成人の約 90%に達する。　3. 生殖器型は思春期以降急激に成長する。　4. 5. リンパ型は幼児から学童期にかけて著しく成長し、思春期で成人の 2 倍となり、その後低下する。　**解答** 2

6　初乳より成熟乳に多く含まれる母乳成分である。正しいのはどれか。1 つ選べ。

1. たんぱく質　2. 乳糖　3. IgA　4. ラクトフェリン　5. リゾチーム

（第 30 回国家試験）

解説　2. 乳児の成長に要するエネルギー価を補うため乳糖や脂質が増加する。

解答 2

7　母乳に関する記述である。正しいのはどれか。1 つ選べ。

1. 吸啜刺激は、オキシトシンの分泌を低下させる。

2. 吸啜刺激は、プロラクチンの分泌を増加させる。

3. 分泌型 IgA 量は、初乳より成熟乳に多い。

4. たんぱく質量は、牛乳より母乳に多い。

5. 多価不飽和脂肪酸量は、牛乳より母乳に少ない。　（第 31 回国家試験）

解説　1. オキシトシンは乳頭から乳汁を射乳させる。　2. プロラクチンは乳房を肥大させるとともに乳腺を発達させ乳汁の産生を促す。　3. 初乳には抗菌物質としてIgA、IgM、IgG さらにリゾチームやラクトフェリンが多く含まれる。　4. 牛乳にはたんぱく質が多く含まれ、新生児には負担が大きい。　5. 一価不飽和脂肪酸や多価不飽和脂肪酸は母乳に多く、飽和脂肪酸は牛乳に多く含まれている。　**解答** 2

8　離乳の進め方に関する記述である。正しいのはどれか。1つ選べ。

1. 離乳の開始は、生後2、3カ月頃が適当である。
2. 離乳食を1日3回にするのは、離乳開始後1カ月頃である。
3. 舌でつぶせる固さのものを与えるのは、生後7、8カ月頃からである。
4. フォローアップミルクは、育児用ミルクの代替品として用いる。
5. 哺乳反射の減弱は、離乳完了の目安となる。　(第31回国家試験)

解説 1. 生後5〜6カ月頃が適当である。　2. 生後9カ月〜11カ月頃である。　4. フォローアップミルクは、生後9カ月以降の鉄などの不足しがちな栄養素の強化された育児用ミルクである。　5. 離乳開始の目安となる。　**解答** 3

9　離乳の進め方に関する記述である。正しいのはどれか。1つ選べ。

1. 哺乳反射が活発になってきたら、離乳食を開始する。
2. 離乳を開始して1カ月を過ぎた頃から、離乳食は1日3回にする。
3. 歯ぐきでつぶせる固さのものを与えるのは、生後9カ月頃からである。
4. はちみつは、生後9カ月頃より与えてよい。
5. 卵は、卵白から全卵へ進めていく。　(第31回国家試験)

解説　1. 哺乳反射の減弱は、離乳開始の目安となる。　2. 3回食は生後9カ月頃からである。　4. はちみつは乳児ボツリヌス症予防のため生後1歳まで与えない。　5. アレルゲン性の高い卵白よりも卵黄から食べさせる。　**解答** 3

10　離乳の進め方に関する記述である。誤っているのはどれか。1つ選べ。

1. 哺乳反射の減弱は、離乳開始の目安となる。
2. 離乳の開始は、生後5、6カ月頃が適当である。
3. フォローアップミルクを使用する場合は、生後9カ月以降とする。
4. 離乳の完了は、乳汁を飲んでいない状態を意味する。
5. 食事量の評価は、成長の経過で行う。　　（第30回国家試験）

解説　離乳の完了とは、形のある食物をかみつぶすことができるようになり、エネルギーや栄養素の大部分を母乳または育児用ミルク以外の食物から摂取できるようになった状態をいう。母乳または育児用ミルクを飲んでいない状態を意味するものではない。
解答 4

11　離乳の進め方に関する記述である。正しいのはどれか。2つ選べ。

1. 離乳食は、1日1回から与える。
2. 卵は、卵黄（固ゆで）から全卵へ進めていく。
3. 歯ぐきでつぶせる固さのものを与えるのは、生後5、6カ月頃からである。
4. 咀しゃく機能は、生後12カ月頃までに完成する。
5. 哺乳反射の減弱は、離乳完了の目安となる。　　（第29回国家試験）

解説　2. 脂質に富み、アレルゲン性の低い卵黄を固ゆでにすることでリスクを低減できる。　3. 生後9カ月～11カ月頃である。　4. 咀しゃく機能の完成は乳歯の生え揃う2歳半から3歳頃である。　5.　離乳開始の目安である。
解答 1、2

12　離乳の進め方に関する記述である。正しいのはどれか。1つ選べ。

1. 哺乳反射による動きが活発になってきたら、離乳食を開始する。
2. 離乳を開始して1か月を過ぎた頃から、離乳食は1日2回にしていく。
3. 舌と上あごでの押しつぶしが可能になってきたら、歯ぐきでつぶせる固さのものを与える。

4. 離乳の完了とは、乳汁を飲んでいない状態をさす。

5. 咀しゃく機能は、離乳の完了より前に完成される。　　　　（第28回国家試験）

解説　1. 哺乳反射の減弱が離乳開始の目安である。　3. 舌でつぶせる硬さは離乳中期、歯ぐきでつぶせる硬さは離乳後期である。　4. 離乳の完了とは、栄養素を母乳以外の食物から摂取できるようになった状態をいう。　5. 咀しゃく機能の完成は2歳半から3歳頃である。離乳の完了は生後12カ月から18カ月頃である。　**解答** 2

13　離乳の進め方に関する記述である。正しいのはどれか。1つ選べ。

1. 卵黄（固ゆで）は、生後5、6カ月頃から与える。

2. 離乳食を1日3回にするのは、離乳開始後1カ月頃である。

3. 手づかみ食べは、摂食機能の発達を促す。

4. 哺乳反射の減弱は、離乳完了の目安となる。

5. フォローアップミルクは、育児用ミルクの代替品である。　（第27回国家試験）

解説　1. 離乳中期の生後7～8カ月頃から与える。　2. 離乳開始後4～5カ月頃である。　3. 手づかみ食べを十分に行うことがスプーンや箸などの食具を用いる動作の基本となる。　4. 離乳開始の目安である。　5. フォローアップミルクは母乳や育児用ミルクの代替え食品ではなく、生後9カ月以降の鉄などの不足しがちな栄養素の強化された育児用ミルクである。　**解答** 3

参考文献

1）　大西文子編,「子どもの保健演習」中山書店,2012
2）　中野綾美編,小児看護学ナーシンググラフィカ28小児の発達と看護,メディカ出版,2009
3）　飯塚美和子編「最新子どもの食と栄養」学建書院
4）　渡邉玲子・伊藤節子・瀧本秀美編「健康・栄養科学シリーズ　応用栄養学改訂第５版」南江堂、2016.
5）　小切間美保・桒原晶子編　Visual栄養学テキスト「応用栄養学」中山書店2020
6）　(公) 日本医療機能評価機構Mindsガイドラインライブラリ
https://minds.jcqhc.or.jp/n/pub/3/pub0072/G0000812/0008

第6章

成長期（幼児期・学童期・思春期）

達成目標

- 幼児期・学童期･思春期の栄養管理の基本となる生理的・身体的特徴を説明できる。
- 身体発育曲線を用いた栄養アセスメントができる。
- 成長に伴う食生活の変化を説明できる。

幼児期、学童期、思春期を総称して成長期とよぶ。成長期の最大の特徴は、成長と発達の過程にあることである。個体の成熟までの変化を成長、機能的変化を発達といい、成長期における、各年代の成長と発達についての食習慣は、生涯の土台となる。

1 幼児期の栄養

幼児期とは、満1歳から小学校入学までの約5年間をさす。身長、体重などの体格面では乳児期に比べ成長は緩やかとなるが、運動機能、精神面での発達は目覚ましい時期となる。栄養の面では、1歳半までの離乳食完了期から就学前までを含むことから、変化の大きな時期となる。

1.1 幼児期の生理的特徴

(1) 幼児期の体格

幼児期の身長と体重の変化について、厚生労働省は10年ごとに調査を行い、身体発育曲線を作成している（図6.1）。これによれば、身長の伸びは1〜2歳で約12 cmであるが、2〜5歳では年間成長率が緩慢になり、3〜4歳の1年間では約7 cm程である。体重増加も乳児期に比べ緩慢になる。1〜2歳にかけては2.5 kgであるのに対し、2〜5歳では年間約2 kgとほぼ一定の速度となる。体重は食欲や健康状態により一時的に変化しやすく、比較的短期間の因子に影響を受ける。これに対し身長は遺伝的要因や栄養状態、疾患などにより比較的長期にわたる影響を受ける。

小児は成人のミニチュアではない。身長と頭高との比は、出生時には4：1、2歳児には5：1、6歳児には6：1、成人には8：1となる。

頭囲は、1歳児では45〜46 cm（成人の約80%）と胸囲とほぼ同等となり、それ以降は栄養状態に問題がない限り胸囲が頭囲よりも大きくなる。頭囲は身長体重ほど個人差が大きくないため、脳の発育を評価する指標として用いられる。脳重量は6歳頃までに成人の約90%に達し、探求心、思考力を培う大切な時期である。

幼児の体格評価には、成長曲線（図6.1）を用いる方法、体格指数（カウプ指数）を用いる方法による。カウプ指数は、体重(g)÷身長(cm)^2×10で求める。判定は、図6.2のように判定するが、年齢により異なる。

(2) 生理機能の発達

1) 骨、歯

頭部の大泉門は、1歳6カ月〜2歳までには閉鎖する。閉鎖遅延の場合は、くる病、水頭症、ダウン症候群、クレチン症などを疑う。手根骨は、骨年齢として成長を評価するのに用いられる（表 6.1）。3 歳 6 カ月頃に 20 本の乳歯が完成し、6 歳頃には 6 歳臼歯が生える。6〜7 歳頃より乳歯の崩落が前歯から始まり、並行して第一臼歯より永久歯が生え始め、12〜13 歳までには第三臼歯を除くすべての永久歯が生え揃う。

月齢 ＼ カウプ指数	13	14	15	16	17	18	19	20	21
乳児(3 カ月～	やせすぎ		やせぎみ		普通		太りぎみ		太りすぎ
満 1 歳									
1 歳 6 カ月									
満 2 歳									
満 3 歳									
満 4 歳									
満 5 歳									

図 6.2　カウプ指数判定基準

表 6.1　幼児の骨年齢評価

年　齢	手根骨（固）
1〜2 歳	2〜3
3〜5 歳	3〜5

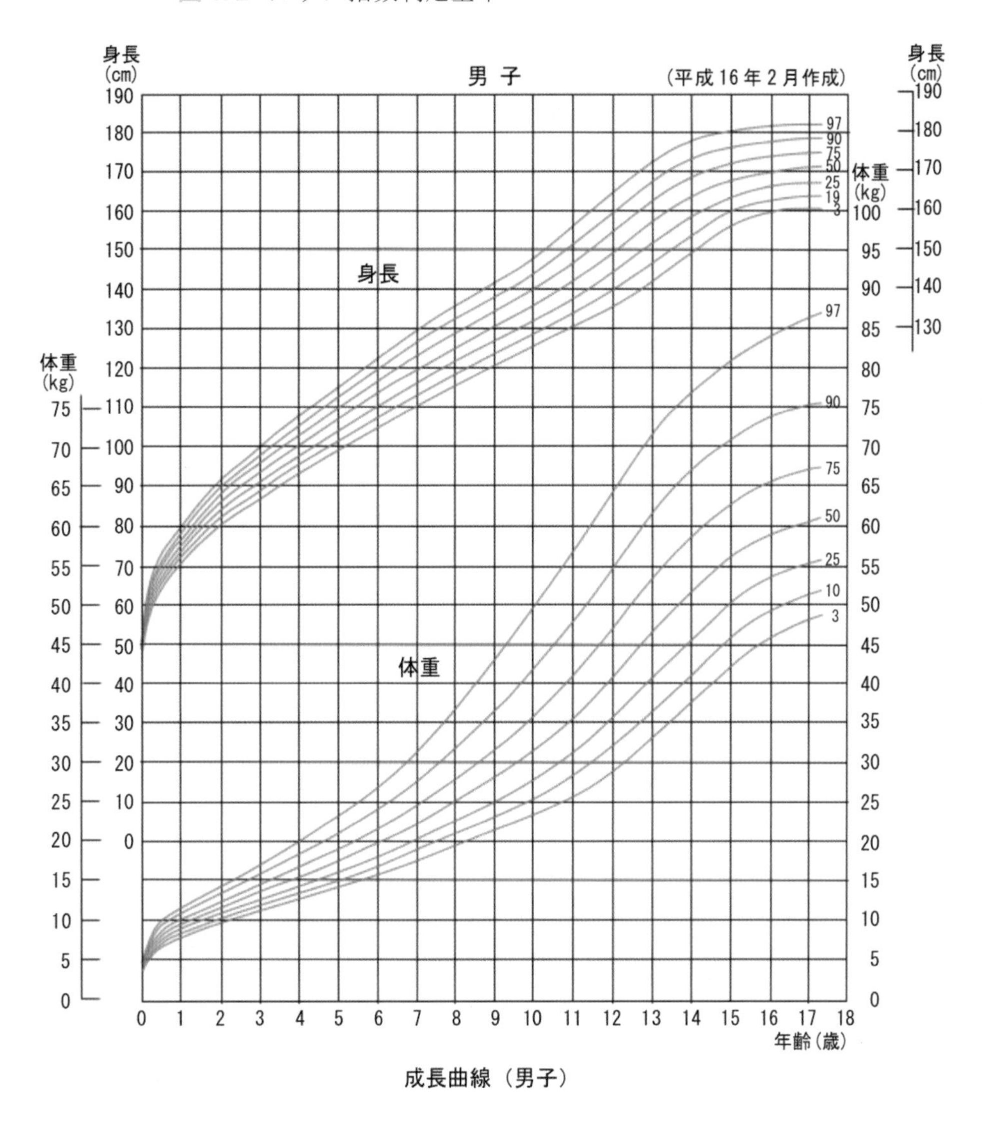

成長曲線（男子）

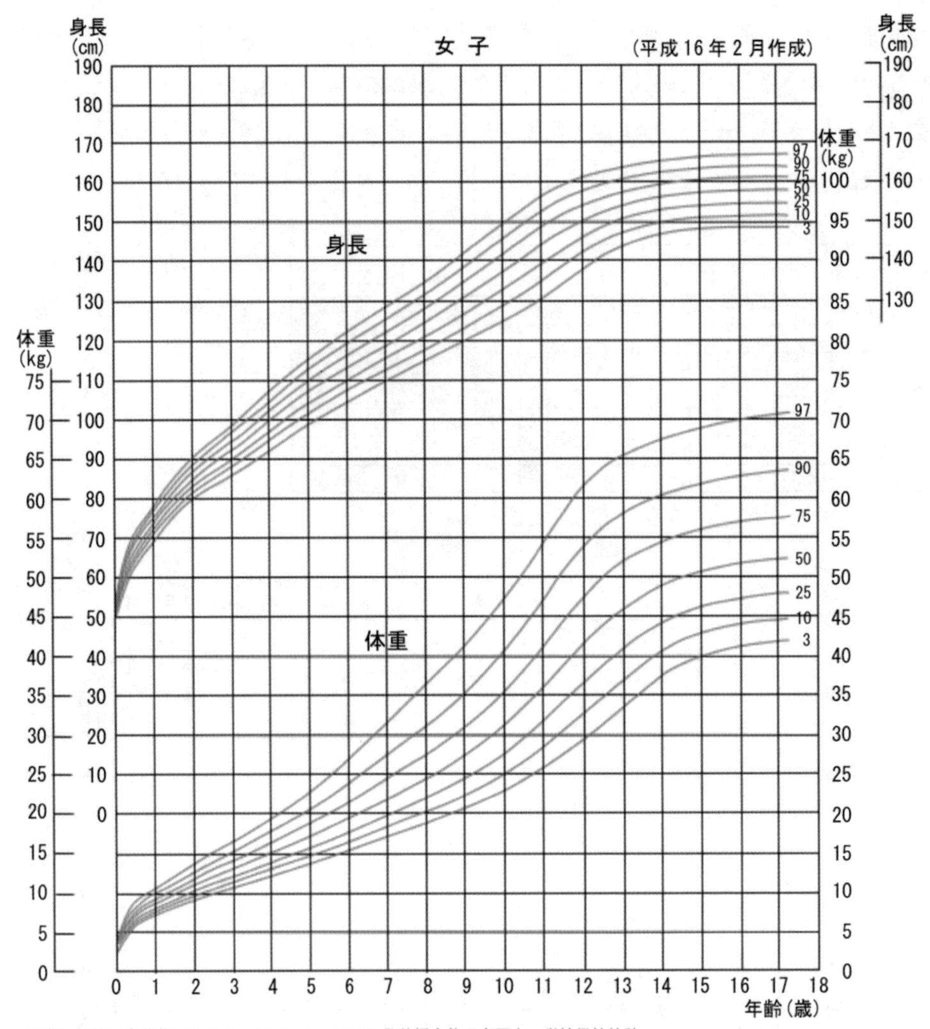

図 6.1　成長曲線

例題 1　幼児期に関する記述である。誤っているのはどれか。1つ選べ。

1. 幼児期、学童期、思春期を総称して成長期とよぶ。
2. 幼児期とは、満1歳から小学校入学までの約5年間をさす。
3. 身長と頭高との比は、出生時では4：1、成人では8：1となる。
4. 頭囲は、1歳児では45〜46 cmと胸囲よりも大きい。
5. 頭部の大泉門閉鎖遅延の場合は、水頭症、ダウン症候群などを疑う。

解説　4. 1歳児では頭囲と胸囲はほぼ同寸法であり、それ以降は胸囲が頭囲よりも大きくなる。　5. 頭部の大泉門は、1歳6カ月〜2歳までには閉鎖する。閉鎖遅延の場合は、くる病、水頭症、ダウン症候群、クレチン症などを疑う。　**解答** 4

(3) 運動機能の発達

幼児は体を動かすことが好きなので、外遊びを積極的に行うとよい。幼児期に微細運動の機能はほぼ完成するが、学童期以降は筋力の増大が著しい。粗大運動の完成に伴って運動能力が高くなり、成人のレベルに近づいていく。

(4) 精神機能の発達

神経系の発達は他の器官に比べて速く、脳重量は3歳頃で成人の約80%、6歳で約90%程度に達している。自我が芽生え、第1反抗期は2〜3歳頃にみられる。

(5) 社会性の発達

社会性の発達は幼児期にもみられる。1歳までは一人遊びが主であるが、1歳を過ぎる頃から他の子どもに関心をもち同じ遊びをするようになる。3歳を過ぎる頃から友達と遊んだり、ごっこ遊びをすることができる。この頃から集団生活での対人関係やマナー、ルールを守るなどの社会文化的規範を獲得するようになる。食育もこの頃から可能となる。

1.2 幼児期の栄養アセスメントと栄養ケア

(1) 幼児期の食事摂取基準

幼児の食事摂取基準を表6.2に示す。幼児期の身体活動レベルは1区分とされている。「2015年版」より、飽和脂肪酸摂取量の目標値が設定された。2020年版においても、男女共通の値として3〜14歳で10%エネルギーとしている。1〜2歳では循環器疾患の危険性との関連性が明らかでないことから、定められていない。また、食物繊維についても3〜17歳については成人と同様に目標量（8g/日）が算定された。

表6.2　幼児期の食事摂取基準（2020年版）

年　齢		1〜2歳児		3〜5歳児	
性　別		男子	女子	男子	女子
推定エネルギー必要量		950kcal/日	900kcal/日	1,300kcal/日	1,250kcal/日
たんぱく質	推奨量	20g/日		25g/日	
	目標量	13〜20%エネルギー			
脂質	目標量	20〜30%エネルギー			
	飽和脂肪酸	—		目標量　10%エネルギー以下	
炭水化物	目標量	50〜65%エネルギー			
食物繊維		—		目標量　8g/日以上	
ナトリウム（食塩相当量）	目標値	3.0g/日		3.5g/日	
カルシウム	推奨量	450mg/日	400mg/日	600mg/日	550mg/日
鉄	推奨量	4.5mg/日		5.5mg/日	

(2) やせ・低栄養と過体重・肥満

幼児期の肥満の多くが原発性（単純性）肥満であり、摂取エネルギーと消費エネルギーのバランスが悪いことが原因で起こる。この時期の肥満は、成人肥満へ移行することが多いことが知られている[9]。肥満の判定には肥満度が用いられることが多い（表 6.3）。

表 6.3　肥満度の計算式

$$肥満度(\%) = \frac{実測体重(kg) - 標準体重(kg)}{標準体重(kg)} \times 100$$

幼児期（1 歳以上 6 歳未満）の標準体重を表す式

男児　$0.00206X^2 - 0.1166X + 6.5273$
女児　$0.00249X^2 - 0.1858X + 9.0360$

対象となる身長：70cm 以上 120cm 未満
標準体重（kg）、身長：X（cm）

(3) 脱水

乳幼児期は成人に比べ、体重あたりの水分量が多く、容易に脱水を生じる。脱水に陥る原因には、①体重に対する水分が多い（新生児 75〜80%、幼児 65〜70%）、②細胞外液の割合が高い。③不感蒸泄量が多い、④腎機能が未熟で、尿濃縮能が低い（3〜4 歳で成人と同等になる）、⑤感染、胃腸炎など脱水の原因疾患に罹患する機会が多い。体重あたりの水分必要量は、乳児期で成人の 3 倍、幼児期で成人の 2 倍とされている。

(4) う歯

う歯（むし歯）は、歯の表面にあるエナメル質（図 6.3）が口腔内の微生物が産生した酸によって溶かされ、唾液による再石灰化では修復が間に合わない場合に、その部分が欠損し破壊罹患することが多い。

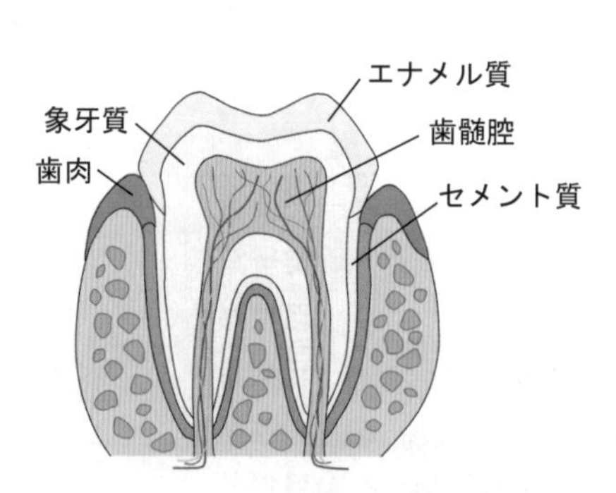

図 6.3　歯の構造

う蝕に関与する菌は、主にミュータンス連鎖球菌（*Streptococcus mutans* group）などで、ショ糖を基質として乳酸などの有機酸をつくり、粘着性のある非水溶性のグルカンを産生する。グルカンは歯の表面に付着し、ミュータンス菌を集合させ、エナメル質の無機質を溶かし出す（脱灰）。内側にある象牙質やセメント質では有機質を含むため、脱灰と有機質の崩壊を引き起こす。エナメル質の脱灰はpHが5.3〜5.5程度で多くみられる。う蝕を起こす原因には、歯の形状、歯列状態、唾液の分泌量、歯の遺伝的素因、全身状態など多くの要因が関与する。予防としては、ショ糖の摂取を控え、食後の歯の清掃を十分に行い、う蝕原性菌の数を可能な限り減らすことである。よく咀嚼することにより唾液を出すことは、唾液中のCaイオンによる再石灰化を促す。よく噛まなければならない繊維を多く含む海藻類や葉菜の摂取にも予防の効果がある。食後の口腔内清掃でフッ化物を使用することはう蝕の予防や進行を遅らせる効果がある。

近年、むし歯の罹患率は減少傾向にあり、重症型も減っている。

(5) 偏食・食欲不振

食べ物の好き嫌いにより健康上の問題が生じる場合がある。幼児期の偏食は自我意識の発達による生理的、一時的なものであることが多い。正しい食習慣を身に着けることにより修正が可能である。保育者（親）の食事への意識は大きく影響するため、家族に偏食があればこれを修正し、多様な食品を摂取するように努めることが重要である。取り得る方法としては、次のような方法があげられる。

① 調理法や盛り付けに工夫をする。

② 1回の量を減らす。

③ 食事前に空腹となるよう、運動・間食の調整をする。

④ むし歯、食物アレルギーなど原因疾患を治療する。

⑤ 楽しく食事をする雰囲気づくりをする。

幼児期の低栄養による疾患の代表的なものに、たんぱく質が不足して起こるクワシオルコル、エネルギー・たんぱく質両方が不足（PEM）して起こるマラスムスがある（表6.4）。日本では食糧事情が原因で生ずるものよりも、少食、偏食、食欲不振などによるもの、消化吸収、代謝に障害がある場合がみられる。不適切な食習慣の偏りにより低栄養を来している場合は、食品の種類や組み合わせ、食事量を見直し、食生活改善を図ることが重要である。

表6.4　クワシオルコルとマラスムスの違い

	クワシオルコル	マラスムス
体重減少	比較的軽度	顕著、重度の発育障害あり
血清アルブミン値	低下	正常
浮腫	＋	−
肝腫大	＋	−
特徴的症状	下痢、易感染性(1〜2歳児)、腹部膨満	全身組織・筋肉の消耗
異常行動	無気力、無表情、不機嫌、食欲不振など	過敏、不眠、落ち着きがない

例題 2　幼児期に関する記述である。正しいのはどれか。1つ選べ。

1. カウプ指数による肥満判定基準は、年齢にかかわらず一定である。
2. 5歳頃に20本の乳歯が完成する。
3. 脳重量は6歳で約90％程度に達している。
4. 第1反抗期は1〜1歳半頃にみられる。
5. 社会文化的規範を獲得するようになるのは就学以降である。

解説　1. カウプ指数は、年齢により異なる。　2. 3歳6カ月頃に20本の乳歯が完成する。　4. 第1反抗期は2〜3歳頃にみられる。　5. 3歳過ぎる頃から社会文化的規範を獲得するようになる。　**解答** 3

例題 3　幼児期に関する記述である。正しいのはどれか。1つ選べ。

1. 幼児期の肥満の多くは、2次性肥満である。
2. この時期の肥満は、成人肥満へ移行することが多い。
3. 乳幼児期は成人に比べ、体重あたりの水分量は少ない。
4. エネルギー・たんぱく質両方が不足して起こるのはクワシオルコルである。
5. マラスムスでは、浮腫の症状が現れる。

解説　1. 幼児期の肥満の多くは単純性肥満である。　3. 体重あたりの水分量が多く、容易に脱水を生じる。　4. 両方が不足して起こるのはマラスムスである。　5. 浮腫の症状が現れるのはクワシオルコルである（表6.4参照）。　**解答** 2

(6) 食物アレルギー

食物アレルギーとは、「食物によって引き起こされる抗原特異的な免疫学的機序を介して生体にとって不利益な症状が惹起される現象」をいう。免疫反応を引き起こす原因物質をアレルゲン（抗原）とよび、これに対して免疫グロブリンIgEが産生されて反応を引き起こす。食物アレルギーの有症率は、乳児が約10％、3歳児が約5％、保育所児が5.1％、学童以降が1.3〜4.5％とされ、乳児期が最も高く、成長とともに耐性を獲得することが多い。

卵・乳製品・小麦を3大アレルゲンとよび、乳幼児期には原因食物として最も多くみられる（**表6.5**）。学童期以降では甲殻類、果物、魚類などが増えてくる。3大アレルゲンは、3歳までに50％が、小学校入学までに80〜90％が耐性を獲得するといわれている。食物アレルギーには、食物を摂取して2時間以内に反応による症状を呈する「即時型」と、数時間たってから症状を呈する「遅延型」があるが、これらのアレルゲンが引き起こすのは即時型である（表 6.6）。

表 6.5　食物アレルギーの原因食品　　n=1, 228

	0 歳 (119)	1 歳 (280)	2〜3 歳 (311)	4〜6 歳 (265)	7〜19 歳 (203)	≧20 歳 (50)
1	鶏卵 49.6%	鶏卵 48.6%	鶏卵 37.0%	鶏卵 40.0%	鶏卵 19.2%	小麦 34.0%
2	牛乳 32.8%	牛乳 34.3%	牛乳 36.3%	牛乳 30.6%	牛乳 17.2%	甲殻類 22.0%
3	小麦 16.8%	小麦 11.4%	小麦 14.1%	ピーナッツ 11.7%	ピーナッツ 16.3%	そば 10.0%
4				小麦 9.8%	小麦 11.3%	果物 魚類 8.0%
5					甲殻類 9.4%	

出典）食物アレルギー診療の手引き　　各年齢群ごとに 5%を占めるものを上位 5 位表記

表 6.6　食物アレルギーの臨床型

臨床型		発症年齢	頻度の高い食物	耐性獲得（寛解）	アナフィラキシーショック[*1]の可能性	食物アレルギーの機序
新生児･乳児消化管アレルギー		新生児期･乳児期	牛乳(乳児用調整粉乳)	多くは寛解	(±)	主に非 IgE 依存性
食物アレルギーの関与する乳児アトピー性皮膚炎		乳児期	鶏卵、牛乳、小麦、大豆など	多くは寛解	(＋)	主に IgE 依存性
即時型症状（蕁麻疹、アナフィラキシー　など）		乳児期〜成人期	乳児〜幼児：鶏卵、牛乳、小麦、そば、魚類、ピーナッツなど 学童〜成人：甲殻類、魚類、小麦、果物類、そば、ピーナッツなど	鶏卵、牛乳、小麦、大豆などは寛解しやすい その他は寛解しにくい	(＋＋)	IgE 依存性
特殊型	食物依存性運動誘発アナフラキシー(FDEIA)	学童期〜成人期	小麦、えび、果物など	寛解しにくい	(＋＋＋)	IgE 依存性
	口腔アレルギー症候群(OAS)	幼児期〜成人期	果物･野菜など	寛解しにくい	(±)	IgE 依存性

出典）食物アレルギー診療の手引き

(7) 周期性嘔吐症

アセトン血性嘔吐症または自家中毒ともいわれる。不規則な間隔で嘔吐を繰り返

*1　**アナフィラキシーショック**：アレルゲンの侵入により、複数臓器にアレルギー症状が惹起され、命に危機を与えるほどの過敏反応をさす。血圧低下や意識障害を伴うショック症状が出ることがある。

す症候群である。2〜10歳が好発年齢であり、特に6歳以下の幼児にみられる。感染や疲労、精神的緊張やストレスなどが誘因となる。嘔吐により飢餓状態が進行するため、ケトン体が生成され、血中濃度が増加する（アセトン血症）。倦怠感、顔面蒼白、腹痛、食欲不振、反射性嘔吐の発作などを繰り返す。

安静と輸液により全身状態が安定したら水分補給とともに症状をみながら糖質中心の脂質の少ない食事から開始する。栄養状態が悪化しないよう、注意しながら徐々に普通食にしていく。

(8) 適切な栄養状態の維持、疾病予防、健康の維持促進

生活習慣病の予防は幼児期に始まるといっても過言ではない。適正な食習慣の形成のため、①適切な味覚を形成する、②偏食をしない、③規則正しい食生活を身に着けることが基本である。そのためにも家族で揃って食卓を囲むなど、食事が楽しいものであることが大切である。

1) 保育所給食

幼児期の食事の場として、保育所給食があげられる。0歳から6歳までの年齢差が大きいこと、また、同じ年齢児であっても個人差も大きいことが特徴である。保育士などによる食事の介助を通して、情緒の安定を得ることができる。箸の使い方などを通して、食文化にも出会う。他者と一緒に楽しく食べることで、人間関係も広がる。保育所給食は、子どもの精神的な安定、また社会的な成長・発達を促す役割ももっている（表6.7）。

表6.7　保育所における食事提供の意義

1. 発育・発達のための役割
- (1) 乳幼児期の身体発育のための食事
- (2) 子どもの食べる機能、および味覚の発達に対応した食事
  - ア. 摂食・嚥下機能の発達
  - イ. 食行動の発達
  - ウ. 味覚の発達
- (3) 食欲を育む生活の場としての食事
- (4) 精神発達のための食事
- (5) 子どもの発育・発達を保障する家庭と保育所が連携した食事

2. 食事を通じた教育的役割
- (1) 食育の一環としての食事の提供
- (2) 食育の目標および内容と食事
  - ①お腹がすくリズムのもてる子ども
  - ②食べたいもの、好きなものが増える子ども
  - ③一緒に食べたい人がいる子ども
  - ④食事づくり、準備にかかわる子ども
  - ⑤食べものを話題にする子ども
- (3) 食事がもつ多様な役割と意義
- (4) 保育所保育の特性と食事の位置づけ

3. 保護者支援の役割
- (1) 入所児の保護者への支援
- (2) 地域の保護者への支援

出典）「保育所における食事提供ガイドライン」2012

2）間食のあり方

（ⅰ）間食の必要性

幼児の体重あたりに対するエネルギーおよび栄養素量は、身体発育と活発な身体活動を反映して成人より多くを必要とし、消化吸収能力が未熟であることから、3度の食事ではこれを補いきれない。そこで、4度目の食事としての意味も兼ねて、間食（補食）が必要である。栄養的な面のみならず、食べる楽しさを体験し、精神的発達も促す効果も考えられる。

（ⅱ）間食の内容

間食は1日の総エネルギー摂取量の10～20%程度を目安として与える。間食は、1～2歳児では1～2回/日、3～5歳児では午後1回が一般的な回数である。近年、大人の夜型化に伴い夜食を摂る子どもが増えているが、歯の衛生、生活リズムの確立を考え、おやつは日中1～2回、午後9時までに就寝することを心掛けたい。内容としては、エネルギー、たんぱく質などを補給できるよう、卵、乳製品、野菜、果物などを中心とした食事に近い内容のものとする。幼児期は体重あたりの水分必要量も成人より多いため、水分補給も重要である。

3）「食べる力」の支援

食べることは生きるための基本であり、子どもの健やかな心と身体の発達に欠かせないものである。子どもの健やかな心と身体を育むためには、「なにを」「どれだけ」食べるかということとともに、「いつ」「どこで」「誰と」「どのように」食べるかということが、重要になる。乳幼児期から、発育・発達段階に応じた豊かな食の体験を積み重ねていくことにより、生涯にわたって健康でいきいきとした生活を送る基本としての「食を営む力」を育む。

例題 4　幼児期に関する記述である。正しいのはどれか。1つ選べ。

1. 食物アレルギーの有症率は、学童期が最も高い。
2. 3大アレルゲンは、卵・乳製品・大豆である。
3. 周期性嘔吐症は特に2歳以下の乳幼児にみられる。
4. 生活習慣病の予防は幼児期に始まる。
5. 間食は1日の総エネルギー摂取量の30%程度を目安として与える。

解説　1. 食物アレルギーの有症率は乳児期が最も高い。　2. 3大アレルゲンは、卵・乳製品・小麦である。　3. 周期性嘔吐症は特に6歳以下の幼児にみられる。5. 1日の総エネルギー摂取量の10～20%程度を目安として与える。　**解答** 4

2 学童期の栄養

学童期は、小学生の6年間をさし、6歳〜11歳に相当する。この時期は幼児期よりも身体発育は緩徐となり安定しているが、後半の思春期である第2発育急進期（成長スパート）に備える重要な時期となる。食嗜好が確立する時期にあたり、バランスのよい食事摂取を心掛ける必要がある。

2.1 学童期の生理的特徴

(1) 学童期の体格（図6.4）

学童期前半（6〜9歳）は、男女とも身長発育量5〜5.5 cm、体重3 kg前後とほぼ一定した増加を示す。女子は男子よりも1歳速く身長の伸びのピークに達し、親の世代に比べ、男子はピーク年齢が1歳早くなっている。体重も、女子は男子よりも1歳速く伸びのピークに達し、親の世代に比べ、女子は1歳、男子はピーク年齢が2歳早くなった。

女子は10歳頃から著しい成長・発達を示す第2発育急進期（成長スパート）に入る。男子は女子よりも2、3年遅れて第2発育急進期に入り、女子の体格を追い越して思春期を迎える。

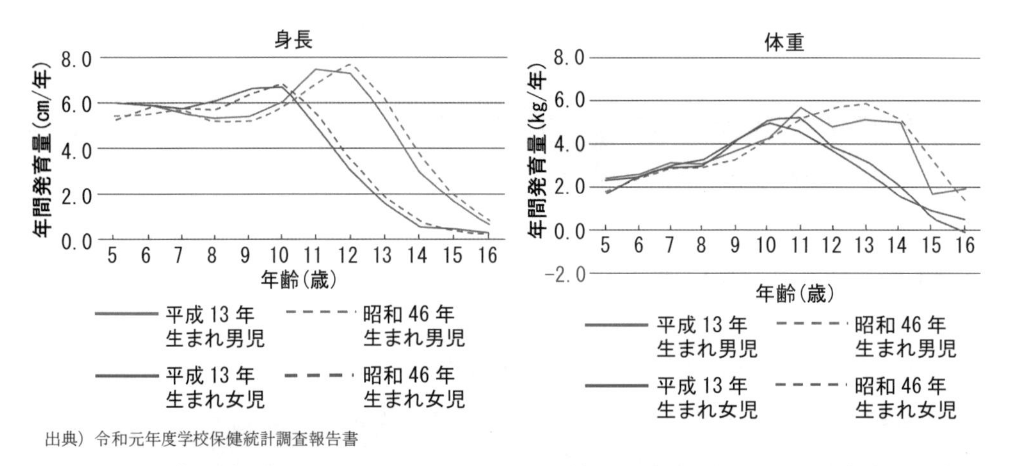

図6.4　平成13年生まれと昭和46年生まれ（親世代）の者の年間発育量の比較

児童・生徒の体格評価には、肥満度が用いられることが多く（表6.8）、また、発育や栄養状態の評価として、ローレル指数が用いられている。ローレル指数は130±15%を標準範囲とする。学童期の場合、成長の過程の個人差も考慮する必要がある。学童期の場合、体格は経時的に変化するため、エネルギー摂取量の過不足をアセスメントするためには、成長曲線（身体発育曲線）を用いて成長の経過を縦断的に観察することで行う。曲線から大きく外れる停滞や増加がないかを検討する。

近年、学童期において肥満傾向児ややせが目立つことが問題視されている（図 6.5）。

表 6.8 肥満度による肥満とやせの判定基準

肥満度区分		体格の呼称
+30%以上		ふとりすぎ
+20%以上	+30%未満	ややふとりすぎ
+15%以上	+20%未満	ふとりぎみ
−15%超	+15%未満	ふつう
−20%超	−15%以下	やせ
−20%以下		やせすぎ

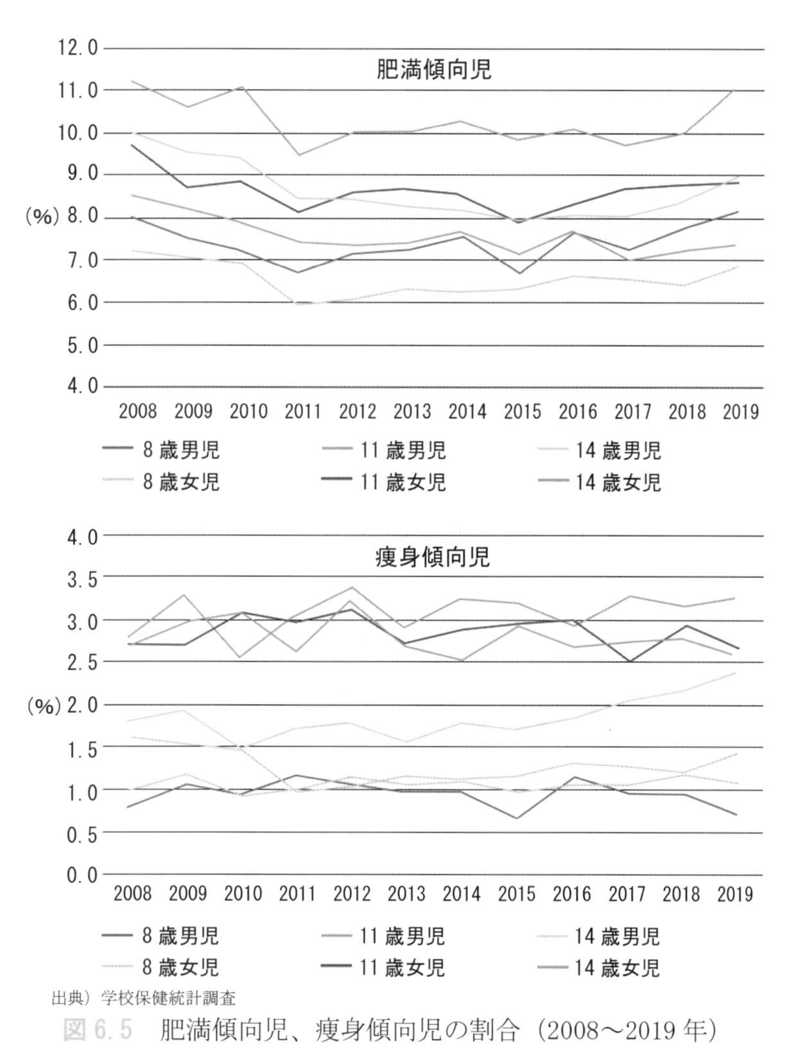

図 6.5 肥満傾向児、痩身傾向児の割合（2008～2019 年）

(2) 精神機能の発達

学童期には、精神機能の発達により感情のコントロールができるようになる。自主と協調の姿勢や態度を身につけさせることで社会性が発達する。

例題 5　学童期に関する記述である。正しいのはどれか。1つ選べ。

1. 学童期とは、6～14歳までをさす。
2. 学童期全半は成長が急峻である。
3. ローレル指数は130±15%を標準範囲とする。
4. 肥満度マイナス15%以下はやせすぎである。
5. 肥満度20%以上をふとりすぎと判定する。

解説　1. 学童期は、小学生の6年間をさし、6～11歳に相当する。　2. 学童期全半は男女とも一定の成長を示すが、幼児期、思春期に比べて緩やかである。　4. マイナス20%以下をやせすぎとする。　5. ふとりすぎは肥満度30以上である。**解答** 3

2.2 学童期の栄養アセスメントと栄養ケア

(1) 学童期の食事摂取基準

学童期の食事摂取基準を表6.9に示す。学童期の身体活動レベルは、個人差を考慮して成人同様3区分とされている。鉄の推奨量は、10～11歳、12～14歳で最も高い値が設定されている。

表6.9　学童期の食事摂取基準

年齢	6～7歳児		8～9歳児		10～11歳児	
性別	男子	女子	男子	女子	男子	女子
推定エネルギー必要量	1,550kcal/日	1,450kcal/日	1,850kcal/日	1,700kcal/日	2,250kcal/日	2,100kcal/日
たんぱく質　推奨量	30g/日		40g/日		45g/日	50g/日
目標量	13～20%エネルギー					
脂質　目標量	20～30%エネルギー					
飽和脂肪酸目標量	10%エネルギー以下					
炭水化物　目標量	50～65%エネルギー					
食物繊維　目標量	10g/日以上		11g/日以上		13g/日以上	
ナトリウム(食塩相当量	4.5g/日未満		5.0g/日未満		6.0g/日未満	
カリウム　目標量	1,800mg/日以上		2,000mg/日以上		2,200mg/日以上	2,000mg/日以上
カルシウム　推奨量	600mg/日	550mg/日	650mg/日	750mg/日	700mg/日	750mg/日
鉄　推奨量	5.5mg/日		7.0mg/日	7.5mg/日	8.5mg/日	8.5(12.0)mg/日*

*：( )内は月経ありの場合　　日本人の食事摂取基準2020

10歳以上の女児で月経がある場合には、要因加算法による月経血による鉄損失を考慮し、

推定平均必要量＝〔基本的鉄損失＋ヘモグロビン中の鉄蓄積量＋非貯蔵性組織鉄の増加量＋貯蔵鉄の増加量＋月経血による鉄損失（0.46 mg/日）〕÷吸収率（0.15）とした。推奨量は、個人間の変動係数を10%と見積もり、推定平均必要量に推奨量算定係数1.2を乗じた値として算出されている。

(2) やせ・低栄養と過体重・肥満

児童生徒の肥満や肥満傾向については、高血圧、高脂血症などが危惧されるとともに、特に内臓脂肪型肥満により、将来の糖尿病や心疾患などの生活習慣病につながることが心配される（図 6.6）。

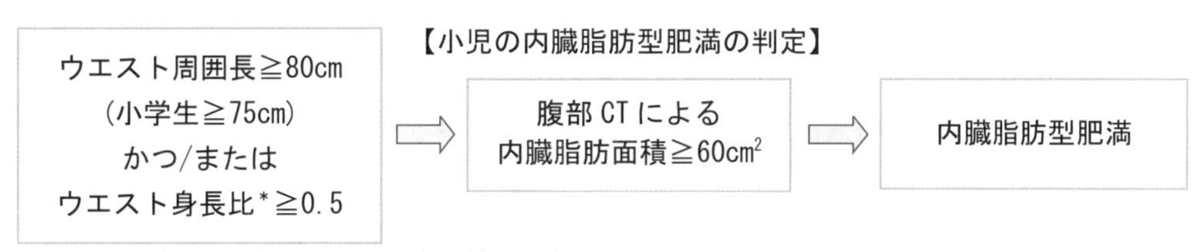

＊ウエスト身長比＝ウエスト周囲長（cm）/身長（cm）

【小児生活習慣病診断基準】
(1) 腹囲：80cm 以上（注）
(2) 血清脂質：中性脂肪 120mg/dL 以上 and/orHDL コレステロール 40mg/dL 未満
(3) 血圧：収縮期血圧 125mmHg 以上 and/or 拡張期血圧 70mmHg 以上
(4) 空腹時血糖：100mg/dL 以上
※ (1)は必須、(2)～(4)のうち 2 項目以上満たすものを定義する。

（注）
- 腹囲については、腹囲/身長が 0.5 以上であれば基準を満たすものとする。
- 腹囲については、小学生は 75cm 以上であれば基準を満たすものとする。
- 腹囲測定は、立位、臍上で測定する。中性脂肪と血糖は早朝空腹時に測定すること。

出典）日本肥満学会「肥満症ガイドライン 2016」
2006 厚生労働科学研究：小児のメタボリックシンドローム診断基準の各項目についての検討

図 6.6　小児の内臓脂肪型肥満とメタボリックシンドロームの診断基準

近年、女子のやせ願望の低年齢化が問題となっている（図 6.5）。令和元年度の学校保健統計調査結果では、小学 6 年生に相当する 12 歳女子（4.22%）の痩身傾向児は中学 3 年生に相当する 14 歳女子（2.59%）の割合を上回った。体型誤認による過度なダイエットは、月経異常、貧血、骨密度低下などを引き起こす。

(3) 適切な栄養状態の維持、疾病予防、健康の維持促進

この時期の食生活の特徴としては、学校給食があることである。

1) 学校給食の意義

学校給食法第 2 条によれば、学校給食の目標は下記の通りとされている（表 6.10）。これに基づき、小中学校においては昼食が提供され、あわせて栄養教諭による食育が実施されている。その指導媒体のひとつとしても学校給食は重要な役割を果たしている。学校給食摂取基準を表 6.11 に示す。

2) 個別的指導の必要性

栄養ケアでは、集団のみならず、個別の指導も必要とされている。学童期の問題点としては、幼児期同様、偏食、肥満・痩身傾向、食物アレルギー、スポーツ実施

に対する栄養付加などについてがテーマとなることが多い。個別の指導を実施する際には、管理職のリーダーシップの下、他職種と連携を取り組織的に取り組む必要がある（表6.12）。

表6.10　学校給食法における学校給食の目標

一　適切な栄養の摂取による健康の保持増進を図ること。
二　日常生活における食事について正しい理解を深め、健全な食生活を営むことができる判断力を培い、および望ましい食習慣を養うこと。
三　学校生活を豊かにし、明るい社交性および協同の精神を養うこと。
四　食生活が自然の恩恵の上に成り立つものであることについての理解を深め、生命および自然を尊重する精神ならびに環境の保全に寄与する態度を養うこと。
五　食生活が食に関わる人々のさまざまな活動に支えられていることについての理解を深め、勤労を重んずる態度を養うこと。
六　わが国や各地域の優れた伝統的な食文化についての理解を深めること。
七　食料の生産、流通および消費について、正しい理解に導くこと。

出典）学校給食法　第2条（昭和二十九年法律第百六十号）

表6.11　児童または生徒一人一回当たりの学校給食摂取基準

区分	基準値			
	児童(6～7歳)の場合	児童(8～9歳)の場合	児童(10～11歳)の場合	児童(12～14歳)の場合
エネルギー(kcal)	530	650	780	830
たんぱく質(%)	学校給食による摂取エネルギー全体の13～20%			
脂質(%)	学校給食による摂取エネルギー全体の20～30%			
ナトリウム(食塩相当量)(g)	2未満	2未満	2.5未満	2.5未満
カルシウム(mg)	290	350	360	450
マグネシウム(mg)	40	50	70	120
鉄(mg)	2.5	3	4	4
ビタミンA(μg RAE)	170	200	240	300
ビタミンB_1(mg)	0.3	0.4	0.5	0.5
ビタミンB_2(mg)	0.4	0.4	0.5	0.6
ビタミンC(mg)	20	20	25	30
食物繊維(g)	4以上	5以上	5以上	6.5以上

（注）1　表に掲げるものの他、次に掲げるものについても示した摂取について配慮すること。
亜鉛・・・児童（6歳～7歳）2mg、児童（8歳～9歳）2mg、
児童（10歳～11歳）2mg、生徒（12歳～14歳）3mg
2　この摂取基準は、全国的な平均値を示したものであるから、適用にあたっては、個々の健康および生活活動等の実態ならびに地域の実情等に十分配慮し、弾力的に運用すること。
3　献立の作成にあたっては、多様な食品を適切に組み合わせるよう配慮すること。
学校給食実施基準（平成30年7月31日改正）

表 6.12　個別的な相談指導を行うにあたっての注意点

① 対象児童生徒の過大な重荷にならないようにすること。
② 対象児童生徒以外からのいじめのきっかけになったりしないように、対象児童生徒の周囲の実態を踏まえた指導を行うこと。
③ 指導者として、高い倫理観とスキルをもって指導を行うこと。
④ 指導上得られた個人情報の保護を徹底すること。
⑤ 指導者側のプライバシーや個人情報の提供についても、十分注意して指導を行うこと。
⑥ 保護者を始め関係者の理解を得て、密に連携を取りながら指導を進めること。
⑦ 成果にとらわれ、対象児童生徒に過度なプレッシャーをかけないこと。
⑧ 確実に行動変容を促すことができるよう計画的に指導すること。
⑨ 安易な計画での指導は、心身の発育に支障を来す重大な事態になる可能性があることを認識すること。

出典）文部科学省「食に関する指導の手引き　第6章」第二次改訂版

例題 6　学童期に関する記述である。正しいのはどれか。1つ選べ。

1. 学童期の活動区分は1区分である。
2. 8～9歳の鉄の摂取推奨量は男女とも 7.0g/日である。
3. 学校給食は、指導媒体のひとつとして考えられている。
4. 学校給食では脂質エネルギー比は 20～40%である。
5. 学校給食では亜鉛の摂取基準は 2mg である。

解説　1. 幼児期の身体活動レベルは1区分、学童期は成人と同じ3区分である。 2. 男子 7.0g/日、女子 7.5g/日である。　3. 食育の指導媒体のひとつとして重要な役割を果たしている。　4. 20～30%である。　5. 亜鉛については「摂取について配慮」の記載があるのみで、摂取基準は定められていない。　**解答** 3

3 思春期の栄養

3.1 思春期の区分

思春期は、学童期後半から徐々に開始され、約 11～15 歳に相当する。女児は男児に比べ2年ほど早いのが特徴である。この時期は第2次性徴が発現し、男女の性差が外見的にもはっきりとしてくる。

思春期は前期、中期、後期に分けられることがある。自己同一性形成の時期として知られている。

(1) 思春期前期

身長や体重に第2発育急進期（成長スパート）が始まるが、第2次性徴は目立たない。

(2) 思春期中期

第２次性徴が顕著に現れ、性器の成熟が順調に進むと女子では初潮、男子では精通が認められ、成長スパートも加速する。狭義の思春期ともよばれる。

(3) 思春期後期

第２次性徴が完成し、性器も完全に成熟し成人に達するまでの期間である。この時期は、身体発育や性成熟に伴い、各栄養素の必要量は生涯のうち最も多い時期にあたる。また、男女の差が拡大する。

3.2 思春期の生理的特徴

(1) 精神機能の発達

学童期後半から思春期に第２反抗期がみられる。白井によれば[6]、「第２反抗期」とは、思春期（青年期前期頃）に入って、親子など大人と青年の間にコンフリクト（衝突）が生じやすくなる時期のことをいう。精神的自立の手掛かりを得る中学２年生前後とも捉えられている。

(2) 第２次性徴

思春期の身体変化を引き起こすのは、性ホルモンである。思春期は視床下部に始まり、先ず性腺刺激ホルモン放出ホルモンの分泌頻度の増加がみられる。これが下垂体の成熟を促し、性腺刺激ホルモンの分泌が増加し、女子の卵巣、男子の精巣の発育が促進される。精巣から分泌される男性ホルモン（テストステロン）は体の男性的特徴を、女性ホルモン（エストラジオール）は女性的な体の特徴をつくりあげる（図 6.7）。また、副腎からは副腎性アンドロゲンが分泌され腋毛、陰毛の発毛に作用している。

性成熟による身体の変化を第２次性徴とよぶ。男女ともに体毛がみられるようになり、女子は乳房が発育して月経開始（初潮）がみられ、男子では睾丸や陰茎が成長し、精通や声変わりが起こる。思春期に特有な身体の変化を生じる。

1) 女子の変化

思春期の発来は、女子においては乳房の発育から始まり、陰毛の発生、初潮へと進んでいく。思春期の進行状況の評価には Tanner 分類が用いられ、女子においては乳房の形状と陰毛の発毛状況が評価される。思春期の兆候がない状態を Tanner 1 度、成人の成熟状態を Tanner 5 度として分類している（図 6.7）。乳房が発育を開始する Tanner 2 度はおよそ 8～11 歳といわれる。女子の初潮年齢は、戦後早期化する傾向にある（図 6.8）。初潮後に排卵性月経が確立するまでにはさらに数年を要するといわれるが、体毛の変化、皮下脂肪の増加など成人女性へと変化がみられる。

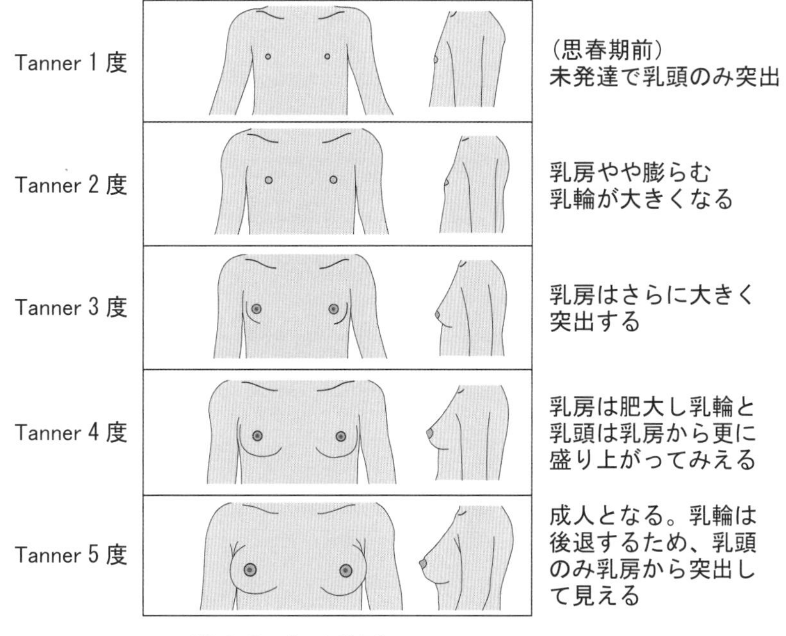

図 6.7　女子乳房の Tanner Stage

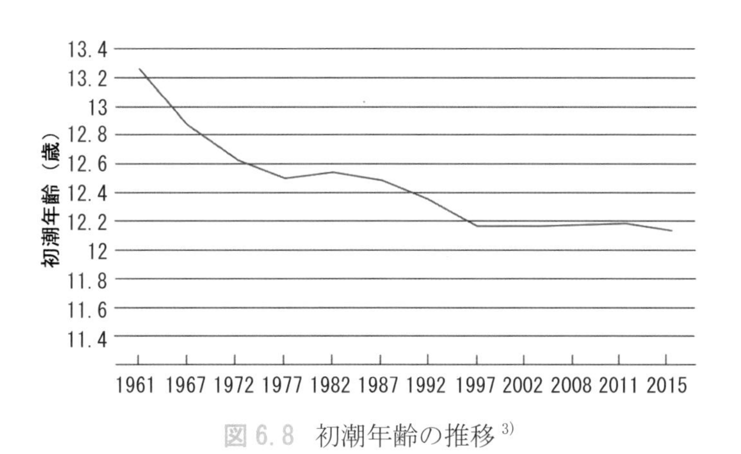

図 6.8　初潮年齢の推移[3)]

2) 男子の変化

思春期の発来は、男児においては精巣容量の増大から始まり、陰茎増大、陰毛発生へと進んでいく。Tanner 分類では、精巣の大きさ、陰茎の大きさ、陰毛の発毛状態を評価している。精通は最初に経験する射精である。平均 13 歳程度に経験する。声変わりは男子特有の変化であり、12〜15 歳に声帯が飛躍的に長くなることにより女性よりも 1 オクターブほど低い声になる。思春期後期には、男性ホルモンの作用により、ひげや胸毛、背中、腹、四肢に硬毛などが生え、骨格が大きくなり、筋肉も発達した体型になる。

例題 7　思春期に関する記述である。正しいのはどれか。1つ選べ。

1. 思春期は約11〜20歳に相当する。
2. 思春期の身体変化を引き起こすのは、成長ホルモンである。
3. 男子は、精巣からアンドロゲンが分泌される。
4. 女子は、卵巣からエストラジオールが分泌される。
5. 乳房が発育を開始するのはTanner 1度である。

解説　1. 約11〜15歳に相当する。　2. 性ホルモンである。　3. 精巣からテストステロンが分泌される。　5. Tanner 2度である。　**解答** 4

3.3 思春期の栄養アセスメントと栄養ケア

(1) 思春期の食事摂取基準

思春期の食事摂取基準を表6.13に示す。生活習慣病予防の観点から、食物繊維、カリウムの目標量が設定されている。また、カルシウムは高齢期の骨粗鬆症予防のためにもこの年代での継続的な摂取強化が必要な栄養素である。全年代を通じて最も多い推奨量が設定されている。

表 6.13　思春期の食事摂取基準

年　齢		12〜14歳児		15〜17歳児	
性　別		男子	女子	男子	女子
推定エネルギー必要量		2,600kcal/日	2,400kcal/日	2,800kcal/日	2,300kcal/日
たんぱく質	推奨量	60g/日	55g/日	65g/日	55g/日
	目標量	13〜20%エネルギー			
脂質	目標量	20〜30%エネルギー			
飽和脂肪酸	目標量	10%エネルギー以下		8%エネルギー以下	
炭水化物	目標量	50〜65%エネルギー			
食物繊維	目標量	17g/日以上		19g/日以上	18g/日以上
ナトリウム（食塩相当量）	目標値	7.0g/日未満	6.5g/日未満	7.5g/日未満	6.5g/日未満
カリウム	目標値	2,400mg/日以上		3,000mg/日	2,600mg/日
カルシウム	推奨量	1,000mg/日	800mg/日	800mg/日	650mg/日
鉄	推奨量	10.0mg/日	8.5(12.0)mg/日*	10.0mg/日	7.0(10.5)mg/日*

＊：( )内は月経ありの場合　　　日本人の食事摂取基準2020年版

(2) 摂食障害

思春期に特徴的な心身症として摂食障害があげられる。摂食障害は、思春期から青年期の女性に多く発症し、神経性やせ症（神経性食欲不振症）と神経性過食症があげられる。

1）神経性やせ症（神経性食欲不振症）

神経性やせ症は、思春期やせ症ともよばれ、心因性の摂食障害である。器質的疾患がないにもかかわらず、極端なやせ、食行動異常（不食、多食、隠れ食いなど）、やせ願望、活動性の亢進がみられ、ひどくなると無月経、脱毛、徐脈、低血圧などが発現する（表 6.14、表 6.15）。

表 6.14　神経性食欲不振症診断基準

1. 標準体重の－20%以上のやせ
2. 食行動の異常（不食・多食・隠れ食いなど）
3. 体重や体型へのゆがんだ認識（体重増加への極端な恐怖など）
4. 発症年齢：30 歳以下
5. （女性ならば）無月経
6. やせの原因となる器質性疾患がない

出典）厚生労働省、神経性食欲不振症プライマリケアのためのガイドライン．2007

表 6.15　神経性やせ症/神経性無食欲症（神経性食欲不振症）の診断基準（DSM-Ⅴ）

A. 必要量と比べてカロリー摂取を制限し、年齢、性別、成長曲線、身体的健康状態に対する優位に低い体重に至る。有意に低い体重とは、正常の下限を下回る体重で、子どもまたは青年の場合は、期待される最低体重を下回ると定義される。

B. 優位に低い体重であるにもかかわらず、体重増加または肥満になることに対する強い恐怖、または体重増加を妨げる持続した行為がある。

C. 自分の体重または体型の体験の仕方における障害、自己評価に対する体重や体系の不相応な影響、または現在の低体重の深刻さに対する認識の持続的欠如。

出典）Diagnostic and Statistical Manual of mMental Disorders, Fifth edition, 2013

2）神経性大食症

本人の意思に反して、多量の食物を摂取してしまう状態のことをさし、過食症ともよばれている。体重は肥満からやせまでさまざまである。生理的反応ではなく、拒食の反動による心理的欲求が背景にある。過食後に食べてしまったことへの罪悪感から、自己誘発嘔吐を繰り返したり、下剤の服用、過度の運動や絶食など異常行動を伴う。自己誘発嘔吐例では手の甲に吐きだこがみられる。

これら摂食障害の治療には心身両側面からのアプローチが必要であり、心理療法（認知行動療法[*2]など）、家族療法、食事療法などを並行して行うことが重要となる。栄養や食事に関する正しい知識を教育し、患者が好む食べやすい食品から段階的に摂取量を増やしていく。

(3) 鉄摂取と貧血

思春期にみられる貧血の多くは鉄欠乏性貧血である。著しい成長による血液需要に造血が追いつかずに生じる。女子では月経の開始に伴い貧血もみられる（表 6.16）。

*2　**認知行動療法**：行動科学理論に基づき、不適応的認知に気付かせ、思考習慣を変化させ、行動変容を引き起こす心理療法。

また、激しいスポーツを行う場合にはスポーツ貧血を起こす者も多い。スポーツ貧血には鉄欠乏性貧血と溶血性貧血がみられる。原因としては、①食事からの鉄の摂取不足、②消化管や尿への流出による鉄喪失、③足底における衝撃や筋肉の収縮に伴う毛細血管の圧迫から生じる溶血、④循環血漿量の増大に伴う血液希釈などがあげられる。

表 6.16　月経による鉄損失

年齢	月経血量(mL/回)	月経周期(日)	鉄損失量(mg/日)*	損失を補うために必要な鉄摂取量(mg/日)**
10～17歳	31.1	31	0.46	3.06
18歳以上	37	31	0.55	3.64

*鉄損失(mg/日)＝月経血量(mL)÷日本人における月経の中央値(31日)×Hb濃度(0.135g･mL)×Hb中の鉄濃度の中央値(3.39g/g)
**鉄摂取量(mg/日)＝鉄損失(mg/日)÷吸収率(0.15)
日本人の食事摂取基準2020

表 6.17　貧血の診断基準（WHO）

区　分	ヘモグロビン(Hb)量	ヘマトクリット値
幼児(6カ月～6歳)	11g/dL以下	33%以下
小児(7歳～15歳)	12g/dL以下	36%以下
成人男性	13g/dL以下	39%以下
成人女性(非妊娠)	12g/dL以下	36%以下
成人女性(妊婦)	11g/dL以下	33%以下

(4) 起立性調節障害

起立性調節障害とは、自律神経系の異常で循環器系の調節がうまくいかなくなる疾患である。めまいや立ちくらみの他、吐き気、嘔吐、腹痛、精神の無力など種々の症状を訴える症候群である。思春期に多く発症するため、成長過程における生理的現象とも捉えられてきた。真面目で気を遣うタイプの子どもが起立性調節障害になりやすいといわれており、ストレスをため込みやすく、精神的、環境的要素に関連すると考えられている。近年の研究によって重症例では自律神経による循環調節（特に上半身、脳への血流低下）が障害され日常生活が著しく損なわれ、長期に及ぶ不登校状態やひきこもりを起こし、学校生活やその後の社会復帰に大きな支障となることが明らかになってきた。

(5) 適切な栄養状態の維持、疾病予防、健康の維持促進

この年代では男女の性差が身体的特徴に反映されるため、これを考慮した栄養管理が求められる。1日3食を摂取していても成長と身体活動に必要な栄養量を確保できない場合に、貧血や疲労骨折などを生じることがある。特に、スポーツ部に所

属する場合には身体活動量が著しく増加することもあり、適切な対応が必要になる。また、マスメディアによる情報の影響も大きく、体型誤認の原因ともなる。誤った認識によるダイエットは、鉄欠乏性貧血、骨密度の低下、摂食障害などを引き起こすのみならず、次世代の子どもにも影響を与える原因となるので、注意が必要である。

例題 8　思春期に関する記述である。正しいのはどれか。1つ選べ。

1. 思春期は、全年代を通じて最も多いカルシウムの推奨量が設定されている。
2. 神経性食欲不振症の好発年齢は30歳以降である。
3. 神経性食欲不振症には器質的疾患がみられる。
4. 神経性食欲不振症の診断基準の1つに標準体重の−10%以上のやせがある。
5. 神経性食欲不振症では、活動性は低下する。

解説　1. 男子の推奨量1,000mg/日は、全年代で最高値である。　2. 30歳未満である（表6.14参照）。　3. 器質的疾患がみられない。　4. 標準体重の−20%以上のやせである（表6.14参照）。　5. 活動性の亢進がみられる。　**解答** 1

例題 9　思春期に関する記述である。正しいのはどれか。1つ選べ。

1. 神経性大食症では、肥満体となる。
2. 思春期にみられる貧血の多くは巨赤芽球性貧血である。
3. スポーツ貧血には鉄欠乏性貧血と溶血性貧血がみられる。
4. 起立性調節障害は学童期に多く発症する。
5. 起立性調節障害を患っても不登校やひきこもりになることはない。

解説　1. 体重は肥満からやせまでさまざまである。　2. 鉄欠乏性貧血である。　4. 思春期に多く発症する。　5. 自律神経による循環調節が障害され、不登校状態やひきこもりを起こすことがあるとされている。　**解答** 3

章末問題

1　幼児期（3〜5歳）の生理的特徴に関する記述である。正しいのはどれか。1つ選べ。

1. 頭囲は、胸囲より大きい。
2. 体重1kg当たりのエネルギー必要量は、成人と同程度である。
3. 1年間当たりの体重増加率は、乳児期より高い。
4. 1分間当たりの呼吸数は、乳児期より多い。
5. 咀しゃく機能は、3歳頃に獲得される。　（第31回国家試験）

解説　1. 1歳児では頭囲と胸囲はほぼ同寸法であり、それ以降は胸囲が頭囲よりも大きくなる。 2. 成人よりも多い。 3. 乳児期より低い。 4. 乳児期より少ない。 5. 咀しゃく機能の完成は、乳歯の生え揃う2歳半から3歳頃である。　**解答** 5

2　幼児期についての記述である。正しいのはどれか。1つ選べ。

1. 幼児期の肥満の多くは、2次性肥満である。
2. 幼児の栄養状態の判定には、ローレル指数を用いる。
3. 4歳頃の体重は、出生時の約3倍になる。
4. クワシオルコルでは、浮腫の症状が現れる。
5. 永久歯は、3歳頃から生える。

解説　1. 単純性肥満である。 2. カウプ指数を用いる。 3. 体重は急速に増加し生後3〜4カ月で出生時の約2倍、1歳で約3倍、2歳半で約4倍、4歳で約5倍となる。 5. 永久歯は6歳頃から生え始め、14歳頃までに永久歯が出そろう。**解答** 4

3　幼児期の栄養に関する記述である。正しいのはどれか。1つ選べ。

1. 体重当たりのたんぱく質維持必要量は、男児が女児より多い。
2. 1〜2歳児の基礎代謝基準値は、3〜5歳児より高い。
3. カウプ指数による肥満判定基準には、男女差がある。
4. 食事の脂肪エネルギー比率は、30〜40%が適当である。
5. マラスムスでは、浮腫がみられる。　（第27回国家試験）

解説　1. 男児も女児も同じである。　3. 男女差はない。　4. 20〜30%が適当である。　5. 浮腫がみられるのはクワシオルコルである。　**解答**　2

4　幼児期に関する記述である。正しいのはどれか。1つ選べ。

1. カウプ指数による発育状況判定では、男女差を考慮する。
2. 原発性（単純性）肥満より、2次性（症候性）肥満が多い。
3. 体重当たりのエネルギー必要量は、成人より少ない。
4. 体水分に占める細胞外液量の割合は、成人より高い。
5. 総エネルギー摂取量の30〜40%を間食から摂取する。　（第26回国家試験）

解説　1. カウプ指数による発育状況判定は、年齢により異なるが、男女差はない。2. 原発性（単純性）肥満が多い。　3. 成人より多い。　5. 間食は1日の総エネルギー摂取量の10〜20%程度を目安とする。　**解答**　4

5　幼児期の栄養に関する記述である。正しいのはどれか。1つ選べ。

1. 基礎代謝基準値（kcal/kg体重/日）は、成人より低い。
2. 推定エネルギー必要量は、成長に伴うエネルギー蓄積量を含む。
3. 間食は、幼児の好きなだけ摂取させてよい。
4. 咀しゃく機能は、1歳頃に完成される。
5. クワシオルコルでは、エネルギー摂取量が不足している。　（第32回国家試験）

解説　1．成人より高い。　3．間食は1日の総エネルギー摂取量の10～20%程度を目安として与える。　4．2歳半から3歳頃である。　5．たんぱく質が不足して起こる。エネルギーが不足して起こるのはマラスムスである。　**解答** 2

6　学童期のエネルギーと肥満に関する記述である。正しいのはどれか。1つ選べ。

1．基礎代謝基準値（kcal/kg体重/日）は、幼児期より低い。
2．推定エネルギー必要量は、基礎代謝量（kcal/日）と身体活動レベルの積である。
3．原発性肥満より2次性肥満が多い。
4．学童期の肥満は、成人期の肥満に移行しにくい。
5．肥満傾向児の割合は、高学年より低学年で高い。　（第31回国家試験）

解説　2．学童期の推定エネルギー必要量は、基礎代謝量（kcal/日）と身体活動レベルの積にエネルギー蓄積量を加える。　3．原発性肥満の方が多い。　4．成人肥満へ移行することが多い。　5．肥満傾向児は高学年に多い。　**解答** 1

7　学童期の栄養に関する記述である。正しいのはどれか。1つ選べ。

1．むし歯（う歯）のある児童の割合は、約80%である。
2．2次性肥満は、原発性肥満より多い。
3．ローレル指数は、年齢とともに上昇する。
4．日本人の食事摂取基準（2020年版）の身体活動レベル（PAL）は、2区分である。
5．痩身傾向児の割合は、年齢とともに増加する。　（第27回国家試験）

解説　1．約50～60%である。　2．原発性肥満の方が多い。　3．年齢とともに減少する。　4．身体活動レベル（PAL）は、3区分である。　**解答** 5

8 学童期についての記述である。正しいものはどれか。1つ選べ。

1. 8〜11歳のカルシウムの推奨量は、男子の方が多い。
2. 学校保健統計調査では、肥満度が－10%以下を痩身傾向児としている。
3. 肥満のほとんどが、単純性肥満である。
4. むし歯罹患率は、近年増加傾向にある。
5. 貧血の多くは、溶血性貧血である。

解説 1. 女子の方が多い。 2. －15%以下を痩身傾向児としている。 4. むし歯の罹患率は減少傾向にある。 5. 多くは鉄欠乏性貧血である。 **解答** 3

9 学童期についての記述である。誤りはどれか。

1. 学校保健統計調査では、肥満度が20%以上の者を肥満傾向児としている。
2. 「食事摂取基準2020年版」では、食物繊維に目標量が策定されている。
3. 学校保健統計調査では、むし歯の者の割合は減少傾向である。
4. 「学校給食摂取基準」では、エネルギーは1日の必要量の3分の1を基準値としている。
5. メタボリックシンドロームの診断基準は、成人の基準を適用する。

解説 5. 小児のメタボリックシンドローム診断基準を適用する。 **解答** 5

10 思春期の女子に関する記述である。正しいのはどれか。1つ選べ。

1. 思春期前に比べ、エストロゲンの分泌量は減少する。
2. 思春期前に比べ、皮下脂肪量は減少する。
3. 貧血の多くは、巨赤芽球性貧血である。
4. 急激な体重減少は、月経異常の原因となる。
5. 神経性やせ症（神経性食欲不振症）の発症頻度は、男子と差はない。

（第32回国家試験）

解説　1. エストロゲンの分泌量は増加する。　2. 皮下脂肪量は増加する。　3. 多くは鉄欠乏性貧血である。　5. 発症頻度は女子に多い。　**解答** 4

11　思春期の女子の生理的特徴に関する記述である。正しいのはどれか。1つ選べ。

1. エストロゲンの分泌量は、低下する。
2. 卵胞刺激ホルモン（FSH）の分泌量は、低下する。
3. 黄体形成ホルモン（LH）の分泌量は、低下する。
4. 1日当たりのカルシウム蓄積量は、思春期前半に最大となる。
5. 鉄損失量は、変化しない。　（第30回国家試験）

解説　1. 増加する。　2. 3. 増加する。視床下部より性腺刺激ホルモン放出ホルモンの分泌が始まるため、卵胞刺激ホルモン（FSH）の分泌量も黄体形成ホルモン（LH）の分泌量も増加する。　5.　著しい成長による血液需要や女子では月経の開始などで変化する。　**解答** 4

12　思春期の女子に関する記述である。正しいのはどれか。1つ選べ。

1. 思春期前に比べ、エストロゲンの分泌量は低下する。
2. 思春期前に比べ、卵胞刺激ホルモン（FSH）の分泌量は増加する。
3. 思春期前に比べ、体脂肪率は低下する。
4. 思春期発育急進現象（思春期スパート）の開始時期は、男子より遅い。
5. カルシウム蓄積速度は、思春期後半に最大となる。　（第28回国家試験）

解説　1. 増加する。　3. 増加する。　4. 思春期スパートの開始時期は、女子は男子より早い。　5. 思春期前半に最大となる。　**解答** 2

成人期

達成目標

- 成人期の食事摂取基準を説明できる。
- 成人期に特徴的な食生活、生活習慣を理解し、生活習慣病との関連について説明できる。
- 栄養アセスメントに基づいて改善すべき課題を把握したうえで、栄養マネジメントが説明できる。
- 更年期の生理的特徴や身体機能、代謝変化を説明できる。

1 成人期の生理的特徴

1.1 成人期の分類

成人期は、20 歳くらいから老年期（高齢期）の前までの約 40 年間をいうが、年齢により、青年期（18～29 歳）、壮年期（30～49 歳）、中年（実年）期（50～64 歳）の３つに区分される。成人期は身体的には発育・発達を終えた時期であり、精神的にも充実した社会生活を送るが、個人的にも社会的にも多くのストレスを抱きかかえる時期でもある。そのような環境のなかで、健康の維持・増進に留まらず、疾病、特に生活習慣病の予防や健康寿命の延伸ができるよう十分な注意をしながら、栄養管理をする必要がある。

(1) 青年期

青年期は身体的成長がほぼ終わり、体力的に最も充実しており、精神的な成熟や充実を図る時期である。社会的に自立し、正しい食習慣を定着させる時期であるが、外食や夜食の増加、朝食の欠食、食事リズムの不規則などが起こりやすい。男性では肥満、女性ではやせ傾向がみられ、生活習慣病の発症や貧血、神経性食欲不振症などにつながることが懸念される。したがって、日常身体活動に見合った必要な栄養素などを摂取して健康管理するとともに、健康維持・増進を図る自己管理能力を身につけることが重要である。

(2) 壮年期

身体的にも精神的にも充実した時期であり、社会的にはそれなりの役割を担う。一方、不規則な生活や疲労、ストレス、運動不足に加え、外食や飲酒の機会の増加など、偏った食生活によって健康障害を生じやすい。基礎代謝量の低下、身体活動の低下、筋肉量の低下など、エネルギーの摂取量と消費量のバランスが取れず、肥満傾向になりやすい。また、すべての臓器は成熟から老化していく時期である。女性では月経不順が始まり、更年期となり、不定愁訴がみられるようになるが、発現年齢や症状の程度は個人差が大きい。

(3) 中年（実年）期

さらに身体的体力は衰え、すべての臓器で機能低下がみられるようになる。壮年期に引き続き、外食の機会も増え、食生活が不規則になり、生活習慣病の発症が増加し、徐々に進行する。また、社会的立場や、子育てや親の介護などの家族の問題でのストレスも多くなる時期であり、身体面と精神面のバランスに配慮する必要がある。精神的に退行性精神障害がみられ、更年期うつ病、初老期うつ病などを発症することがある。女性では、閉経を契機として発症・増悪する骨粗鬆症への対策が必要である。

例題 1　成人期についての記述である。誤っているのはどれか。1つ選べ。

1. 20歳くらいから高齢期の前までをさす。
2. 年齢により、青年期、壮年期、中年（実年）期に区分される。
3. 青年期は体力的に最も充実し、健康維持・増進のための自己管理能力を身につける時期である。
4. 壮年期はすべての臓器が成熟しており、基礎代謝量は低下しない。
5. 中年（実年）期は、生活習慣病の発症が多くみられ、女性では更年期障害が認められる。

解説　壮年期はすべての臓器が成熟から老化していく時期であり、基礎代謝量の低下、身体活動の低下、筋肉量の低下など、エネルギー摂取量と消費量のバランスが取れず、肥満傾向になりやすい。　**解答** 4

1.2 成人期の生理的変化と生活習慣の変化

身体的には、各組織や器官の能力が機能的に衰え始める。特に、呼吸器系、循環器系、腎機能の低下が顕著で、基礎代謝も小児期から徐々に低下する。すなわち、基礎代謝基準値（kcal/kg体重/日）は男性18～29歳23.7、30～49歳22.5、50～64歳21.8、女性18～29歳22.1、30～49歳21.9、50歳以上20.7であり、1～2歳男児61.0、女児59.7に比べ著しく減少する。免疫能、耐糖能も低下する。基礎代謝量が減少し、身体活動量も低下するにもかかわらず、食事の量が若年期と変わらないために肥満になりやすく、血中脂質の上昇もみられるようになる。

1.3 成人期の生活習慣の変化

厚生労働省が毎年実施している国民・健康栄養調査から喫煙、飲酒習慣、ストレスの状況を知ることができる。2018（平成30）年の調査結果によると、習慣的に喫煙している者（たばこを「毎日吸っている」または「時々吸う日がある」と回答した者）の割合は17.8%であり、男性 29.0%、女性8.1%である。この10年間でみると、いずれも有意に減少している（図7.1）。性・年齢階級別にみると、男性では30～60歳代でその割合が高く、習慣的に喫煙している者は3割を超えており、女性では40～49歳の13.6%が最も高かった（図7.2）。

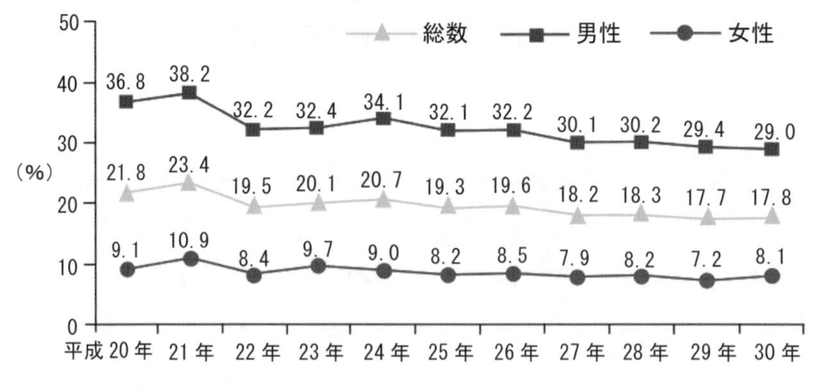

図7.1　現在習慣的に喫煙している者の割合の年次推移（20歳以上）

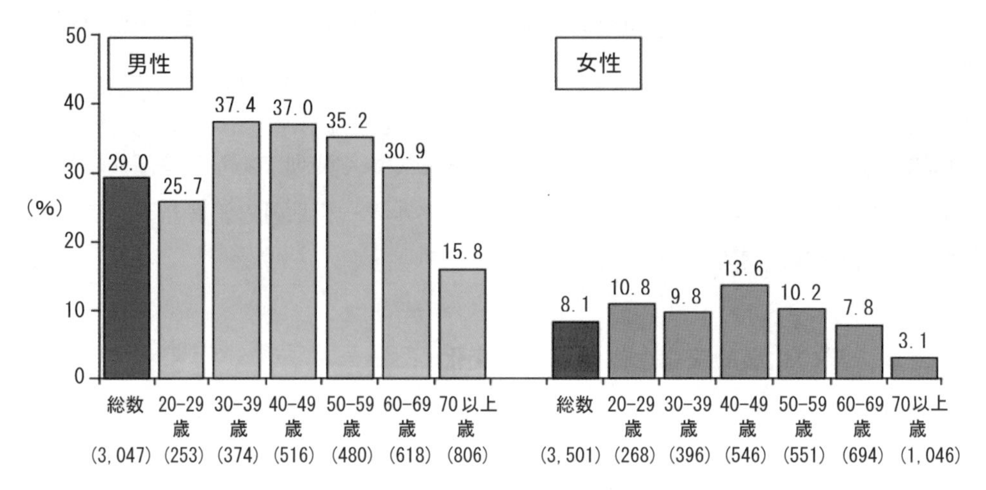

図7.2　現在習慣的に喫煙している者の割合の年次推移（20歳以上、性・年齢階級別）

現在習慣的に喫煙している者のうち、たばこをやめたいと思う者の割合は32.4%であり、男女別にみると男性30.6%、女性38.0%である（図7.3）。「健康日本21（第二次）」において、成人の喫煙率の減少（喫煙をやめたい者がやめる）目標値は12%である。受動喫煙状況を場所別にみると、飲食店が36.9%と最も高く、路上・遊技場はいずれも3割を超える。

生活習慣病のリスクを高める量を飲酒している者（1日当たりの純アルコール摂取量が男性で40g以上、女性20g以上の者）の割合は、男性15.0%、女性8.7%である。平成22年からの推移でみると、男性では有意な増減はなく、女性では有意に増加している（図7.4）。年齢階級別にみると、その割合は男女とも50歳代が最も高く、男性22.4%、女性15.6%である（図7.5）。「健康日本21（第二次）」において、生活習慣病のリスクを高める量を飲酒している者の割合の減少目標値は、男性13%、女性6.4%である。

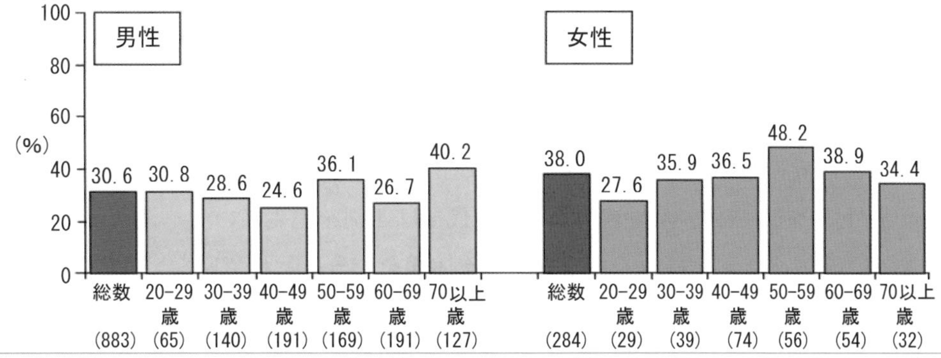

※「現在習慣的に喫煙している者」とは、たばこを「毎日吸っている」または「時々吸う日がある」と回答した者。なお、平成23、24年は、これまでたばこを習慣的に吸っていたことがある者のうち、「この1カ月間に毎日またはときどきたばこを吸っている」と回答した者であり、平成20〜22年は、合計100本以上または6カ月以上たばこを吸っている(吸っていた)者。

出典）厚生労働省　平成30年「国民健康・栄養調査」

図 7.3　現在習慣的に喫煙している者におけるたばこをやめたいと思う者の割合(20歳以上、性・年齢階級別)

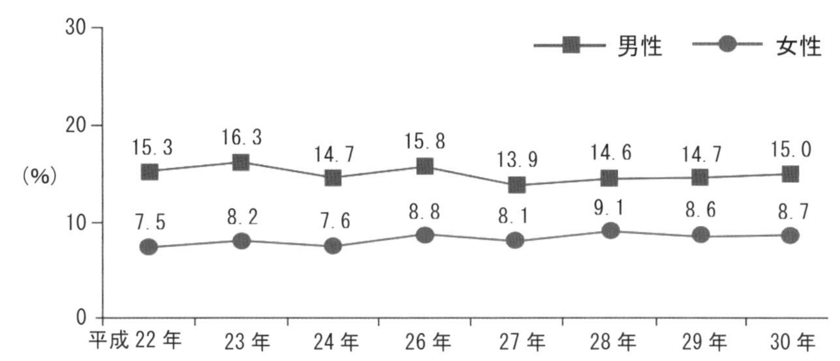

図 7.4　生活習慣病のリスクを高める量を飲酒している者の割合の年次比較(20歳以上、男女別)(平成22〜30年)

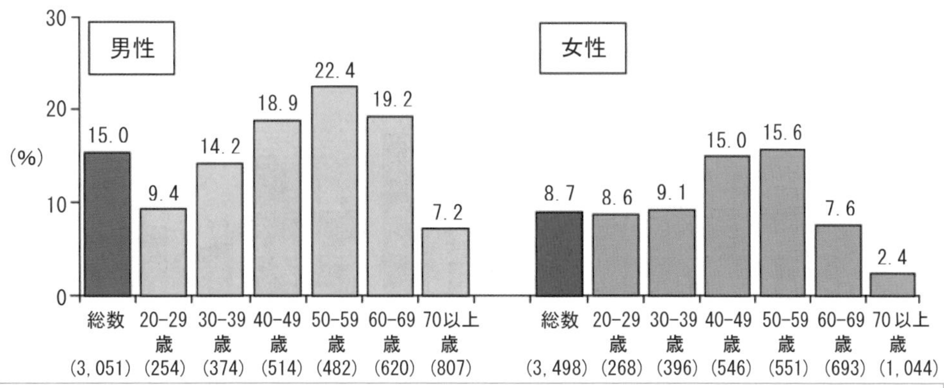

清酒1合（180ml）は、次の量にほぼ相当する。
ビール・発泡酒中瓶1本（約500ml）、焼酎20度（135ml）、焼酎25度（110ml）、焼酎30度（80ml）、チュウハイ7度（350ml）、ウィスキーダブル1杯（60ml）、ワイン2杯（240ml）
※平成25年は未実施。「生活習慣病のリスクを高める量を飲酒している者」とは、1日当たりの純アルコール摂取量が男性で40g以上、女性20g以上の者とし、以下の方法で算出。
①男性：「毎日×2合以上」+「週5〜6日×2合以上」+「週3〜4日×3合以上」+「週1〜2日×5合以上」+「月1〜3日×5合以上」
②女性：「毎日×1合以上」+「週5〜6日×1合以上」+「週3〜4日×1合以上」+「週1〜2日×3合以上」+「月1〜3日×5合以上」

出典）厚生労働省　平成30年「国民健康・栄養調査」

図 7.5　生活習慣病のリスクを高める量を飲酒している者の割合(20歳以上、男女別)

睡眠の状況について、ここ1カ月間、睡眠で休養が十分にとれていない者の割合は 21.7%であり、平成21年から有意に増加している（図7.6）。1日の平均睡眠時間は6時間以上7時間未満の割合が最も高く、男性34.5%、女性34.7%である。6時間未満の者の割合は、男性 36.1%、女性39.6%であり、性・年齢階級別にみると、男性30〜50歳代、女性の40〜60 歳代では4割を超えている（図7.7）。「健康日本21（第二次）」において、睡眠による休養を十分にとれていない者の割合の減少目標値は、男女ともに15%である。

運動習慣のある者（1回30分以上の運動を週2回以上実施し、1年以上継続している者）の割合は、男性で31.8%、女性で25.5%であり、この10年間でみると、男性では有意な増減はなく、女性では有意に減少している（図7.8）。年齢階級別にみると、その割合は、男女ともに20歳代で最も低く、それぞれ17.6%、7.8%であった。また、20〜64歳と65歳以上の割合は、男性で21.6%、42.9%、女性で16.6%、36.5%であり、成人期は高齢期の半分程度という低い運動習慣であった（図7.9）。歩数の平均値は男性で6,794歩、女性で5,942歩であり、この10年間でみると、男女ともに有意な増減はみられない。年齢階級別にみると、20〜64歳の歩数は男性7,644歩、女性6,705歩であり、65歳以上は男性5,417歩、女性4,759歩である。健康日本21（第二次）」において、運動習慣者の割合の増加の割合目標値（20〜64歳）は、男性36%、女性33%であり、日常生活における歩数の増加目標値（20〜64歳）は、男性9,000歩、女性8,500歩であるが、運動習慣も歩数もともに目標に近づいておらず、運動不足の現状が浮かびあがった。

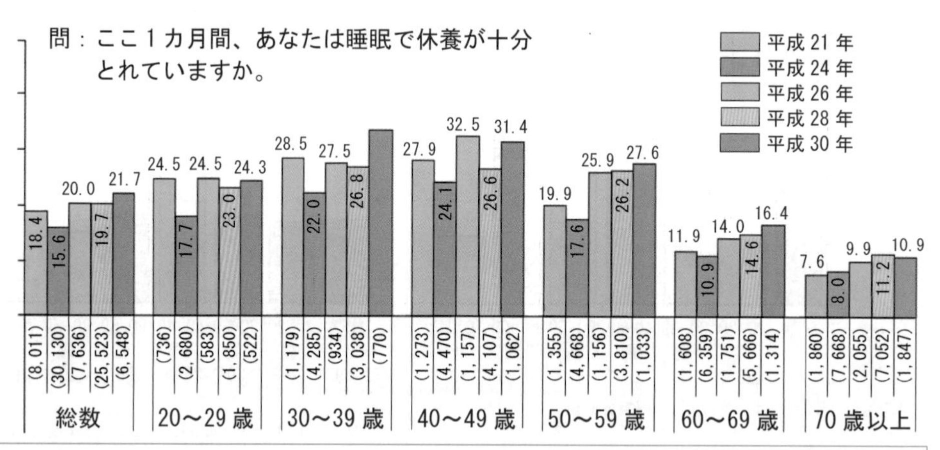

※「睡眠で休養が十分にとれていない者」とは、睡眠で休養が「あまりとれていない」または「まったくとれていない」と回答した者。

出典）厚生労働省　平成30年「国民健康・栄養調査」

図7.6　睡眠で休養が十分にとれていない者の割合の年次比較（20歳以上、男女計 年齢階級別）（平成21年、24年、26年、28年、30年）

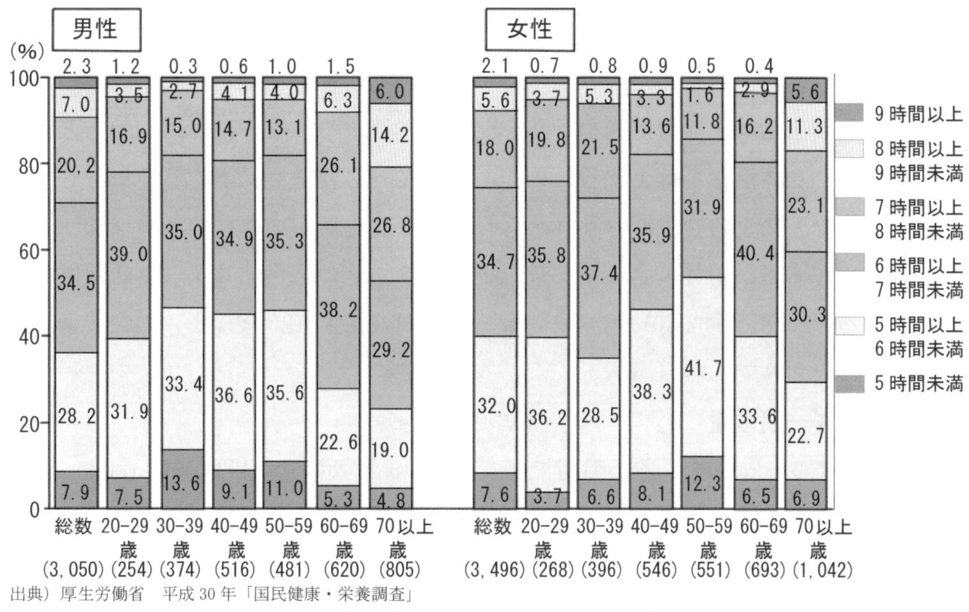

出典）厚生労働省　平成30年「国民健康・栄養調査」

図7.7　1日の平均睡眠時間（20歳以上、性・年齢階級別）

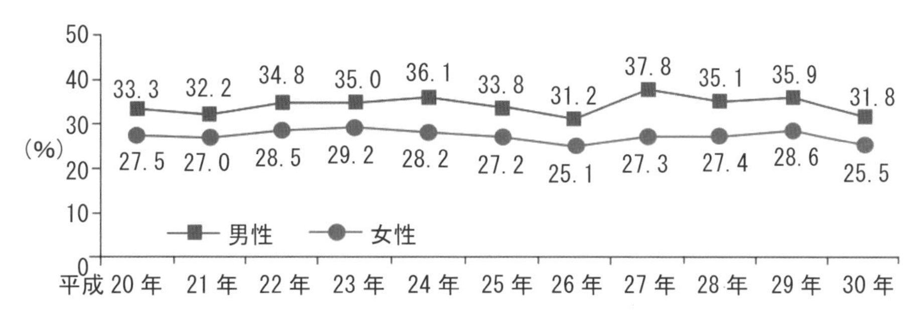

図7.8　運動習慣のある者の割合の年次比較（20歳以上、男女別）（平成22～30年）

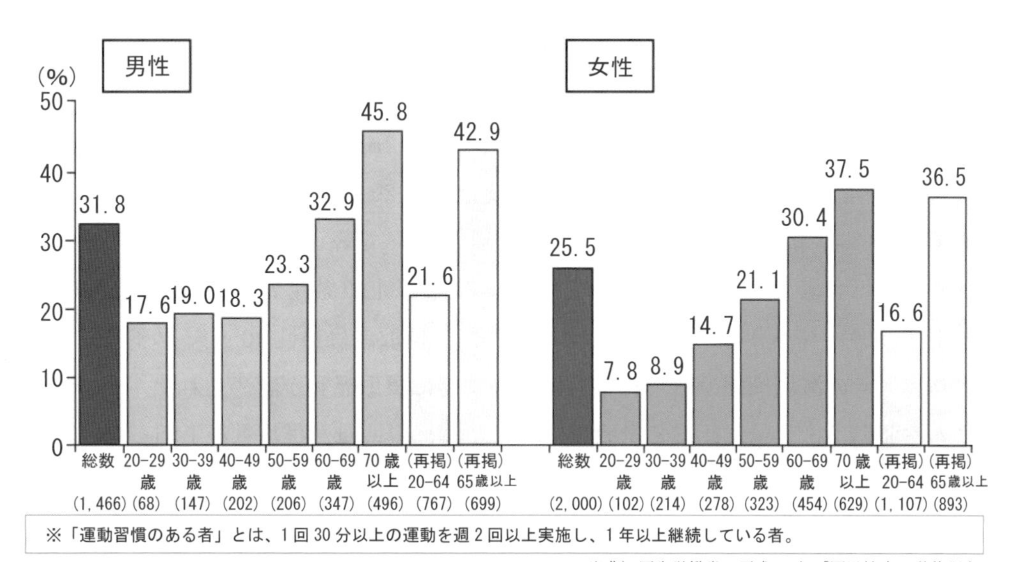

※「運動習慣のある者」とは、1回30分以上の運動を週2回以上実施し、1年以上継続している者。

出典）厚生労働省　平成30年「国民健康・栄養調査」

図7.9　運動習慣のある者の割合（20歳以上、性・年齢階級別）

1.4 成人期の食生活の現状

食生活の目的は、活動のためのエネルギーを得ることであるが、同時に、バランスのとれた食生活は生活習慣病を予防し健康を維持する。成人期では加齢とともに基礎代謝量、身体活量が低下するため、エネルギー必要量も低下する。単身赴任、外食、宴会などによる食生活の乱れから、適正な食生活ができない者が増加する。摂取エネルギー量が消費エネルギー量を上まわり、その結果肥満から生活習慣病へと進展する。2018（平成30）年国民健康・栄養調査結果（20歳以上）の栄養素摂取状況は次のとおりである（表7.1）。

(1) エネルギー摂取量

全体では1,914kcalで、各年齢層で男女とも「日本人の食事摂取基準（2020年版）の推定エネルギー必要量に比べて少ない値であった。

(2) 脂肪エネルギー比率

脂肪エネルギー比率は「日本人の食事摂取基準（2020年）版」において、目標量は男女とも18歳以上で20～30%とされている。近年では脂肪の摂取過剰を控える傾向にあり、2018（平成30）年調査結果では20歳以上で、27.4%、男性26.5%、女性28.2%である。2017（平成29）年調査結果では30%を超えるものは男性30.8%、女性39.8%であり、男女ともに20～29歳が最も割合が高かった。

(3) ミネラル類

「日本人の食事摂取基準（2020年）版」において、カルシウムの推定平均必要量は1日当たり男性では18～29歳650mg、30歳～64歳600mg、女性は18～64歳550mg、推奨量は男性18～29歳800mg、30歳～64歳750mg、女性18～64歳650mg、と設定されているが、摂取量平均は男性510mg、女性508mgと著しく少なかった。骨粗鬆症の予防のためには摂取量増加が望まれる。鉄では男性は「日本人の食事摂取基準（2020年）版」の推奨量7.5mgを上回って8.2mg摂取していたが、女性は7.5mgで「月経あり」の女性での推定平均必要量18～29歳8.5mg、30～64歳9.0mg、推奨量18～49歳10.5mg、50～64歳11.0mgに比べて著しく摂取不足であった。ナトリウムは食塩相当量で示され、目標量は20歳以上で男性7.5g未満、女性6.5g未満と、2015年版から数値が引き下げられた。摂取量は男性10.8g、女性9.1gであり、近年の減塩傾向はみられるもののいまだに摂取過剰が認められた。マグネシウムや亜鉛は推奨量に比べて摂取量は低く、銅は摂取量が推奨量を上回った。

(4) ビタミン類

「日本人の食事摂取基準（2020年）版」におけるビタミンAの推定平均必要量は男性600～650μgレチノール当量、女性450～500μgレチノール当量に比べ、男性

532μg レチノール当量、女性 514μg レチノール当量の摂取、ビタミン B_1 においては推定平均必要量が男性 1.2〜1.1mg、女性 0.9mg に比べ、男性 0.95mg、女性 0.82mg の摂取、ビタミン B_2 において推定平均必要量の男性 1.3〜1.2mg、女性 1.0mg に比べ、男性 1.22mg、女性 1.15mg であった。ビタミン C において推定平均必要量は男女とも 85mg、推奨量は男女とも 100mg であり、摂取量は男性 96mg、女性 104mg で必要量はかろうじて摂取されていた。

表 7.1　栄養素等摂取量（20 歳以上）

（1 人 1 日当たりの平均値）

栄　養　素		男女計	男性	女性	栄　養　素		男女計	男性	女性
エネルギー	(kcal)	1,914	2,134	1,720	ビタミン B_2	(mg)	1.19	1.22	1.15
たんぱく質	(g)	70.4	76.7	64.9	ナイアシン	(mg)	15.0	16.5	13.7
うち動物性	(g)	37.9	41.6	34.6	ビタミン B_6	(mg)	1.15	1.24	1.08
脂質	(g)	58.9	63.5	54.8	ビタミン B_{12}	(μg)	5.8	6.4	5.3
うち動物性	(g)	29.5	32.3	26.9	葉酸	(μg)	294	299	290
飽和脂肪酸	(g)	15.82	16.75	15.00	パントテン酸	(mg)	5.55	5.90	5.25
一価不飽和脂肪酸	(g)	20.34	22.25	18.65	ビタミン C	(mg)	100	96	104
N-6 系脂肪酸	(g)	10.16	11.07	9.36	ナトリウム	(mg)	3,889	4,245	3,575
N-3 系脂肪酸	(g)	2.26	2.47	2.08	食塩相当量	(g)	9.9	10.8	9.1
コレステロール	(mg)	324	347	303	カリウム	(mg)	2,315	2,382	2,256
炭水化物	(g)	257.0	283.8	233.3	カルシウム	(mg)	509	510	508
食物繊維	(g)	15.0	15.2	14.8	マグネシウム	(mg)	248	261	236
うち水溶性	(g)	3.5	3.6	3.5	リン	(mg)	998	1,064	939
うち不溶性	(g)	10.9	11.1	10.8	鉄	(mg)	7.8	8.2	7.5
ビタミン A	(μg RE)	522	532	514	亜鉛	(mg)	8.1	8.9	7.4
ビタミン D	(μg)	7.3	7.6	7.0	銅	(mg)	1.15	1.24	1.08
ビタミン E	(mg)	6.8	7.0	6.6	脂肪エネルギー比率	(%)	27.4	26.5	28.2
ビタミン K	(μg)	240	245	236	炭水化物エネルギー比率	(%)	57.7	59.0	56.6
ビタミン B_1	(mg)	0.88	0.95	0.82	動物性たんぱく質比率	(%)	52.0	52.5	51.5

出典）厚生労働省　平成 30 年「国民健康・栄養調査」

(5) 野菜およびカルシウムに富む食品（牛乳・乳製品、豆類、緑黄色野菜）

2018（平成 30）年国民健康・栄養調査結果（20 歳以上）の食品群別摂取状況を表 7.2 に示す。野菜類摂取量は、全体平均で 281.4g、男性 290.4g、女性 273.3g であり、20〜49 歳では摂取量が少なく、60 歳以上で多い。野菜類の目標量 1 日 350g 以上を摂取しているものは 30%程度であり、全体平均は平成 9 年の 292g からほとんど変化がない。

カルシウムに富む食品（牛乳・乳製品、豆類、緑黄色野菜）の目標量はそれぞれ、

130g、100g、130gであるが、摂取量の全体平均はそれぞれ109.2g、66.4g、87.2gである。

乳類摂取量は学校給食のある7〜14歳では303.1gであるが、それ以降の年代では少なく、最も少ないのは40〜49歳85.3gである。

表7.2　食品群別摂取量（20歳以上、性・年齢階級別）（抜粋）

1人1日当たり(g)

		20-29歳	30-39歳	40-49歳	50-59歳	60-69歳	70-79歳	80歳以上	(再掲)20歳以上
総数	穀類	457.2	458.7	443.4	418.6	403.8	394.8	381.7	418.9
	野菜類	250.5	250.4	251.7	276.5	304.9	320.6	274.8	281.4
	緑黄色野菜	68.8	77.0	76.3	77.4	95.2	108.5	89.7	87.2
	魚介類	46.2	55.7	53.0	67.6	85.4	84.7	77.8	70.1
	肉類	146.2	126.1	122.3	116.7	95.1	80.2	62.1	104.2
	豆類	51.9	57.0	57.9	66.0	74.7	77.1	65.3	66.4
	乳類	89.9	89.4	85.3	104.4	123.7	132.7	118.7	109.2
	果実類	49.9	54.9	54.8	73.3	126.0	158.8	150.1	100.9
	油脂類	11.8	12.5	12.3	12.4	11.5	10.3	8.5	11.4
男性	穀類	551.0	545.8	516.6	508.0	469.5	450.0	432.5	492.0
	野菜類	261.3	262.0	269.4	281.6	312.8	325.7	288.5	290.9
	緑黄色野菜	70.1	73.6	81.2	77.5	91.1	107.8	87.1	86.4
	魚介類	49.6	60.4	62.4	70.6	96.6	90.3	85.8	76.5
	肉類	171.3	149.8	139.9	144.7	114.9	90.8	67.3	123.7
	豆類	49.3	52.4	57.1	64.8	77.2	77.4	77.4	66.8
	乳類	100.9	78.0	70.8	87.5	110.2	129.8	123.8	100.4
	果実類	49.1	44.1	43.4	57.9	106.6	152.4	159.6	89.6
	油脂類	13.8	13.9	13.8	14.3	13.0	11.3	8.9	12.8
女性	穀類	366.1	381.5	374.1	342.7	346.4	347.2	347.8	355.8
	野菜類	240.0	240.2	234.9	272.1	398.0	316.3	265.6	273.3
	緑黄色野菜	67.5	79.9	71.7	77.3	98.8	109.2	91.5	88.0
	魚介類	43.0	51.4	44.0	65.0	76.5	79.8	72.4	64.6
	肉類	121.9	105.1	105.7	93.0	77.9	71.0	58.6	87.3
	豆類	54.4	61.1	58.7	67.0	72.5	76.8	57.3	66.0
	乳類	79.1	99.4	99.0	118.8	135.5	135.2	115.3	116.8
	果実類	50.6	64.5	65.5	86.4	142.9	164.3	143.7	110.7
	油脂類	9.8	11.3	10.9	10.8	10.1	9.3	8.2	10.1

出典）厚生労働省　平成30年「国民健康・栄養調査」

(6) 朝食欠食（図7.10）

朝食の欠食率は男性15.0%、女性10.2%である。年齢階級別にみると、男女ともにその割合は20歳代で最も高く、それぞれ男性30.6%、女性23.6%である。「健康日本21」の目標では、朝食を欠食する人の割合を20代・30代男性は15%以下としており、まだまだ改善されていない状況にある。

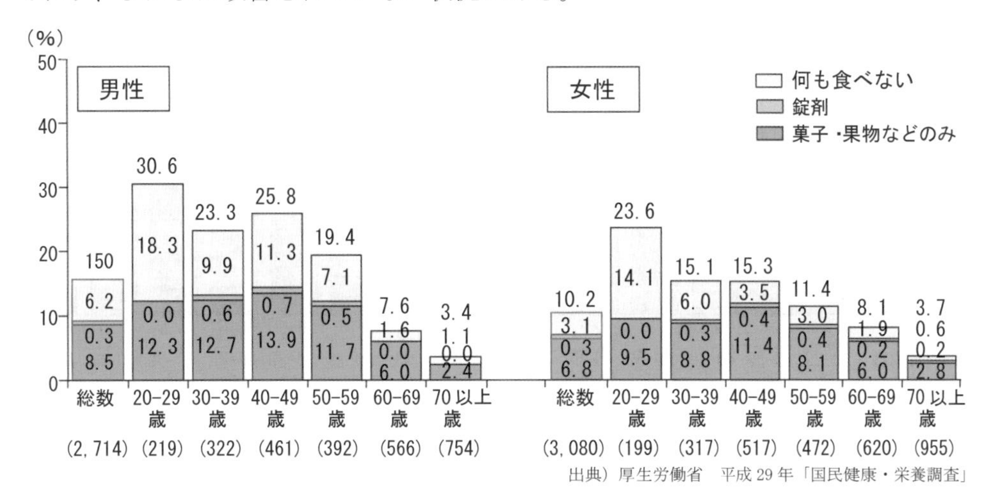

図 7.10　　朝食の欠食率の内訳（20 歳以上、性・年齢階級別）

(7) 外食（図 7.11、図 7.12）

社会構成の多様化により、単身赴任や晩婚化で、男女ともに単身生活が増加している。また、生活の簡便化、外食産業の発展など多様な要因で外食が増加している。2015（平成 27）年国民・健康栄養調査では外食を週 1 回以上利用しているものの割合は、男性で 40.6%、女性で 25.1%であり、若い世代ほどその割合は高い。持ち帰りの弁当・惣菜を週 1 回以上利用しているものの割合は、男性 41.1%、女性 39.4%であり、20〜50 歳代ではその割合が高い。また、外食および持ち帰りの弁当・惣菜を定期的に利用している者は、ほとんど利用していない者より、主食・主菜・副菜を組み合わせた食事の頻度が有意に低い傾向がみられる。外食では好みの食事摂取に偏り、エネルギーや脂質の過剰摂取や食塩の過剰摂取につながる恐れがある。

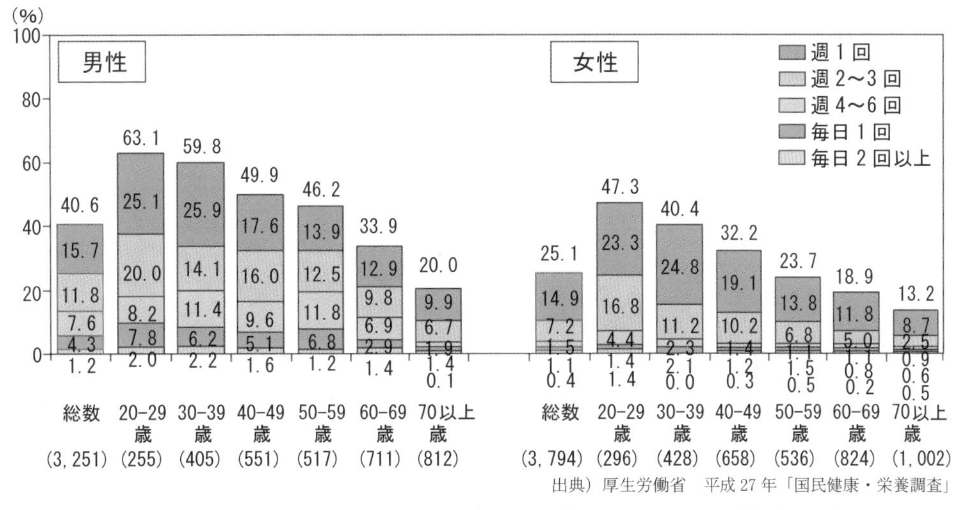

図 7.11　外食を利用している頻度（20 歳以上、性・年齢階級別）

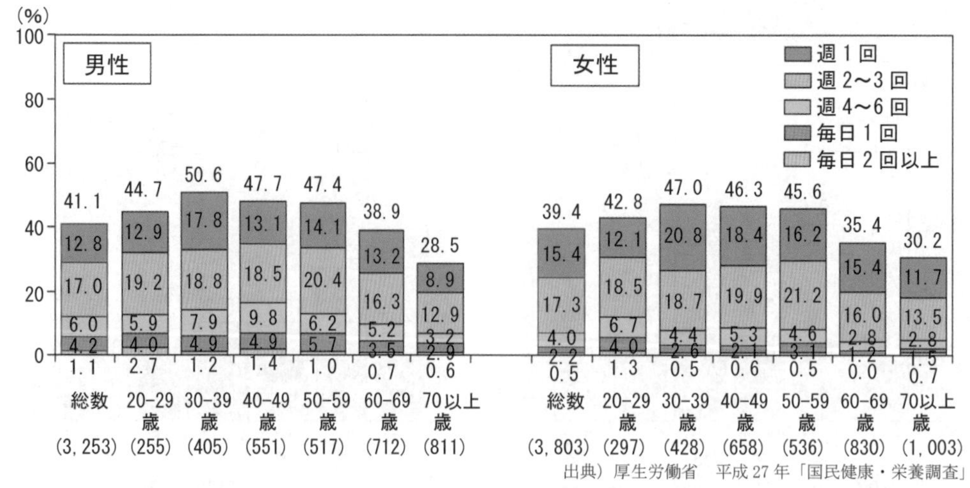

図 7.12　持ち帰りの弁当・惣菜を利用している頻度（20 歳以上、性・年齢階級別）

1.5 更年期の生理的変化

(1) 生殖器官の変化

日本産科婦人科学会は、「閉経の前後約5年間」を更年期（閉経期）と定義している。閉経は、「卵巣機能の衰退または消失によって起こる月経の永久的停止」とし、その診断は、12カ月以上無月経が持続した場合、前回の月経をもって閉経とみなしている。閉経年齢は個人差が大きく、一般的に45〜55歳くらいである。更年期障害の症状は閉経に伴う女性ホルモンのバランスが崩れることが原因とされ（図 7.13）、内分泌失調に始まる自律神経系の変調であり、身体だけでなく精神的にも症状が現れる。程度の差はあるが多様な症状が生じる。

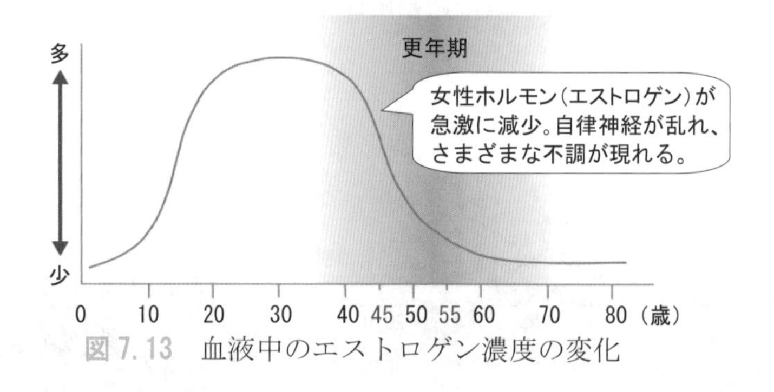

図 7.13　血液中のエストロゲン濃度の変化

(2) 心血管系の変化

エストロゲンには血管の弾力性を保つ作用がある。また、肝臓の脂質代謝に影響し、HDL コレステロールを上昇させ、LDL コレステロールを低下させる作用がある。閉経によって卵巣からのエストロゲン分泌がほとんどみられなくなるため、閉経後の女性では脂質代謝の変化の影響もあり、虚血性心疾患のリスクが急上昇する。

(3) 骨密度の変化

閉経後の全身の著しい変化のひとつとして、骨密度の低下があげられる。骨密度の低下とは、骨格の変化を伴うことなく、骨の内部構造を構成する要素が減少することである、エストロゲンには骨代謝を促進し、骨密度を維持する作用がある。骨密度の低下は閉経前から徐々に進行し、閉経前後の数年間で性成熟期の約50%にまで低下する。骨粗鬆症が進行すると、転倒などの衝撃で容易に骨折を来す。脊椎の椎体の圧迫骨折により、身長の短縮や背部の変形を伴うことがある。大腿部頚部骨折は、高齢者の寝たきりの大きな要因である。

2 成人期の栄養アセスメント

成人期の栄養アセスメントでは、悪性新生物（がん）、心血管疾患といった生活習慣並びに生活習慣病に起因する疾患の発症の予防が目的である。

問診では家族構成、家族歴、既往歴、服薬状況、運動習慣などを聞き取る。また、食事調査では、飲酒や間食、外食の頻度やその内容、栄養補助食品やサプリメントなどの摂取状況も確認する。

身体状況の評価は、肥満ややせを回避するために体重の評価が基本である。標準体重やBMIを算出し、現体重と比較評価するだけではなく、過去の体重と比較し、体格の変化を評価する。また、血圧、腹囲、体脂肪量、体脂肪率などの身体計測値の評価も行う。

血液検査では、血中脂質や血糖値、ヘモグロビン$A1_C$、赤血球数、ヘモグロビン、ヘマトクリット、鉄などを主に確認する。

2.1 成人期の食事摂取基準

ここでは、「日本人の食事摂取基準（2020年版）を基本として記載する。

成人期の食事摂取基準における年齢区分は3区分（18～29歳、30～49歳、50～64歳）である。身体活動レベル（physical activity level：PAL）は二重標識水法（body labeled water method）により測定された日本人の習慣的な消費エネルギーにより、低い（Ⅰ）1.50(1.40～1.60)、普通（Ⅱ）1.75(1.60～1.90)、高い（Ⅲ）2.00(1.90～2.20)の3段階に分けられる。

生活習慣病の1次予防を目的に「目標量」が設定されている。各栄養素をバランスよく摂取する食生活を長期間見据えた管理を目指すことが大切である。

(1) エネルギー

活動量に見合った身体活動エネルギーからのエネルギー量を決定する。体重の増減は、摂取エネルギー量と消費エネルギー量のバランス（エネルギー収支バランス）である。バランスの指標としてBMIを採用し、目標とするBMIは、男女ともに18～49歳で18.5～24.9 kg/m²、50～64歳では20.0～24.9 kg/m²としている。

成人期では、壮年期以上の男性の肥満の割合と若年女性のやせの者の割合が高いことが問題であり、エネルギー管理に配慮が必要である。

例題 2　成人期の食事摂取基準についての記述である。正しいのはどれか。1つ選べ。

1. 年齢区分は18～29歳、30～49歳、50～59歳である。
2. 身体活動レベルは、低い（Ⅰ）1.5、普通（Ⅱ）2.0、高い(Ⅲ)2.5の3段階に分けられる。
3. 生活習慣病の1次予防を目的に「推奨量」が設定されている。
4. 目標とするBMI（kg/m²）の範囲は18～64歳で18.5～24.9である。
5. エネルギー必要量に及ぼす要因は、性・年齢階級・身体活動レベル以外にも数多く存在し、個人差がある。

解説　1. 年齢区分は18～29歳、30～49歳、50～64歳。　2. 身体活動レベル（Ⅰ)1.5、(Ⅱ)1.75、(Ⅲ) 2.0。　3. 生活習慣病の1次予防目的で目標量を設定。4. 18～49歳で18.5～24.9 kg/m²、50～64歳では20.0～24.9 kg/m²である。　**解答** 5

例題 3　日本人の食事摂取基準（2020年版）において、成人期の目標量が設定されている栄養素である。誤っているのはどれか。2つ選べ。

1. 脂質（脂肪エネルギー比率）　2. ビタミンE　3. ナトリウム
4. カリウム　5. 鉄

解説　ビタミンEは目安量。鉄は推奨量。それぞれの目標量は、脂質20～300%E、ナトリウム男性7.5mg/日未満・女性6.5mg/日未満、カリウム男性3,000mg/日以上・女性2,600 mg/日以上。　**解答** 2、5

(2) たんぱく質

たんぱく質は生命の維持において最も基本的な物質であり、組織を構成するとともに、さまざまな生理機能を果たしている。体たんぱく質は合成と分解を繰り返しており、成人においてもたんぱく質を食事から補給する必要がある。推奨量は男性65 g/日、女性50 g/日である。摂取過剰による健康障害の明確な根拠が見当たらないことから、たんぱく質の耐容上限量は設定されていない。生活習慣病の発症予防および重症化予防の観点からエネルギー産生栄養素バランスとしてのたんぱく質の目標量が設定され、下限値は推奨量以上でなければならず、男女ともに上限は20%エネルギー（%E）である。

例題 4　たんぱく質についての記述である。正しいのはどれか。1つ選べ。

1. 成人期になれば、たんぱく質を食事から補給する必要はない。
2. たんぱく質は耐容上限量が設定されている。
3. たんぱく質の目標量の上限は1歳以上の男女ともに20%エネルギー（%E）である。
4. 成人期におけるたんぱく質の推奨量は男性60 g/日、女性50 g/日である。
5. 推奨量は推定平均必要量（0.73 g/kg体重/日）を推奨量策定係数（1.25）で除して求めた。

解説　摂取過剰による健康障害の明確な根拠がみあたらないことから、たんぱく質の耐容上限量は設定されていない。たんぱく質の推奨量は男性65g/日。推奨量＝推定平均必要量×推奨量策定係数（1.25）。　**解答** 3

(3) 脂質

脂質は細胞膜の主要な構成成分であり、エネルギー供給源として重要な役割を担っている。また、炭水化物やたんぱく質に比べて1g当たり2倍以上のエネルギー価をもつことから、ヒトはエネルギーを蓄積物として優先的に蓄積すると考えられる。日本人の食事摂取基準（2020年版）では、目標量として脂肪エネルギー比率に加えて、生活習慣病との関連が知られている飽和脂肪酸のエネルギー比率が定められている。成人期のおいては、脂質のエネルギー産生栄養バランスは男女とも20〜30%E、飽和脂肪酸は7%E以下である。

n-6系およびn-3系脂肪酸については、目安量を絶対量（g/日）として定めている。一価多価不飽和脂肪酸やコレステロールについて指標は設定されていないが、脂質異常症の重症化予防の目的からコレステロース摂取量を200mg/日未満に留めることが望ましいとしている。トランス脂肪酸について指標は設定されていないが、摂取量は1%E未満に留めることが望ましいとしている。

例題 5　脂質についての記述である。正しいのはどれか。１つ選べ。

1. 脂肪エネルギー比率と飽和脂肪酸については、推奨量が設定されている。
2. n-6 系脂肪酸と n-3 系脂肪酸については、目標量が設定されている。
3. 脂質異常症の重症化予防の観点から、コレステロールは 200 mg/日未満が望ましいとしている。
4. α-リノレン酸は生体内で合成できるので、経口摂取する必要はない。
5. コレステロールは生体内では合成できない。

解説　脂肪エネルギー比率と飽和脂肪酸は目標量、n-6 系および n-3 系脂肪酸は目安量を設定。α-リノレン酸は生体内で合成できないので経口摂取が必要。コレステロールは体内でも合成される。　**解答** 3

(4) 炭水化物

日本人の食事摂取基準（2020 年版）では炭水化物と食物繊維について指標が定められている。特に糖質の栄養学的な側面からみた最も重要な役割はエネルギー源であり、アルコールを含む目標量は、たんぱく質ならびに脂質の残余として設定されており、男女ともに 50～65%E としている。糖質の種類によって、健康に対する影響は異なると考えられているが、日本人におけるこれらの糖の健康への影響については十分明らかになっておらず、今後の研究課題となっている。一方、難消化性炭水化物の一部である食物繊維は、エネルギー源としてではなく、それ以外の生理的機能による生活習慣病の関連が注目され、1 次予防の観点から目標量男性 21 g/日、女性 18 g/日以上と設定されている。

例題 6　炭水化物についての記述である。正しいのはどれか。１つ選べ。

1. 炭水化物エネルギー比率の目標量は 50～60%E 未満である。
2. 食物繊維は 1 次予防の観点から目標量男性 20 g/日、女性 18 g/日以上と設定されている。
3. 難消化性炭水化物の一部である食物繊維はエネルギー源である。
4. 消化性炭水化物の最低必要量はおおよそ 100g/日と推定される。
5. 脳や酸素不足の骨格筋などは通常グルコース以外に脂質もエネルギー源として利用できる。

解説　炭水化物エネルギー比率は 50～65%E 未満、食物繊維の目標量男性 21g/日、

女性 18g/日以上。食物繊維はエネルギーはなく生理的機能が注目される。　**解答 4**

3 成人期の栄養管理と栄養ケア

日本人の食事摂取基準を基本とし、生活習慣病の 1 次予防を考えた栄養管理が重要である。「健康づくりのための食生活指針」「食事バランスガイド」「健康づくりのための身体活動基準 2013」「健康づくりのための身体活動指針（アクティブガイド）」を参考にして、自分の健康的な生活を確立することが必要である。常に、身体計測値や臨床検査値（血液・尿などの生化学的検査や生理機能検査）などを参考に栄養ケアを実施することが重要である。

さらに、肥満のみならず、痩せも問題で、特に思春期から 20 代、30 代における痩せ志向、痩せ願望は大きな問題である。痩せの女性が妊娠すると、低体重児の出産が多く、この児は成長後に肥満になりやすく、生活習慣病や冠動脈疾患を発症しやすいことも報告されていることから、注意しなければならない。

3.1 生活習慣病の予防

生活習慣病（life-stile related disease）とはひとつの特定の病気をさす言葉ではなく、「食習慣、運動習慣、休養、喫煙、飲酒などの生活習慣が、その発症や進行に関与する疾患群」と定義される。1996（平成 8）年に公衆衛生審議会で提唱された。以前は成人病（加齢が原因と考えられていた）とよばれていたが、それぞれの疾患が子どもの頃からの悪い生活習慣の蓄積によって起こることが分かり、生活習慣病とした。病気の原因として分かりやすいのは、細菌やウイルスなどの「病原体」や「有害物質」などである（図 7.14）。また、病気になりやすい体質「遺伝的な要素」も、病気の発症や進行に影響する。そして、もうひとつ、食習慣、運動習慣、休養のとり方、嗜好（飲酒や喫煙）などの「生活習慣」である。原因となる悪い生活習慣を改善することによって発症進行を防ぐあるいは遅らせることができる。悪性新生物（がん）、心疾患、脳血管疾患、心臓病、糖尿病（1 型糖尿病を除く）、脂質異常症（家族性脂質異常症を除く）、高血圧、高尿酸血症、骨粗鬆症や歯周病などがあげられる。

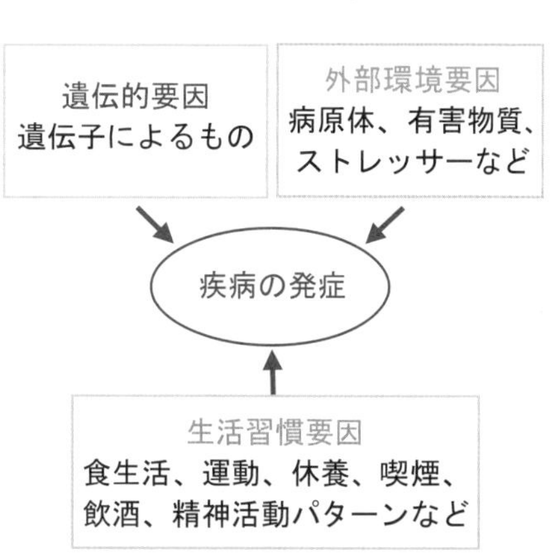

図 7.14　疾病の発症に関わる要因

生活習慣病を複数抱えているために、動脈硬化を起こしやすい状態にあることをメタボリックシンドロームとして2005年に日本人の基準を発表し、2008（平成20）年から、内臓脂肪に着目した「特定健康診査・特定保健指導」が進められている（図7.15）。

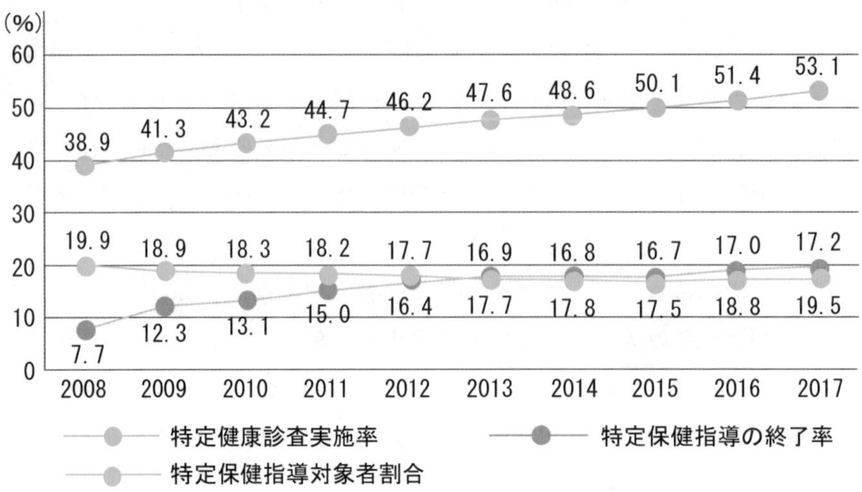

資料：厚生労働省「2017年度特定健康診査・特定保健指導実施状況について」(2019)

図7.15　特定健康診査・特定保健指導の実施状況

例題 7　生活習慣病の予防についての記述である。正しいのはどれか。１つ選べ。

1. 生活習慣病とはかつて成人病といわれ、成人しか発症しない疾病である。
2. 疾病の発症には、遺伝的要因と外部環境的要因のみが影響する。
3. 特定健康診査・特定保健指導は成人期全員を対象に行われる。
4. 特定健康診査と特定保健指導の実施状況はどちらもほぼ50％である。
5. 原因となる悪い生活習慣を改善することによって発症や進行を防ぐあるいは遅らせることができる。

解説　生活習慣病は子どもの頃からの習慣によって起こる。生活習慣要因も発症に関わる。特定健康診査・特定保健指導は40～74歳を対象としている。健診実施率は53.1％、保健指導終了率は17.2％。　**解答** 5

3.2 肥満とメタボリックシンドローム

(1) 肥満

肥満とは体組成に占める体脂肪量が過剰に蓄積された状態と定義され、日本肥満学会ではBMI25以上を肥満と判定している。2018（平成30）年国民健康・栄養調査によると、肥満者（BMI≧25）の割合は、男性は約3割（32.2%）、女性は約2割（21.9%）であり、この10年間でみると、男女とも有意な増減はみられない。肥満者の割合が最も高いのは、男性は50〜59歳、女性は70歳以上であった。成人期は、不規則な生活から、運動不足に加えて栄養バランスが崩れやすく、肥満が目立っている。

肥満には皮下脂肪型肥満と内臓脂肪型肥満がある。皮下脂肪型肥満は主に皮下組織に脂肪が蓄積するタイプの肥満で、お尻や太ももなど下半身の肉づきがよくなるその体型から、「洋ナシ型肥満」ともよばれる。女性は授乳期の蓄えとして皮下脂肪がつきやすいため、女性に比較的多くみられる。皮下脂肪は内臓脂肪に比べて、一旦ついてしまうとなかなか減らしにくい面がある。内臓脂肪型肥満は、腹腔内の腸間膜などに脂肪が過剰に蓄積しているタイプの肥満で、下半身よりもウエストまわりが大きくなるその体型から「リンゴ型肥満」ともよばれ、男性に多くみられる。またBMIが25未満で、肥満ではないものの内臓脂肪が蓄積している場合もあり、俗に「隠れ肥満症」とよばれる。

一方、痩せの者（BMI＜18.5）は男性3.7%、女性11.2%であり、この10年間でみると男女とも有意な増減はみられない。また、20歳代女性のやせの割合は19.8%である。

例題 8　肥満についての記述である。間違っているのはどれか。1つ選べ。

1. 肥満とは体組成に占める体脂肪量が過剰に蓄積された状態と定義される。
2. 日本肥満学会ではBMI25以上を肥満と判定している。
3. 成人期は、不規則な生活から、運動不足に加えて栄養バランスが崩れやすく、肥満が目立つ。
4. 男性は皮下組織に脂肪が蓄積するタイプの皮下脂肪型肥満が比較的多くみられる。
5. BMIが25未満であるが、内臓脂肪が蓄積している場合は俗に「隠れ肥満」とよばれる。

解説　男性は内臓脂肪型肥満（リンゴ型肥満）が、女性は皮下脂肪型肥満（洋ナシ形肥満）が多い。　**解答** 4

(2) メタボリックシンドローム

内臓脂肪型肥満を高血糖・脂質異常・高血圧などの上流に置き、内臓脂肪の蓄積を防ぐことが心臓病をはじめとする生活習慣病の予防につながる、と考えたのがメタボリックシンドロームの概念である。このためメタボリックシンドロームの診断基準（表7.3）では、内臓脂肪の蓄積（CTスキャンで臍の位置で体を輪切りにしたときの内臓脂肪面積が100cm^2を超えているもの）を必須項目としている。これに相当する簡便な目安としてウエスト周囲径（男性85 cm以上、女性90 cm以上）が採用されている。

表7.3　メタボリックシンドロームの診断基準（2005）

必須項目	（内臓脂肪蓄積）ウエスト周囲径（腹囲）　男性 ≧ 85 cm　女性 ≧ 90 cm）
選択項目 3項目のうち 2項目以上	血清トリグリセライド値 ≧150 mg/dL かつ/または HDL コレステロール値＜40 mg/dL
	収縮期（最大）血圧 ≧130 mmHg かつ/または拡張期（最小）血圧 ≧ 85 mmHg
	空腹時高血糖 ≧110 mg/dL

高齢化の急速な進展に伴い、疾病全体に占めるがん・虚血性心疾患・脳血管疾患・糖尿病などの生活習慣病の割合が増加傾向にあるため、2008（平成20）年4月から、健康保険組合・国民健康保険などに対し、40歳以上の加入者を対象としたメタボリックシンドローム（内臓脂肪症候群）に着目した健診および保健指導の実施が義務づけられた。生活習慣を見直すための手段として特定健康診査を実施し、その結果メタボリックシンドローム該当者およびその予備群となった方々に対して、ひとりひとりの状態にあった生活習慣の改善に向けたサポート（特定保健指導）を実施している。

例題 9　メタボリックシンドローム診断基準についての記述である。正しいのはどれか。1つ選べ。

1. メタボリックシンドロームの診断基準では、内臓脂肪の蓄積を必須項目としている。
2. 内臓脂肪量は男女ともに100 cm^2以上であり、ウエスト周囲長は90 cm以上である。
3. 空腹時血糖値は100 mg/dL以上である。
4. ウエスト周囲長と、血糖、脂質、血圧の3項目のうちの1項目でも該当すれば診断される。
5. 脂質は、中性脂肪とHDLコレステロールのいずれかが高値の場合である。

解説　ウエスト周囲長は男性85 cm以上、女性90 cm以上。空腹時血糖は110 mg/dL以上。選択項目は3つのうち2つ以上。脂質は、中性脂肪≧150 mg/dL、HDLコレステロール40mg/dL未満。

答 1

3.3 インスリン抵抗性と糖尿病

糖尿病は1型糖尿病と2型糖尿病に分類される。前者は膵臓のランゲルハンス島β細胞が自己抗体により攻撃を受け、インスリンの分泌がほとんどできなくなるなど器質的なものが原因であり、比較的若年のうちに発症することが多い。後者はインスリンの分泌が低下しているか、分泌は正常であるが作用しにくいか、十分な効果を示さない状態で、いわゆるインスリン抵抗性（耐糖能異常）を示すもので、過食や運動不足などによる影響が発症原因となる。インスリン抵抗性があると、血中インスリン濃度は高いが高血糖がみられる。2018（平成30）年国民健康・栄養調査によると「糖尿病が強く疑われる者」の割合は、男性18.7%、女性9.3%であり、この10年間でみると、男女とも有意な増減はみられない。年齢階級別にみると、年齢が高い層でその割合が高い（図7.16、図7.17）。

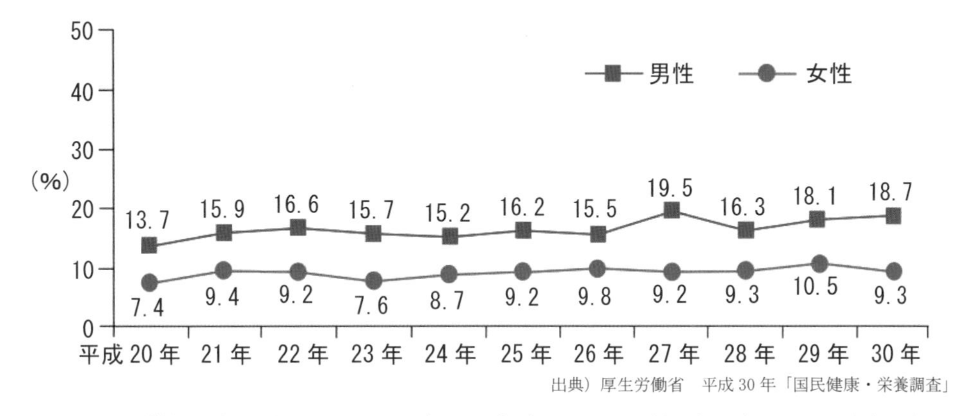

図7.16　「糖尿病が強く疑われる者」の割合の年次比較（20歳以上、男女別）

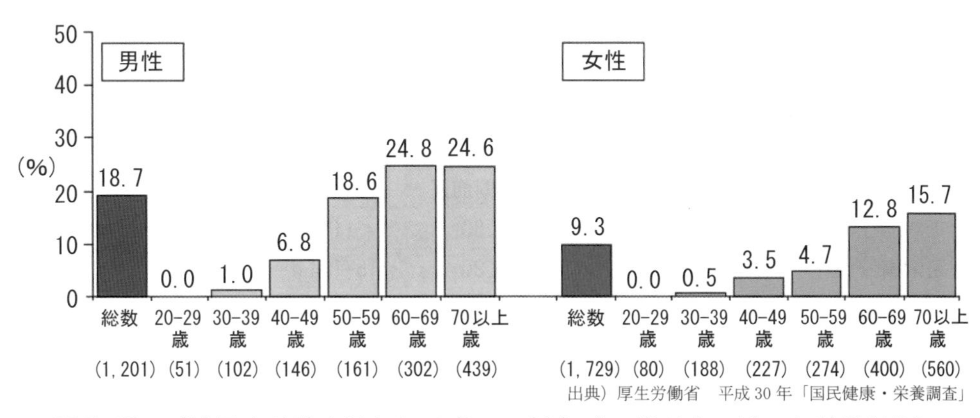

図7.17　「糖尿病が強く疑われる者」の割合（20歳以上、性・年齢階級別）

症状が進行すると、網膜症、腎症、神経症などの合併症が生じる。これに加えて、慢性的合併症として動脈硬化性疾患へと進展することが多く、心血管疾患のリスクが高くなるため、血圧、脂質代謝異常に注意を払うことが大切である。

2型糖尿病の発症に関連する、BMIと体脂肪、食習慣、運動習慣、飲酒といった因子について是正することで、発症の予防、もしくは進行を遅らせることが可能である。

例題 10　糖尿病についての記述である。間違っているのはどれか。1つ選べ。

1. 1型糖尿病とは、絶対的なインスリン欠乏状態であり、遺伝的要因が少ない。
2. 2型糖尿病とは、インスリン抵抗性とインスリン分泌不全がある。
3. 1型の糖尿病は生活習慣の是正により、発症予防もしくは進行遅延が可能である。
4. インスリン抵抗性があると、血中インスリン濃度は高いが高血糖がみられる。
5. 2018（平成30）年国民健康・栄養調査によると「糖尿病が強く疑われる者」の割合は、この10年間でみると、男女とも有意な増減はみられない。

解説　3.は2型糖尿病についてである。　**解答** 3

3.4 高血圧症

高血圧は、糖尿病、脂質異常症とともに、動脈硬化の重大な危険因子であり、その管理は、脳血管疾患や虚血性心疾患といった動脈硬化を基盤とする疾病の予防において重要な課題である。日本高血圧学会のガイドラインでは、病院・クリニックなどで測る診察室血圧と自宅で自分で測る家庭血圧について、表7.4のように分類している。収縮期血圧140 mm Hg以上かつ/または拡張期血圧90 mm Hg以上の場合を高血圧と定義している。また、正常高値血圧や高値血圧とよばれる血圧域を示すことで、高血圧予備軍にあたる人たちに注意を促している。

表7.4　血圧値の分類（成人血圧、単位はmmHg）

分類	診察室血圧			家庭血圧		
	収縮期血圧		拡張期血圧	収縮期血圧		拡張期血圧
正常血圧	<120	かつ	<80	<115	かつ	<75
正常高値血圧	120-129	かつ	<80	115-124	かつ	<75
高値血圧	130-139	かつ/または	80-89	125-134	かつ/または	75-84
Ⅰ度高血圧	140-159	かつ/または	90-99	135-144	かつ/または	85-89
Ⅱ度高血圧	160-179	かつ/または	100-109	145-159	かつ/または	90-99
Ⅲ度高血圧	≧180	かつ/または	≧110	≧160	かつ/または	≧100
（孤立性）収縮期高血圧	≧140	かつ	<90	≧135	かつ	<85

出典）日本高血圧学会：高血圧治療ガイドライン2019, ライフサイエンス出版

高血圧の有病率は年齢とともに上昇し、2018（平成30）年国民健康・栄養調査では、男性40歳代の3人に1人（36.0%）、50歳代の2人に1人（49.4%）が、女性の50歳代では4人に1人（27.0%）が高血圧である。

高血圧における生活習慣の修正項目を表7.5に示した。食塩制限、野菜や果物の積極的摂取によるカリウム摂取、エネルギー制限による体重コントロール、飲酒制限などを勧める。また、禁煙や適度な有酸素運動も重要である。

表7.5　生活習慣の修正項目

修正項目	具体的な内容
減塩	食塩摂取量6g/日未満
肥満の予防や改善	体格指数（BMI）[*1]25.0kg/m² 未満
節酒	アルコール量で男性20〜30mL/日以下[*2]、女性10〜20mL/日以下
運動	毎日30分以上または週180分以上の運動
食事パターン	野菜や果物[*3]、多価不飽和脂肪酸[*4]を積極的に摂取、飽和脂肪酸・コレステロールを避ける
禁煙	喫煙の他、間接喫煙（受動喫煙）も避ける
その他	防寒、情動ストレスのコントロール

[*1] 体格指数：「体重(kg)÷(身長(m))²」で算出
[*2] おおよそ日本酒1合、ビール中瓶1本、焼酎半合、ウイスキー・ブランデーはダブルで1杯、ワインは2杯
[*3] 肥満者や糖尿病患者では果物の過剰摂取に注意。野菜や果物の摂取については腎障害のある患者では医師に相談が必要
[*4] 多価不飽和脂肪酸は魚などに多く含まれる

出典）日本高血圧学会：高血圧治療ガイドライン2019，ライフサイエンス出版，P64

例題 11　高血圧についての記述である。正しいのはどれか。1つ選べ。

1. 高血圧は、糖尿病、脂質異常症とは違い、動脈硬化の危険因子ではない。
2. 収縮期血圧140 mm Hg以上かつ拡張期血圧90 mm Hg以上の場合を高血圧と定義している。
3. 高血圧の有病率は年齢とともに減少する。
4. 高血圧予防・改善において、食事が大切であり、禁煙や運動は効果がない。
5. 高血圧予防・改善において、減塩とともに、野菜や果物を積極的に摂取することが大切である。

解説　収縮期血圧かつ/または拡張期血圧が高い場合を高血圧とし、動脈硬化の危険因子であり、有病率は年齢ととも上昇する。エネルギー制限による体重コントロール、飲酒制限、運動なども勧める。　**解答** 5

3.5 脳血管疾患の1次予防

脳血管障害（脳卒中）には、脳の血管が詰まる脳梗塞と脳の血管が破れる脳出血、くも膜下出血がある。脳梗塞になると、血管が詰まった部分の先の脳細胞には血液が送られなくなり、脳出血では、脳の中に出血して血の固まりができる。日本人の場合、脳の深い部分にある、被殻や内包、放線冠、視床などに向かう細い血管が詰まったり出血しやすく、その結果、脳梗塞、脳出血いずれの場合でも、脳細胞が壊れ、意識がなくなったり、半身まひや言語障害、さらには認知機能低下などの症状が現れる。くも膜下出血ではまひは少なく、激しい頭痛や意識障害が突然起こる。
脳血管障害（脳卒中）の危険因子には、高血圧や不整脈（心房細動）、糖尿病、脂質異常症、喫煙、飲酒であり、生活習慣予防などの、日常生活上の対策が大切である。

3.6 虚血性心疾患の1次予防

虚血性心疾患には、狭心症や心筋梗塞がある。狭心症は動脈硬化などによって心臓の血管（冠動脈）が狭くなり、血液の流れが悪くなった状態であり、なんらかの動作中に起こることが多いが、安静時に冠動脈の痙攣が起こり、狭心症の発作が起こる場合もある（冠攣縮性狭心症）。一方、心筋梗塞は、動脈硬化によって心臓の血管に血栓ができて血管が詰まり、血液が流れなくなって心筋の細胞が壊れてしまう病気で、胸に激痛の発作が起こり、呼吸困難、激しい脈の乱れ、吐き気、冷や汗や顔面蒼白といった症状を伴うことがある。心臓の血管が一瞬で詰まると、突然死することもある。

虚血性心疾患の3大危険因子は、喫煙・LDLコレステロールの高値・高血圧、メタボリックシンドロームも危険因子のひとつである。

生活習慣では、喫煙の他、動物性の油に多く含まれる飽和脂肪酸の摂り過ぎ、お酒の飲み過ぎ、食塩の摂り過ぎ、運動不足、ストレスが虚血性心疾患のリスクを高くする。一方、魚や野菜、大豆製品には、虚血性心疾患を予防する働きがある。

また、成人期の食生活は、生活習慣病やがんの予防を目的とした生活習慣の是正にある。

高齢期に向け冠動脈疾患のリスクが増加するため、過剰なエネルギー摂取の改善、摂取する脂肪の質の改善（動物性脂肪の飽和脂肪酸より、魚類中のn-3系多価不飽和脂肪酸を摂取）などを進める（表7.6）。

表 7.6 動脈硬化性疾患予防のための生活習慣改善項目

(1) 動脈硬化性疾患予防のための生活習慣の改善
・禁煙し、受動喫煙を回避する。
・過食と身体活動不足に注意し、適正な体重を維持する。
・魚、緑黄色野菜を含めた野菜、海藻、大豆製品、未精製穀類の摂取量を増やす。
・糖質含有量の少ない果物を適度に摂取する。
・アルコールの過剰摂取を控える。
・中等度以上の有酸素運動を、毎日合計 30 分以上を目標に実施する。

(2) 動脈硬化性疾患予防のための食事
・エネルギー摂取量と身体活動量を考慮して、標準体重（身長 (m)^2×22）を維持する。
・脂肪エネルギー比率を 20〜25%、飽和脂肪酸を 4.5%以上 7%未満、コレステロール摂取量を 200 mg/日未満に抑える。
・n-3 系多価不飽和脂肪酸の摂取を増やす。
・炭水化物エネルギー比率を 50〜60%とし、食物繊維の摂取を増やす。
・食塩の摂取は 6 g/日未満を目標とする。
・アルコールの摂取 25 g/日以下に抑える。

出典）日本動脈硬化学会「動脈硬化性疾患予防ガイドライン 2017 年版」より

例題 12 動脈硬化の予防についての記述である。間違っているのはどれか。1つ選べ。

1. 脂質異常症の治療の最大の目的は動脈硬化性疾患の予防にある。
2. n-3 系多価不飽和脂肪酸の摂取を増やす。
3. 運動は行わず、静かに生活する。
4. 食塩の摂取は 6 g/日以下に抑える。
5. 魚、緑黄色野菜を含めた野菜、海藻、大豆製品、未精製穀類の摂取量を増やす。

解説 運動療法も大切である。有酸素運動を中心に中程度以上の強度で週 3 回以上、1 日合計 30 分以上を目標にするとよい。 **解答** 3

3.7 慢性腎臓病（CKD）（表 7.7）

慢性腎臓病（chronic kidney diseases：CKD）とは、腎臓の働きを示す糸球体濾過量（GFR）が健康な人の 60%以下に低下する（GFR が 60 mL/分/1.73 m^2 未満）か、あるいはたんぱく尿が出るといった腎臓の異常が続く状態をさし、私たちの生活をおびやかす新たな「国民病」といわれている。年をとると腎機能は低下し、高齢者になるほど CKD が多くなる。家族に高血圧、糖尿病、脂質代謝異常、肥満やメタボリックシンドローム、腎臓病の人がいる場合は注意が必要である。さらに、心筋梗塞や脳卒中といった心血管疾患の重大な危険因子になる。CKD を放置したままにしておくと、末期腎不全となって、人工透析や腎移植が必要になる。末期腎不全は全世界的に増え続けており、いわゆる“隠れ腎臓病”のうちに、早期発見、早期治療することが大切である。

表 7.7　CKD の重症度分類

原疾患	蛋白尿区分			A1	A2	A3
糖尿病	尿アルブミン定量 (mg/日) 尿アルブミン/Cr 比 (mg/gCr)			正常	微量 アルブミン尿	顕性 アルブミン尿
				30 未満	30～299	300 以上
高血圧 腎炎 多発性嚢胞腎 腎移植 不明 その他	尿蛋白定量 (g/日) 尿蛋白/Cr 比 (g/gCr)			正常	軽度蛋白尿	高度蛋白尿
				0.15 未満	0.15～0.49	0.50 以上
GFR 区分 (mL/分/ 1.73m^2)	G1	正常又は高値	≧90			
	G2	正常又は軽度低下	60～89			
	G3a	軽度～中等度低下	45～59			
	G3b	中等度～高度低下	30～44			
	G4	高度低下	15～29			
	G5	末期腎不全(ESRD)	<15			

重症度は原疾患・GFR 区分・蛋白尿区分をあわせたステージにより評価する。
□、□、□、■の順にステージが重症化する。

出典）日本腎臓学会：CKD 診療ガイド 2012, P3. 東京医学社

CKD の重症化予防において、栄養・食事指導は重要な役割を担っており、「CKD 診療ガイドライン 2018」では、栄養において、たんぱく質や食塩の摂取量を制限することや、CKD のステージ進行を抑制するために管理栄養士が介入することが推奨されている。

栄養素摂取と CKD の重症化との関連について、特に重要なものを図 7.18 に示す。CKD は、高血圧、脂質異常症および糖尿病に比べると、栄養素等摂取量との関連を検討した研究は少なく、結果も一致していないものが多い。また、重症度によって栄養素等摂取量との関連が異なる場合もあることに留意が必要である。

「慢性腎臓病に対する食事療法基準 2014 年版」では、CKD ステージによる食事療法基準が示されている（表 7.8）。

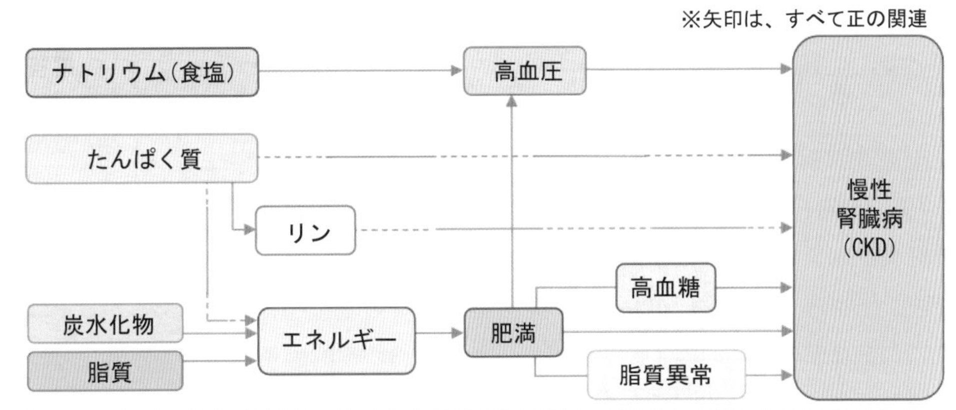

高血圧・脂質異常症・糖尿病に比べると栄養素摂取量との関連を検討した研究は少なく、結果も一致していないものが多い。また、重症度によって栄養素摂取量との関連が異なる場合もある。
この図はあくまでも栄養素摂取と慢性腎臓病（CKD）の重症化との関連の概念を理解するための概念図として用いるに留めるべきである。

資料：厚生労働省「日本人の食事摂取基準 2020 年版」P478

図 7.18 栄養素施主と慢性腎臓病（CKD）の重症化との関連（重要なもの）

表 7.8 慢性腎臓病に対する食事療法基準 2014 年版

ステージ（GFR）	エネルギー (kcal/kgBW/日)	たんぱく質 (g/kgBW/日)	食塩 (g/日)	カリウム (mg/日)
ステージ 1 (GFR≧90)	25～35	過剰な摂取をしない	3≦ ＜6	制限なし
ステージ 2 (GFR60～89)		過剰な摂取をしない		制限なし
ステージ 3a (GFR45～59)		0.8～1.0		制限なし
ステージ 3b (GFR30～44)		0.6～0.8		≦2,000
ステージ 4 (GFR15～29)		0.6～0.8		≦1,500
ステージ 5 (GFR＜15)		0.6～0.8		≦1,500

注）エネルギーや栄養素は、適正な量を設定するために、合併する疾患（糖尿病、肥満など）のガイドラインなどを参照して病態に応じて調整する。性別、年齢、身体活動度などにより異なる。
注）体重は基本的に標準体重（BMI＝22）を用いる。

出典）日本腎臓学会：慢性腎臓病に対する食事療法基準 2014 版, P2. 東京医学社

例題 13 慢性腎臓病（CKD）に関する記述である。間違っているものはどれか。1つ選べ。

1. 慢性腎臓病（CKD）は心血管疾患のリスク因子である。
2. 糸球体ろ過量（GFR）が 60mL/分/1.73m^2 未満に低下したり、たんぱく尿などを伴う。
3. 食事療法は GFR に基づくステージごとに方針が示されている。
4. GFR ステージ 3a まではカリウムの制限はない。
5. CKD を放置したままにしておくと、自然治癒する。

解説　CKDを放置したままにしておくと、末期腎不全となって、人工透析や腎移植が必要になる。　**解答** 5

3.8 更年期障害

「更年期障害は、更年期に現れる多種多様の症候群で器質的変化に相応しない自律神経失調症を中心とした不定愁訴を主訴とする症候群」と定義され、原因は女性ホルモン（エストロゲン）が大きくゆらぎながら低下していくことであるが、そのうえに加齢などの身体的因子、成育歴や性格などの心理的因子、職場や家庭における人間関係などの社会的因子が複合的に関与することで発症すると考えられている。血管運動神経障害（自律神経症状）、精神神経症状などが特徴であり、その他、性器の変化、関節痛、腰痛など骨粗鬆症を含むとされている。血管運動神経障害としては、のぼせ（hot flesh）、ほてり、冷や汗、冷え性、心悸亢進、めまい、しびれ感、耳鳴り、蟻走感などがある。精神神経症状としては、憂鬱、焦り感、不安感、疲労感、頭痛、不眠、物忘れ、判断力低下や不定愁訴が症状として現れる（表7.9）。

表7.9　更年期にみられる不定愁訴

頭痛、めまい、耳鳴りなど
のぼせ、ほてり、冷え、発汗など
嘔気、咽頭違和感、腹部膨満感など
しびれ、知覚異常など
不安感、憂うつ、イライラ感、不眠など
動機、息切れ、頻脈など
皮膚のかゆみ、蟻走感など
関節痛、腰背部痛、肩こりなど
倦怠感、易疲労感など

例題 14　閉経前後の生理的特徴についての記述である。正しいのはどれか。1つ選べ。

1. 体脂肪率は減少する。
2. インスリン抵抗性は低下する。
3. 血清LDL-コレステロール値は低下する。
4. エストロゲンの分泌は増加する。
5. 骨密度は低下する。

解説　体脂肪率は増加する。体脂肪量の増加によりインスリン抵抗性は増加する。血清LDL-コレステロール値は上昇する。エストロゲンの分泌は低下する。　**解答** 5

3.9 骨粗鬆症の予防

骨の強度が低下して、骨折しやすくなる骨の病気を「骨粗鬆症」という。骨粗鬆症により骨がもろくなると、つまずいて手や肘をついた、くしゃみをした、などのわずかな衝撃で骨折してしまうことがある。がんや脳卒中、心筋梗塞のように直接的に生命をおびやかす病気ではないが、骨粗鬆症による骨折から、介護が必要になってしまう人も少なくない。骨粗鬆症は痛みなどの自覚症状がないことが多く、定期的に骨密度検査を受けるなど、日ごろから細やかなチェックが必要である。骨粗鬆症は、加齢やエストロゲンの低下によってのみ起こる原発性骨粗鬆症と、基礎疾患が明確な続発性骨粗鬆症に大別される。原発性骨粗鬆症の病型分類は閉経後骨粗鬆症と男性における骨粗鬆症に分類される。

骨粗鬆症により骨折しやすい部位は、背骨（脊椎椎体）、脚の付け根（大腿骨近位部）、手首（橈骨）、腕の付け根（上腕骨）である。また、背骨が体の重みで押し潰されてしまうことを「圧迫骨折」といい、背中や腰が曲がるなどの原因となり、連鎖的な骨折につながりやすいが、単なる腰痛として見過ごしたり、痛みを感じない場合もある。大腿骨近位部は、骨折すると歩行が困難になり要介護状態になるリスクが高くなる骨折部位であり、大腿骨近位部骨折の85%は転倒が直接の原因となっているので、骨粗鬆症の治療とともに転倒予防も重要である。思春期などの若年期にカルシウム摂取と身体活動により、高い骨密度を得ておくことが重要である。

2012年に診断基準が、2015年にロコモティブシンドロームと骨粗鬆症を加えたガイドラインが策定された。閉経期以降の骨粗鬆症1次予防の食事では、エネルギーおよび各栄養素の摂取量を充足させ、そのうえでたんぱく質、カルシウム、ビタミンD、ビタミンKを積極的に摂取する。しかし、ワルファリン服用者のビタミンKの摂取量については注意を要する。純アルコール60g/日以上の摂取および喫煙は骨折の危険因子である。

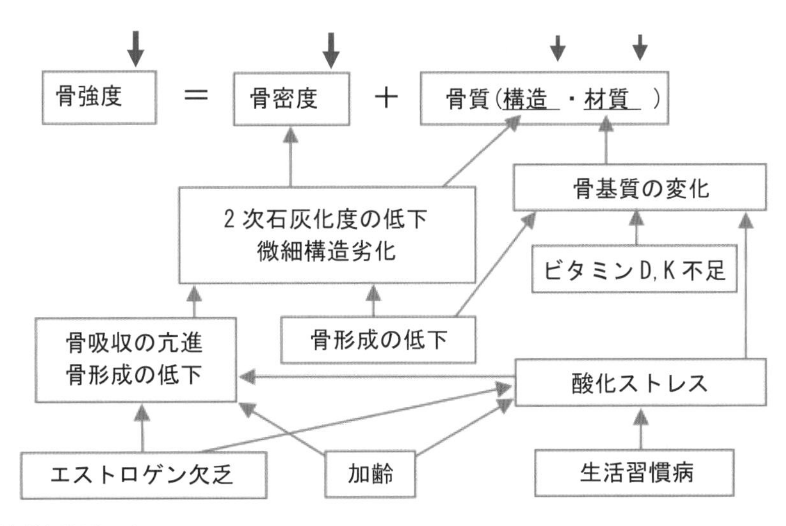

出典）骨粗鬆症ガイドライン2015

図7.19　骨強度の低下要因の多様性

章末問題

1　更年期の女性に起こる変化である。正しいのはどれか。1つ選べ。

1. 血清 HDL-コレステロール値の上昇　　2. エストロゲン分泌量の増加
3. 黄体形成ホルモン（LH）分泌量の増加
4. 卵胞刺激ホルモン（FSH）分泌量の減少
5. 骨吸収の抑制　　（第32回国家試験）

解説　更年期では、閉経により種々のホルモンの分泌や代謝の変化が起こる。閉経後に分泌が低下するホルモン：卵胞ホルモン、エストロゲン、増加するホルモン：卵胞刺激ホルモン、黄体形成ホルモン。
エストロゲンは、骨吸収を抑制し、骨密度は、低下する。　**解答**　3

2　日本人の食事摂取基準（2020年版）において、成人期の目標量が設定されている栄養素である。誤っているのはどれか。1つ選べ。

1. 脂質（脂肪エネルギー比率）　2. 食物繊維　3. ナトリウム
4. カリウム　5. 鉄　　（第31回国家試験　一部改変）

解説　鉄は目標量の設定なし。（20歳女性の場合の目標量）　脂質（脂肪エネルギー比率）20～30%、食物繊維 18g/日以上、ナトリウム 6.5g/日未満（女性）、カリウム 2600 mg/日以上　**解答**　5

3　閉経前後の生理的特徴に関する記述である。誤っているのはどれか。1つ選べ。

1. 体脂肪率は増加する。　　2. インスリン抵抗性は低下する。
3. 血清 LDL-コレステロール値は上昇する。　　4. エストロゲンの分泌は低下する。
5. 骨密度は低下する。　　（第29回国家試験）

解説　閉経後の特徴：エストロゲン分泌が低下する・脂肪合成が高まる・脂肪分解は低下する・インスリン抵抗性は増加する・骨密度は低下する。体脂肪量の増加によりインスリン抵抗性は、増加する。　**解答**　2

4　成人男性のメタボリックシンドローム診断に使われる基準である。正しいのはどれか。2つ選べ。

1. ウエスト周囲長　≧85cm
2. 収縮期血圧　≧140mmHg
3. 空腹時血糖値　≧126mg/dL
4. 空腹時血清トリグリセリド値　≧150mg/dL
5. 血清 HDL-コレステロール値　<35mg/dL

（第28回国家試験）

解説　メタボリックシンドロームの診断基準：
ウエスト周囲長≧85 cm　女性の場合は、≧90 cm
収縮期血圧 130 mmHg 以上かつ、または拡張期血圧 85 mmHg 以上・空腹時血糖値≧110 mg/dL
空腹時血清トリグリセリド値≧150 mg/dL ・血清 HDL-コレステロール値<40 mg/dL
解答　1、4

5　日本人の食事摂取基準（2010年版）の目標量の策定根拠となった疾患と栄養素の組み合わせである。誤っているのはどれか。1つ選べ。

1. 脳出血---------- 飽和脂肪酸
2. 糖尿病---------- n-6 系脂肪酸
3. 虚血性心疾患------ コレステロール
4. 血圧---------- ナトリウム
5. 心筋梗塞----------- 食物繊維

（第27回国家試験）

解説　糖尿病とn-6系脂肪酸には関連性はない。　**解答**　2

6　更年期の女性に起こる変化に関する記述である。正しいのはどれか。1つ選べ。

1. エストロゲンの分泌量は、増加する。
2. プロゲステロンの分泌量は、増加する。
3. 卵胞刺激ホルモン（FSH）の分泌量は、増加する。
4. 骨密度は、増加する。
5. 血清 LDL-コレステロール値は、低下する。　（第26回国家試験）

解説　1.エストロゲンの分泌量は、減少する。　2.プロゲステロンの分泌量は、減少する。　3.正しい。　4.骨密度は低下する。　5.血清 LDL-コレステロール値は、増加する。

解答　3

7　女性の更年期に関する記述である。正しいのはどれか。

1. 更年期前と比べて、卵胞刺激ホルモン（FSH）の分泌量は低下する。
2. 更年期前と比べて、性腺刺激ホルモン放出ホルモン（GnRH）の分泌量は低下する。
3. 閉経により、エストロゲンの分泌が停止する。
4. 更年期前と比べて、骨吸収が亢進する。
5. 更年期障害の程度は、バーセルインデックスで評価する。　（第25回国家試験）

解説　更年期では、骨吸収を抑制する働きのあるエストロゲン分泌低下により、骨吸収が優位となる。更年期では骨粗鬆症を発症しやすくなるため注意が必要である。5.簡略更年期指数（SMI）などで評価する。

解答　4

高齢期

達成目標

- 高齢期の加齢に伴う身体機能や代謝の変化、身体活動レベルの低下など高齢者特有の生理的特徴を理解する。
- 高齢者は身体状況や栄養状態の個人差が大きく、適切な栄養アセスメントに基づいた個別の栄養管理が必要である。
- 高齢者の栄養課題であるフレイル、サルコペニアの予防など高齢者のQOL向上のための栄養管理と栄養ケア・マネジメント力を身につける。

1 高齢期の生理的特徴

わが国を含む多くの国で、高齢者は歴年齢で65歳以上と定義されている。総務省の人口推計では65～74歳を前期高齢者、75歳以上を後期高齢者としている。しかし、この定義は医学的・生物学的に明確な根拠はない。2017年日本老年学会・日本老年医学会からの提言により、近年の高齢者の心身の健康に関するデータを検討した結果、現在の高齢者においては10～20年前と比べ、高齢者における加齢に伴う身体的機能変化の出現が5～10年遅延しており、「若返り」現象がみられていることが判明し、特に65～74歳の前期高齢者においては、心身の健康が保たれており活発な社会活動が可能な人が大多数を占めていることが明らかになっている。このワーキンググループでは65～74歳を准高齢者、75歳～89歳を高齢者、90歳以上を超高齢者と区分して、社会の支え手でありモチベーションをもった存在として捉え直し超高齢社会を明るく活力あるものにするよう提言している。

ところで、わが国は、世界のどの国も経験したことのないほどの急速な高齢化が進行している。高齢者は、加齢の進行に伴い、生理的機能年齢や心理的年齢は個々人により異なり歴年齢との差が生じてくる。また、これまでの生活習慣の違いによる個人差も大きく、一概に歴年齢で区分することは難しく、包括的な評価をすることによってQOLを向上させることが重要である。高齢期の栄養については、個人の状態に見合った献立や調理形態などの適切な対応が必要となる。

1.1 感覚機能

高齢になると、加齢に伴って「視覚」「聴覚」「嗅覚」「味覚」「触覚」のいわゆる五感に加えて、「平衡感覚」「運動能力」「免疫能」など幅広く身体機能の低下が生じる。「見えにくい」「聞こえにくい」「味が変わった」などの感覚の変化が起きる。

40～50歳くらいから、視覚の老化は始まる。最初に変化が起こるとされているのは、遠方視力の低下で角膜や水晶体での光の屈折力が衰えたり、網膜の老化により光を受け取る能力が衰えることが原因と考えられている。その他、水晶体が濁り、視力・色覚に異常を来す「白内障」、眼圧が高い状態が続き、視覚を集める視神経に異常を来し、視野が欠損する「緑内障」、網膜にある視神経が集約する部位（黄斑部）の周囲につくられる新しく細い血管から出血などが起こり、ものが歪んで見えるようになる「加齢黄斑変性」などがある。

音は、高音域と低音域に分けられ、40歳を過ぎると高音域から聞こえにくさが始まり、50歳を過ぎると3kHz以上の周波数での聴力の低下が顕著になるが、進行度は個人差が大きい。老人性難聴は主に、内耳の機能低下によるものが大きいとされ、初期に耳鳴りを感じることもあり、聴覚低下に加え、言葉も聞きとりにくくなる。

老化が進むと、鼻粘膜の感覚細胞が減ってくることと、嗅覚に関する神経の機能低下により、嗅覚が衰える。多くの場合、男性では60歳代、女性では70歳代くらいから、嗅覚の低下が認められるようになる。認知症と嗅覚機能異常の関係について多くの報告がある。

味覚は、舌にある味蕾数の減少や、味覚神経の機能低下に伴い変化する。塩味の閾値は、若年者に比べて最も上昇するが、甘味は閾値、知覚強度ともに若年者とあまり変わらないとされている。嗅覚と味覚は相互に関連し合う感覚であり、感覚の変化の進み具合は個人差がある。しかし、嗅覚と味覚はいずれも、生きるために必要な「食事を美味しく食べる」という行動に影響するため、早めに対応することが大切である。

1.2 咀嚼・嚥下機能

(1) 咀嚼機能の低下

食物は咀嚼により、嚥下可能な状態に砕かれ、唾液と混合される。また、咀嚼により味を感じ、食物の香気とともに食欲を増すことにつながる。咀嚼機能を著しく低下させる要因に歯の喪失がある。歯の喪失の多くは、う蝕や歯周病によるもので罹患率の高い疾患である。一方で、2016（平成28）年度に行われた歯科疾患実態調査によると、80歳になっても自分の歯が20本以上ある8020（はちまるにいまる）を達成した人の割合は、前回調査よりも増加し、80～84歳では44.2%であり（図8.1）、多歯時代ともいうべき時代の到来となっている。歯の維持による咀嚼機能の維

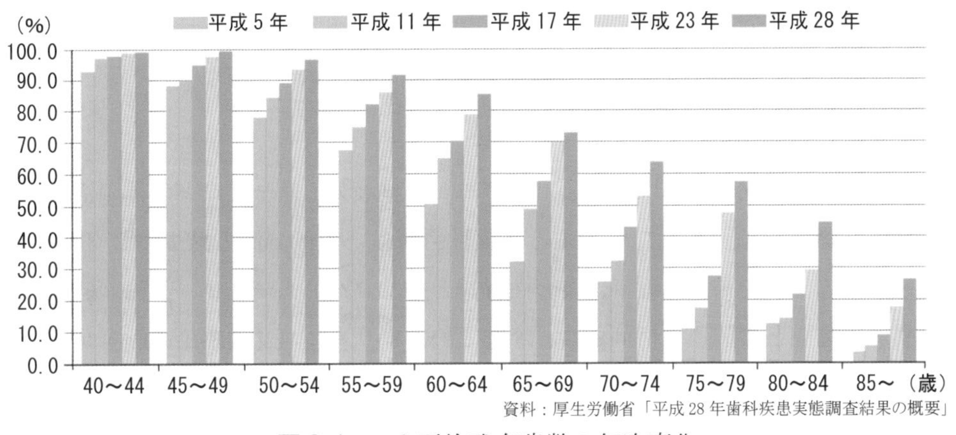

資料：厚生労働省「平成28年歯科疾患実態調査結果の概要」

図8.1　1人平均残存歯数の年次変化

持は、低栄養の防止に重要であることが分かっている。

一方で、残存歯数の少ない高齢者は、肥満傾向になるとの報告も多くみられ、咀嚼機能の維持は、適正な栄養状態を維持するのに重要であるといえる。咀嚼機能の維持に欠かせない口腔の運動機能は、加齢とともに低下し、さらに、全身の運動機能を低下させる脳血管疾患や神経筋疾患の発症により著しく障害される。運動機能低下が原因で咀嚼機能の低下した高齢者は多い。舌を中心とした口腔の運動機能により注目する必要がある。

(2) 嚥下機能の低下

高齢者は、加齢とともに歯が欠損し、舌の運動機能低下、咀嚼能力低下、唾液分泌低下、口腔感覚鈍化、塩味に対する味覚低下などが生じて、咽頭への食べ物の送り込みが遅れるような口腔での問題が生じる。また咽頭においても、喉頭（のどぼとけ）の位置が低下しているため、嚥下するときの喉頭挙上が不十分となり、上部食道括約筋を閉じている筋肉の機能不全も生じて、喉頭の閉鎖が不十分で誤嚥しやすくなる。さらに、咽頭収縮筋の収縮力が低下し、咽頭に唾液および食物が残留しやすくなり、誤嚥を来しやすくなる。加齢の影響は個人差があり、高齢になっても嚥下障害がみられないこともある。

例題 1　高齢期の身体機能に関する記述であるである。誤っているのはどれか。2つ選べ。

1. 身体機能の個人差は、大きくなる。
2. 温冷感は、敏感になる。
3. 嗅覚は、鈍感になる。
4. 塩味閾値が低下する。
5. 嚥下機能が低下する。

解説　2. 温冷感は鈍感になるので夏は熱中症などに気をつける。4. 塩味閾値は若年者に比べて上昇し、塩味を感じにくくなる。甘味はあまり変わらない。**解答**　2、4

1.3 消化・吸収機能

加齢により消化管粘膜は委縮し、リパーゼ、唾液アミラーゼなど各種の消化酵素の活性が低下する。加齢で増加する委縮性胃炎は、胃液分泌の減少やビタミンB_{12}の吸収率の低下を来す。近年、委縮性胃炎とヘリコバクター・ピロリ菌の感染による胃粘膜委縮との関連が指摘され、加齢というよりもピロリ菌感染の影響が強いと考えられる。

消化管の運動や機能の加齢変化は認められるが、たんぱく質、脂質、炭水化物の消化吸収率は、高齢者でも大きな低下はなく、消化管全体としての機能は比較的維持されている。

また、腸の蠕動運動機能低下により食物停滞時間が長くなったり、排便反射低下により便秘になりやすい。特に 80 歳以上では、便排出速度が遅くなり、水分吸収が過度に起こる。

1.4 食欲不振・食事摂取量の低下

食欲の低下は、食物の摂取不足を招き、低栄養状態に陥る大きな要因となる。健常と考えられる高齢者であっても、生理的機能の低下、外的環境の変化、心理的要因、体調の変化、服薬の種類や量、社会参加の機会や趣味の有無なども食欲不振の原因となる。さらに貧困や社会的孤立、ストレスを伴うライフイベントなどに直面することが多くなり、これらは、食事の量・質ともに食生活全体に悪影響を及ぼし、ひいては低栄養に陥ることが示唆されている。近年、高齢者のみの世帯も多くなり、簡素な食事となりがちで、十分な食事量を確保できていない場合がみられる。このような高齢者への対応も必要である。

1.5 たんぱく質・エネルギー代謝の変化

(1) エネルギー代謝

基礎代謝は加齢とともに減少し、縦断調査の結果からおおよそ 10 年の経過で 1〜3% 程度減少し、特に男性での減少率が大きい。この現象は、加齢に伴う除脂肪組織の減少によることが想定され、実際に除脂肪組織量で調整しても高齢者では成人に比較し 5% 程度基礎代謝量が低いが、その原因は十分解明されていない（図 8.2）。また、加齢に付随する基礎代謝量の減少は、必ずしも直線的に変化するわけではなく、男性では 40 歳代、女性では閉経後の除脂肪組織が減少する 50 歳代に著しく減少する。食事誘発性体熱産生は、総エネルギー消費量の 10% 程度に相当し、加齢とともに減少するとの報告もあるが、加齢による影響は受けないとする報告もあり、一定の結論に至っていない。

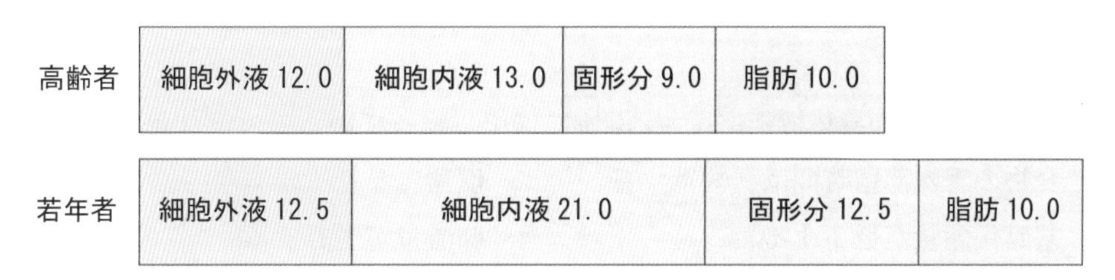

図 8.2　体組成の加齢による変化

(2) たんぱく質代謝と筋肉

食事摂取により骨格筋のたんぱく質合成が増加し、一方でたんぱく質異化は減少する。これは、食事摂取により増加する栄養素およびホルモンによるものである。特に、血中のアミノ酸やインスリンの増加は、食後の骨格筋たんぱく質同化作用の主要な要因として理解されている。

一方、筋肉において炎症性サイトカイン、酸化ストレス、グルココルチコイドなどの刺激によりさまざまなたんぱく質分解酵素を介して異化が起こる。この異化を導く刺激が強いと、アミノ酸などによるたんぱく質の同化を上回り、筋肉は萎縮する。アミノ酸のすべてに骨格筋たんぱく質同化作用があるわけではなく、不可欠アミノ酸（必須アミノ酸）、特にロイシンに強い筋たんぱく質同化作用が存在する。たんぱく質摂取後に誘導される筋たんぱく質合成は、高齢者では成人に比較して反応性が低下していることから、食事と運動を上手に組み合わせるなどして、筋委縮を抑制するための方策を検討する必要がある。

1.6 カルシウム代謝の変化

カルシウム代謝は骨吸収を高めて血中カルシウム濃度を上昇させる副甲状腺ホルモン（PTH）、腸管からのカルシウム吸収を高めて血中カルシウム濃度を上昇させるビタミンＤおよび甲状腺から分泌されて血中カルシウム濃度を低下させるカルシトニンによって、主に調整されている。高齢者では、腸管のカルシウム吸収能の低下がみられ、カルシウム平衡を維持するのに必要な摂取量は成人よりも多くなる。血中カルシウム濃度の低下は、骨吸収を促進させ、骨粗鬆症発症リスクを高める。適切なカルシウム摂取は必要ではあるが、高齢者では、サプリメントの利用などには十分な留意を要することが指摘されている。

ビタミンＤは腸管でのカルシウム吸収を促すため、カルシウム摂取量が相対的に少ない日本人にとって重要な栄養素であり、紫外線を浴びることにより皮膚でも産生されるため、食事からの摂取だけでなく、適度な日光浴をすることも血中25-ヒドロキシビタミンＤ濃度を高めるのに有効である。日常生活のなかで容易に実行でき、高齢者にとって推奨される方法である。

例題２　高齢者の身体機能に関する記述である。誤っているのはどれか。２つ選べ。

1. 食物の胃内滞留時間は、短縮する。
2. 便秘になりやすくなる。
3. 基礎代謝量が低下する。
4. 肺活量が上昇する。
5. 骨密度が低下する。

解説 1. 腸の蠕動運動機能低下により胃での食物停滞時間も長くなったり、排便反射低下により便秘になりやすい。 4. 肺活量は男女とも20歳前後で最大値を示し、年齢とともに減少する。 **解答** 1、4

1.7 身体活動レベルの低下

成人のなかでも高齢者は、他の年代に比べて身体活動レベルが異なる可能性がある。平均年齢75歳前後までの健康で自立した高齢者について身体活動レベルを測定した報告から前期高齢者の身体活動レベルの代表値を1.70とし、身体活動量で集団を3群に分けた検討も参考にして、レベルⅠ、レベルⅡ、レベルⅢを決定した（表8.1）。

表8.1 年齢階級別にみた身体活動レベルの群分け

（男女共通）（日本人の食事摂取基準2020年版）

身体活動レベル	Ⅰ（低い）	Ⅱ（普通）	Ⅲ（高い）
18～29（歳）	1.50	1.75	2.00
30～49（歳）	1.50	1.75	2.00
50～64（歳）	1.50	1.75	2.00
65～74（歳）	1.45	1.70	1.95
75 以上（歳）	1.40	1.65	—

身体活動レベル＝総エネルギー消費量÷基礎代謝量

70歳代後半以降の後期高齢者に関する報告は、自立している者と外出できない者の2つに大別され、身体活動レベルが「高い」に相当する者が想定しづらい年齢層でもある。レベルⅠは、自宅にいてほとんど外出しない者を念頭に置いているが、高齢者施設で自立に近い状態で過ごしている者にも適用できる値である。

2018（平成30）年度国民健康・栄養調査によると、歩数の平均値は20～64歳の成人と比較し、65歳以上の高齢者では著しく少なく、男性5,417歩、女性4,759歩である。健康日本21（第二次）の目標は男性7,000歩、女性6,000歩であり、まだ目標には達していない。また、運動習慣のある者（1回30分以上の運動を週2回以上実施し、1年以上継続している者）の割合は20～64歳よりも多く（図7.9参照）、健康な高齢者では、運動への意識が高いことが分かる。しかし、運動する意識は高いが、若年者に比べて歩数は少ない（図8.3）。これは若年者において、運動目的以外の日常生活で歩行の機会が多いことに起因すると考えられる。運動習慣のない高齢者においては、健康・栄養状態を確認し、適度な量・頻度・強度で、日常生活のなかで安全に歩くことを心がけるとよい。

1.8 ADL（日常生活動作）、IADL（手段的日常生活動作）の低下

高齢者の身体機能は、日常生活動作（activity of daily living：ADL）、視力、聴力が評価されることが多い。ADLは次の2つに分けられる。①基本的ADL：移動・食事・排泄・入浴など日常生活するうえで必要な機能。②手段的ADL：買い物や金

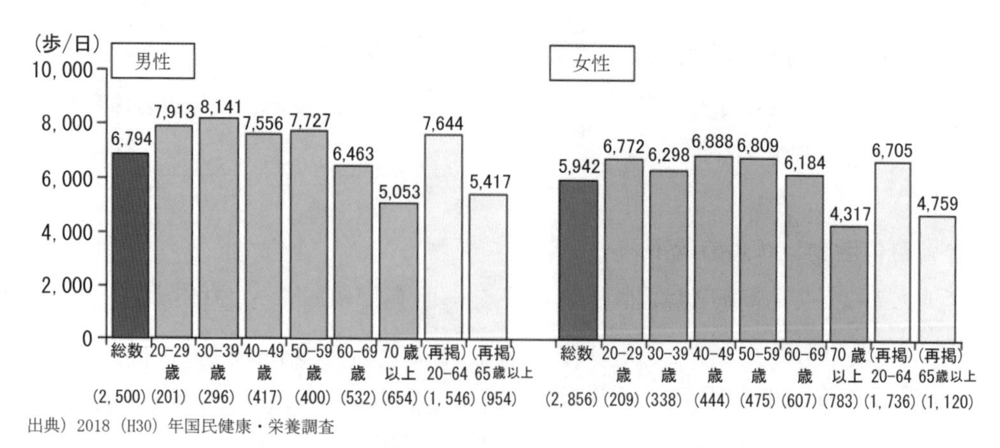

出典）2018（H30）年国民健康・栄養調査

図 8.3　歩数の平均値（20 歳以上、性・年齢階級別）

銭の管理、乗り物の移動、会話社会生活を送るうえで必要な機能。評価には老研式活動能力指標（表 8.2）や機能的評価を数値化したバーセルインデックス（Barthel Index : BI）（表 8.3）などがある。また、電話の使い方、買い物、食事準備、家事、洗濯などの ADL 動作の範囲をさらに広げた活動動作を手段的日常生活動作（instrumental activity of daily living : IADL）といい、高齢者の生活自立度や在宅生活の可能性を検討する場合に考慮することが必要とされる（表 8.4）。

表 8.2　老研式活動能力指標

指標	質問項目	回等・評価尺度
手段的自立	1. バスや電車を使って1人で外出できますか	はい/いいえ
	2. 日用品の買い物ができますか	はい/いいえ
	3. 自分で食事の用意ができますか	はい/いいえ
	4. 請求書の支払いができますか	はい/いいえ
	5. 銀行貯金・郵便貯金の出し入れが自分でできますか	はい/いいえ
知的能動性	6. 年金などの書類が書けますか	はい/いいえ
	7. 新聞を読んでいますか	はい/いいえ
	8. 本や雑誌を読んでいますか	はい/いいえ
	9. 健康についての記事や番組に関心がありますか	はい/いいえ
社会的役割	10. 友だちの家を訪ねることがありますか	はい/いいえ
	11. 家族や友だちの相談にのることがありますか	はい/いいえ
	12. 病人を見舞うことがありますか	はい/いいえ
	13. 若い人に自分から話しかけることがありますか	はい/いいえ

※各項目の「はい」が1点、「いいえ」を0点とし、13点満点として生活での自立を評価する

出典）古谷野亘他. 地域老人における活動能力の測定−老研式活動能力指標の開発. 日本公衛誌 1987; 34: 109-114.

表 8.3　バーセルインデックス（Barthel Index：機能的評価）

項　　目	点数	判定基準
1. 食事	15	自立。準時間内で食べきれる。自助具の使用は可能
	5	部分的自立。見守りや介助を要する。（きざみ食を用意する・食べこぼしを管理するなど）
	0	全介助
2. 移乗（車いすとベッド間）	15	介助無しで動作可能。ブレーキやフットレストなどの管理が可能 ※歩行自立も
	10	軽度の介助や監視・声掛けが必要（ブレーキの管理など）
	5	座ることはできるがほぼ全介助
	0	全介助・不可能
3. 整容	5	自立（整容：洗面・整髪・歯磨き・髭剃り）
	0	部分介助・不可能
4. トイレ動作	10	自立（衣服の着脱や後始末も含める。ポータブルトイレの場合、その洗浄を含める）
	5	部分介助（身体的介助・衣服操作や後始末・洗浄での手助けも含める）
	0	全介助・不可能
5. 入浴	5	自立
	0	部分介助・不可能
6. 歩行	15	45m 以上の歩行（補装具の使用可　※車いす・歩行器は除く）
	10	45m 以上の介助歩行（歩行器の使用可）
	5	歩行不能の場合、45m 以上車いすでの操作可能
	0	上記以外
7. 階段	10	自立（手すりなどの使用可）
	5	介助もしくは監視が必要
	0	不能
8. 着替え	10	自立（靴・ファスナー・装具などの着脱を含む）
	5	部分介助（標準時間内、半分以上は自分で行える）
	0	上記以外
9. 排便コントロール	10	失禁なし（浣腸や坐薬の取り扱いも可能）
	5	ときに失禁あり（浣腸や坐薬の取り扱いにも介助を要する者も含める）
	0	上記以外
10. 排尿コントロール	10	失禁なし（収尿器の取り扱いも可能）
	5	ときに失禁あり（収納器の取り扱いの介助を要する者も含める）
	0	上記以外

≪合計得点とその判定基準≫
・100 点　　：動作全般が自立している
・85 点以下：介助を要するが程度は少ない
・60 点以下：姿勢を変える動き（起居動作）にて介助を要する
・40 点以下：ほとんどの項目にて大きな介助を要する
・20 点以下：全介助を要する
※代表的な ADL 評価法である。10 項目の得点を加算して数値化（100 点満点）とする。
自宅自立の目安は 60 点以上、40 点以下では基本動作は全介助か部分介助が必要。

出典）Mahoney.F.L&Barthel.D.W:Functional evaletion:The Barthel Index.Maryland.State.Mad,J.14(2):61-65.1965

表 8.4　手段的日常生活動作（instrumental activity of daily living：IADL）

項　　　目	採　点	
	男性	女性
A 電話を活用する能力		
1. 自分から電話をかける（電話帳を調べたり、ダイアル番号を回すなど）	1	1
2. 2,3 のよく知っている番号をかける	1	1
3. 電話に出るが自分からかけることはない	1	1
4. 全く電話を使用しない	0	0
B 買い物		
1. 全ての買い物は自分で行う	1	1
2. 小額の買い物は自分で行える	0	0
3. 買い物に行くときはいつも付き添いが必要	0	0
4. 全く買い物はできない	0	0
C 食事の準備		
1. 適切な食事を自分で計画し準備し給仕する		1
2. 材料が供与されれば適切な食事を準備する		0
3. 準備された食事を温めて給仕する、あるいは食事を準備するが適切な食事内容を維持しない		0
4. 食事の準備と給仕をしてもらう必要がある		0
D 家事		
1. 家事を一人でこなす、あるいは時に手助けを要する（例：　重労働など）		1
2. 皿洗いやベッドの支度などの日常的仕事はできる		1
3. 簡単な日常的仕事はできるが、妥当な清潔さの基準を保てない		1
4. 全ての家事に手助けを必要とする		1
5. 全ての家事にかかわらない		0
E 洗濯		
1. 自分の洗濯は完全に行う		1
2. ソックス、靴下のゆすぎなど簡単な洗濯をする		1
3. 全て他人にしてもらわなければならない		0
F 移送の形式		
1. 自分で公的機関を利用して旅行したり自家用車を運転する	1	1
2. タクシーを利用して旅行するが、その他の公的輸送機関は利用しない	1	1
3. 付き添いがいたり皆と一緒なら公的輸送機関で旅行する	1	1
4. 付き添いか皆と一緒で、タクシーか自家用車に限り旅行する	0	0
5. まったく旅行しない	0	0
G 自分の服薬		
1. 正しいときに正しい量の薬を飲むことに責任がもてる	1	1
2. あらかじめ薬が分けて準備されていれば飲むことができる	0	0
3. 自分の薬を管理できない	0	0
H 財産取り扱い能力		
1. 経済的問題を自分で管理して（予算、小切手書き、掛金支払い、銀行へ行く）	1	1
2. 一連の収入を得て、維持する	1	1
3. 日々の小銭は管理するが、預金や大金などでは手助けを必要とする	0	0

※採点法は各項目ごとに該当する右端の数値を合計する（男性 0〜5、女性 0〜8 点）

出典）Lawton, M.P & Brody. E.M. Assessment of older people :Self-Maintaining and instrumental activities of daily living. Geroulologist. 9: 179 168, 1969

2 高齢期の食事摂取基準

2.1 高齢者の食事摂取基準

高齢者の食事摂取基準では、65～74 歳と 75 歳以上が区分されている。高齢者では、咀嚼能力の低下、消化・吸収率の低下、運動量の低下に伴う摂取量の低下などが存在する。特に、これらは個人差の大きいことが特徴である。また、多くの者が、何らかの疾患を有していることも特徴としてあげられる。そのため、年齢だけでなく、個人の特徴に十分に注意を払うことが必要であり、栄養素などによっては、高齢者における各年齢区分のエビデンスが必ずしも十分ではない点には留意すべきである。

(1) 食事摂取基準（巻末資料参照）

1) エネルギー（表8.5）

エネルギー摂取量はエネルギー消費量を過不足なく充足するだけではなく、健康の保持・増進、生活習慣病予防の観点に立った望ましいBMIを維持する量であることが重要である。高齢者は他の年代に比べて年齢が高くなるほど栄養状態が悪い人の割合が増え、筋肉量の減少（サルコペニア）の危険性が高まることが明らかになっている。当面目標とするBMIの範囲は、50～64 歳は 20.0～24.9 kg/m² であるが、65 歳以上においては 21.5～24.9 kg/m² と下限を引き上げて、虚弱予防、転倒予防や介護予防の観点と生活習慣病予防の両者に配慮している。

表 8.5　年齢階級別の推定エネルギー必要量

	男　性			女　性		
	Ⅰ(低い)	Ⅱ(ふつう)	Ⅲ(高い)	Ⅰ(低い)	Ⅱ(ふつう)	Ⅲ(高い)
65～74 歳	2,050	2,400	2,750	1,550	1,850	2,100
75 歳以上	1,800	2,100	―	1,400	1,650	―

2) たんぱく質

成人期においては、加齢により、最大換気量、腎血流量、肺活量などの生理機能は低下し、体組織では骨格筋が減少し、脂肪は増加傾向を示す。一般に、高齢者では、日常の生活活動は不活発となり、食欲低下とあいまって食事摂取量が少なくなることが多い。フレイルおよびサルコペニアの発症予防を目的とした場合、少なくとも 1.0 g/kg 体重/日以上のたんぱく質を摂取することが望ましいと考えられている。施設入居者や在宅ケア対象の高齢者では低栄養状態にあり、負の窒素出納を示す人が少なくない。また、たんぱく質摂取量が低下している高齢者では、フレイルが高度にみられることが報告されている。身体活動量が低下すると骨格筋のたんぱく質代謝が低下し、たんぱく質の推定平均必要量は大きくなる。また、エネルギー摂取量が低い場合にもたんぱく質の推定平均必要量は大きくなるので、そのような対象については、たんぱく質補給量を考慮する必要がある。

日本人の食事摂取基準（2020年版）では、たんぱく質維持必要量が、全年齢区分（1歳以上）で男女ともに0.66g/kg体重/日に統一されている。高齢者のフレイル予防の観点から、総エネルギーに占めるべきたんぱく質由来エネルギーの割合（%エネルギー）について、65歳以上の目標量の下限については15%エネルギーにひき上げられている。

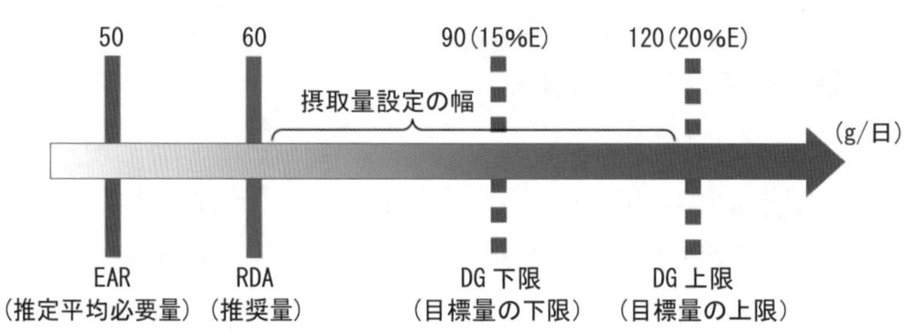

たんぱく質の目標量は推奨量よりも高く設定されている。ただし、身長・体重が参照体位に比べて小さい者などで、目標量の下限がRDAを下回る場合もあるが、RDA以上の摂取とすることが望ましい。

出典）多賀昌樹「日本人の食事摂取基準（2020年版）」の変更点の概要と活用法　48(552)Nttrition Care 2020 vol.13no.6

図8.4　たんぱく質の食事摂取基準（65～74歳）

3）脂質

脂質、飽和脂肪酸、n-6系脂肪酸、n-3系脂肪酸について基準を設定している。脂質は、目標量として20～30（%エネルギー）とし、飽和脂肪酸は7（%エネルギー）以下で示した。n-6系脂肪酸、n-3系脂肪酸は現在の日本人の摂取量の中央値に基づいて目安量が設定され、コレステロールについても目標量の設定には至っていない。

4）ビタミン

（i）ビタミンAおよびE

高齢者の食事摂取基準は、成人と同様に計算され、参照体重の違いにより、65～64歳と75歳以上で異なる値となっている。推奨量は前期高齢者では男性850μgRAE/日、女性700μgRAE/日である。後期高齢者では男性800μgRAE/日、女性は650μgRAE/日である。ビタミンEの目安量は、前期高齢者では男性7.0mg/日、女性6.5mg/日、後期高齢者では男女ともに6.5mg/日である。

（ii）ビタミンD

ビタミンDはカルシウム代謝、骨代謝に密接に関わっており、高齢者においては骨粗鬆症との関連が注目され、腸管内カルシウム吸収を促すため、カルシウム摂取量が相対的に少ない日本人にとって重要な栄養素である。日照により皮膚でビタミンDが産生されることを踏まえ、フレイル予防はもとより、全年齢区分を通じて、日常生活において可能な範囲での適度な日光浴を心がけるとともに、ビタミンD摂取については、日照時間を考慮に入れることが重要である。目安量は成人と同じ8.5 μg/日、耐容上限量は100 μg/日。

5）ミネラル

（ⅰ）ナトリウムおよびカリウム

推定平均必要量は、男女とも600 mg/日（食塩相当量1.5 g/日）。食塩相当量の目標量は、男性7.5g/日未満、女性6.5g/日未満としている。高温環境での労働や運動時の高度発汗ではナトリウムを損失することがある。近年のわが国の特に夏季の気温上昇を考慮すると、熱中症対策としても適量の食塩摂取は必要である。ただし、必要以上の摂取は生活習慣病の発症予防、改善、重症化予防に好ましくないので、注意が必要である。

一方、カリウムについては、日常的に食品から十分量を摂取することが血圧低下と脳卒中予防に有効であることが示唆されており、さらに骨量維持に対する有効性も示されている。カリウムが豊富な食事が望ましいが、特に高齢者では、腎機能障害や、糖尿病に伴う高カリウム血症に注意する必要がある。

（ⅱ）カルシウム

十分なカルシウム摂取量は、骨量の維持に必要であり、骨量の維持によって骨折の発症予防が期待される。推定平均必要量は、体内カルシウム蓄積量、尿中排泄量、経皮的損失量と見かけのカルシウム吸収率を用いて算定し、男性：600 mg/日、女性：550 mg/日とし、推奨量は65～74歳と75歳の区分でそれぞれ算定されている。

（ⅲ）鉄

高齢者では、鉄の吸収率が次第に低下する。また、小食や偏食なども加わり、鉄欠乏性貧血に陥りやすい。推定平均必要量は、男性：6.0 mg/日、女性：5.0 mg/日、推奨量は前期高齢者男性では7.5 mg/日、後期高齢者では7.0 mg/日、女性は6.0 mg/日である。

3 高齢期の栄養アセスメントと栄養ケア

高齢者は、多くの臓器・組織の機能が低下しており、その結果、適応力や予備力が低下している。そのため、けがや疾病などにより食事が十分に摂取できなくなると、低体重から低栄養状態に陥りやすい。また、複数の慢性疾患をかかえて服薬していることや、臓器・組織の加齢に伴う機能低下など個人差が大きい。高齢期の栄養アセスメントを行うためには、このような特徴を考慮した総合的な評価が必要である。

栄養問題には、過剰栄養と低栄養に大別されるが、高齢期で特に留意すべきは低体重と低栄養状態への対応である。

3.1 栄養アセスメント

高齢期における栄養アセスメントの要点項目は、以下の通りである。

(1) 身体計測

身体計測によって、長期間にわたる栄養状態を評価できる。測定項目として、身長、体重、上腕周囲長、皮下脂肪厚、上腕周囲、上腕筋面積などが多く用いられている。

体格指数は body mass index (BMI) が一般的である。BMI の増減が脂肪量、除脂肪量のいずれによるものかは判断できないため、近年、除脂肪量指数（fat free mass index : FFMI）も用いられるようになっており、健康長寿新ガイドラインでは実践目標値を男性 16 以上、女性 14 以上としている（図 8.5）。

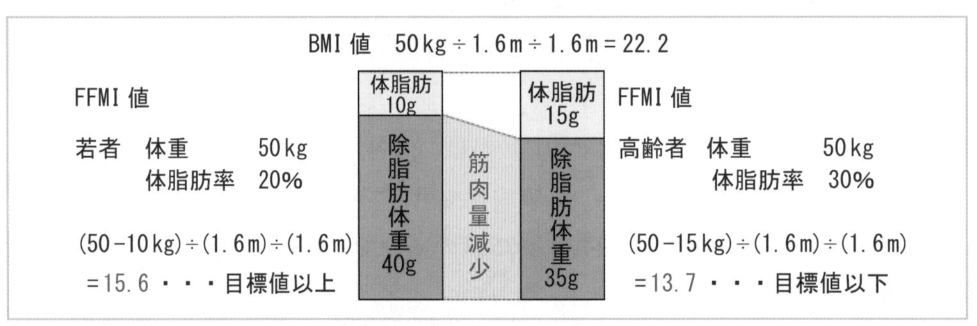

出典）健康長寿新ガイドラインエビデンスブック　東京都健康長寿医療センター　一部改変

図 8.5　加齢に伴う身体組成（FFMI 値）の変化

(2) 生化学的検査

高齢者にとって重要な栄養障害はたんぱく質・エネルギー低栄養状態（protein-energy malnutrition : PEM）と貧血である。たんぱく質栄養状態を評価する指標では、血清アルブミン、トランスフェリン、レチノール結合たんぱく質、プレアルブミンなどがある。アルブミンは半減期が 14〜21 日と長いため、比較的長期の栄養状態の評価に用いられる。短期間の栄養状態の変化を評価する指標としては、半減期の短いプレアルブミン、レチノール結合たんぱく質、トランスフェリンなどが適している。貧血の有無は、ヘモグロビン量や赤血球数で、鉄栄養状態はフェリチンによる測定により評価される。

高齢期においては、血清総コレステロール値がエネルギーやたんぱく質などの栄養状態を反映して低下することがあるので注意が必要である。

(3) 問診・観察

身体状況、自覚症状の他、愁訴、主観的健康観、自立能力（ADL）、知的能力、社会的能力、生きる意欲などの項目がある。また、高齢者は、脱水が起こりやすく、食欲不振、体重の減少、便意の有無およびその原因に注意する。特に体重減少は、高齢者にとって大きな意味をもつ。長期にわたる低栄養状態（protein-energy malnutrition：PEM）、慢性的な消耗性疾患あるいは身体活動の低下などによる体重減少は骨格筋の萎縮をもたらす。このような場合、血清アルブミン値の低下を伴うことも多い。多くの高齢者は、複数の慢性疾患に罹患しているため病歴、既往歴や家族歴の情報も必要であり、問診・観察結果を評価し、栄養状態の改善につなげることが重要である。

(4) 栄養調査

日常的な食事摂取状況の把握は、24時間思い出し法、食物摂取頻度法、秤量法などが用いられる。高齢者では短期記憶能力の低下や視力や聴力の衰えなどから単独では調査実施が困難な場合が多く、同居している家族あるいは介護者の協力によって、比較的正確な食物摂取量を知ることが可能になる。しかし、食事からの栄養摂取量が推奨量や目標量に見合っていたとしても、疾病の有無および進行の程度や服薬の影響などによって、栄養素の消化・吸収や生体内利用率は影響を受け、欠乏状態である可能性もあるので注意が必要である。高齢者の栄養状態を簡便に評価するスクリーニングツールのひとつとして、簡易栄養状態評価表（Mini Nutritional Assessment-Short Form：MNA®-SF、図8.6）がある。

例題3　高齢者における栄養アセスメントに関する記述である。誤りはどれか。1つ選べ。

1. 高齢者ではBMIの他にSMIやFFMIなどの体組成の指標も活用される。
2. 問診には、身体状況、自覚症状の他、主観的健康観や生きる意欲などの項目がある。
3. 高齢者は、食欲不振、体重の減少、便意の有無およびその原因に注意する。
4. 栄養状態を簡便に評価する方法として、簡易栄養状態評価表（MNA®-SF）がある。
5. 高齢者にとって重要な栄養障害はたんぱく質・脂質低栄養状態（PEM）である。

解説　1. SMI（骨格筋指数）については後述。　5. PEM は、たんぱく質・脂エネルギー低栄養状態である。　**解答**　5

簡易栄養状態評価表
Mini Nutritional Assessment
MNA®

Nestlé NutritionInstitute

氏名：　　　　性別：

年齢：　　　　体重：　　　　kg　身長：　　　　cm　調査日：

スクリーニング欄の□に適切な数値を記入し、それらを加算する。11 ポイント以下の場合、次のアセスメントに進み、総合評価値を算出する。

スクリーニング

A　過去３ヶ月間で食欲不振、消化器系の問題、そしゃく・嚥下困難などで食事量が減少しましたか？
0 = 著しい食事量の減少
1 = 中等度の食事量の減少
2 = 食事量の減少なし　□

B　過去３ヶ月間で体重の減少がありましたか？
0 = 3 kg 以上の減少
1 = わからない
2 = 1～3 kg の減少
3 = 体重減少なし　□

C　自力で歩けますか？
0 = 寝たきりまたは車椅子を常時使用
1 = ベッドや車椅子を離れられるが、歩いて外出はできない
2 = 自由に歩いて外出できる　□

D　過去３ヶ月間で精神的ストレスや急性疾患を経験しましたか？
0 = はい　2 = いいえ　□

E　神経・精神的問題の有無
0 = 強度認知症またはうつ状態
1 = 中程度の認知症
2 = 精神的問題なし　□

F　BMI 体重 (kg) ÷ [身長 (m)]²
0 = BMI が 19 未満
1 = BMI が 19 以上、21 未満
2 = BMI が 21 以上、23 未満
3 = BMI が 23 以上　□

スクリーニング値：小計（最大：14 ポイント）　□□
12-14 ポイント：　栄養状態良好
8-11 ポイント：　低栄養のおそれあり (At risk)
0-7 ポイント：　低栄養

「より詳細なアセスメントをご希望の方は、引き続き質問 G～R におすすみください。」

アセスメント

G　生活は自立していますか（施設入所や入院をしていない）
1 = はい　0 = いいえ　□

H　１日に４種類以上の処方薬を飲んでいる
0 = はい　1 = いいえ　□

I　身体のどこかに押して痛いところ、または皮膚潰瘍がある
0 = はい　1 = いいえ　□

J　１日に何回食事を摂っていますか？
0 = 1 回
1 = 2 回
2 = 3 回　□

K　どんなたんぱく質を、どのくらい摂っていますか？
・乳製品（牛乳、チーズ、ヨーグルト）を毎日１品以上摂取　はい □　いいえ □
・豆類または卵を毎週２品以上摂取　はい □　いいえ □
・肉類または魚を毎日摂取　はい □　いいえ □
0.0 = はい、0～1 つ
0.5 = はい、2 つ
1.0 = はい、3 つ　□.□

L　果物または野菜を毎日２品以上摂っていますか？
0 = いいえ　1 = はい　□

M　水分（水、ジュース、コーヒー、茶、牛乳など）を１日どのくらい摂っていますか？
0.0 = コップ 3 杯未満
0.5 = 3 杯以上 5 杯未満
1.0 = 5 杯以上　□.□

N　食事の状況
0 = 介護なしでは食事不可能
1 = 多少困難ではあるが自力で食事可能
2 = 問題なく自力で食事可能　□

O　栄養状態の自己評価
0 = 自分は低栄養だと思う
1 = わからない
2 = 問題ないと思う　□

P　同年齢の人と比べて、自分の健康状態をどう思いますか？
0.0 = 良くない
0.5 = わからない
1.0 = 同じ
2.0 = 良い　□.□

Q　上腕（利き腕ではない方）の中央の周囲長(cm)：MAC
0.0 = 21cm 未満
0.5 = 21cm 以上、22cm 未満
1.0 = 22cm 以上　□.□

R　ふくらはぎの周囲長 (cm)：CC
0 = 31cm未満
1 = 31cm 以上　□

評価値：小計（最大：16 ポイント）　□□.□
スクリーニング値：小計（最大：14 ポイント）　□□.□
総合評価値（最大：30 ポイント）　□□.□

低栄養状態指標スコア
24～30 ポイント　□　栄養状態良好
17～23.5 ポイント　□　低栄養のおそれあり (At risk)

Ref.
Vellas B, Villars H, Abellan G, et al. *Overview of MNA® - Its History and Challenges.* J Nut Health Aging 2006; 10: 456-465.
Rubenstein LZ, Harker JO, Salva A, Guigoz Y, Vellas B. Screening for Undernutrition in Geriatric Practice: *Developing the Short-Form Mini Nutritional Assessment (MNA-SF).* J. Geront 2001; 56A: M366-377.
Guigoz Y. The Mini-Nutritional Assessment (MNA®) *Review of the Literature – What does it tell us?* J Nutr Health Aging 2006; 10: 466-487.

さらに詳しい情報をお知りになりたい方は、www.mna-elderly.com にアクセスしてください。

出典）ネスレ　ヘルスサイエンス HP より転載

図 8.6　簡易栄養状態評価表 MNA®-SF

4 高齢期の疾患予防と栄養ケア

4.1 フレイル

フレイルとは、老化に伴う種々の機能低下（予備能力の低下）を基盤とし、さまざまな健康障害に対する脆弱性が増加している状態、すなわち健康障害に陥りやすい状態をさす。健康障害のなかにはADL障害、要介護状態、疾病発症、入院や生命予後などが含まれる。要介護状態に至る前段階として捉えることができ、介護予防との関連性が高い状態といえる。

フレイルは、海外の老年医学の分野で使用されている英語の「Frailty（フレイルティ）」が語源となっている。「Frailty」を日本語に訳すと「虚弱」や「老衰」、「脆弱」などを意味し、“加齢に伴って不可逆的に老い衰えた状態”といった印象を与えてきた。2014年5月、日本老年医学会は“正しく介入すれば戻る”ということを強調したかったため、多くの議論の末、共通した日本語訳「フレイル」にすることを提唱した。

表8.6にあげた5項目、①体重減少、②主観的疲労感、③日常生活活動量の減少、④身体機能（歩行速度）の減弱、⑤筋力（握力）の低下のうち3項目があてはまればフレイルとし、2項目があてはまる場合はフレイルの前段階であるプレフレイルとしてFriedらが定義づけた。

フレイルは低栄養、転倒を繰り返すこと、嚥下・摂食機能の低下などの身体的側面と、認知機能の低下や意欲や判断力の低下、抑うつなどの精神的側面、家に閉じこもりがちとなって他者との交流の機会が減少する社会的側面とが相互に影響しあっており、身体的・精神的・社会的な多側面に総合的に働きかける必要がある（図8.7）。

表8.6　Friedらのフレイルの定義

1. 体重減少
2. 主観的疲労感
3. 日常生活活動量の減少
4. 身体機能（歩行速度）の減弱
5. 筋力（握力）の低下
上記の5項目中3項目以上該当すればフレイル

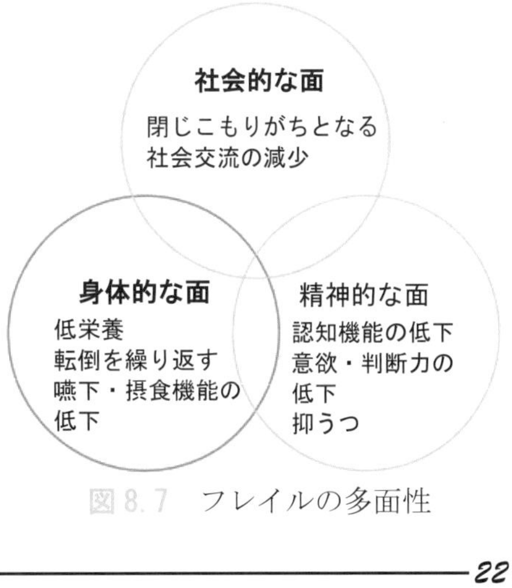

図8.7　フレイルの多面性

中高年者では過栄養、肥満からなるメタボリックシンドロームが糖尿病、脂質異常症などの生活習慣病を引き起こし、死亡リスクを高くするため、生活習慣病の予防が大切であるが、後期高齢者ではフレイルの原因となる身体機能や認知機能の低下に関連する低栄養への対策が重要となる。厚生労働省は、メタボ対策からフレイル対応への円滑な移行が必要として、生活習慣病の重症化の予防とフレイルの進行の予防を重要視している。

例題 4　フレイルに関する記述である。正しいのはどれか。1つ選べ。

1. 一度フレイルの状態に陥ると健康な状態に戻ることはできない。
2. フレイルの次の段階としてプレフレイルがある。
3. フレイルは、体重減少の他、歩行速度の低下や握力低下などの症状がある。
4. フレイルには、精神的な面の影響はない。
5. 高齢期においては、生活習慣病予防が重要である、

解説　フレイは可逆的な疾患であり、前段階としてプレフレイルがある。身体的な面と社会的な面、精神的な面が相互に影響しあっている。生活習慣病予防よりも生活習慣病重症化予防とフレイル進行予防が重要視されている。　**解答** 3

4.2 サルコペニア（Sarcopenia）

サルコペニアとは「加齢に伴う筋力の減少、または老化に伴う筋肉量の減少」をさし、Rosenbergにより提唱された比較的新しい造語である。骨格筋量の減少は骨格筋指数（skeletal muscle index : SMI ; 四肢除脂肪軟組織量/身長^2）を使用し、健康な18歳～40歳未満のSMIの2標準偏差（2SD）未満を有意な骨格筋量減少と定義することが多い。2010年にヨーロッパで、2014年にはアジアでサルコペニアの定義が発表されているが、日本人に適用するには課題が残っており、引き続き検討が必要とされている。

フレイルの診断項目には、身体機能の低下や筋力低下が組み込まれており、サルコペニアとフレイルは密接な関連があることが分かる。サルコペニアの存在は、高齢者の「ふらつき」、「転倒・骨折」、さらには「フレイル」に関連し、身体機能障害や要介護状態との関連性が強い（表8.7）。

表8.7　サルコペニアの診断

1. 筋肉量減少
2. 筋力低下（握力など）
3. 身体能力の低下（歩行速度など）

診断は上記の項目1に加え項目2または項目3. を併せ持つ場合

サルコペニアの要因は未だ十分解明されているわけではない。フレイル・サイクル（図 3.3 参照）は Fried らの論文を参照し改変したものであるが、低栄養が存在すると、サルコペニアにつながり、活力低下、筋力低下・身体機能低下を誘導し、活動度、消費エネルギー量の減少、食欲低下をもたらし、さらに栄養不良状態を促進させるというフレイル・サイクルが構築される。一方、欧米からの報告では過栄養、特に肥満の存在はフレイルに関連していることが報告されている。

例題 5　サルコペニアに関する記述である。正しいのはどれか。1 つ選べ。

1. 握力は、保たれる。
2. 歩行速度は、保たれる。
3. 加齢は、原因とはならない。
4. 食事の摂取量低下が、原因となる。
5. サルコペニアはフレイルとは関連しない。

解説　サルコペニアとは、加齢に伴う筋力減少、または老化に伴う筋肉量減少をさす。身体能力低下をみる。フレイルサイクルが構築され、低栄養からサルコペニアにつながる。

解答 4

4.3 ロコモティブシンドローム（Locomotive syndrome）

ロコモティブシンドロームとは日本整形外科学会が、2007（平成 19）年に「運動器の障害による移動機能の低下した状態を表す新しい言葉」として提唱したもので、和文は「運動器症候群」である。運動器の障害により要介護になるリスクが高い状態になるため、予防と早期発見・早期治療が重要である。「運動器の障害」の原因には、大きく分けて、「運動器自体の疾患」と、「加齢による運動器機能不全」がある。

(1) 運動器自体の疾患（筋骨格運動器系）

加齢に伴うさまざまな運動器疾患であり、たとえば変形性関節症、骨粗鬆症に伴う円背、易骨折性、変形性脊椎症、脊柱管狭窄症など、あるいは関節リウマチなどの痛みや関節可動域制限、筋力低下、麻痺、骨折、痙性などにより、バランス能力、体力、移動能力の低下を来す。

(2) 加齢による運動器機能不全

加齢により身体機能は衰える。筋力低下、持久力低下、反応時間延長、運動速度の低下、巧緻性低下、深部感覚低下、バランス能力低下などがあげられる。「閉じこもり」などで、運動不足になると、これらの「筋力」や「バランス能力の低下」などとあいまって、「運動機能の低下」が起こり、容易に転倒しやすくなる。

例題 6　ロコモティブシンドロームに関する記述である。間違っているのはどれか。1つ選べ。

1. 運動器の障害による移動機能の低下した状態を表す。
2. 予防と早期発見・早期治療が重要である。
3. 原因は、運動器自体の疾患と加齢による運動器機能不全に分けられる。
4. 運動機能の低下が起こると、容易に転倒しやすくなる。
5. 要介護になるリスクはあまり高くない。

解説　運動器の障害により要介護になるリスクが高い状態になるため、早期発見と早期治療が重要である。　**解答** 5

4.4 転倒・骨折の予防

高齢者の転倒は、骨折や頭部外傷などにつながる問題としてリスクとして取り扱われ、転倒骨折は寝たきりの主要な原因であり、その予防は重要である。簡易に転倒リスクを評価するスクリーニング法として、Fall Risk Index（FRI）を表 8.8 に示す。転倒歴はその後の転倒リスクに強い関連があることが示されており、過去1年に転んだことがあるかという項目は、あれば5点を採点する。加えて、歩行速度、杖の使用、背中の丸さ、服薬量の項目でひとつでもあてはまれば転倒リスクが高いと判断できる。

表 8.8　Fall Risk Index（FRI）

過去1年に転んだことはありますか	はい	5点
歩く速度が遅くなったと思いますか	はい	2点
杖を使っていますか	はい	2点
背中が丸くなってきましたか	はい	2点
毎日お薬を5種類以上飲んでいますか	はい	2点

出典）介護予防マニュアル（改訂版）

転倒の予防には、①家庭環境の改善：つまずきやすいものを片付け、LEDなど明るい照明にする。②運動：散歩やストレッチなど適度な運動を行う。③食事：肉など、たんぱく質を豊富にとる。④はき物：つま先が反り上がったものをはく（スリッパは禁止）などに留意する。

高齢者の骨折は、骨強度の低下による脆弱性骨折が多いのが特徴である。大腿骨頸部、胸腰椎、上腕骨頸部、橈骨遠位端（前腕の親指側にある長骨）などに多く認められる。なお、高齢者ではまれに、がんなどの腫瘍の転移による病的骨折を起こしている場合もあり、注意が必要である。骨粗鬆症状態にある高齢者は、転倒により骨折を起こしやすい。

予防のためには、定期的に検診を受けて骨粗鬆症の程度を評価し、エネルギー、たんぱく質摂取に努め、カルシウム、ビタミンDなどの栄養素を適量摂取することが大切である。

例題 7 高齢者の転倒・骨折に関する記述である。間違っているのはどれか。1つ選べ。

1. 転倒骨折は寝たきりの主要な原因であり、その予防は重要である。
2. 簡易に転倒リスクを評価するスクリーニング法として、Fall Risk Index（FRI）がある。
3. 転倒歴はその後の転倒リスクに関連はない。
4. 転倒の予防には肉などのたんぱく質をしっかりとることが大切である。
5. 骨粗鬆症状態にある高齢者は転倒により骨折を起こしやす。

解説 転倒歴はその後の転倒リスクに強い関連がある。 **解答** 3

4.5 認知症への対応

認知機能低下の主な症状として「記憶障害」「失語」「失行」「失認」「遂行機能障害」の5つがあげられる。認知機能低下の一番の要因は加齢であり、個人差はあるが、60歳を過ぎると少しずつ認知機能が衰えるといわれている。加齢以外には、アルツハイマー病やピック病・びまん性レビー小体病などを始めとした神経変性疾患、脳梗塞や脳出血・慢性硬膜下血腫・脳腫瘍・脳炎・正常圧水頭症など脳の病気、クロイツフェルト・ヤコブ病などの感染症などが原因としてあげられる。また、甲状腺機能低下症やビタミンB_{12}欠乏症、脱水など内科系の病気が原因で起こることもある。その他、統合失調症やうつ病といった精神疾患や薬剤による認知機能の低下がみられることがある。

現時点では、認知機能の低下を確実に抑える方法はない。少しでも認知機能の低下を予防する方法としては、ウォーキングやエアロビクスなどの有酸素運動を続けること、抗酸化物質や抗炎症物質として知られるポリフェノールやEPA・DHAなどの摂取である。また、社会参加、知的活動・生産活動への参加なども進行遅延に役立つとされている。

例題 8　認知症への対応についての記述である。正しいのはどれか。1つ選べ。

1. 認知機能低下の一番の要因は脳の病気である。
2. 60歳を過ぎると認知機能はだれもが同じように衰える。
3. 認知機能の低下を確実に抑える方法がみつかった。
4. 主な認知症はアルツハイマー型認知症と脳血管性認知症である。
5. 予防方法として、有酸素運動や食事が大切であり、社会参加は進行遅延には役立たない。

解説　認知機能低下の一番の要因は加齢である。機能低下には個人差はあり、確実に抑える方法はない。社会参加、知的活動・生産活動への参加も進行遅延に役立つ。

解答 4

4.6 咀嚼・嚥下障害への対応

咀嚼は、口の中で食べ物を飲み込みやすいように唾液と混ぜながら食べ物の塊（食塊）をつくる工程である。食塊が形成されると飲み込みの反射（嚥下反射）が起こり、食塊が咽頭を通過する。これが嚥下である。高齢者は、食事摂取を口から食べられる「食べる機能」に注意をすることが重要である。口から食べることは消化器だけでなく五感を刺激し、筋肉などの身体機能に多くの影響を与える。しかし、加齢に伴い歯・口腔機能の悪化による咀嚼の問題や脳梗塞の後遺症や認知症などから、摂食・嚥下機能は低下し、特に水分摂取時にムセが生じたり、気道を塞ぐなど窒息の危険が生じる。

誤嚥による肺炎発症を防ぐため、食事をとる行為そのものに十分注意し、適切な評価を行い、包括的な対応が必要である。嚥下体操やイメージトレーニングなどを行い、食事を安全にとるための体勢づくりをするとともに、誤嚥を防ぐために開発された嚥下補助食品などを活用するなど対策が重要である。嚥下しやすい調理の形態は、適度な粘度があり口腔内で食塊を形成しやすい、口腔や咽頭を変形しながらなめらかに通過する、密度が均一でべたつかずのど越しがよいものである（表8.9）。

嚥下に注意が必要な形態や食品（表8.10）は、食べやすい形態にしたり、とろみ調整食品をうまく活用するとよい。機能低下の程度や障害部位によって、食事内容だけではなく、介助するペース、一口量、喫食する体位などにも配慮する。また、自助具などを活用するのもひとつの方法である。

表 8.9 嚥下に好ましい形態と食品

形態	食品
プリン状	プリン、ババロア、ムース
ゼリー状	果物のスープのゼリー
ポタージュ状	クリームスープ、シチュー
ネクター状	桃、バナナ、リンゴ
乳化状	アイスクリーム、ヨーグルト
すり身状	魚のすり身、やまいも
蒸し物	茶碗蒸し、豆腐
裏ごし状	人参、かぼちゃ、枝豆

表 8.10 嚥下に注意が必要な形態と食品

形態	食品
粘性のない液体	水、お茶 ジュース
酸味が強いもの	柑橘類のジュース、酢の物
小さくかたいもの	ごま、ピーナッツ、豆類
小さく食塊を形成するもの	かまぼこ、ちくわ、寒天ゼリー
パサパサしてばらつきやすいもの	パン、カステラ、焼き魚、ゆで卵
口腔や咽頭に付着しやすいもの	わかめ、のり
粘度の強いもの	餅、だんご
線維が多くかたいもの	ごぼう、たけのこ、葉野菜

例題 9 嚥下障害の高齢者に適した調理法に関する記述である。誤っているのはどれか。1つ選べ。

1. バナナをつぶす。
2. ゆでたニンジンを刻む。
3. お茶をゼリー状に固める。
4. りんごをすりおろしてネクター状にする。
5. みそ汁にとろみをつける。

解説 刻むと口腔内でバラバラになりやすく、誤嚥しやすい。 **解答** 2

例題 10 食事は自立しているが、普通食ではむせることがあり、主食は全粥としている高齢者の副菜として、最も適切なのはどれか。1つ選べ。

1. おろし大根の酢の物
2. 刻んだたくあんの漬物
3. やわらかく煮ただいこん
4. 季節のタケノコの煮物

解説 3. は柔らかく、ある程度の歯ごたえがあり食べやすいため、適切であると考えられる。酢の物はむせやすく、刻んであるものはバラバラになって誤嚥しやすく、繊維質の多い野菜は嚥下しにくいため注意する。 **解答** 3

4.7 ADL（Activities of Daily Living）の支援

ADL とは食事や入浴、排泄の他、金銭や薬の管理、外出先で乗り物を利用したりする動作などの「日常生活動作」である。QOL（Quality of Life：生活の質）と ADL は精神的な満足感や充足感を評価するための概念であり、どれだけ人間らしい生活を送り、生きがいを見出しているかを判断するために必要な尺度を表している。以前は介護の現場では、身体のケアや生活のサポートなど、ADLが重視されていたが、QOLも大事にすることで、被介護者の精神的な充実を図ろうという考えが浸透してきた。介護を受ける人ができること、できないことに注目するだけでなく、要介護者の意志や自立性を尊重し、本人が希望する介護の形を実現することで、QOLの向上へとつながる。

ADL改善のためには、適度な運動や栄養バランスを考慮した食事を取り入れるなど、健康的な生活習慣を身につけることが必要である。ADLの低下を理由に行動を制限するのではなく、食事や家事、趣味活動などの日常生活を送ることが、ADLの改善へとつながる。積極的に外出して家族以外の人間とコミュニケーションをとったり、社会活動に参加して役割を担ったりすれば、生活の幅はますます広がる。介護レクリエーションもADL改善につながる重要な要素であり、単なる娯楽や余暇とは違う。介護を受ける人の個性や要望を尊重し、無理なく楽しく実践できるレクリエーションの形を選択することが大事である。

筋力が低下し、関節可動域が減少している高齢者では、身体活動がしにくく、エネルギー代謝は低下しており、肥満傾向となり、高血圧、糖尿病、動脈硬化症など生活習慣病リスクを高める。一方、身体活動量が低下してエネルギー摂取量が低下すると、低栄養のリスクを高める。過栄養あるいは低栄養に陥らないよう、きめ細かな指導が必要である。

例題 11　高齢者のADL支援に関する記述である。誤っているのはどれか。2つ選べ。

1. ADLとは、移動・排泄・食事・更衣・洗面・入浴などの日常生活動作のことである。
2. ADLの低下に影響を与える要因は身体機能の低下だけである。
3. 認知機能が低下するとADLの低下へとつながる。
4. ADL機能評価には機能的評価を数値化したバーセルインデックス（Barthel Index：BI）が使われている。
5. 高齢者にとって生きる意欲はもつことは重要ではない。

解説　2. ADLと身体・認知機能、精神面、社会環境は相互に作用しあっており、ひとつでも機能が低下するとADLの低下へとつながる。　5. 生きる意欲はQOL向上実現要因である。　4. BIは高齢者や障がい者のADLを評価することを目的に開発された指標である。

解答　2、5

4.8 脱水と水分補給

脱水とは、体内の水分量が体重の3%以上減少することで生じる症状で、生体に悪影響を及ぼす。高齢者に多い脱水症は、食欲が低下し、食べ物や水分を口から摂取できなくなることが原因と考えられている。摂食量が低下する要因には、病気による食欲低下だけでなく、食事が面倒になることや、一人での食事はつまらないといった精神的な理由も含まれる。また、高齢になると喉の渇きを自覚しにくくなり、自分で水分を摂取する機会が減るため、脱水症を起こしやすくなる。認知症を患っている場合は、自律神経の働きや判断力の低下から、脱水症になりやすいうえに、喉の渇きや食欲不振などの脱水症状を自覚できないため、より注意が必要である。その他、下痢や嘔吐の症状がみられる場合、腎臓疾患がある場合、利尿薬を使用している場合も、脱水症のリスクが高まる。

脱水症は、発症後の対応からではなく、事前の予防が重要である。たとえ喉が渇いていなくても、1日を通じて意識的に水分をとるようにし、介護者もそのように勧める。飲み込むのが難しい場合は、とろみをつけたり、ゼリータイプの飲料を使ったりするのもよい方法である。また、入浴前後に水分をとることや、湯温を40℃以下にして長湯をしないといった配慮も必要である。

脱水症は、場合によっては命に関わる重篤な症状であるが、正しい水分補給で未然に防ぐことができる。食事以外に1日1,000～1,500mL程度の水分補給を心がける。

例題 12　高齢者における水分補給についての記述である。誤っているのはどれか。2つ選べ。

1. 高齢者における脱水症は、食欲低下による摂取量不足が原因である。
2. 高齢になると喉の渇きを自覚しにくくなる。
3. 認知症の場合、喉の渇きに敏感になり、脱水症になりにくい。
4. 下痢や嘔吐の症状や、腎臓疾患、利尿薬使用の場合も、脱水症のリスクが高まる。
5. 脱水症にならないためには、喉がかわいたら水分を取ればよい。

解説　3. 認知症の場合は、喉の渇きや食欲不振などの脱水症状を自覚できないため、より注意が必要である。　5. 脱水症は、事前の予防が重要であり、喉が渇いていなくても、意識的に水分をとることが大切である。　**解答**　3、5

4.9 低栄養の予防・対応

高齢者における低栄養の要因を表8.11にあげた。生活環境、年齢に伴う機能の低下、精神的要因など1つないし複数の要因が重なって食欲不振や、偏った食事になる。食事摂取量の減少により低栄養状態となり、生活活動量は低下する。体重や骨格筋の筋肉量、筋力も減少し、たんぱく質・エネルギー低栄養状態（PEM）に陥る。これにより、免疫力が低下し感染症罹患の危険性も高くなる。

高齢者はさまざまな原因で食欲の低下が起こりやすく、一見元気そうに見えても低栄養は潜在的に進行することが多い。欠食を避け、日常の食事から魚・肉類、乳製品、野菜、果物などバランスよくとるよう心掛け、たんぱく質や必須アミノ酸、必須脂肪酸、カルシウム、鉄、食物繊維などが不足しないようにする必要がある。また、少ない食事量で栄養素摂取状態を良好にするためには、口腔内の状態を良好に保ち噛む力を維持することが大切であり、体を動かし食欲を増進したり、地域やコミュニティ活動への参加や会食の機会をつくることも必要である（表8.12）。

表8.11　高齢者のさまざまな低栄養の要因

1. 社会的要因	3. 疾病要因	4. 精神的心理的要因
独居 介護力不足・ネグレクト 孤独感 貧困	臓器不全 疼痛 薬物副作用 日常生活動作障害 炎症・悪性腫瘍 義歯など口腔内の問題 咀嚼・嚥下障害 消化管の問題（下痢・便秘）	認知機能障害 うつ 誤嚥・窒息の恐怖
2. 加齢の関与		5. その他
嗅覚、味覚障害 食欲低下		不適切な食形態の問題 栄養に関する誤認識 医療者の誤った指導

表8.12　今日から実践！ 安心食生活

1. 食事は1日に3回バランスよくとり、食事は絶対に抜かない。
2. 動物性たんぱく質を十分にとる。　3. 魚と肉は1対1の割合でとり、魚に偏らないようにする。
4. 肉は、さまざまな種類や部位を食べるようにする。　5. 油脂類の摂取が不足しないように注意する。
6. 牛乳は毎日200mL（1本）以上飲む。
7. 野菜は、緑黄色野菜や根菜類など、たくさんの種類を食べ、火を通して調理し、摂取量を増やす。
8. 食欲がないときは、おかずを先に食べ、ご飯を残す。　9. 調味料を上手に使い、おいしく食べる。
10. 食材の調理法や保存法を覚える。　11. 和風、洋風、中華など、さまざまな料理をつくるようにする。
12. 家族や友人と会食する機会を増やす。　13. かむ力を維持するため、義歯の点検を定期的に受ける。
14. 健康情報を積極的に取り入れる。

出典）柴田 博：「今日から実践！ 安心食生活」（株）社会保険出版社 2010

例題 13　高齢期の栄養についての記述である。正しいのはどれか。1つ選べ。

1. 高齢期は、成長するわけではないので栄養は足りている。
2. たんぱく質とエネルギーが十分に摂れていない状態をPETという。
3. 食欲がないときは主食から食べるとよい。
4. 活動量が少ないので、欠食しても影響がない。
5. 低栄養予防のために、コミュニティ活動への参加や会食の機会をつくる。

解説　1. 食欲低下などにより、一見元気そうに見えても低栄養は潜在的に進行することが多い。　2. PET ではなく PEM (Protein energy malnutriton)。　4. 欠食は避け、食欲がないときはおかずから食べるようにする。　**解答** 5

章末問題

1　サルコペニアに関する記述である。誤っているのはどれか。1つ選べ。

1. 握力は、低下する。
2. 歩行速度は、保たれる。
3. 加齢が、原因となる。
4. 食事の摂取量低下が、原因となる。
5. ベッド上安静が、原因となる。

（第33回国家試験）

解説　歩行速度は、低下している。サルコペニアは、加齢に伴う筋肉量や筋力の低下を意味する。歩行速度の低下は、EWGSOP によるサルコペニア診断基準にも示されており 0.8m/秒以下が基準となっている。　**解答** 2

2　成人期に比較して、高齢期で低下する項目である。誤っているのはどれか。1つ選べ。

1. 基礎代謝量
2. 体重1kg当たりのたんぱく質必要量
3. 嚥下機能
4. 骨密度
5. 肺活量

（第33回国家試験）

解説　2. 体重1kg当たりのたんぱく質必要量は、成人期と同じかそれ以上となる。5. 肺活量は男女とも20歳前後で最大値を示し、年齢とともに減少する。　**解答** 2

3　嚥下障害の高齢者に適した調理法に関する記述である。誤っているのはどれか。1つ選べ。

1. バナナをつぶす。
2. きゅうりを刻む。
3. にんじんを軟らかく煮る。
4. ジュースをゼリー状に固める。
5. お茶にとろみをつける。

（第32回国家試験）

解説　嚥下障害の高齢者に適した調理法・なめらかで、飲み込みやすい。・口の中でまとまりやすい。2. きゅうりを刻むと口内でバラバラになりやすく、誤嚥しやすい。

解答 2

4　高齢者の栄養管理に関する記述である。誤っているのはどれか。1つ選べ。

1. ロコモティブシンドロームでは、要介護になるリスクが高い。
2. サルコペニアでは、筋萎縮がみられる。
3. フレイルティ（虚弱）の予防では、除脂肪体重を維持する。
4. 褥瘡の予防では、たんぱく質を制限する。
5. 誤嚥性肺炎の予防では、口腔ケアを実施する。

（第32回国家試験）

解説　褥瘡の予防では、たんぱく質の摂取をすすめる。

解答 4

5　K介護保険施設に勤務する管理栄養士である。デイサービス利用者の食事指導を実施している。対象者は、76歳、女性。身長150cm、体重42kg、BMI 18.7 kg/m^2。この1年間で体重が2kg減少した。最近、歩行速度が遅くなり、疲労感が強くなった。この利用者に対して、食事バランスガイドを用いて普段の食生活を尋ねた。特に留意すべき料理区分として、最も適切なのはどれか。

1. 主食　　2. 主菜　　3. 副菜　　4. 菓子・嗜好飲料

（第31回国家試験）

解説　疲労感が強くなったことや歩行速度が遅くなったという女性の訴えから、たんぱく質源となる主菜の積極的な摂取によって、体力の維持と増進をめざしたい。体重の減少は、エネルギー摂取量の不足の可能性も考えられるが、1年間で2kgとそれほど急ではないため最も適切であるのは2. 主菜と考えられる。

解答 2

6　K介護保険施設に勤務する管理栄養士である。利用者は80歳、女性、150 cm、体重40 kg、BMI 17.8 kg/m²。食事は自立しているが、普通食ではむせることがあり、主食は全粥としている。この利用者の副菜として、最も適切なのはどれか。1つ選べ。

1. もずくの酢の物　　2. 刻んだきゅうりの漬物
3. やわらかく煮ただいこん　　4. 小松菜ともやしの和え物　（第31回国家試験）

解説　3. 柔らかく、ある程度の歯ごたえがあり食べやすいため、適切であると考えられる。1. 酢の物はむせやすく、2. 刻んであるものはバラバラになって誤嚥しやすく、4. 生野菜など繊維質の多い野菜は嚥下しにくいため注意する。　**解答** 3

7　高齢者の栄養管理に関する記述である。正しいのはどれか。2つ選べ。

1. 褥瘡の予防では、体位変換が有効である。
2. フレイルティ（虚弱）の予防では、徐脂肪体重を減少させる。
3. 変形性膝関節症では、肥満がリスク因子となる。
4. 便秘の予防では、水分摂取を控える。
5. 骨粗鬆症の予防では、リンを多く含む食品を摂取する。　（第30回国家試験）

解説　2. フレイル予防では、体脂肪を除いた筋肉、内臓器官、骨などの徐脂肪体重を増加させる。4. 便秘の予防では、水分摂取を十分に、こまめに行う。5. 骨粗鬆症の予防では、カルシウムやビタミンDを多く含む食品を摂取する。　**解答** 1.3

8　高齢者の口腔機能と栄養に関する記述である。誤っているのはどれか。1つ選べ。

1. そしゃく機能に障害のある者は、誤嚥しやすい。
2. 水やお茶などは誤嚥しにくい。
3. 酸味の強い食べ物は、誤嚥しやすい
4. 凝集性は、嚥下調整食の物性指標である。
5. 嚥下障害は、低栄養のリスク因子である。　（第30回国家試験）

解説　水やお茶などは粘り気がなく、誤嚥しやすい。　**解答**　2

9　高齢者の身体機能に関する記述である。正しいのはどれか。1つ選べ。

1. 身体機能の個人差は、小さくなる。
2. 食物の胃内滞留時間は、短縮する。
3. 嚥下反射は、低下する。
4. 温冷感は、鋭敏になる。
5. 口渇感は、鋭敏になる。

（第29回国家試験）

解説　4. 温冷感は鈍感になるので、夏は熱中症などに気をつける。5. 口渇感は鈍感になるので水分の摂取不足に気をつける。　**解答**　3

10　成人期に比較して高齢期に起こる身体的・生理的機能の変化に関する記述である。正しいのはどれか。1つ選べ。

1. 膵液分泌量は、増加する。
2. 消化管筋層は、薄くなる。
3. 食道の蠕動運動は、増大する。
4. 血中副甲状腺ホルモン（PTH）は低下する。
5. 血中コルチゾールは、上昇する。

（第28回国家試験）

解説　1. 膵液分泌量は低下する。3. 食道の蠕動運動は、減弱する。4. 血中カルシウム濃度を維持するために、副甲状腺ホルモンの分泌が上昇する。5. 血中コルチゾールは変化しない。　**解答**　2

11　老年症候群に含まれる症候である。誤っているのはどれか。1つ選べ。

1. 誤嚥　2. うつ　3. 転倒　4. 黄疸　5. 褥瘡　（第28回国家試験）

解説　4. 黄疸は、老年症候群との関連はなく、血中ビリルビン値の上昇によって現れる。 出生後数日で起こる新生児の黄疸や、溶血による黄疸、胆汁うっ滞による黄疸などさまざまである。
解答 4

12 嚥下障害・誤嚥に関する記述である。正しいのはどれか。1つ選べ。

1. 温度が体温程度である食事は、誤嚥しやすい。
2. とろみをつけたお茶は、誤嚥しやすい。
3. 認知症患者は、誤嚥を起こしにくい。
4. 誤嚥を防ぐには、食物嚥下時に顎を上げる。
5. きざみ食は、誤嚥を起こしにくい。 (第27回国家試験)

解説 1. 体温程度の食事は、温度による刺激が少なく、嚥下反射を起こしにくいため誤嚥しやすい。2. とろみをつけたお茶は、誤嚥しにくい。 3. 認知症患者は誤嚥を起こしやすい。4. 誤嚥を防ぐには食物嚥下時に顎を引く。5. きざみ食は誤嚥を起こしやすい。
解答 1

13 高齢期の栄養に関する記述である。誤っているのはどれか。1つ選べ。

1. たんぱく質の不足は、褥瘡のリスク因子である。
2. 高尿酸血症は、変形性膝関節症のリスク因子である。
3. 認知症は、摂食行動異常の原因となる。
4. うつ状態は、低栄養のリスク因子である。
5. 腹筋の緊張低下は、便秘の原因となる。 (第26回国家試験)

解説 高尿酸血症は、痛風のリスク因子である。 **解答** 2

第9章 運動・スポーツと栄養

達成目標

- 生涯を通じた健康管理のための身体活動・運動の意義について説明できる。
- 身体活動・運動時のエネルギー・基礎代謝および生理的変化の特徴について説明できる。
- 年齢、運動の種類、強度（メッツ、%最大酸素摂取量)、時間に応じた栄養マネジメントについて説明できる。
- さまざまなトレーニング時の効果的な栄養補給法について説明できる。

1 運動時の生理的特徴とエネルギー代謝

1.1 骨格筋とエネルギー代謝

(1) 筋肉の種類と特徴

生体の筋肉は、3つに分類をすることができる。心臓を形づくる心筋、身体の動作に用いる骨格筋、内臓や血管を形作る平滑筋である（表 9.1）。

表 9.1　筋肉の種類と特徴

横紋筋	心筋	心臓	不随意筋
	骨格筋	骨に付着	随意筋
平滑筋		内臓や血管	不随意筋

心筋や骨格筋は、顕微鏡で拡大して観察した際に、規則正しい横紋構造を確認することができるため、横紋筋ともよばれている。一方、内臓や血管の筋は、心筋や骨格筋のような横紋構造がみられないため、平滑筋とよばれている。また、骨格筋は自らの意思で動作することができるため随意筋とよばれ、平滑筋、心筋は自らの意思で動作することができないため不随意筋とよばれている。

(2) 骨格筋の種類と特徴

骨格筋は、細いひも状の細胞が束になって成り立っており、この細胞を筋線維という。筋線維は遅筋（赤筋）線維と速筋（白筋）線維の2種類に分けられる（表 9.2）。

遅筋（赤筋）線維は、ミトコンドリアが多く存在し、好気的にエネルギーを得ている。筋の収縮速度は遅いが、疲労しにくい特徴をもっており、マラソンなどの持久系の運動に関わっている。一方、速筋（白筋）線維はさらにタイプⅡa線維、タイプⅡb線維に分類される。タイプⅡb線維は、グリコーゲンを多く含んでおり、嫌気的にエネルギーを得ている。収縮速度は速いが、疲労しやすく、瞬発的な運動に関わっている。また、タイプⅡa線維はエネルギー産生能力、疲労耐性ともに遅筋（赤筋）線維とタイプⅡb線維の中間特性を兼ね備えている。

表 9.2　筋線維の種類と特徴

	筋線維		
	遅筋(赤筋)線維	速筋(白筋)線維	
	タイプⅠ (SO)	タイプⅡa(FOG)	タイプⅡb(FG)
収縮測度 (ミオシン ATPase 活性)	遅い	速い	速い
解糖能力 (解糖系酵素活性、グリコーゲン量)	低い	高い	高い
酸化能力 (ミトコンドリア酵素活性、毛細血管密度、ミオグロビン含量)	高い	中間	低い
疲労耐性	高い	中間	低い

競技特性により、遅筋（赤筋）線維と速筋（白筋）線維の割合は異なっている。陸上競技のうち、瞬発力が要求される短距離走の選手における筋線維は、速筋（白筋）線維が多く含まれ、マラソンなど持久力が必要な長距離走の選手では、遅筋（赤筋）線維が多く含まれる特徴がある。これらの特徴はトレーニングにより、筋線維タイプが適応するためである。

(3) エネルギー供給系

運動時には生体からのエネルギーが必要である。エネルギー源は食物中の三大栄養素であり、これらからATP（アデノシン三リン酸）が産生され、運動時のエネルギーとして用いられる。ATPを産生する経路は3つに分類される（図9.1）。また、ATP-PCr系（クレアチンリン酸系）、解糖系（乳酸系）における反応では、酸素を必要としないが、有酸素系の反応では、酸素が必要である。

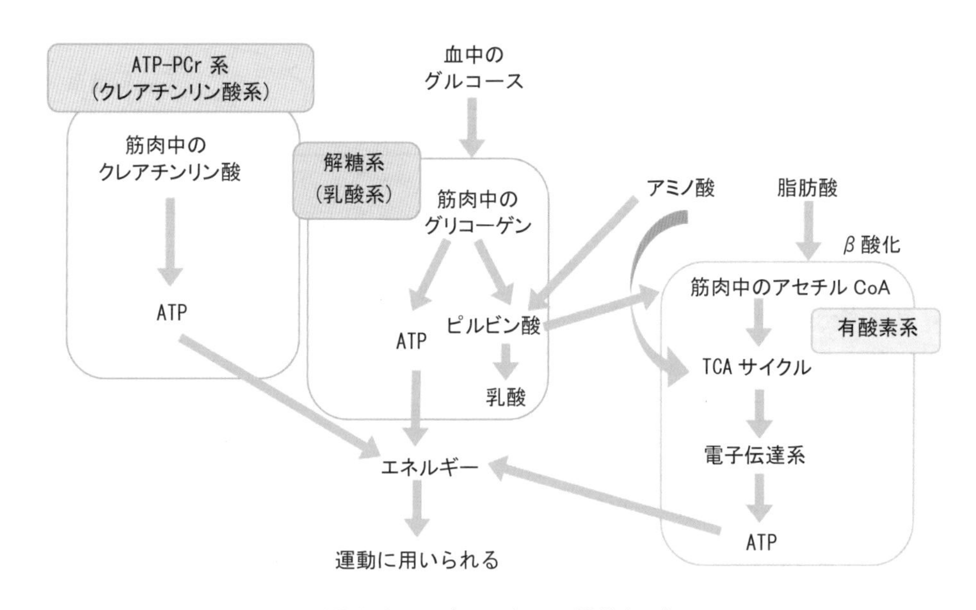

図9.1　エネルギーの供給経路

1) ATP-PCr系（クレアチンリン酸系）

筋肉中には、ATP以外の高エネルギー化合物であるクレアチンリン酸（phosphocreatine : PCr）が存在している。ATP-PCr系では、クレアチンリン酸がクレアチンとPiに分解される際に発生するエネルギーを用い、ATPを再合成している。ATP-PCr系はエネルギーの供給速度が速いが、クレアチンリン酸の量に限りがあるため、ATPの合成はすぐに終了する。

2) 解糖系（乳酸系）

糖質（グルコースおよびグリコーゲン）が分解される過程で発生したエネルギー

を用い、ATPを再合成する経路である。低い強度の運動を行った場合、糖の分解があまり進まず、ピルビン酸の生成速度は緩やかなため、ピルビン酸は有酸素系で分解される。一方、高い強度の運動を行った場合には、糖の分解が活性化され、ピルビン酸の生成速度が速くなり、乳酸に変換される。

3）有酸素系

有酸素系では、細胞のミトコンドリア内で酸素を用いてATPを生成する。グリコーゲン（糖質）、たんぱく質（アミノ酸）、脂質は有酸素系のTCAサイクルや電子伝達系を経て、ATPを生成し、エネルギーに供給される。

(4) 運動時におけるエネルギー供給系の関与

運動時では、運動強度、運動時間によって、ATP-PCr系（クレアチンリン酸系）、解糖系、有酸素系それぞれから供給されるエネルギーの寄与率が異なる（図9.2）。運動強度が高く、短時間で終了する運動の場合、ATP-PCr系から多くのエネルギーが供給される。一方、運動強度が低く、長時間で行う運動では、有酸素系におけるエネルギーの供給が増加する。解糖系では、約30秒〜3分程度の運動でエネルギー供給を行っている。ただ、運動強度や運動時間に応じ、特定のエネルギー供給系からのみエネルギーが供給されるものではなく、エネルギー供給の寄与率が変化をする。

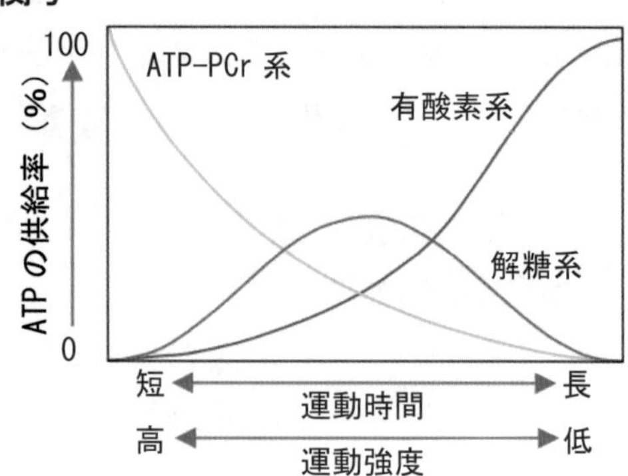

出典）Fox E.,Sports physiology,Philadelphia,Saunders,1979

図9.2　運動強度、運動時間の変化によるエネルギー供給系からのATPの供給率

エネルギー供給系とスポーツ種目との関係について、表9.3に示す。陸上競技の短距離走のように、30秒以内で終了する運動では主に、ATP-PCr系からエネルギーが得られる。一方、マラソンなど長時間に及ぶ持久的な運動では、主に有酸素系からエネルギーが獲得される。運動時間が30秒〜3分に及ぶ運動では、解糖系からのエネルギー供給が大きく役割を果たしている。

表9.3　エネルギー供給系とスポーツ種目との関係

運動時間	エネルギー供給系	スポーツの種類（例）
30秒以下	ATP-CP系	砲丸投げ、100m走、盗塁、ゴルフ、テニス、アメリカンフットボールのバックスのランニングプレー
30秒〜1分30秒	ATP-CP系＋乳酸系	200m走、400m走、100m競泳、スピードスケート（500m、1,000m）
1分30秒〜3分	乳酸系＋有酸素系	800m走、体操競技、ボクシング（1ラウンド）、レスリング（1ピリオド）
3分以上	有酸素系	クロスカントリースキー、マラソン、ジョギング、1,500m競泳、スピードスケート（10,000m）

例題 1　骨格筋とエネルギー代謝に関する記述である。正しいのはどれか。1 つ選べ。

1. 横紋筋の心筋は随意筋である。
2. 速筋(白筋)線維は、疲労しにくい特徴があり、持久系の運動に関わっている。
3. タイプⅡb 線維は、ミトコンドリアが多いことから好気的にエネルギーを得ている。
4. ATP-PCr 系（クレアチンリン酸系）は、エネルギー供給速度が速いため ATP の合成はすぐに終了する。
5. 30 秒以内で終了する運動（陸上の短距離など）では、解糖系からのエネルギー供給が多い。

解説　生体の筋肉である平滑筋、心筋は不随意筋、骨格筋が随意筋である。速筋（白筋）線維は、疲労しやすいため瞬発的な運動、遅筋（赤筋）線維は疲労しにくいことから持久系の運動に関与している。また、タイプⅡb 線維は速筋（白筋）線維であり、嫌気的にエネルギーを得ている。30 秒以内で終了する運動では ATP-PCr 系、30 秒～3 分に及ぶ運動では解糖系、持久的な運動では有酸素系からエネルギーを得ている。

解答 4

1.2 運動時の呼吸・循環応答

(1) 運動時における呼吸の変化

競技者は運動時において、呼吸の回数が増加する。運動時では、エネルギー産生のため、呼吸により、多くの酸素を体内に取り込む必要がある。

呼吸により取り込まれた空気は、気管から左右の肺に到達する。肺の中は、気管支から枝分かれした肺胞が取り巻いており、酸素や二酸化炭素の交換を行っている。肺では酸素を取り込み、二酸化炭素を排出しており、このような肺における空気の流れを肺換気という。また、1 分間当たりの肺換気量を毎分換気量、1 回の呼吸で行われる肺換気量を 1 回換気量という。毎分換気量は、呼吸数に 1 回換気量を乗ずることにより求められる。

安静時において、呼吸数は約 10～15 回/分、1 回換気量は約 500 mL であり、毎分換気量は約 5L～7.5L となる。運動時では、呼吸数とともに 1 回換気量や毎分換気量も増加する。呼吸数では約 35～45 回/分、1 回換気量は約 3L 程度まで増加し、毎分換気量は 100L 以上にまで上昇する。

運動時は、運動強度によって必要な酸素の量が増加する。1 分間に体内に取り込むことができる酸素の量を酸素摂取量といい、酸素摂取量の最大値を最大酸素摂取量という。最大酸素摂取量は、全身持久力の指標として用いられており、この値が高い場合、心肺機能が高く、全身持久力が優れているとされる。マラソンや競泳などの持久系トレーニングを行っている競技者では、最大酸素摂取量の値が高い傾向にある。

(2) 運動時における心臓の役割

呼吸によって肺で取り込まれた酸素は、血液の赤血球中におけるヘモグロビンと結合し、心臓により臓器や骨格筋へ運ばれる。

運動時では、骨格筋において代謝が活性化することから、より多くの酸素が必要となる。運動時における心拍数の増加は、より多くの酸素を骨格筋へ供給するためである。心臓が血液を全身へ運ぶために収縮と弛緩を繰り返しているが、このことを拍動といい、この拍動数のことを心拍数という。また、心臓の1回の拍動で送り出す血液量を1回拍出量、心臓が1分間に送り出す血液量を心拍出量という。心拍出量は、心拍数に1回拍出量を乗じることで算出される。

成人において、安静時では、心拍数が約60〜80回/分、1回拍出量が約60〜70mLであり、心拍出量は、約3.6〜5.6L/分となっている。運動の開始により、心拍数、1回拍出量は増加し、心拍出量も増加する。心拍数は運動強度の増加に伴い、最大で200回/分まで増加するが、1回拍出量は120mL程度以上増加しないとされる。

また、長期にわたり持久系のトレーニングを行っている競技者において、安静時の心拍数は少ないことが知られている。このことはトレーニングにより心臓が肥大することで、最大心拍出量が増加し、多くの血液を送り出すことができるようになったためである。

例題 2　運動時の呼吸・循環応答に関する記述である。誤っているのはどれか。1つ選べ。

1. 最大酸素摂取量は、全身持久力の指標として用いることができる。
2. 運動時において、心拍出量は減少する。
3. 持久系トレーニングにより、最大酸素摂取量は増加する。
4. 運動時では、1回換気量や毎分換気量は増加する。
5. 長期にわたり持久系トレーニングを行う競技者では、安静時の心拍数が少ない。

解説　運動時では、心拍出量とともに、心拍数、1回拍出量も増加する。心拍出量は心臓が1分間に送り出す血液量、心拍数は心臓の拍動数、1回拍出量は心臓1回の拍動で送り出す血液量のことである。　**解答** 2

1.3 体力

体力とは、「人間の身体活動や生存の基礎となる身体的能力」と定義されている。体力は、身体的要素と精神的要素を含み、それぞれ行動体力と防衛体力の2つに分類される（図9.3）。

身体的要素と精神的要素の行動体力は、自らが行動を起こしたり、行動を持続、調整するために必要な能力を示している。これらは主に、運動能力に直接関連している。

身体的要素と精神的要素の防衛体力は、生命に関わる要素である。外部環境の変化やストレスに対して自らの生命や健康を維持するため、生体の内部環境を一定に保つ能力とされる。身体的な要素では、寒冷や暑熱、低圧、高圧などの環境に対するストレス、細菌やウイルスに対する生物学的なストレスであり、また、運動などの生理的なストレスに対し身体を防衛するための体力である。精神的な要素では、精神的なストレスに対する抵抗力である。

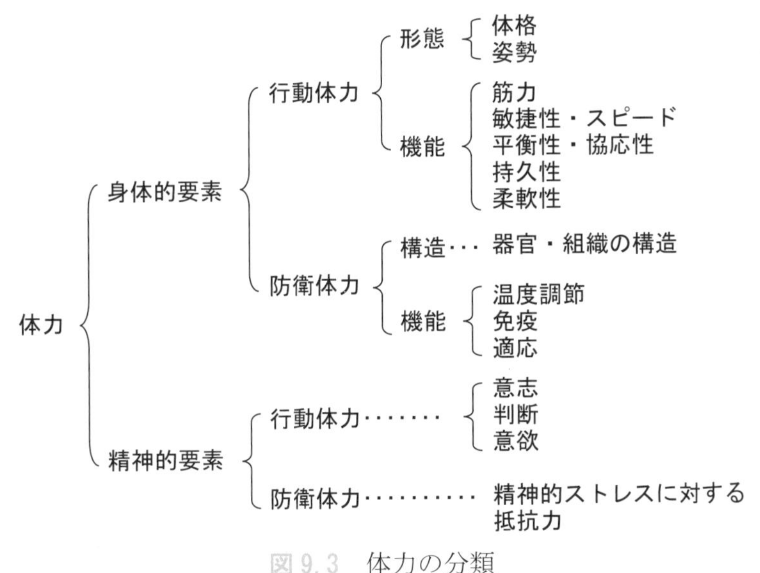

図9.3　体力の分類

1.4 運動トレーニング

トレーニングは主に、瞬発系・パワー系のトレーニングと持久系のトレーニングとに分けられる。

(1) 瞬発系・パワー系のトレーニング

瞬発系・パワー系のトレーニングは、筋力トレーニングやレジスタンストレーニングのように、無酸素系の運動を反復的に行うことである。筋力トレーニングの実施により、筋力の向上に有効とされている。また、筋力トレーニングは、年齢、性別に関わらず効果が明らかとなっており、高齢者におけるロコモティブシンドロームの予防にもなりうる。筋力の向上のメカニズムとして、筋力トレーニングの実施により、まず神経系の機能が改善されることによる。その後、長期的なトレーニングによって、筋線維がそれぞれ太くなることで筋肥大が起こり、筋力が増加する。筋線維のタイプには、表 9.2 のように、収縮速度やエネルギー産生能力の違いにより、遅筋線維と速筋線維の 2 種類に分類される。筋力トレーニングによる筋肥大は、遅筋線維よりも速筋線維の方が大きいことが知られている。

(2) 持久系のトレーニング

持久系のトレーニングは、ウォーキングやジョギング、水泳のように全身の筋肉を大きく活発に動かす。継続的な有酸素系の運動であり、全身持久力の向上が期待できる。持久系トレーニングでは、速筋線維と比べ、主に遅筋線維が動員されることで有酸素能力が向上し、持久力の向上につながるとされる。全身持久力の指標として、最大酸素摂取量が用いられており、最大酸素摂取量は持久系トレーニングにより増加することが知られている。また、最大酸素摂取量の増加には、運動強度が高い方が効果が期待できる。

トレーニングは、運動の種類や運動強度、運動時間、頻度などにより構成されている。競技者の身体的特性やトレーニング効果に応じてこれらを多様に組み合わせ、実施する必要がある。

例題 3　運動トレーニングに関する記述である。誤っているのはどれか。1 つ選べ。

1. 高齢者のロコモティブシンドローム予防として、筋力トレーニングは有効である。
2. 筋力トレーニングの実施により、まず神経系の機能が改善される。
3. 持久系トレーニングでは、速筋線維よりも遅筋線維が動員される。
4. 筋力トレーニングによる筋肥大の効果は、速筋線維より遅筋線維の方が大きい。
5. トレーニングは、競技者の身体的特性やトレーニング効果に応じてこれらを多様に組み合わせ、実施する必要がある。

解説　筋力トレーニングは、遅筋線維よりも速筋線維で筋肥大の効果が期待できる。一方、持久系トレーニングでは、遅筋線維の動員により、有酸素能力の向上が期待できる。

解答 4

2 運動と栄養ケア

2.1 運動の健康への影響　メリット・デメリット

(1) 運動のメリット

適度な運動は、健康の維持・増進や生活習慣病の発症予防と重症化予防、また、精神面では好ましい影響をもたらすとされている。

ウォーキング、ジョギングなどの有酸素運動を継続的に行うことにより、肥満の予防やインスリン抵抗性、血清脂質の改善に有効とされる。また、有酸素運動では主に持久力の向上、筋力トレーニングでは筋肉量や筋力の増加が期待される。

厚生労働省による「健康日本21（第二次）」では、健康に関する基本的な方針のひとつとして、健康寿命の延伸と健康格差の縮小があげられている。これらを目標とするにあたり、高齢者では、生活習慣病の発症予防と重症化予防とともに、ロコモティブシンドロームの予防が課題となる。身体活動や運動習慣のない日常の生活では、骨や関節、筋肉などの運動器が衰え、障害を起こしやすくなることから、個人に応じて家事や歩行、ストレッチなどの身体活動や運動を取り入れる必要がある。これらにより、転倒や認知症の予防に有用とされ、QOLの向上につながるとされる。

また、運動により、自律神経の改善からストレスの解消や気分転換、うつ抑制など、メンタルヘルスにも効果的であることが明らかにされている。

(2) 運動のデメリット

運動はメリットを多く抱える一方で、適切に実施しなければ弊害をもたらす場合もある。高血圧や虚血性心疾患の患者では、運動により突然死など命を落とす危険性があることが知られている。また、過度な運動を行うことで、免疫機能の低下が起こり、風邪などの感染症を引き起こしやすくなることや、体内で生成された活性酸素が細胞に害を及ぼし、老化や発がんの原因ともなりうる。さらに、オーバーユースシンドローム（使い過ぎ症候群）や疲労骨折などがもたらされることもある。

これらのことから、運動前にメディカルチェックや個人の身体的特性に応じた無理のない強度や時間、頻度の運動を設定すること、運動前の十分なウォーミングアップの励行などが必要である。

例題 4　運動の健康への影響に関する記述である。誤っているのはどれか。1つ選べ。

1. 適度な運動は、健康面だけでなく精神面でも好ましい影響をもたらす。
2. 高齢者において、適切な運動を取り入れることは大切である。

3. 日常生活において運動は、どのような病態においても取り入れる必要がある。
4. 過度な運動により、免疫機能の低下を引き起こすリスクが高まる。
5. 有酸素運動は、インスリン抵抗性の改善に有効である。

解説　適度な運動は、生活習慣病の発症予防や重症化予防など健康面の他に、自律神経の改善やストレス解消、うつ抑制など精神面でも好ましい影響をもたらす。しかし、高血圧などの患者では、運動が突然死の原因となりうることから、運動を実施すべきか、メディカルチェックなどを行った上で十分な検討が必要である。 **解答** 3

2.2 健康づくりのための身体活動基準及び指針

(1) 健康づくりのための身体活動基準2013

厚生労働省は2006年に「健康づくりのための運動基準」を示したが、ライフステージに応じた健康づくりのための身体活動（生活活動・運動）を推進することで、健康日本21（第二次）の推進に資するよう改定することとし、2013年6月に「健康づくりのための身体活動基準2013」を策定した。

この策定では、身体活動（＝生活活動＋運動）全体に着目することの重要性から、「運動基準」から「身体活動基準」に名称が改められ、身体活動量の増加によりリスクが低減できるものとして、従来の糖尿病・循環器疾患に加え、がんやロコモティブシンドローム、認知症が含まれることを明確化した。また、こどもから高齢者までの基準を検討し、科学的根拠のあるものについて基準が策定された（表9.4）。

各年代ごとに身体活動・運動量・体力の基準値が示されており、18〜64歳では、身体活動は、3メッツ以上の強度を毎日60分（＝23メッツ・時/週）、運動は、3メッツ以上の強度の運動を毎週60分（＝4メッツ・時/週）、体力は、性・年齢別に示した強度での運動を約3分間継続可能と示されている（表9.5）。65歳以上では、身体活動として、強度を問わず身体活動を毎日40分（＝10メッツ・時/週）が示されており、年齢別の基準とは別に、世代共通の方向性として、身体活動では、今より少しでも増やす（例えば、10分多く歩く）、運動では、運動習慣をもつようにする（30分以上・週2日以上）と示されている。

さらに、健康づくりのための身体活動指針は、国民向けパンフレット「アクティブガイド」として、各自治体で配布できるように作成された。＋10（プラステン）をキーワードに、いつもより10分（%、個でもよい）多く毎日からだを動かすことができるよう行動変容理論やソーシャル・キャピタルの考え方を具体化して活用できるパンフレットになっている。

表 9.4　健康づくりのための身体活動基準

<table>
<tr><th colspan="2">血糖・血圧・脂質に関する状況</th><th colspan="2">身体活動（生活活動・運動）※1</th><th colspan="2">運動</th><th>体力
（うち全身持久力）</th></tr>
<tr><td rowspan="3">健診結果が基準範囲内</td><td>65 歳以上</td><td>強度を問わず、毎日 40 分
（＝10 メッツ・時/週）</td><td rowspan="3">今より少しでも増やす（例えば 10 分多く歩く）※4</td><td>—</td><td rowspan="3">運動習慣をもつようにする（30 分以上・週 2 日以上）※4</td><td>—</td></tr>
<tr><td>18〜64 歳</td><td>3 メッツ以上の強度の身体活動※2を毎日 60 分
（＝23 メッツ・時/週）</td><td>3 メッツ以上の強度の運動※3を毎週 60 分
（＝4 メッツ・時/週）</td><td>性・年代別に示した強度での運動を約 3 分間継続可能</td></tr>
<tr><td>18 歳未満</td><td>—</td><td>—</td><td>—</td></tr>
<tr><td colspan="2">血糖・血圧・脂質のいずれかが保健指導レベルの者</td><td colspan="5">医療機関にかかっておらず、「身体活動のリスクに関するスクリーニングシート」でリスクがないことを確認できれば、対象者が運動開始前･実施中に自ら体調確認ができるよう支援した上で、保健指導の一環としての運動指導を積極的に行う。</td></tr>
<tr><td colspan="2">リスク重複者またはすぐに受診を要する者</td><td colspan="5">生活習慣病患者が積極的に運動をする際には、安全面での配慮がより重要になるので、まずかかりつけの医師に相談する。</td></tr>
</table>

※1 「身体活動」は、「生活活動」と「運動」に分けられる。このうち、生活活動とは、日常生活における労働、家事、通勤、通学などの身体活動をさす。また、運動とは、スポーツなどの、特に体力の維持・向上を目的として計画的・意図的に実施し、継続性のある身体活動をさす。
※2 「3 メッツ以上の強度の身体活動」とは、歩行またはそれと同等以上の身体活動。
※3 「3 メッツ以上の強度の運動」とは、息が弾み汗をかく程度の運動。
※4 年齢別の基準とは別に、世代共通の方向性として示したもの。

出典）厚生労働省「健康づくりのための身体活動基準 2013」

表 9.5　性・年代別の全身持久力の基準

年　齢	18〜39 歳	40〜59 歳	60〜69 歳
男　性	11.0 メッツ (39mL/kg/分)	10.0 メッツ (35mL/kg/分)	9.0 メッツ (32mL/kg/分)
女　性	9.5 メッツ (33mL/kg/分)	8.5 メッツ (30mL/kg/分)	7.5 メッツ (26mL/kg/分)

例題 5　健康づくりのための身体活動基準 2013 に関する記述である。正しいのはどれか。1 つ選べ。

1. 3 メッツ以上の強度の運動とは、きついと感じる強度の運動である。
2. 全身持久力の基準も性・年代別ごとに設定されている。
3. 65 歳以上において、3 メッツ以上の強度の運動が必要である。
4. 65 歳以上の身体活動について、3 メッツ以上の強度が示されている。
5. 18〜64 歳の運動は、3 メッツ以上の強度を毎週 30 分実施することが推奨されている。

解説　健康づくりのための身体活動基準2013について、18〜64歳では、身体活動は、3メッツ以上の強度を毎日60分（＝23メッツ・時/週)、運動は、3メッツ以上の強度の運動を毎週60分（＝4メッツ・時/週）と示されている。65歳以上では、身体活動として、強度を問わず毎日40分（＝10メッツ・時/週）実施することが示されている。　**解答** 2

2.3 糖質摂取・たんぱく質摂取

(1) 糖質の摂取

糖質はグルコースとして血糖値を維持する一方、体内にグリコーゲンとして蓄えられている。グリコーゲンの代謝は肝臓と筋肉で役割が異なる。肝臓ではグルコースとして血中に放出されるが、筋肉ではグルコースとして血中に放出されることはない。筋肉中のグリコーゲンは、有酸素条件下において酸化され、エネルギーが産生される。したがって、筋肉中におけるグリコーゲンの減少は、疲労困憊の原因になる。

一方、肝臓のグリコーゲンの減少は脳へのグルコース供給の不足を来すため、集中力の低下、注意力散漫の状態になりやすい。これらのことから、運動の継続のためには、糖質の摂取が重要である。

(2) 糖質の摂取と運動能力との関係

持久性運動では、糖質を多く含んだ食事を摂ることがパフォーマンスの向上に影響を及ぼすことが知られている。図9.4は、運動を行う数日前に混合食、高脂肪食、高糖質食それぞれを摂り、中強度程度の持久性運動を行った際の運動持続時間と筋肉中のグリコーゲン含量について示している。筋肉中のグリコーゲン含量が多い場合、運動持続時間も長いことが分かる。したがって、持久性運動において体内にグリコーゲンを十分に蓄えておくことは、運動持続時間の延長に影響し、すなわちパフォーマンスの向上に貢献するといえる。

(3) 体内におけるグリコーゲンの貯蔵とたんぱく質分解との関係

競技者が運動により消費したエネルギーを回復させ、日々のトレーニングに備えて体内にグリコーゲンを蓄えておくことは重要である。糖質を十分に摂っていない場合、体内のグリコーゲン貯蔵が不十分となり、エネルギー不足が生じる。そのような状態で運動を行った場合、体たんぱく質を分解し、アミノ酸からグルコースを生成する経路である糖新生がはたらくようになる。

図9.5では、体内にグリコーゲンが豊富に貯蔵された状態で運動を実施した場合、血清および汗中の尿素窒素の排泄は抑えられるが、グリコーゲンが体内に枯渇して

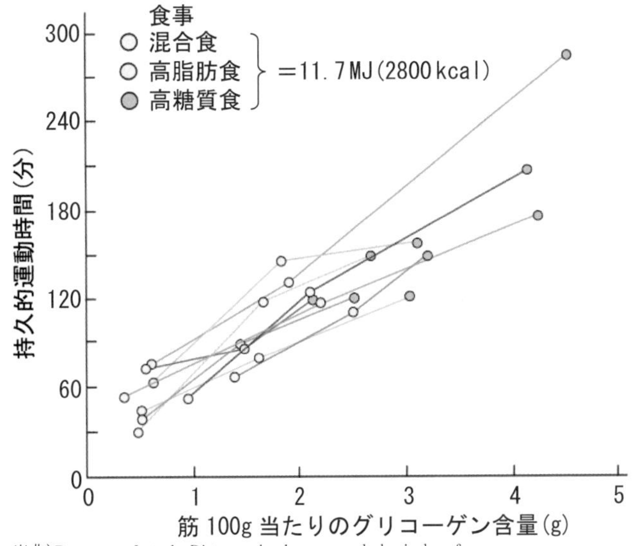

出典）Bergstrom J et al., Diet,muscle glycogen and physical performance. Acta Physiol Scand.71(2),pp140-150,1967.

図 9.4　中強度運動を行った際の運動持続時間と筋肉中のグリコーゲン含量との関係

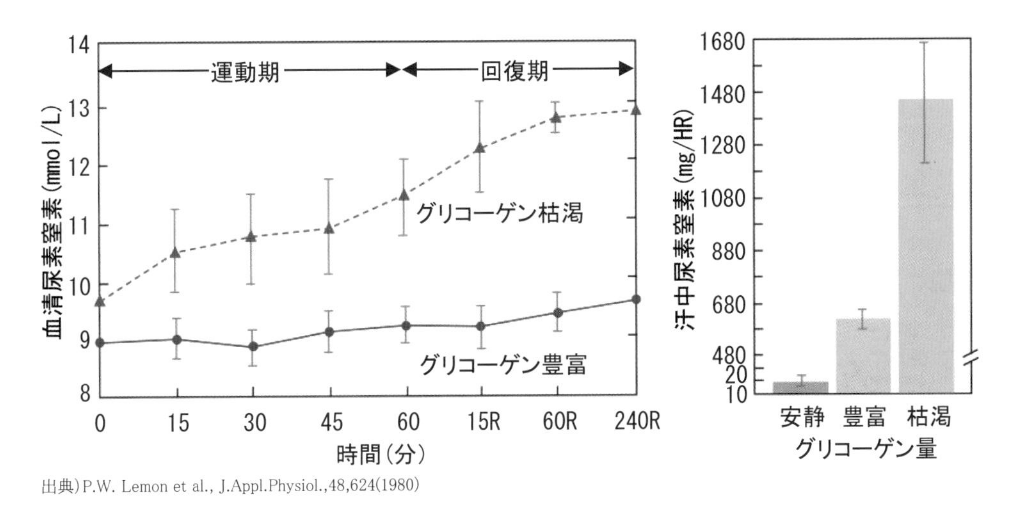

出典）P.W. Lemon et al., J.Appl.Physiol.,48,624(1980)

図 9.5　体内のグリコーゲン貯蔵の違いによる運動時の尿素窒素排泄量

いる状態では、尿素窒素の排泄が高まり、体たんぱく質分解が亢進していることが分かる。

このことから、日常から糖質を十分に摂取し、体内におけるグリコーゲンを十分に貯蔵しておくことは、運動時の体たんぱく質分解を抑えることに効果的である。

(4) たんぱく質の摂取

競技者において、パフォーマンスの向上には適切な体づくりが欠かせない。たんぱく質は筋肉以外にもホルモンや酵素、免疫抗体などの体たんぱく質を合成している。

運動時のたんぱく質の代謝について、持久性運動を行った場合、アミノ酸のうち分岐鎖アミノ酸（BCAA）であるバリン、ロイシン、イソロイシンを分解してエネルギー源として用いる。さらに、高強度の運動を実施するほどロイシンの酸化は亢進することが報告されている[1]。

筋力トレーニングを実施した後には、筋たんぱく質の合成と分解が高まることから、運動後にたんぱく質を十分に摂ることが体たんぱく質の合成に不可欠である。たんぱく質を摂取するタイミングとして、できるだけ運動直後に摂ることで体たんぱく質の合成が高まるとされている。また、たんぱく質と同時に糖質を摂取することで、筋肉中のグリコーゲンも増加することが知られている。

例題 6　糖質摂取とたんぱく質摂取に関する記述である。誤っているのはどれか。1つ選べ。

1. 体内におけるグリコーゲンの貯蔵状態は、体たんぱく質分解に影響を及ぼさない。
2. 体内にグリコーゲンを十分に蓄えることは、パフォーマンスの向上に重要である。
3. 持久性運動時では、たんぱく質もエネルギー源として用いられる。
4. 運動直後にたんぱく質を速やかに摂取することで、体たんぱくの合成が高まる。
5. 運動後にたんぱく質とともに糖質も摂取することで、筋肉中のグリコーゲン回復が高まる。

解説　体内のグリコーゲンが不足状態で運動を行った場合、体たんぱく質を分解し、エネルギー源として用いる。このことから、体たんぱく質分解の抑制には、体内のグリコーゲンを十分に蓄えておく必要がある。　**解答** 1

2.4 水分・電解質補給

(1) 体内における水分の出納

競技者において、水分補給を行うことは体温調節やエネルギー補給などパフォーマンスの低下を防ぐために重要である。成人では、体重の約60%が水分であり、体内の水分量は一定に保たれている。体内の水分は、日常における飲食物からの水分、また、飲食物から摂取した栄養素を代謝する際に生じるとされる代謝水が体内に取り込まれる。

一方、体外に排泄される水分は、皮膚や呼気から排泄される不感蒸泄や尿、便によるものがあげられる。これらによる水分の排泄は日常において避けることができない。競技者では、運動時の汗、呼気による水分の排泄も多いため、体内の水分を一定に保つには日常生活やトレーニングにおいて、十分に水分補給を行う必要がある。

(2) 脱水症と熱中症

一般的に、日常における飲食物から適切な量の水分や電解質が摂取されている場合、体水分や電解質のバランスは一定に維持される。しかしながら、運動などにより、体外へ排泄される水分量が多いにも関わらず水分補給が不十分である場合、体水分が不足状態となり、脱水症を起こす。また、脱水症は水分だけでなく、電解質も失われている状態であり、めまいや吐き気、呼吸困難、痙攣、また熱中症の原因となる。熱中症は図 9.6 の通り、熱痙攣、熱疲労、熱失神、熱射病の 4 つに分類される。

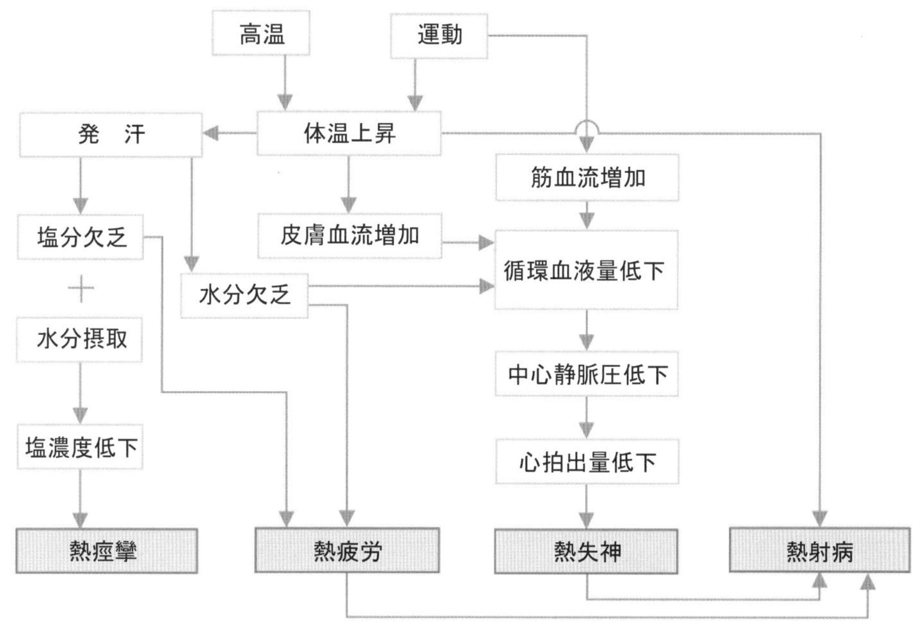

出典）森本武利「地球環境変化の健康への影響―環境生理学の立場より―」, 退職記念業績集, P56-66. 1999 より引用

図 9.6　暑熱環境下での運動時の生体反応と熱中症

1) 熱痙攣

熱痙攣は、高温環境下での運動などによる大量の発汗から、水とともに電解質が不足し、手足のつりや筋肉の痙攣を起こす。電解質であるナトリウムは筋肉の収縮に関わっていることから十分な補給が必要である。

2) 熱疲労

熱疲労は、脱水により体温上昇が起こり、悪心、嘔吐や頭痛を来す。意識障害はみられるが、体温調整能力は保持されており、発汗も確認できる。

3) 熱失神

熱失神は、体温上昇により皮膚下の血流量が増加し、体温低下に努めるが、一方で全身の循環血液量が減少し、血圧の低下が起こる。その後、脳が酸欠状態となり、めまいや立ちくらみの症状がみられる。

4) 熱射病

熱射病は、40.5℃以上の体温上昇が起こり、体温調整能力が破綻し、循環機能や呼吸中枢が失われる。また強い意識障害が起こり、乾燥した皮膚がみられることも特徴である。

(3) 水分補給の方法

運動時において体重の2%の脱水があった場合、パフォーマンスは低下するといわれている。脱水の状態を容易に把握する方法とし、体重測定や尿の量・色をチェックすることがあげられる。運動前後に体重測定を行うことで運動時の発汗量を推定し、水分補給量を知ることができる。また、脱水が進行した場合、尿量は減少し、通常時よりも濃い色調を示す。

運動時における発汗量は、運動量や強度、時間、気温、湿度などさまざまな要因により異なることから、水分補給を適切に行う必要がある。運動強度と水分補給の目安とし、表9.6に示す。運動中において、水分のみを摂取するよりも電解質と糖質が含まれた飲料を適切に摂ることで脱水を防ぎ、またエネルギー補給に有効であることからパフォーマンスの発揮にも効果が期待される。

表9.6　運動強度と水分補給の目安

運動強度			水分摂取量の目安	
運動の種類	運動強度（最大強度の%）	持続時間	競技前	競技中
トラック競技 バスケット サッカーなど	75～100%	1時間以内	250～500mL	500～1,000mL
マラソン 野球など	50～90%	1～3時間	250～500mL	500～ 1,000mL/1時間
ウルトラマラソン トライアスロン など	50～70%	3時間以上	250～500mL	500～ 1,000mL/1時間 必ず塩分を補給

＊注意
1. 環境条件によって変化しますが、発汗による体重減少の70～80%の補給を目標とします。気温の高いときには15～20分ごとに飲水休憩をとることによって、体温の上昇が抑えられます。1回200～250mLの水分を1時間に2～4回に分けて補給してください。
2. 水の温度は5～15℃が望ましい。
3. 食塩（0.1～0.2%）と糖分を含んだものが有効です。運動量が多いほど糖分を増やしてエネルギーを補給しましょう。特に1時間以上の運動をする場合には、4～8%程度の糖分を含んだものが疲労の予防に役立ちます。

出典）財団法人日本体育協会「スポーツ活動中の熱中症予防ガイドブック」2013

例題 7 水分・電解質補給に関する記述である。正しいのはどれか。1つ選べ。

1. 脱水症や熱中症は水分が失われている状態である。
2. 運動中の水分補給は、体重減少の70～80%を目標とする。
3. 運動中に補給するスポーツドリンクの糖分は、多ければ多いほどよい。
4. 運動中の水分補給では、体温上昇を抑えることができない。
5. 運動中の水分補給には、エネルギー補給を行う役割はない。

解説 脱水症や熱中症の原因は水分の損失だけでなく、電解質の損失も含まれる。競技者において、脱水症や熱中症、運動能力の低下を予防するには、塩分（0.1～0.2%）、と糖分（4～8%程度）を含んだ適切な水分補給が必要である。 **解答** 2

2.5 スポーツ貧血

(1) スポーツ貧血の種類と特徴

競技者において、貧血はパフォーマンスに影響を及ぼす。血液の赤血球中におけるヘモグロビンは全身に酸素を運搬する役割を担っており、貧血は赤血球数やヘモグロビン量が減少することである。このことにより酸素運搬能力が低下し、心肺持久力の低下を起こす。競技者におけるスポーツ貧血では、鉄欠乏性貧血、溶血性貧血、希釈性貧血の3つに分類される。

1) 鉄欠乏性貧血

スポーツ貧血のうち、鉄欠乏性貧血は競技者の貧血で最も発生頻度が高いとされている。

鉄欠乏性貧血は、体内に貯蔵している鉄が不足し、造血組織で造血が制限される。その原因として、食事による鉄の摂取量が不足していることがあげられる。また、競技者ではトレーニングにより多量の発汗を伴う。汗には鉄も含まれていることから、競技者では鉄を必要とする要因となる。成長期では、鉄の蓄積が高まることから必要量も高まり、特に成長期の女子では月経からも鉄を損失するため体内における鉄の不足状態を起こしやすい。これらのことから、成長期の競技者では食事による鉄の摂取不足に特に注意を要する。

2) 溶血性貧血

溶血性貧血は、特に頻繁に足底を打ちつけるような競技特性である長距離走や剣道、バレーボールなどの競技者で多く認められている貧血である。原因は、足底への物理的な衝撃により、血管内における赤血球の破壊が亢進することである。このように血管内で溶血が起こると、破壊された赤血球からヘモグロビンが放出され、血漿中のハプトグロビンと結合した後、代謝される。競技者では、クッション性のあるシューズを用いることも溶血を軽減するための対策であることがあげられる。

3）希釈性貧血

希釈性貧血は、トレーニングにより血液中の血漿量が増加することで、相対的にヘモグロビンや赤血球の濃度が低下する、みかけ上の貧血であるといわれている。トレーニングの適応が亢進すると、赤血球数が増加することから、みかけか真の貧血であるか適正に判断をすることが大切である。

(2) 貧血の予防

競技者における鉄の摂取量は、運動習慣のない一般人よりも多く必要とする可能性が高いと考えられるが、必要量についての科学的根拠は不十分である。競技者では、運動時の発汗や血球破壊などによる鉄の損失を考慮する必要があり、個人間での変動が大きい。そこで、日本人の食事摂取基準2020年版の推奨量以上は摂取する必要があると考えられるが、競技者における鉄の栄養状態、日常的な鉄の摂取状況などを踏まえたうえでアセスメントを行い、これまでの競技者における鉄の必要量に関する見解を参考とし、必要量を検討することが大切である。

貧血の予防には、競技者に応じた適正なエネルギーを摂取することが重要である。また、赤血球中のヘモグロビンは主に鉄とたんぱく質から成り立っていることから、これらの摂取は欠かせない。食品中の鉄はヘム鉄（2価鉄：Fe^{2+}）と非ヘム鉄（3価鉄：Fe^{3+}）に分類される。ヘム鉄は肉類や魚類の赤身に多く含まれており、非ヘム鉄は主に植物性食品に含まれている。これらの体内への吸収率は、非ヘム鉄がヘム鉄に比較し、低いとされている。ビタミンCは、このように吸収率の低い非ヘム鉄をヘム鉄に還元し、吸収率を高めることができる。また、赤血球の合成には、主に緑黄色野菜に多く含まれる葉酸、ビタミンB_{12}、動物性食品に多く含まれるビタミンB_6も関与している。

これらのことから、貧血の予防には、競技者に応じたエネルギー摂取を適正にし、動物性、植物性などさまざまな食品を組み合わせ、バランスよく食事を摂ることが重要とされる。

例題 8　スポーツ貧血に関する記述である。誤っているのはどれか。1つ選べ。

1. 競技者の貧血のうち、鉄欠乏性貧血の発生頻度が最も高い。
2. 溶血性貧血は、運動時における足底への物理的衝撃で赤血球の破壊が亢進する。
3. スポーツ貧血を予防するには、日常の食事から適切なエネルギーを摂取する必要がある。

4. スポーツ貧血の予防には、十分なたんぱく質の摂取が必要である。
5. 希釈性貧血は、早急な治療が必要である。

解説　希釈性貧血は、運動により血液中の血漿量が増加し、相対的にヘモグロビンや赤血球濃度が低下する、みかけ上の貧血とされる。そのため、真の貧血であるか十分に判断を行う必要がある。　**解答** 5

2.6 食事内容と摂取のタイミング

(1) トレーニング期における食事管理

競技者において、競技力の向上にはトレーニング期に個々の競技種目に応じた身体づくりやコンディションの維持、また、トレーニング後の疲労回復を目指した栄養管理が重要となる。

栄養管理には、競技対象者個々の身体組成やトレーニングの質、量に応じたエネルギーや筋肉の合成に必要とされるたんぱく質、持久力の持続、増強に貢献する糖質の十分な摂取が必要である。

トレーニング終了後は、運動により消耗したエネルギー源を再合成・再補充しなければならない。一般に疲労困憊した状態になると筋肉中のグリコーゲン貯蔵量が著しく減少し、一定限度以下になると、筋肉はそれ以上運動を続けられなくなる。Ivy らは運動終了後の筋グリコーゲン合成は糖質の補給タイミングによって異なり、トレーニング後 2 時間以内に糖質を摂取するとグリコーゲン合成量は 2 時間以降に摂取した場合の約 2 倍も多くなることを示した（図 9.7）。

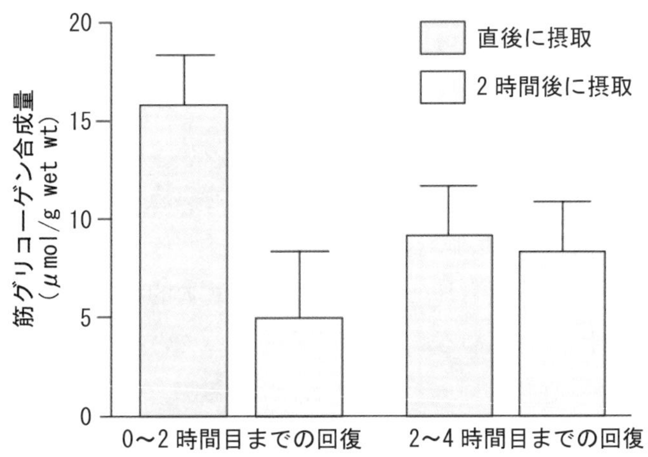

出典）Ivy JL, et al. : Muscle glycogen synthesis after exercise : effect of tim carbohydrate ingestion. J Appl Physiol 64 : 1988, pp. 1480-1485.

図 9.7　筋グリコーゲンの回復に対する運動後の糖質の摂取タイミング

また、グリコーゲンの回復において、糖質とともにたんぱく質を摂取することは筋グリコーゲンの合成を高める。たんぱく質摂取のタイミングはトレーニング終了2時間以内のできるだけ早い時期にインスリン分泌刺激性の糖質とたんぱく質をあわせて摂取するのが効果的である。

(2) 試合前におけるグリコーゲン・ローディング法

試合時におけるパフォーマンスの発揮には、試合前に糖質を十分に摂取し、グリコーゲンを身体に多く蓄えておく必要がある。筋肉中のグリコーゲンレベルを高めておくことは持久性運動の持続に有利であり、また、肝臓中のグリコーゲンは血糖値の維持や脳のエネルギー源として用いられることから、運動時における集中力の維持に重要である。

試合前において、筋肉中のグリコーゲンレベルを通常よりも高める食事調整法をグリコーゲン・ローディング法という。この方法は主に、マラソンやトライアスロンなどの持久性競技において有効とされている。図9.8では、グリコーゲン・ローディング法の古典的な方法と改良法によるグリコーゲン貯蔵状況を示している。古典的な方法では、まず激しいトレーニングと低糖質食により筋グリコーゲンを枯渇させ、その後、高糖質食の摂取により筋グリコーゲンを通常以上のレベルに回復させるリバウンド効果を用いていたが、試合前において心身に負担がかかりやすいことから、近年では改良された方法が推奨されている。改良された方法では、試合1週間前から4日前はトレーニングの質、量を落とすテーパリングを実施しながら、糖質エネルギー比50%程度の普通食を摂り、試合前の3日間は糖質エネルギー比70%程度の高糖質食を摂る方法である。改良された方法においても古典的な方法と同様に、筋グリコーゲンレベルを同程度に高めることが明らかとなっている。

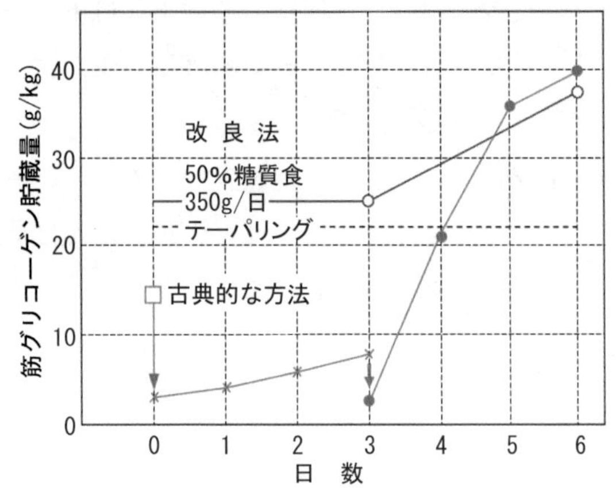

出典）Sherman WM et al., Effect of exercise-diet manipulation on muscle glycogen and its subsequent utilization during performance.Int.J.Sports Med,2:114-118,1981

図9.8　グリコーゲン・ローディング法の古典的な方法と改良方法におけるグリコーゲン貯蔵量の変化

試合前にグリコーゲン・ローディング法を用いる際、グリコーゲンの蓄積に伴い水分も貯蔵されるため、体重の増加がパフォーマンスに影響を与える競技は特に注意が必要となる。また、試合前において心身に負担もかかりやすいことから、練習試合などで事前に効果の検証を行う必要がある。

例題 9　運動時の食事内容と摂取のタイミングに関する記述である。正しいのはどれか。1つ選べ。

1. 試合前におけるグリコーゲンの補充には、高たんぱく質食を摂る必要がある。
2. 筋肉中にグリコーゲンを貯蔵することで、運動持続時間の延長が期待できる。
3. 試合前のグリコーゲン・ローディング法による体重増加は、パフォーマンスの発揮に影響しない。
4. 運動後のグリコーゲン回復には、糖質摂取のみで十分である。
5. 持久性競技だけでなく、瞬発系の競技でも、試合前のグリコーゲン・ローディング法はパフォーマンスの発揮に有効である。

解説　グリコーゲン・ローディング法は、試合前に高糖質食を摂取し、身体にグリコーゲンを蓄えることで試合時にパフォーマンスを高めることを目的としている。この方法は、特にマラソンなどの持久性競技におけるパフォーマンスの発揮に有効とされる。また、運動後では、糖質だけでなく、たんぱく質も合わせて摂取することで、筋グリコーゲンの合成を高めることができる。　**解答** 2

2.7 運動時の食事摂取基準の活用

(1) エネルギー必要量

競技者におけるエネルギー必要量は、トレーニングの強度や量、頻度および身体組成の状況により異なる。このことから、トレーニング状況や身体組成の定期的なモニタリングにより調整を行う必要がある。エネルギー必要量の算出は、基本的に「日本人の食事摂取基準2020年版」を参考とする。身体活動レベルの指標とされるPAL (Physical Activity Level) はⅠ（低い）、Ⅱ（ふつう）、Ⅲ（高い）に区分されている。競技者では日常的にトレーニングを行っていることから一般人よりも身体活動レベルが高く、Ⅲ（高い）を参考とすることが多いが、トレーニングの状況などにも応じながら検討を行う必要がある。また、エネルギー必要量の算出にあたり、競技種目別の身体活動レベルを用いた国立スポーツ科学センター（JISS）式による推定方法もある。JISSの研究では、スポーツ選手の基礎代謝量を推定する基準とし、除脂肪体重 (Lean Body Mass：LBM) 1 kg当たり28.5 kcalと示している[2)]。この値にLBMと種目別身体活動レベル（表9.7）を乗じ

表9.7　種目系分類別身体活動レベル

種目カテゴリー	期分け	
	オフトレーニング期	通常練習期
持久系	1.75	2.50
瞬発系	1.75	2.00
球技系	1.75	2.00
その他	1.50	1.75

出典）小清水孝子他．スポーツ選手の推定エネルギー必要量．トレーニング科学 17. P245-250, 2005より引用

て求めることができる。

推定エネルギー必要量＝28.5(kcal/LBM)×LBM(kg)×種目別身体活動レベル

(2) 糖質、たんぱく質、脂質の摂取

競技者は、パフォーマンスを発揮するうえで、筋肉および肝臓にグリコーゲンを十分に貯蔵しておくことが重要である。糖質の摂取について、国際オリンピック委員会のガイドラインでは運動強度や時間に応じて体重当たりで示されている。運動による回復期間が1日の場合であり、運動の継続時間が中程度で低強度のトレーニング後では5〜7g/kg体重/日、中〜高強度の持久性運動では7〜12g/kg体重/日とされている[3]。

たんぱく質は競技者における体づくりや体ホルモンの合成に必要である。(アメリカやカナダの栄養士会およびアメリカスポーツ医学会共同の指針では、持久系、レジスタンス系の競技者に推奨されているたんぱく質の摂取量は、1.2〜2.0g/kg体重/日と示されている[4]。)競技者ではたんぱく質を過剰に摂取する傾向がみられるが、必要以上の摂取は体脂肪の増加や腎臓、肝臓への負担、尿中におけるカルシウムの排泄量の増大などの弊害があげられる。このことから、競技者の性別や運動強度、時間などを考慮してたんぱく質の摂取量を検討することが重要であり、日常の食事において、体重1kg当たり2g程度のたんぱく質の摂取が上限であるとされる。

脂質の摂取量について、競技者におけるガイドラインは明確に示されていないが、基本的に日本人の食事摂取基準2020年版を参考とし、一般人と同様にエネルギー比率として20〜30%程度を目安とする。また、競技者のトレーニング状況や減量計画などウエイトコントロールが必要な際には調整をする必要がある。

(3) ビタミン、ミネラルの摂取について

競技者では運動量が高いことから、ビタミン、ミネラルの必要量は多いとされている。ビタミンのうち、ビタミンB_1は糖質の代謝、ビタミンB_2は糖質および脂質の代謝に深く関わっている。日本人の食事摂取基準2020年版では、摂取エネルギー1,000kcal当たりの基準が設けられており、したがって競技者では、エネルギー摂取量の増加に伴い、これらの摂取も増加する。また、ビタミンB_6、B_{12}、葉酸はたんぱく質の代謝に関与していることから、競技者においてたんぱく質の摂取が増加することで必要量も高まる。さらに、競技者は激しい運動をすることにより体内での活性酸素が生成されることから、抗酸化作用を有しているプロビタミンAのβ-カロテン、ビタミンC、ビタミンEの摂取も重要である。また、ビタミンCはたんぱく質であるコラーゲンの生成や鉄の吸収を増加させる働きもしている。

運動時では、発汗により、水分だけでなくナトリウム、カリウムなどの電解質も

失うことから、熱中症を引き起こしやすく、その予防には水分と電解質の適切な補給が重要となる。また、競技者において、疲労骨折の予防のために骨密度を高めておくことは大切である。運動の負荷により骨形成は促進され、カルシウム、マグネシウムといったミネラルやたんぱく質、ビタミンDの摂取も骨の増強に必要とされる。カルシウムは骨量の増加に関与しているだけでなく、筋肉の収縮や神経情報の伝達にも関連している。競技者では心肺機能を高め、エネルギー産生力の増強が必要となるが、これには、スポーツ貧血が大きな妨げとなる。スポーツ貧血の予防には鉄の他にたんぱく質やビタミンCの十分な摂取も欠かせない。

これらのことから競技者において、ビタミン、ミネラルを十分に摂取する必要があるが、必要量に関する科学的根拠は十分ではない。競技者におけるビタミン、ミネラルの必要量について、日本人の食事摂取基準2020年版の推奨量や目安量以上は最低限必要とする考え方もあることから、これらを目安に摂取することが望ましいと考えられる。

2.8 ウエイトコントロールと運動・栄養

競技者における競技パフォーマンスの向上には、競技種目やポジションに応じた体格の獲得が重要である。

(1) 競技者における減量

柔道やボクシングなど階級制種目やフィギュアスケート、新体操などの審美系種目、マラソンなどの持久系種目において特に減量が必要とされる。競技者における減量は、除脂肪体重の低下を防ぎながら体脂肪の減少を目指すことが大切である。

特に女性の競技者における健康上の問題として、図9.9に示している通り、利用可能エネルギー不足、運動性無月経、骨粗鬆症といった女性アスリートの三主徴が注目されている。これらは日常の食事におけるエネルギー摂取不足や過酷なトレーニングが主な要因となっている。

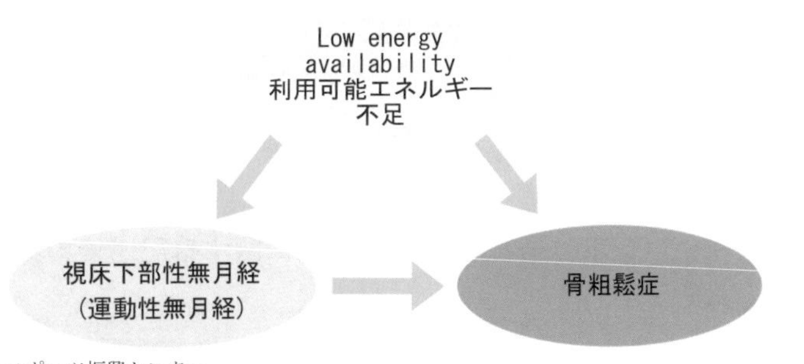

独立行政法人　日本スポーツ振興センター
出典）国立スポーツ科学センター「成長期女性アスリート指導者のためのハンドブック」. P. 18, 2014より引用

図9.9　女性アスリートの三主徴

利用可能エネルギーは、食事におけるエネルギー摂取量からトレーニングによるエネルギー消費量を差し引いた残りのエネルギー量であり、日常の活動や基礎代謝に用いられる。トレーニングによるエネルギー消費量に対して食事によるエネルギー摂取量が不足し、利用可能エネルギー不足状態が長期間続いた場合、ホルモンの合成や分泌機能に支障を来し、骨代謝など身体機能に大きく影響を及ぼす。これらが運動性無月経や骨粗鬆症の発症に関わっている。運動性無月経は、ホルモン分泌の低下や体重、体脂肪の減少、精神的、身体的ストレスが発症の要因となっている。骨粗鬆症は、女性ホルモンが骨代謝に関わっていることから、無月経により骨量の減少を来し、疲労骨折の発症に影響を及ぼす。また、女性の競技者だけでなく、階級制種目や持久系種目の男性競技者でも摂食障害などの危険性があることから、これらの健康障害について注意が必要である。

以上の内容を踏まえ、急速な減量や過度な減量は身体に影響を及ぼすことから、減量計画は十分な期間を設け、コンディションを維持しながら計画的に取り組むことが重要となる。食事からのエネルギー摂取量とトレーニングによるエネルギー消費量とのバランスを考慮し、食事内容や食事摂取のタイミングなどによる食事計画を十分に検討し、定期的に体組成のモニタリングを実施するなど長期的に行う必要がある。

(2) 競技者における増量

ラグビーや相撲など、筋力やパワーを重要とする競技では、体重は重い方がパフォーマンスに有利とされている。したがって、これらの競技者では増量計画を試みることが多く、除脂肪体重の増加が目的となる。増量計画において、筋力トレーニングと食事の摂り方とのバランスは重要である。

また、増量の際に除脂肪体重の増加のみならず体脂肪の増加も招くことになりかねないため注意を要する。体脂肪が過剰に蓄積した場合、生活習慣病など健康障害のリスクが高まる。したがって、増量計画においても減量計画と同様に、長期を見据えて計画的に実施し、定期的な体組成のモニタリングも必要である。また、食事計画では、三食の食事のみならず、補食の内容や量、摂取するタイミングも大切である。

例題 10　ウエイトコントロールと運動・栄養に関する記述である。正しいのはどれか。1つ選べ。

1. 競技者における減量は、体脂肪だけでなく除脂肪体重の減量も必要である。
2. 女性アスリートにおける三主徴の要因について、食事によるエネルギー摂取量は含まれない。
3. 増量を必要とする競技者において、体脂肪の増加は問題とならない。
4. 競技者における減量や増量は、短期間で実施する必要がある。
5. 女性アスリートにおける三主徴のひとつとして、利用可能エネルギー不足があげられる。

解説　競技者におけるパフォーマンスの発揮には、減量では除脂肪体重を維持しながら体脂肪の減少を目指し、増量では、除脂肪体重を増加することが必要である。また、増量の際には体脂肪の増加も招きやすく、生活習慣病などの発症に注意を要する。減量、増量ともに長期にわたって計画的に実施することが大切である。女性アスリートの三主徴は、利用可能エネルギー不足、運動性無月経、骨粗鬆症であり、食事におけるエネルギー摂取不足や過酷なトレーニングが主な要因となっている。

解答 5

2.9 栄養補助食品の利用

(1) サプリメントにおけるドーピングの問題

栄養補助食品（サプリメント）とは、食事から十分に摂取することが困難な栄養素を補う目的として開発された食品であり、その形状は、錠剤やゼリー、ドリンクとさまざまである。サプリメントのなかにはこれら以外にも、エルゴジェニックエイドといったパフォーマンスを高めることが期待される成分を含むものもある。

競技者がサプリメントを用いる際に、ドーピングの問題は重要である。ドーピングはパフォーマンスを高めることを目的として禁止薬物を使用することである。サプリメントには、糖質やたんぱく質、ビタミン、ミネラルといった栄養素を含むものがあり、これらを摂取してもドーピングとして問題にはならない。しかし、エルゴジェニックエイドには栄養素以外の生体に何らかの生理作用をもたらす物質が含有されているものもあり、これらはドーピング禁止物質とされる場合がある。これらは、商品に記載されていないこともあり、また、漢方や薬膳もこの対象となり得ることもあるため注意が必要である。ドーピング禁止物質を意図的に用いた場合、もしくはドーピング禁止物質が含まれているとは知らずに摂取した場合においても、競技者自身の健康を害することやフェアプレー精神に反することなどから厳しく罰せられる。

(2) サプリメントの有効性

サプリメントの使用が有効な場合は、①個人の偏食、海外遠征により食事が偏っている、②食欲不振である、③競技特性などにより、減量、増量を行っている、④試合前、試合中で消化、吸収面を含め十分に食事が摂取できないときなどがあげられる。これらのことも踏まえ、サプリメントを用いる際にはまず、日常の食生活で栄養素が充足しているかアセスメントを行い、サプリメントは食事から必要な栄養素を摂取できない場合に用いることが大切である。特にビタミン、ミネラル類のサプリメントにおける過剰な摂取は、日本人の食事摂取基準2020年版で示される耐用上限量を超え、過剰症を引き起こす危険性も高まることから注意が必要である。食事から必要な栄養素の摂取が困難な場合、サプリメントがドーピング禁止物質を含有していないか、科学的な根拠があるかなど信頼性の高い情報を獲得し、十分に検討を行ったうえで用いることが求められる。

章末問題

1　習慣的な運動の身体への影響に関する記述である。正しいのはどれか。1つ選べ。

1. 1回心拍出量は、減少する。
2. 骨密度は、低下する。
3. 筋肉のグルコースの取り込みは、増加する。
4. 血清トリグリセリド値は、上昇する。
5. 血清HDL-コレステロール値は、低下する。　（第29回国家試験）

解説　1. 1回心拍出量は、増加する。心臓の1回の拍動で送り出す血液量を1回拍出量といい、運動により心拍数と同様に増加する。　2. 骨密度は、増加する。運動による骨への力学的負荷は骨形成に重要である。骨へ荷重がかかる運動として、ウォーキングやジョギングなどがあげられる。　3. 有酸素運動において、インスリンの感受性が増大する。　4. 血清トリグリセリド値は、低下する。長時間の有酸素運動の実施により、副腎皮質刺激ホルモン（ACTH）、カテコールアミンの分泌が増加する。これらのホルモンにより、リポたんぱく質リパーゼが活性化され、血液中の中性脂肪（トリグリセリド）値が低下する。　5. 血清HDL-コレステロール値は、上昇する。運動により、ホルモンであるレシチンコレステロールアシルトランスフェラーゼ（LCAT）の活性が高まり、HDL-コレステロールが増加する。　**解答** 3

2 スポーツ選手の栄養に関する記述である。正しいのはどれか。2つ選べ。

1. 熱中症予防には、少量ずつこまめに飲水する。
2. 栄養補助食品によるミネラルの補給時には、耐容上限量（UL）以上の摂取を目指す。
3. 減量時には、除脂肪体重の減少を目指す。
4. スポーツ性貧血の管理には、たんぱく質摂取が重要である。
5. 筋グリコーゲンの再補充には、脂質摂取が重要である。　（第29回国家試験）

解説　1. 熱中症予防には、水分や電解質を含んだ飲料を摂取することが重要である。2. 栄養補助食品によるミネラルの補給においても、耐容上限量（UL）以上を超えてはならない。耐容上限量（UL）以上を超えた場合、過剰症を引き起こす危険性も高まることから注意を要する。　3. 減量時には脂肪体重の減少を目指すこととする。除脂肪体重が減少した場合、筋肉量や筋力の低下につながる。　4. スポーツ性貧血の発症要因とし、赤血球やヘモグロビンの産生不足、赤血球の破壊亢進、血漿量の増大による血液希釈などがげられる。赤血球のヘモグロビンは主に鉄とたんぱく質から成り立っているため、スポーツ性貧血の管理において、これらの摂取は重要である。　5. 筋グリコーゲンの再補充には、糖質摂取が重要である。糖質の摂取により、体内のグリコーゲンの貯蔵量を増加させ、持久力の向上につながることが期待される。

解答 1、4

3 体力の測定項目と評価項目の組合せである。正しいのはどれか。1つ選べ。

1. 上体起こし---------- 敏捷性
2. 握力---------- 瞬発力
3. 反復横とび---------- 筋力
4. 20 m シャトルラン---------- 全身持久力
5. 立ち幅跳び---------- 筋持久力

（第30回国家試験）

解説　文部科学省による「新体力テスト」は、平成11年度の体力・運動能力調査を基に導入された。また、国民の体位の変化やスポーツ医・科学の進歩、高齢化の進展等を踏まえたうえで、これまでのテストの内容を全面的に見直し、現状に合わせたものとされた。　1. 上体起こしは、筋持久力を評価する。　2. 握力は、筋力を評価する。　3. 反復横とびは、敏捷性を評価する。　4. 全身持久力の評価により、最大酸素摂取量を推定することができる。全身持久力が高い場合、最大酸素摂取量

も高いとされる。　5. 立ち幅跳びは、跳躍力を評価する。　**解答** 4

4　運動時の身体への影響に関する記述である。正しいのはどれか。2つ選べ。

1. 筋肉のクレアチンリン酸は、短時間の運動で利用される。
2. 肝臓のグリコーゲンは、長時間の運動で減少する。
3. 糖新生は、長時間の運動で抑制される。
4. 速筋線維は、有酸素運動により肥大する。
5. 消化管の血流量は、激しい運動で増加する。　（第30回国家試験）

解説　1. ATP-PCr系にて、筋肉中のクレアチンリン酸が分解時に発生するエネルギーにより、ATPを無酸素的な条件下で短時間に合成している。短時間の瞬発的な運動で有効とされる。　2. 長時間の持久性運動におけるパフォーマンスの発揮には、体内にグリコーゲンを十分に蓄えておくことが重要である。運動前、運動中、運動後に糖質を補給しておく必要がある。　3. 長時間の運動において、肝臓のグリコーゲンが枯渇した場合、糖質以外の材料からグルコースを産生する機構の糖新生が行われる。　4. 骨格筋の筋線維は、速筋線維と遅筋線維の2種類に分けられる。速筋線維は無酸素系の運動により肥大し、遅筋線維は有酸素系の運動で肥大する。　5. 激しい運動時において、筋肉などでの血流量は増加するが、消化管での血流量は減少する。このことから、運動前や運動中に摂取する食品の種類や食事のタイミングを十分に検討する必要がある。　**解答** 1、2

5　K中学校に勤務する管理栄養士である。養護教諭から、陸上部の長距離競技をしているAさんについて相談を受けた。

Aさんは、14歳、男子。身長170cm、体重56kg。日常生活において、動悸、息切れを自覚するようになり、運動後に尿の色が褐色になることがあったという。医療機関を受診し、血液検査値は以下の通りであった。

赤血球数300×10^4/mm^3、ヘモグロビン9.6g/dL、MCV 86fL（基準値79～100）、MCH

32 pg（基準値 26〜34)、尿素窒素 12 mg/dL、クレアチニン 0.9 mg/dL。

(1) この男子中学生に認められる病態である。最も適切なのはどれか。1つ選べ。

1. 鉄欠乏　2. 血球破壊　3. 腎機能障害　4. 循環血漿量の減少

(2) この男子中学生への対応方針である。最も適切なのはどれか。1つ選べ。

1. 本人にビタミン・ミネラルのサプリメントを紹介
2. 本人に補食の摂り方を指導
3. 保護者にレバーを使用した献立を紹介
4. 陸上部のコーチに練習量を減らすように進言　（第30回国家試験）

(1)解説　血液検査値について、MCV（平均赤血球容積)、MCH（平均赤血球血色素濃度)、尿素窒素、クレアチニンは基準範囲内であるが、赤血球数、ヘモグロビンは低値である。また、対象者は日常生活で動悸、息切れを自覚しており、運動後に尿の色が褐色になることがあった。これらのことから、赤血球の破壊により、尿中へのヘモグロビンが排泄されることによって褐色尿が出る溶血性貧血の可能性が考えられる。

解答 2

(2)解説　溶血性貧血の原因は、運動時の足底への物理的衝撃により赤血球の破壊が亢進することがあげられる。このことから、日常における練習量が多いことが考えられるため、対象者の練習状況を確認し、コーチに練習量を減らすよう進言することが最も適切と考えられる。

解答 4

6　スポーツ選手の栄養に関する記述である。誤っているのはどれか。1つ選べ。

1. 持久型種目の選手では、炭水化物摂取が重要である。
2. 筋肉や骨づくりには、たんぱく質摂取が重要である。
3. スポーツ貧血の予防には、ビタミンA摂取が重要である。
4. 運動後の疲労回復には、早いタイミングでの栄養補給が重要である。

5. 熱中症予防では、運動中の水分と電解質の補給が重要である。

(第31回国家試験)

解説　1. 持久性運動において、糖質を十分に補給することはパフォーマンスの発揮に欠かせない。糖質の摂取により、体内にグリコーゲンを豊富に貯蔵しておく必要がある。　2. 運動後には、筋たんぱく質の合成と分解が高まるため、たんぱく質を摂取することが大切である。また、骨の構成成分としてたんぱく質であるコラーゲンが含まれることから、骨づくりにもたんぱく質の摂取は必要とされる。　3. スポーツ貧血の予防には、主に鉄やたんぱく質の摂取が重要とされる。また、鉄の吸収を高めるビタミンCや赤血球の合成を促す葉酸、ビタミンB_6、B_{12}の摂取も必要である。　4. 運動後の糖質とたんぱく質の速やかな補給により、筋グリコーゲンの合成を高めることができる。　5. 発汗により、水分とともに電解質（ナトリウムやカリウムなど）も損失する。運動時の熱中症予防には、電解質も含まれるスポーツドリンクなどで補給する必要がある。

解答　3

7　運動時の身体への影響に関する記述である。正しいのはどれか。1つ選べ。

1. 筋肉中の乳酸は、無酸素運動で減少する。
2. 遊離脂肪酸は、瞬発的運動時の主なエネルギー基質となる。
3. 瞬発的運動では、速筋線維より遅筋線維が利用される。
4. 酸素摂取量は、運動強度を高めていくと増加し、その後一定となる。
5. 消化管の血流量は、激しい運動で増加する。

(第33回国家試験)

解説　1. 無酸素運動を行った場合、解糖系においてピルビン酸の生成が著しく高まることから、乳酸の生成が高まる。　2. 遊離脂肪酸は、マラソンなどの継続的な有酸素系の運動において主なエネルギー基質となる。瞬発的運動では、ATP-PCr系のクレアチンリン酸や解糖系においてグリコーゲンが利用される。　3. 瞬発的運動では速筋（白筋）線維が主に利用され、遅筋（赤筋）線維は、マラソンなどの有酸素系の運動で主に利用される。　4. 酸素摂取量は、運動強度の増加とともに高まるが、やがて頭打ちになる。この酸素摂取量の最大値を最大酸素摂取量（VO2max）といい、全身持久力の指標として有効とされる。特にマラソンなどの持久系種目の選手では、

VO2max が高い傾向にある。 5. 激しい運動時では、消化管の血流量は減少する。一方、骨格筋において、血流量は増加する。 **解答** 4

8 健康づくりのための身体活動基準2013に関する記述である。正しいのはどれか。1つ選べ。

1. 対象者に、65歳以上は含まれない。
2. 対象者に、血圧が保健指導レベルの者は含まれない。
3. 推奨する身体活動の具体的な量は、示されていない。
4. かなりきついと感じる強度の運動が、推奨されている。
5. 身体活動の増加で、認知症のリスクは低下する。 （第34回国家試験）

解説 1. 対象者に65歳以上も含まれる。対象者は18歳未満、18〜64歳、65歳以上に分類されている。 2. 対象者には、血糖・血圧・脂質のいずれかが保健指導レベルの者も含まれる。また、医療機関にかかっておらず、「身体活動のリスクに関するスクリーニングシート」でリスクがないことを確認できれば、対象者が運動開始前・実施中に自ら体調確認ができるよう支援したうえで、保健指導の一環としての運動指導を積極的に行うこととされている。 3. 身体活動の具体的な量として、18〜64歳では、3メッツ以上の強度の身体活動を毎日60分（＝23メッツ・時/週)、65歳以上では、強度を問わず、身体活動を毎日40分（＝10メッツ・時/週）実施することが推奨されている。 4. 息が弾み汗をかく程度の運動である3メッツ以上の強度の運動が推奨されている。 5. 運動においても、自律神経の改善やストレスの解消、気分転換、うつ抑制などにも有効とされる。 **解答** 5

参考文献

1) Babij. P., et al. :Changes in blood ammonia, lactate and amino acids in relation to workload during bicycle ergometer exercise in man. Eur J Appl Physiol Occup Physiol. 50(3):405-11,1983

2) 小清水孝子他. ：スポーツ選手の推定エネルギー必要量. トレーニング科学 17：245-250,2005

3) Burke LM., et al.：Carbohydrates and fat for training and recovery. J Sports Sci. 22(1),15-30,2004

4) Thomas DT etal. :Position of the Academy of Nutrition and Dietetics, Dietitians of Canada, and the American College of Sports Medicine: Nutrition and Athletic Performance. J Acad Nutr Diet 116,501-528(2016)

第10章 環境と栄養

達成目標

- ストレス、ストレッサー、ストレス時の主な身体変化について説明できる。
- 特殊環境条件下（高温・低温、高圧・低圧、無重力など）における生理的機能の変化を説明できる。
- 特殊環境条件下での健康障害の予防または改善のための栄養・食事の管理について説明できる。
- 災害時の栄養ケアを理解し迅速に対応することができる。

1 ストレスと栄養ケア

1.1 恒常性の維持とストレッサー

現代の我々を取り巻く環境は、日々めまぐるしく変化しており、高度な機械化や価値観の多様化、人間関係の複雑化により、人々はストレスの多い環境で生活をしている。

わが国でも 2016（平成 28）年国民生活基礎調査の概況によると、12 歳以上の者について、日常生活での悩みやストレスの有無をみると「ある」が 47.7%、「ない」が 50.7%となっている（図 10.1）。悩みやストレスがある者の割合を性別にみると、男性 42.8%、女性 52.2%で女性が高くなっており、年齢階級別にみると、男女ともに 30 代から 50 代が高く、男性では約 5 割、女性では約 6 割となっており（図 10.2）、ストレス管理の重要性が高まっている。

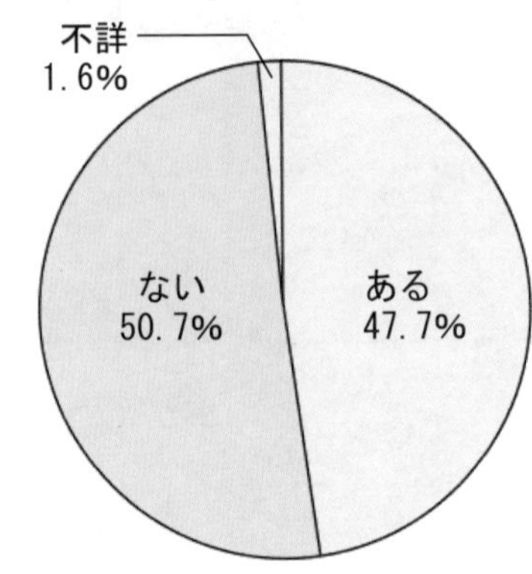

出典）2016 年度国民生活基礎調査の概況

図 10.1　悩みやストレスの有無別構成割合（12 歳以上）

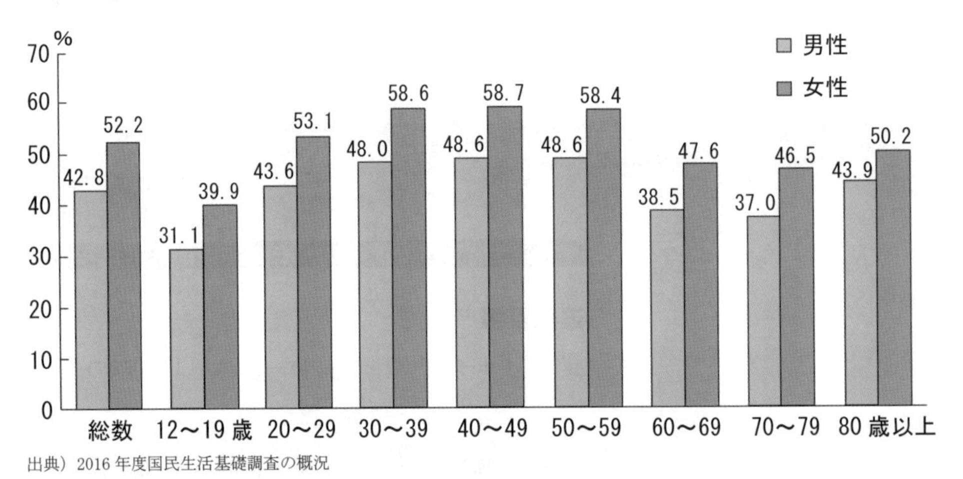

出典）2016 年度国民生活基礎調査の概況

図 10.2　性・年齢階級別にみた悩みやストレスがある者の割合（12 歳以上）

ストレスは、1936（昭和 11）年にカナダのハンス・セリエ（Hans Selye）によりストレス学説として、生体外部から加えられた刺激によって引き起こされる生体の変化として唱えられた概念である。ストレスを引き起こす有害作用因子をストレッサーとよび、ストレスとは「刺激（ストレッサー）が加えられたときに生じる生体の歪んだ反応」と定義している。ヒトは本来、外部環境から加わるさまざまな刺激に対して生体内部環境を一定に保つ機能（恒常性＝ホメオスタシス）を備え持っている。キャノン（Cannon）が提唱したホメオスタシスの概念は、「生物有機体が常に生理学的にバランスの取れた状態を維持する傾向にある」と定義している。

ストレスの種類には、生理的ストレスと心理的ストレスが存在する（図 10.3）。生理的ストレスには、物理的要因として、寒冷曝露、やけど、放射線曝露、騒音などがあり、化学的要因には薬品や有害化学物質など、複合的要因には、飢餓や栄養不良、細菌感染などがある。

心理的ストレスには、生活上の要因、職業上の要因などが含まれる。ストレスは、高血圧、がん、心疾患や胃腸障害などの生活習慣病の原因のひとつになることが分かってきている他、神経系の疾患などの発症にも大きく関わっている。

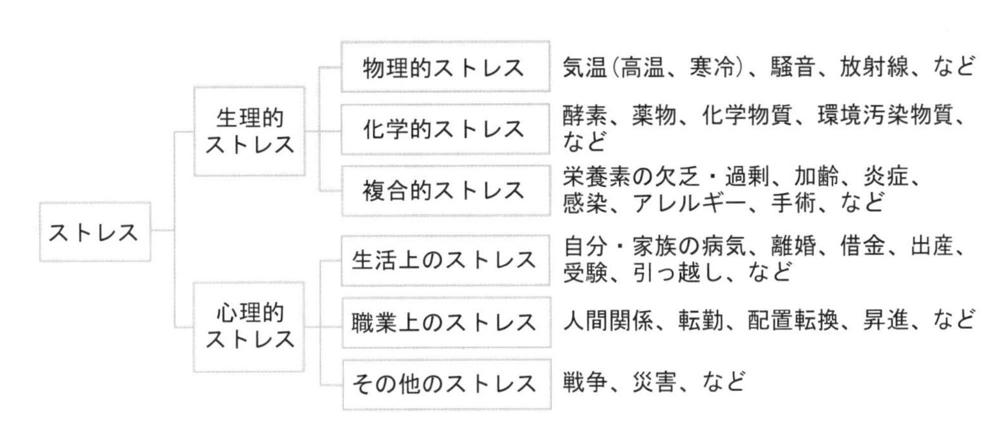

図 10.3　ストレスの種類

1.2 生体の適応性と自己防衛

(1) 汎（全身）適応症候群

セリエは、生体がストレス環境に適応するための非特異的反応として汎（全身）適応症候群として 3 段階に分類している。この反応の時間経過を 3 期に分類し、警告反応期、抵抗反応期、疲憊期に区分している（図 10.4）。

1) 警告反応期（急性疲労）

ストレスの初期反応でショック相と反ショック相に区分される。

(i) ショック相

生体が突然ストレスに曝露された際の一時的なショック状態をいい、血圧低下、体温低下、血糖値の低下、神経活動の低下、筋肉の緊張減少、胃・十二指腸潰瘍の形成、好酸球の減少などの変化が起こる。この反応は、刺激の強さにもよるが数分から 1 日くらい続く。

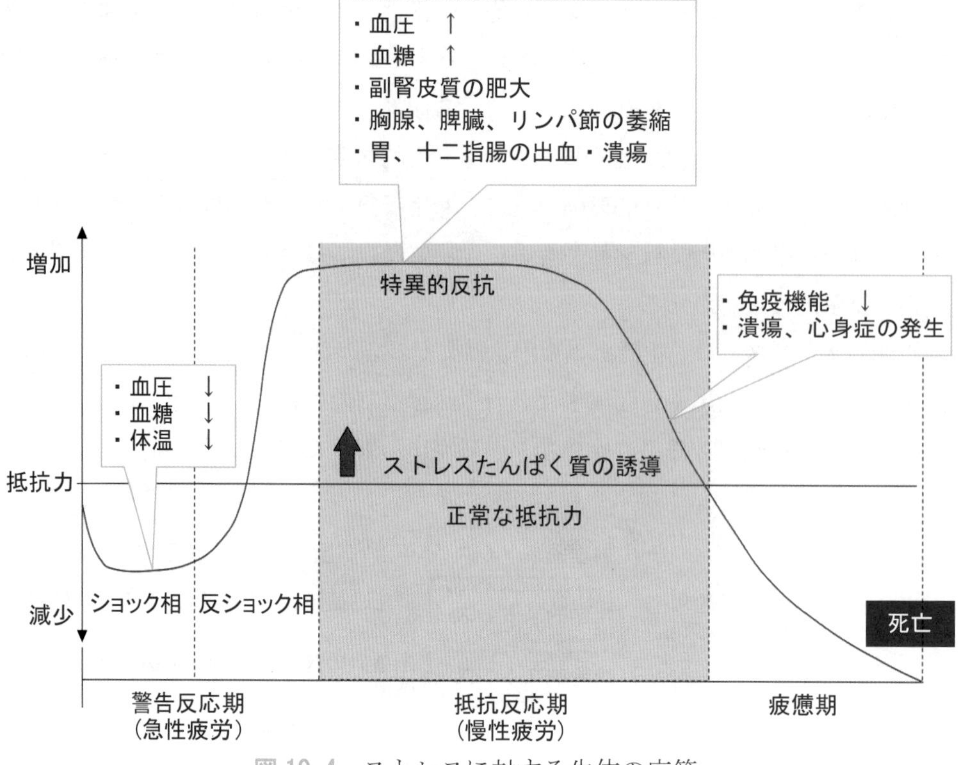

図 10.4　ストレスに対する生体の応答

（ii）反ショック相

ストレス刺激によるショック状態から立ち直る段階で、間脳視床下部の興奮が起こり、交感神経－副腎髄質系によるアドレナリン、ノルアドレナリンの分泌増加、下垂体－副腎皮質系によるグルココルチコイドなどの分泌増加が生じる。体温や血圧および血糖値が上昇し、神経系の活動や緊張が高くなり、生体の抵抗力が回復する。

2）抵抗反応期（慢性疲労）

生体がストレスの刺激に対し順応し、防御機構が獲得され安定な状態になった時期である。ストレッサーが消失または減弱すれば、生体はもとの状態に戻る。この時期には、血圧の上昇、血糖値の上昇、副腎皮質の肥大が引き続き起こり、生活習慣病の重症化にもつながる。

3）疲憊期（消耗期）

長期間ストレス状態が続き、その限界を超えると、生体は抵抗力を失い適応能力を維持できなくなる。その結果、副腎皮質の機能不全に陥り、胃・十二指腸潰瘍および出血、胸腺や脾臓の萎縮、副腎の肥大の 3 大症候を呈して生体の限界を超えると死に至る。

例題 1　ストレスに関する記述である。正しいのはどれか。1つ選べ。

1. ストレス学説はキャノンにより提唱された学説である。
2. ストレスは、生活習慣病の原因にはならない。
3. ストレス侵襲により副腎髄質からアドレナリンの分泌が高まる。
4. 胃・十二指腸は、ストレスの影響をほとんど受けない臓器である。
5. ショック相では、血糖値の上昇が起こる。

解説　1. ハンス・セリエが提唱　2. 生活習慣病の原因になる。　4. ストレスの影響を受ける。　5. ショック相では血糖値の低下がみられる。　**解答** 3

1.3 細胞レベルでのストレス応答

熱ショックたんぱく質（HSP）が細胞レベルでのストレスに対する応答に関与している。当初は高温ストレス（平常温度より5〜10℃高温状態）で発見された。その後の研究でさまざまな物理・化学的要因により誘導されることが示された。

HSPは、細胞内での異常たんぱく質の分解の促進、およびリソソーム内への取り込みに関与している。HSP70は、たんぱく質のリソソーム内への分子シャペロンの役割をもっており、またユビキチンは、細胞の異常たんぱく質の認識と分解に関与しており、ストレス反応と深く関わっている。

ストレスたんぱく質の機能は、細胞機能を維持するために必要なたんぱく質の合成・分解、細胞内輸送の調節に関与しており、細胞がストレス刺激を受けた際には、細胞内たんぱく質の変性などを予防し、たんぱく質の再生を行い異常たんぱく質が蓄積しないように働いている。

1.4 ストレスによる代謝と栄養

(1) 食欲

ストレス環境下では交感神経系が緊張するとともに副腎皮質ホルモンの分泌が亢進し、胃・十二指腸潰瘍が形成されやすくなり、消化管の機能が低下して食欲不振となる。また、仕事や対人関係などの不満足感を強く意識すると、ストレス感情が高まり、自律神経の平行失調による「やけ食い」から起こるストレス肥満になる。逆に、ストレスがつのって「やせ」願望を引き起こし、神経性食欲不振症を招き栄養障害や食行動の異常を引き起こす。

(2) 栄養素摂取

1) エネルギー代謝

ストレス負荷時にはエネルギー代謝の亢進が起こり、糖質・たんぱく質・脂質の異化反応が亢進し、エネルギー要求量が増大する。著しい外傷ストレスが起こった場合には、安静時代謝率は通常の2倍程度まで上昇する（図10.5）。

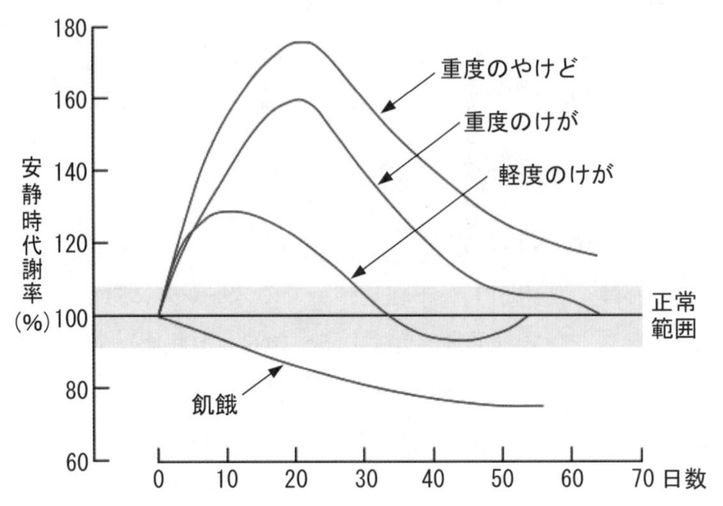

出典）Godner M, Anderson SL, DeYoung S, eds.：Nutrition. A Nursing Approach 2nd ed, Mosby, P.417, 2000

図10.5　ストレス時の安静時代謝率（%）

2) たんぱく質

ストレスが加わると副腎皮質ホルモンであるグルココルチコイドの分泌が亢進し、生体のたんぱく質、特に筋肉たんぱく質の異化が亢進し、窒素出納は負に傾く（図10.6）。ストレスの程度によって、たんぱく質代謝が調整されており、やけど、手術、外傷など侵襲度の違いにより窒素出納は異なる。生体は、ホメオスタシスを維持するために体たんぱく質を分解して生体反応に必要なアミノ酸を動員するため、重篤なストレス環境下においては、たんぱく質の必要量を増加する必要がある。

3) 糖質（炭水化物）

初期のショック相では血糖値の低下が生じる。ストレス適応時には、ストレス刺激による代謝の増大に伴いアドレナリンの分泌が増加する。生体でのグルコースの消費が高まり、肝グリコーゲンの分解が促進され、グルコースの血中への放出が増加する。

ストレス適応時の糖新生の基質は、主に骨格筋たんぱく質の分解に伴うアミノ酸のアラニンとグリシンである。これらのアミノ酸の喪失は、生体にとって致命的であり、ストレス時の糖質の投与は窒素出納を正常に保つために重要である。

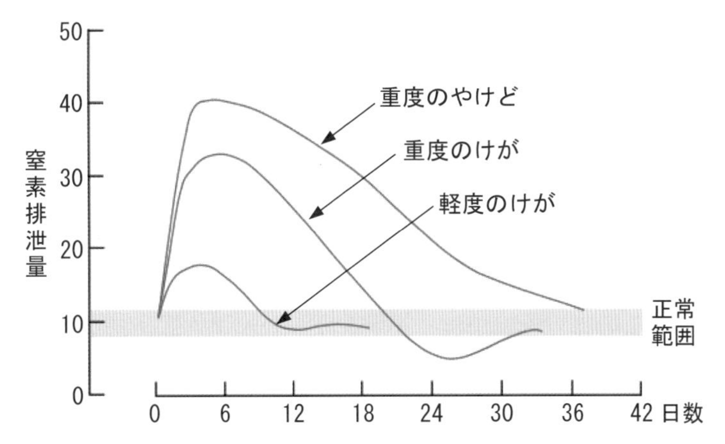

出典）Godner M, Anderson SL, DeYoung S, eds.：Nutrition. A Nursing Approach 2nd ed, Mosby, P.417, 2000

図 10.6　ストレス時の窒素排泄量

4）脂質

ストレスによりアドレナリンの分泌が増加し、脂肪組織から脂肪酸とグリセロールが動員され、血中の遊離脂肪酸が増加する。ストレス環境下では体脂肪は生体内におけるエネルギー基質となるため脂肪分解が亢進され、体脂肪が減少する。

例題 2　ストレスによる代謝と栄養関する記述である。誤っているのはどれか。1つ選べ。

1. ストレス環境下では、胃・十二指腸潰瘍が形成されやすくなる。
2. ストレス負荷時にはエネルギー代謝の亢進が起こる。
3. ストレスが加わると窒素出納は正に傾く。
4. ストレス適応時には、生体でのグルコースの消費が高まる。
5. ストレス環境下では体脂肪は生体内におけるエネルギー基質となる。

解説　ストレスが加わると副腎皮質ホルモンであるグルココルチコイドの分泌が亢進し、生体のたんぱく質、特に筋肉たんぱく質の異化が亢進するため、窒素出納は負に傾く。

解答 3

5）ビタミン

（i）ビタミンB群

ストレス時にはエネルギー代謝が亢進されるため、エネルギー源として糖質、脂質、たんぱく質の利用が増大する。このため、エネルギー代謝を円滑に行うためにビタミンB_1、B_2、B_6、ナイアシンが補酵素として利用が高まる。ビタミンB_1は、糖代謝に必要な補酵素である。また、精神を安定させる働きがあるため、不足すると精神障害が生じる。ビタミンB_2の尿中排泄量は急性飢餓や外傷により増加する。一般にストレス時には、ビタミンB_2の要求量は増加する。パントテン酸は副腎皮質ホルモン生成時のアセチル化反応を触媒する補酵素A（CoA）の成分であることから、ストレス前後に必要とされる。

（ii）ビタミンC

ストレス環境化の副腎髄質では、アドレナリンやノルアドレナリンの生合成が促進しており、この過程でビタミンCが消費される。ストレスの負荷、激しい労働や運動により、副腎髄質ホルモンの分泌が高まることから、ストレス時には、十分なビタミンCの摂取が必要となる。また、ビタミンCは、抗酸化作用があり、組織細胞を障害する活性酸素の除去にも関わっている。

（iii）脂溶性ビタミン（ビタミンA・ビタミンE）

ストレス時に発生した活性酸素の除去に関与する脂溶性ビタミンとしてビタミンAとビタミンEがある。これらのビタミンは、ストレスによるナチュラルキラー細胞の働きの低下、免疫力低下、がんの誘発を抑制する。特に、ビタミンEは、抗酸化作用、免疫賦活作用、血管障害改善作用があり、ストレス耐性を高める。

6）ミネラル

ストレス刺激を受けた場合、神経や筋肉の興奮が一時的に高まり、生体がホメオスタシスを保っていくうえで、この興奮を抑制する必要があるため、グルココルチコイドやノルアドレナリンの影響により尿中カルシウム、尿中マグネシウムの排泄量が増大する。

(3) ストレスとホルモンの関係

1)ストレスのメカニズム

ストレスの刺激はまず大脳辺縁系で処理され視床下部に伝わる。視床下部において視床下部－下垂体－副腎皮質系と自律神経を介した経路に分かれる。HPA系では、ストレス情報は、視床下部から副腎皮質刺激ホルモン放出因子（CRH）が分泌されて下垂体に働き、副腎皮質刺激ホルモン（ACTH）の分泌を促し、副腎皮質ホルモンであるグルココルチコイドを過剰分泌させる。

自律神経系に働いたストレス情報は、交感神経系を刺激し、副腎髄質ホルモンであるアドレナリンを放出し緊急のストレス応答を行う。さらに、免疫系も影響を受けてインターフェロン、インターロイキンなどのサイトカインの放出を調節し生体防御に働く。これらは互いに連携の状態にあって生体の恒常性の維持に働き、これら自律神経系、内分泌系、免疫系の関係をホメオスタシスの三角形という。

2) ストレスと疾患

ストレスにより消化器系の障害、循環器系の調整不良、胸腺・リンパ節や脾臓の萎縮と副腎の肥大から免疫不良を引き起こすことが知られている。

消化器系では、自律神経系の変調により胃粘膜のムチン分泌が低下し、さらに胃酸の過剰分泌により胃や十二指腸の内壁が侵され潰瘍を生じる。また、大腸において迷走神経の興奮により過敏性大腸症候群の原因となる。

ストレスにより交感神経系が刺激されると、アドレナリンやノルアドレナリンの分泌過剰により心拍数の増加、血管の収縮により血圧が上昇し、高血圧症を引き起こす。

ストレスによる精神的な症状として、うつ病、不安感、緊張感などが引き起こされる。このような疾患には脳内伝達物質のセロトニンが関与しており、ストレスにより脳内セロトニンが減少して、自律神経機能が崩れ症状を発症する（図 10.7）。

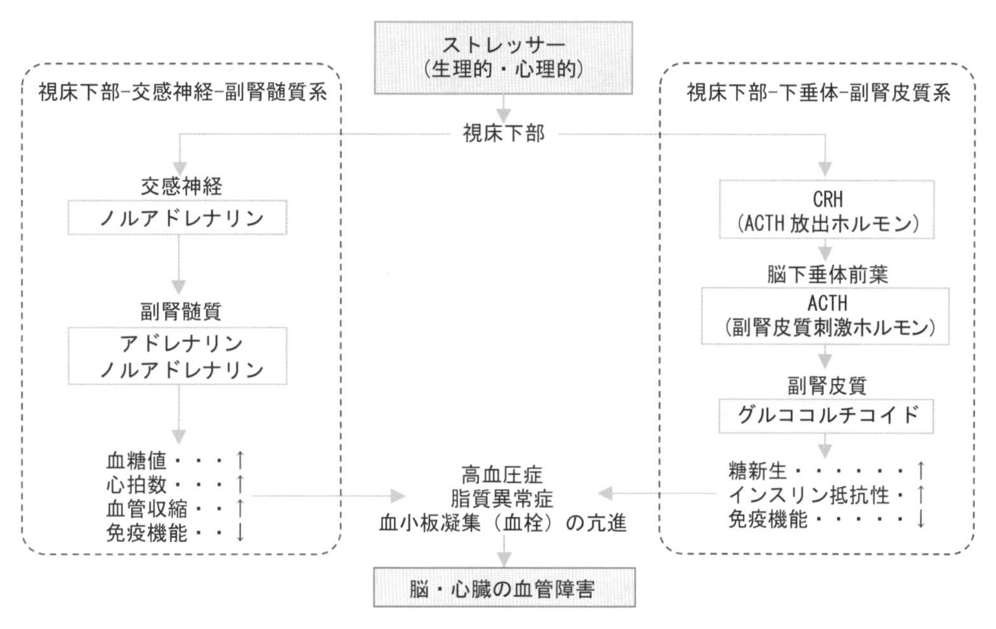

図 10.7 ストレス刺激による生理的応答

例題 3 ストレスと栄養に関する記述である。誤っているのはどれか。1 つ選べ。

1. ストレス時にはビタミン B_1、B_2、B_6、ナイアシンが補酵素として利用が高まる。
2. ストレスによりビタミン C 必要量は低下する。
3. ビタミン E はストレス耐性を高める。
4. ストレスにより胸腺・リンパ節や脾臓の萎縮を引き起こす。
5. ストレスは大腸過敏性大腸症候群の原因となる。

解説　ストレス環境化の副腎髄質では、アドレナリンやノルアドレナリンの生合成が促進しており、この過程でビタミンCが消費される。そのため、ストレス時には、十分なビタミンCの摂取が必要となる。　**解答** 2

2 特殊環境と栄養ケア

2.1 高温・低温環境と栄養

(1) 温度環境と体温調節

人間は恒温動物であり、体温は一定に保たれている。体温が一定であることは、生体機能を維持するうえで重要であり、生体内の多くの酵素反応は体温付近を至適温度として働いている。体内の温度分布は、身体の各部位によって異なっておりさらに外気温により変動する（図10.8）。

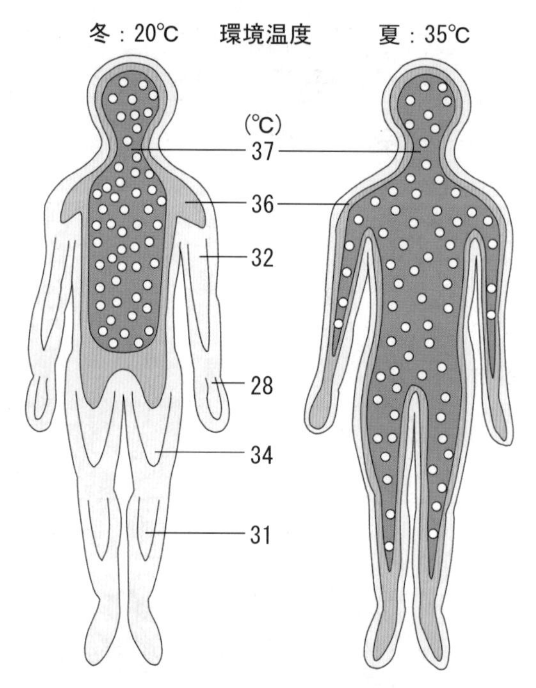

出典）Aschoff, J. and Weber, R.:DurchblutungmessungandermenschlichenExtremitat・Verhandl・Deut. *Ges. Kreslafforsh.*, **23**, 1958, p. 375-380

図10.8　冬と夏の体内温度分布の比較

皮膚表層の約1cmを外郭部（Shell）とよび、環境温度に左右されやすい。体の中心部を核心部（core）とよび、身体の深部にある内臓は熱産生が盛んである。脳を含んだ核心部は環境温度にかかわらずほぼ一定（38℃）に保たれており、この核心温度を保つことが体温調節の機能である。核心部の体温は、直接測定することができないため、直腸温、腋下温、舌下温、鼓膜温などを測定することにより推測する。特に直腸温は放熱のない深部体温を反映しており、最も正確な体内温を示す。

体温は、低温や高温環境に曝されると、間脳の視床下部にある体温調節中枢により体温調節機構が働く。外気温が上昇すると冷中枢が働き、副交感神経系が活性化され、皮膚血管の拡張・呼吸促進・発汗を促し放熱を行う。逆に、外気温が低下すると熱中枢が働き、交感神経系が活性化され、皮膚血管の収縮、立毛、ふるえなどによる産熱を行う。体温の調節は、放熱と産熱のバランスのもとに成り立っている（図 10. 9）。

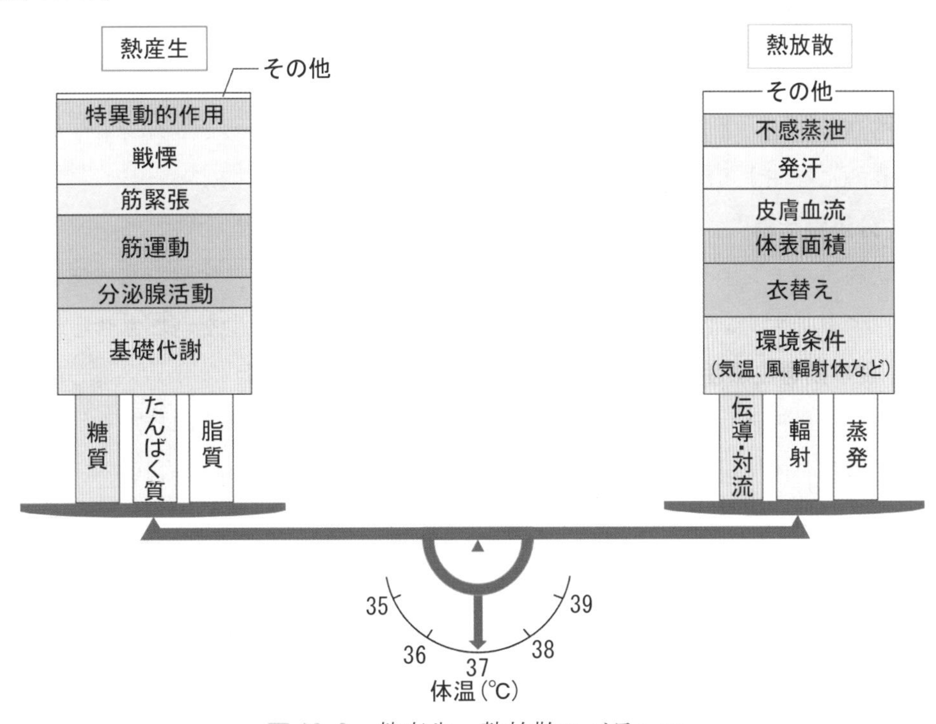

図 10. 9　熱産生・熱放散のバランス

1）放熱因子（体熱の放散）

（ｉ）輻射

体に直接接触していない物体との間の電磁波による熱の移動であり、全放熱量の 2/5 を占める。気温が下がると輻射が大きくなる。

（ⅱ）伝導、対流

皮膚表面から周辺空気および直接接している物体への熱の移動であり、全放熱量の 2/5 を占める。風速が増すと対流が大きくなる。

（ⅲ）蒸発、発汗

不感蒸泄として皮膚表面や呼吸気道から水分の蒸発が絶えず起こっており、全放熱量の 1/5 を占める。気温が上昇すると、発汗を起こし放熱が増す。

2）産熱因子（体熱の産生）

（ⅰ）基礎代謝

生命維持のために体内では常に熱産生が行われており、約 60%を占める。

（ⅱ）筋肉運動

筋肉の収縮により熱産生が起こる。熱産生量は骨格筋量が最も多い。

（ⅲ）ふるえ熱産生

寒冷曝露時に発現する骨格筋の収縮による熱産生反応で、屈筋と伸筋が不随意に反復収縮することで熱産生が起こる。

（ⅳ）非ふるえ熱産生

骨格筋の収縮によらない熱産生であり、主に褐色脂肪細胞のミトコンドリア内膜に特異的に存在する脱共役たんぱく質（UCP）によるものである。

（ⅴ）分泌腺活動

甲状腺ホルモンのサイロキシンは体内の酸化反応を促進し、代謝を高め熱産生を促す。アドレナリンは、交感神経系を介して代謝を促し熱産生を増加させる。

（ⅵ）食事誘導性熱産生（diet induced thermogenesis：DIT）

食後に自律神経系を通して起こる熱産生であり、摂食後数時間にわたり代謝が一過性に増加し体温が上昇する。食事として摂取するエネルギー量の約 10%を占める。たんぱく質が 30%と最も高い。

3）馴化（適応）

それまでとは異なる気温環境に置かれたとき、体温調節機能は一旦不安定となるが、時間の経過とともに安定してくる（馴化）。人間は、暑さには適応力が強く 1～2 週間で暑熱馴化する。一方、寒冷環境では、まず行動性調節により対応する。すなわち、長期間の寒冷環境に曝されると、非ふるえ熱産生が亢進され、皮膚血管の収縮により皮膚表面からの熱放散を抑制する。

例題 4　温度環境と体温調節に関する記述である。正しいのはどれか。1 つ選べ。

1. 体内の温度分布は、身体の各部位によって異なっている。
2. 脳を含んだ核心部は環境温度に影響を受けやすいので注意が必要である。
3. 大腸温は放熱のない深部体温を反映しており最も正確な体内温を示す。
4. 非ふるえ熱産生は骨格筋の収縮による熱産生である。
5. 食事誘導性熱産生は脂質が 30%と最も高い。

解説　2. 脳を含んだ核心部は環境温度にかかわらずほぼ一定（38℃）に保たれており、この核心温度を保つことが体温調節の機能である。　3. 大腸温ではなく直腸温である。　4. 非ふるえ熱産生は骨格筋の収縮によらない熱産生である。　5. 脂質ではなくたんぱく質である。　**解答** 1

2.2 高温環境

(1) 生体と高温環境

体温と環境温度の差が少なくなると暑く感じるようになる。環境温度が上昇すると、体温を適温範囲に維持するために甲状腺機能が低下し、基礎代謝を低下させ熱産生を低下させる。さらに高温環境下になると、副交感神経が刺激され皮膚血管が拡張し、心臓の拍出量の低下に伴い最低血圧が低下し、心拍数の増加により、脈拍数も増加して血液循環が促進する。また呼吸が深くなり換気量が増加し、呼気からの水分蒸発が増加する。組織液の血管内への流入によって、全血量の増加、血液水分量の増加により皮膚からの水分蒸発を促し、発汗により体温が低下する。水 1 g が蒸発することにより 0.58 kcal の熱が奪われる。汗の成分は99%が水分であり、その他にナトリウムなどの無機質や有機物を含む（表 10.1）。

表 10.1　主な汗の成分

成　分	濃　度
水	99.2～99.7%
ナトリウム	45 ～240 mg%
カリウム	20 ～100 mg%
カルシウム	2.1～7.8 mg%
塩素	60 ～350 mg%
総窒素	28 ～ 53 mg%
グルコース	1 ～11 mg%
乳酸	33 ～140 mg%
pH	6.1～8.2

発汗を円滑にするため、暑熱曝露による刺激は、温受容器、視床下部を介し、下垂体前葉を介して、アルドステロンの分泌を促し尿からの Na^+ の再吸収を促す。これにより体内 Na^+ の保留を行う。また、下垂体後葉から抗利尿ホルモン（ADH）の分泌が増し、尿量を減少させる。さらに、口渇中枢を刺激し、飲水量を増加させることで体内水分量の維持が行われる（図 10.10）。

(2) 高温環境と病態

環境温度が高くなり、体熱の産生と体熱の放散の平衡が保たれなくなり、熱放散が妨げられた状態や、激しい筋肉労作の増加により産熱量が著しく増大するような状態で、体温が異常に高くなる症状のうつ熱を引き起こす。高温多湿状況下で起こりやすい。うつ熱の誘発には個人差があり、肥満者や発汗能が低い人、体水分量が減少している場合に起こりやすい。また、体温調節中枢機能を低下させるような状況（飢餓、衰弱、睡眠不足、疲労、飲酒など）は危険性を高める。高温環境において中枢神経系に病的症状が現れたものを熱中症という。熱中症は熱射病、熱失神、熱疲憊、熱痙攣の総称である。

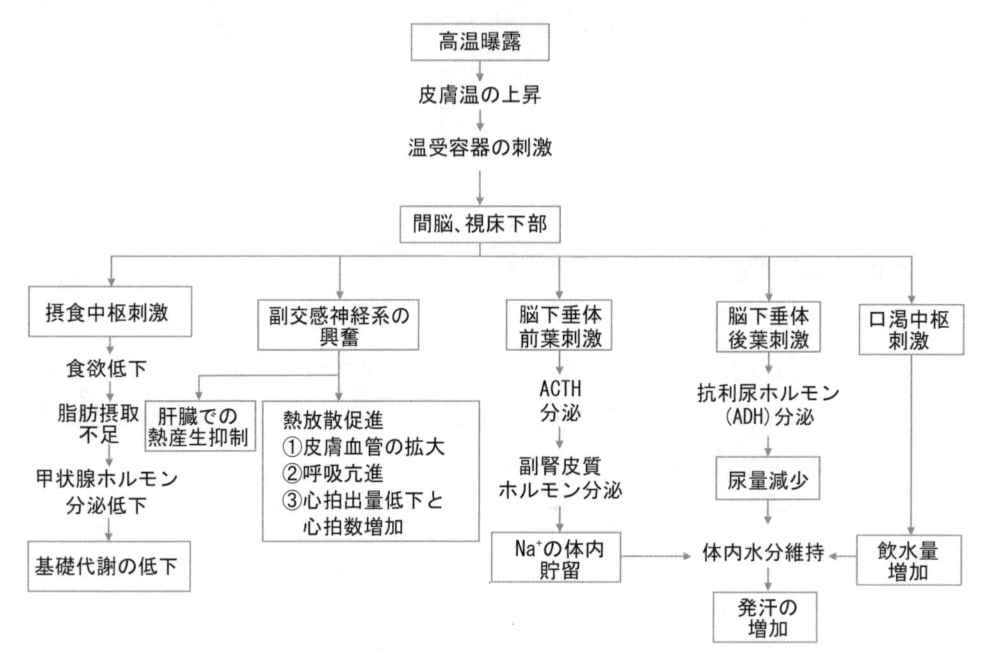

図 10.10　高温曝露に対する生理反応と代謝調節

1) 熱射病

高温環境下で運動や労作を行い、体温が 40℃以上に上昇すると脳の中枢神経障害が起こり、吐き気、めまい、ショック症状を示す。意識障害が起こりひどい時には死亡する。頭部に強い太陽光線を受け脳機能に障害を与えるものを日射病という。熱射病に罹った場合は、第一に日陰など涼しい場所に寝かせ、体を冷やす。

2) 熱失神

熱により血管が拡張し、脳への血流が不足（脳虚脱）し、意識混濁から意識消失が起こる。運動中は筋肉により静脈還流が補助されているため、運動直後に血圧が低下し熱失神が起こることが多い。顔面蒼白になり脈は速くて弱く、呼吸数の増加や唇のしびれなどが起こる。冷却と下肢挙上程度で回復する。

3) 熱疲憊

慢性のうつ熱による疲労、循環障害を中心とした状態である。高温環境下での長時間の運動や労作に伴う大量の発汗により、水分や塩分の補給が追いつかなくなった場合に起こる。脱水や塩分の不足により倦怠感や頭痛、吐き気がみられる。冷所で安静にさせ、電解質水やブドウ糖水の補給を行う。

例題 5 高温環境下での栄養に関する記述である。正しいのはどれか。1つ選べ。

1. 高温環境下では、基礎代謝量が上昇する。
2. 高温環境では、皮膚血管が収縮する。
3. 全血量が減少する。
4. テストステロンの分泌を促し、尿からのNa^+の再吸収を促す。
5. 高温環境下では、抗利尿ホルモンの分泌が上昇する。

解説 1. 環境温度が上昇すると、体温を適温範囲に維持するために甲状腺機能が低下し、基礎代謝を低下させ熱産生を低下させる。 2. 熱放散のため皮膚血管は拡張する。 3. 組織液の血管内への流入によって、全血量の増加する。血液水分量の増加により皮膚からの水分蒸発を促し、発汗により体温が低下する。 4. 高温環境下では、発汗を円滑にするため、下垂体前葉を介して、アルドステロンの分泌を促し、尿からのNa^+の再吸収を促し体内Na^+の保留を行う。 5. 下垂体後葉から抗利尿ホルモンの分泌が亢進し、尿量を減少させ体内の水分を貯留する。 **解答** 5

4) 熱痙攣

高温環境下で運動や労作を行うと発汗によって脱水と塩分の不足が起こる。この際に、水分の補給のみを行うと、血液中の塩分濃度が低下し、浸透圧の低下が起こる。その結果、手・足など四肢を中心に筋肉の疼痛を伴う痙攣が起こる。予防のためには、発汗時には水分だけではなく電解質も補給する。

暑さ指数（Wet Bulb Globe Temperature：WBGT（湿球黒球温度））は、熱中症予防を目的として1954年にアメリカで提案された指標である。単位は気温と同じ摂氏度（℃）で示されるが、その値は気温とは異なる。WBGTは人体と外気との熱収支に着目した指標であり、人体の熱収支に与える影響の大きい①湿度、②日射・輻射（ふくしゃ）など周辺の熱環境、③気温の3つを取り入れた指標である（表10.2）。

表10.2 暑熱による疾患のメカニズム

温度基準(WBGT)	注意すべき生活活動の目安	注意事項
危険(31℃以上)	すべての生活活動で起こる危険性	高齢者では安静状態でも発生する危険性が大きい。外出はなるべく避け、涼しい室内に移動する。
厳重警戒(28～31℃*)		外出時は炎天下を避け、室内では室温の上昇に注意する。
警戒(25～28℃*)	中等度以上の生活活動で起こる危険性	運動や激しい作業をする際は定期的に充分に休息を取り入れる。
注意(25℃未満)	強い生活活動で起こる危険性	一般に危険性は少ないが激しい運動や重労働時には発生する危険性がある。

*(28～31℃)および(25～28℃)については、それぞれ28℃以上31℃未満、25℃以上28℃未満を示す。
日本生気象学会「日常生活における熱中症予防指針 Ver.3」(2013) より

(3) 高温環境と栄養

高温環境下では、満腹中枢が刺激され食欲が低下し摂取エネルギー量は低下する。たんぱく質は食事誘導性熱産生が大きいことから摂取量が低下する傾向がある。神経伝達物質やホルモン産生の前駆物質としてのたんぱく質および脂質の適切な摂取に注意する必要がある。発汗時には熱痙攣の予防のためにも、水分補給だけでなく、電解質の補給も行い体液の浸透圧を正常に保つ。エネルギー代謝を円滑に行うために、ビタミンB_1、B_2、B_6、ナイアシンなどのビタミンB群の補給や、ストレス緩和のためにビタミンCの補給を心がける。

例題 6　高温環境下での病態と栄養に関する記述である。正しいのはどれか。1つ選べ。

1. うつ熱の誘発には個人差はあるが、肥満者は起こりにくい。
2. 熱射病に罹った場合は、体を温める。
3. 運動直後に血圧が上昇し、熱失神が起こることがある。
4. 高温環境では、ナトリウムの摂取を制限する。
5. 高温環境下では、糖質の摂取を制限する。

解説　1. うつ熱の誘発には個人差があるが、肥満者に起こりやすい。　2. 体を冷やす。体温が40℃以上に上昇すると脳の中枢神経障害が起こる。　3. 熱により血管が拡張し、血圧は低下する。そのため、脳への血流が不足（脳虚脱）し、意識混濁から意識消失が起こる。　4. 水分の補給のみを行うと、血液中の塩分濃度が低下し、浸透圧の低下が起こる。その結果、四肢を中心に筋肉の疼痛を伴う痙攣が起こる。　5. 高温環境でもエネルギー源として糖質摂取は必要である。　**解答** 3

2.3 低温環境

(1) 生体と低温環境

寒冷環境では皮膚温が低下し、体温が下臨界温より下がると皮膚の冷受容器が刺激され、体熱産生が亢進する。皮膚温が下がると皮膚の立毛筋が反射的に収縮して鳥肌が生じ、皮膚からの熱の放散を抑制する。さらに視床下部より交感神経系が刺激され、肝臓での熱産生の増加や筋肉によるふるえ熱産生が亢進する。ふるえ熱産生は骨格筋が不随意的に周期的に起こす収縮で100%熱となり、熱の産生量を高め体温を一定に保つ。副腎髄質への刺激が高まり、アドレナリン・ノルアドレナリンの分泌により、皮膚血管の収縮、血圧上昇、血糖増加が起こる。寒冷馴化が進むと、非ふるえ熱産生機能が発達し、褐色脂肪細胞での熱産生が上昇する。グルカゴンや副腎皮質刺激ホルモン（ACTH）の分泌により、グルコースの取り込みや脂肪分解も亢進、甲状腺ホルモン分泌が亢進することにより基礎代謝量の増加が起こる（図10.11）。

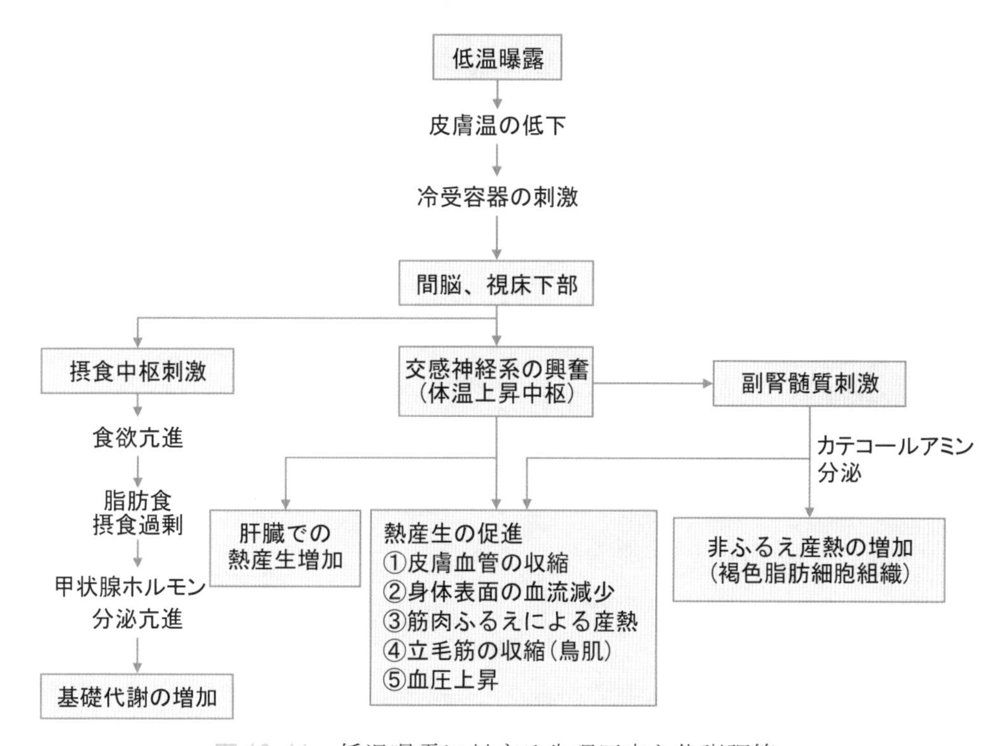

図10.11　低温曝露に対する生理反応と代謝調節

(2) 低温環境と病態

極寒環境下に曝され、体熱産生が追いつかず体温を維持できなくなると低体温を引き起こす。低体温は直腸温が35℃以下になった状態で起こり、33～34℃で自律神経の麻痺、30℃以下で呼吸循環器障害や意識障害を引き起こし、20～25℃で死に至る（凍死）。低温環境下では、皮膚などの末梢血管の収縮により皮膚血管に凍傷や凍瘡を引き起こす。

1) 凍傷

極寒冷環境に曝露されると、核心温を一定に保つために、末端組織の毛細血管が強く収縮し、血流低下が起る。血流障害と細胞の破壊が生じ、浮腫、水疱、うっ血、壊死、ミイラ化へ進行する。

2) 凍瘡（しもやけ）

皮膚が5～10℃の低温に繰り返し曝露されることで、皮膚血管が麻痺し局所的にうっ血した結果起こる。うっ血により末梢組織で栄養不良や血管壁の透過性が増して滲出液が組織に流出して、腫脹や滲出性紅斑が生じる。

(3) 低温環境と栄養

寒冷曝露により、体熱産生機能が高まり基礎代謝が上昇する。熱産生には糖質が中心的なエネルギー源となり、たんぱく質からの糖新生や脂質の利用が高まる。寒冷馴化により脂質代謝が亢進し、脂肪組織における遊離脂肪酸の動員が促進する。高脂肪食による皮下脂肪の蓄積は熱放散を減らし耐寒性を高める。体熱産生のためにエネルギー代謝が亢進しており、ビタミンB_1、B_2、B_6、ナイアシンなどのビタミンB群の補給が必要である。

例題 7　低温環境下での栄養に関する記述である。正しいのはどれか。1つ選べ。

1. 基礎代謝量は低下する。
2. 甲状腺ホルモンの分泌量は低下する。
3. 脂肪の摂取を制限する。
4. 低たんぱく質食とする。
5. アドレナリン分泌が亢進する。

解説　1．2．甲状腺ホルモン分泌が亢進することにより基礎代謝量の増加が起こる。3．4．熱産生には糖質が中心的なエネルギー源となり、たんぱく質からの糖新生や脂質の利用が高まる。　5．低温環境下では、副腎髄質への刺激が高まり、アドレナリン・ノルアドレナリンの分泌上昇により、皮膚血管の収縮、血圧上昇、血糖増加が起こる。

解答　5

2.4 高圧・低圧環境と栄養

人間が生活している環境の多くは平地であり、1気圧のもとで生活している。1気圧は水銀柱の高さ760mmHgで、1013ヘクトパスカル（hPa）またはミリバール（mbar）と等しい。気圧は、海面から10m下がるごとに1気圧上昇し、高度が上昇すると気圧は低下する。ダイビングなどで水中に潜ると高圧環境となり、登山などで高所に行くと低圧環境となる。

2.5 高圧環境

(1) 生体と高圧環境

水中に潜ると水圧がかかり、例えば、40m水中に潜ると5気圧となる。1気圧で

1000 mL である空気は 5 気圧になると 200 mL に圧縮される。このとき、窒素の分圧は 3.95 気圧、酸素の分圧は 1.05 気圧となり、血液中への窒素の溶解量は水深 0 m 時の 4 倍程度となる。生体の体組織や体液は非圧縮性であり、心臓の拍動や血圧はほとんど変化しないが、気体を多く含有する気道系の臓器（気管、気管支、肺胞）、中耳、副鼻腔、消化管は圧力の影響を受けやすい。気体は高圧下では血液に溶解するようになり、血液中への多量のガスの溶解は、1 気圧状態に減圧する際にガスとして放出され、血管中で塞栓を形成（ガス血栓）する。また、高圧の窒素ガスは、麻酔効果に似た症状を示す（窒素麻酔）。

(2) 高圧環境と病態

1) 酸素中毒

高濃度の酸素を吸入した際に起こる障害であり、急性型は、中枢神経系を侵し、全身痙攣を引き起こす。慢性型では、肺胞粘膜が刺激されて浸潤を起こす。脈拍は遅くなり（徐脈）、肺・気管支炎症、うっ血、浮腫などの症状が現れる。酸素中毒の原因は、血漿に溶解する酸素が過剰であるため、血液による CO_2 輸送に障害を来すことが原因である。

2) 窒素麻痺

空気中の窒素は、常圧で生理的に不活性のガスであるが、高圧下（個体差はあるが 4 気圧以上）では、アルコールの神経系統に及ぼす効果に類似した麻酔効果を起こす。酸素中毒、窒素麻痺を予防するため、ヘリウム－酸素混合ガスの利用がある。

3) 減圧症、潜函病（ケイソン病）

高圧環境に曝露されたヒトが常圧に戻る際に、血液や組織に溶解していた過剰の窒素が、急速な減圧のため体外へ排除できず、溶解限度を超えて気泡を形成して血管内や組織内で塞栓（ガス栓塞）するために引き起こされる。急性減圧症では、関節や毛細血管の微少気泡形成によって起こる四肢の関節痛、圧痛、しびれ感、皮膚のかゆみや、頭痛、めまい、痙攣、呼吸困難を起こすが一過性である。慢性減圧症では、運動麻痺や骨壊死を招く。

(3) 高圧環境と栄養

高圧環境下は主に水中であり、低温の水中での活動による体温低下を防ぐため、体熱産生が高まっている。また、ヘリウムガスは熱伝導性が空気の 41 倍と高いため熱放散が促進されている。体温の維持のためにエネルギー摂取量、ビタミン B_1、B_2、B_6、ナイアシンの摂取量を増やす。

例題 8　高圧環境下での栄養に関する記述である。誤っているのもはどれか。1つ選べ。

1. 最大換気量は低下する。
2. 酸素中毒を引き起こす
3. 窒素麻痺がみられる。
4. 低圧環境から高圧環境下に急に移動することで、減圧症を起こす。
5. 高エネルギー食とする。

解説　1. 気道系の臓器である肺も圧力を受け、最大換気量は低下する。4. 加圧による気圧増加によって身体の組織や体液に溶け込んでいた気体が、急激な減圧により気泡となり、血管を閉塞することなどにより、減圧症を引き起こす。特に急激な減圧では、肺の膨張が起こり、空気塞栓症や肺の破裂が起こることもある。**解答** 4

2.6 低圧環境

(1) 生体と低圧環境

海抜０ｍから高度が上昇するに従って気圧が低下する。低圧環境は、高所登山や予圧室のない飛行機などでの上空飛行などの急性低圧環境と、高地に住居するなどの慢性低圧環境がある。高所では気圧の低下に伴う酸素分圧の低下により低酸素症が起こる。低酸素状態になると肺からの酸素摂取量が減少し、TCAサイクルなどのエネルギー産生が抑制され、呼吸・循環器機能や血液などの組織機能に障害が起こる。また、中耳腔内の空気や消化管にたまっているガスが外気圧の変化によって膨張し、耳痛や腹痛を引き起こす。

(2) 低圧環境への馴化

1) 急性適応機能

低圧環境では酸素分圧が低下しており、生体内では肺胞内の酸素分圧、動脈血の酸素分圧が低下して細胞組織への酸素供給が低下する。細胞組織への酸素の供給はヘモグロビンと酸素分圧による飽和度によって影響を受ける。

平地では、肺における酸素分圧が高いのでヘモグロビンの酸素飽和度も高く、組織の分圧が低いので、酸素はヘモグロビンから放出され組織に供給される。高地では、肺の酸素分圧が低くなり、ヘモグロビンからの酸素の放出が低下し、組織は低酸素となる。このため、低圧環境下では、酸素の供給を維持するため、呼吸運動を促進し、肺換気量を増大させて対応する。その結果、肺胞からの炭酸ガスの放出が盛んとなり、肺の炭酸ガス分圧が低下し酸素分圧が上昇することで、動脈血の酸素飽和度が上昇する。このとき、酸素解離曲線は右方シフトしている。このことをボーア（Bohr）効果という（図 10.12）。

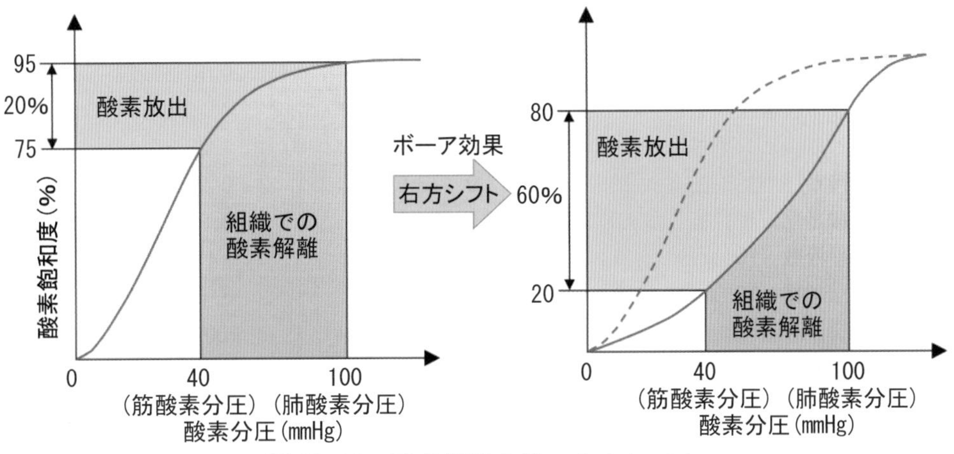

図 10.12　酸素解離曲線の右方シフト

高所に慣れていない状態で高所登山を行うと、4000 m 付近から頭痛、息切れ、吐き気に襲われ、さらに無理して登山を続けると、呼吸困難に陥りチアノーゼやショック症状を呈するようになる（高山病：低圧低酸素症）。

2）慢性適応機能（高地馴化）

低酸素状態が 1〜2 週間続くと、低酸素刺激により腎臓でのエリスロポエチンの産生能が高まり造血機能が亢進し、赤血球の産生が上昇し血中ヘモグロビン濃度が増大する。高地に登山する場合に、低地から日数をかけて少しずつ高度を上げていくことによって低圧環境に慣れ生体の抵抗力をつける。高所滞在日数の経過に伴い循環血中の赤血球が増加し、高地に居住するヒトでは、平地住民に比べ、赤血球数、ヘモグロビン濃度、ヘマトクリット、循環血液量などが増大している。スポーツ選手の高地トレーニングは、高地馴化によって酸素結合能を増加させ、体力の強化を目的とするものである（表 10.3）。

(3) 低圧環境と栄養

低圧環境は主に高所であり、高所においては気温が低く空気中の水蒸気の絶対量が低くなり脱水を起こしやすい。高所登山者は尿量を保つために 1 日最低 4〜5L の水分の摂取が必要とされる。低酸素状態で酸素の供給が十分でないことから、血中および骨格筋中で乳酸の増加が著しい。高地では食事摂取量が低下する反面、エネルギー摂取量は増大することから高糖質でエネルギー値の高いものを選択する。エネルギー代謝が亢進しているためビタミン B_1、B_2、B_6、ナイアシンなどのビタミン B 群の補給が必要である。

表 10.3　平地住民と高地住民の血液性状の比較（平均値±標準偏差）

項　　目	平地住民（0m）	高地住民（4,540m）
赤血球数（10^4/mm^3）	511±2	644±9
ヘマトクリット値（%）	46.6±0.15	59.5±0.68
ヘモグロビン量（g/L）	15.64±0.05	20.13±0.22
網赤血球数（10^3/mm^3）	17.9±1.0	45.5±4.7
総ビリルビン量（mg/L）	0.76±0.03	1.28±0.13
間接ビリルビン量（mg/L）	0.42±0.02	0.90±0.11
直接ビリルビン量（mg/L）	0.33±0.01	0.37±0.03
血小板数（10^3/mm^3）	406±14.9	419±22.5
白血球数（10^3/mm^3）	6.68±0.10	7.04±0.19
循環血液量（mL/kg 体重）	79.6±1.49	100.5±2.29
循環血漿量（mL/kg 体重）	42.0±0.99	39.2±0.99
全赤血球容積（mL/kg 体重）	37.2±0.71	61.1±1.93
全ヘモグロビン量（g/kg 体重）	12.6±0.3	20.7±0.6

出典）Hurtado,A,:Handbook of Physiology;Adoptation to the Enviroment;Section 4,American Physiology Society,1964

例題 9　低圧環境下における問題である。正しいのはどれか。1つ選べ。

1. 血中ヘモグロビン濃度が低下する。
2. 高地では、ヘマトクリット値は上昇する。
3. 糖質を制限する。
4. 動脈血の酸素飽和度が上昇する。
5. 酸素解離曲線は左方シフトする。

解説　1. ヘモグロビン濃度は増大する。　2. 低圧環境は主に空気の少ない高所であることが多い。高所では、空気中の酸素分圧が低いため、造血作用が高まり赤血球数が増加する。酸素が少ない環境となるため、嫌気的代謝が亢進するので糖質が有効なエネルギー源となる。　3. エネルギー摂取量は増大することから高糖質でエネルギー値の高いものを選択する。　4. 低圧環境下では酸素飽和度は減少する。5. 酸素解離曲線は右方シフトする。　**解答** 2

2.7 無重力環境と栄養

人類は重力（1G）環境において生活しているが、宇宙環境は限りなく無重力（microgravity：μG）な状態となる。有人宇宙飛行の歴史は、1961年ソ連（現ロシア）の宇宙飛行士ユーリィ・ガガーリンがボストーク1号により108分間の軌道飛行に成功したことに始まる。1969年アメリカはアポロ11号により、人類初の月面着陸に成功した。1970 年以降世界各国で宇宙開発競争が進み、1981 年スペースシャトルの打ち上げにより、長期間滞在型の宇宙ステーションを使った研究開発が進み、宇宙医学研究が進んできた。1995 年ロシアのヴァレリ・ポリヤコフは 437 日 18 時間の最長宇宙滞在記録を打ち立てた。1998 年 15 カ国が参加して国際宇宙ステーション（ISS）が建設された。ISS は地上約 400 キロメートル上空に建設されている巨大な有人施設であり日本も参画し、日本の実験棟は「きぼう」と命名されている。宇宙環境でのフライト期間は、宇宙開発とともに延長しており、近年の ISS 滞在期間は 200 日程度となっている。

(1) 無重力環境での生理的変化

無重力環境は、生体にさまざまな生理的変化をもたらし、宇宙酔い、骨カルシウム喪失、筋萎縮、水電解質代謝と調節ホルモンの異常などを引き起こす。無重力環境では、地上でのベッド・レスト（寝たきり状態）と同様の影響がみられる。

現在知られている主な宇宙飛行に伴う医学的問題は 7 つあり（①心循環器への影響、②骨カルシウムへの影響、③筋肉への影響、④血液・免疫への影響、⑤宇宙酔い、⑥宇宙放射線による影響、⑦閉鎖環境による精神心理面への影響）、飛行日数により発現が変化する（図 10.13）。

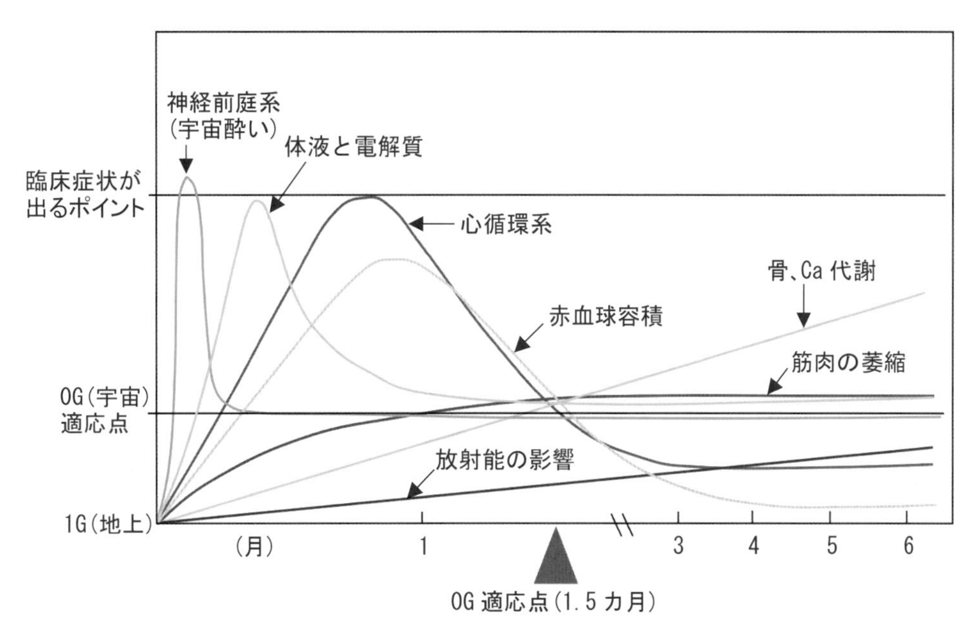

出典）Edited by Nicogossian AE, Mohler SR, Gazenko OG, Grigoriev AI. Space Physiology and Medicine. Washington Dc: NASA SP-447; 1982　（一部改変）

図 10.13　宇宙環境が人体に及ぼす影響

① 心循環器への影響

地上では、重力の影響で血液をはじめとする体液は下肢に引っ張られている。無重力環境になると重力がないため、下肢の静脈血と周囲の組織液が頭方へ移動する。その結果、鼻が詰まる、頭が重い、顔のむくみ「ムーンフェイス」が生じる。一方、下肢は体水分が減少することにより「バードレッグ（鳥の足）」とよばれるように細くなる。体液バランスの乱れは、宇宙飛行の初期に起きる反応であり、全体液量を減少させるように順応する。地球上に帰還すると、再び重力に血液が引っ張られるために、頭部に移動した体液の多くが下肢に急激に移動するため、脳貧血や起立耐性障害を起こす（図 10.14）。

帰還前には起立耐性障害の予防のため、下半身陰圧負荷を行い、生理食塩水投与とあわせて措置が行われている。

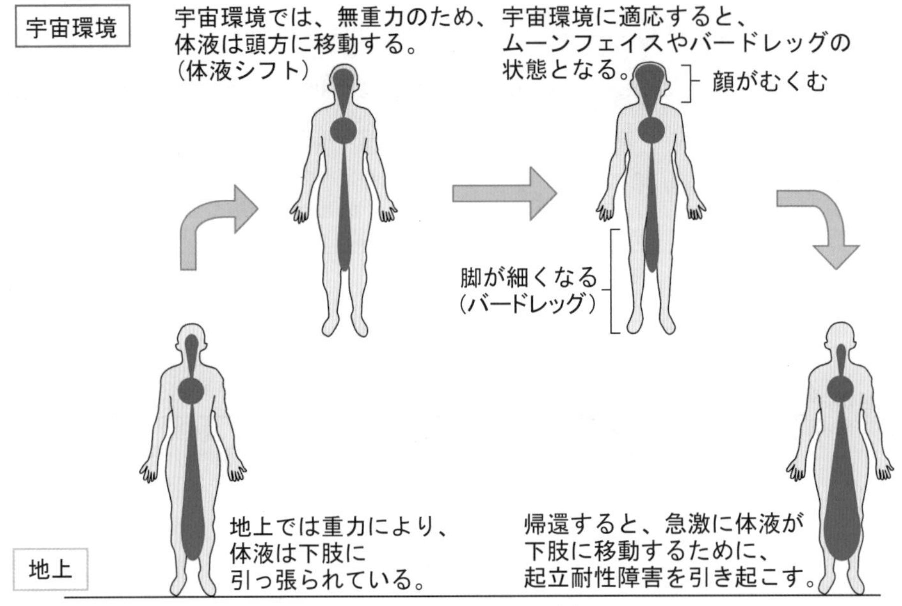

出典）御手洗玄洋：宇宙飛行と体力，体力科学，45，1996，p245-260 を改変

図 10.14　宇宙飛行による体液分布の変化

② 骨カルシウムへの影響

骨は地上で身体を支えるために重要な組織である。無重力状態では、身体を支える必要がなくなることから、地上の骨粗鬆症患者の 10 倍以上の速さで、骨密度減少が起こる。無重力状態では、血清中骨特異性アルカリフォスファターゼの低下や尿中ハイドロキシプロリンなど骨吸収マーカーの値が上昇する。尿中や便中に溶出したカルシウムが排泄され、尿中へのカルシウム流出が過剰になると尿管結石の危険性が高まる。また、骨量の減少は骨折の原因となることから、宇宙飛行中は、トレ

ッドミル運動やエルゴメータ運動によりカルシウム流出を防いでいる（図 10.15）。

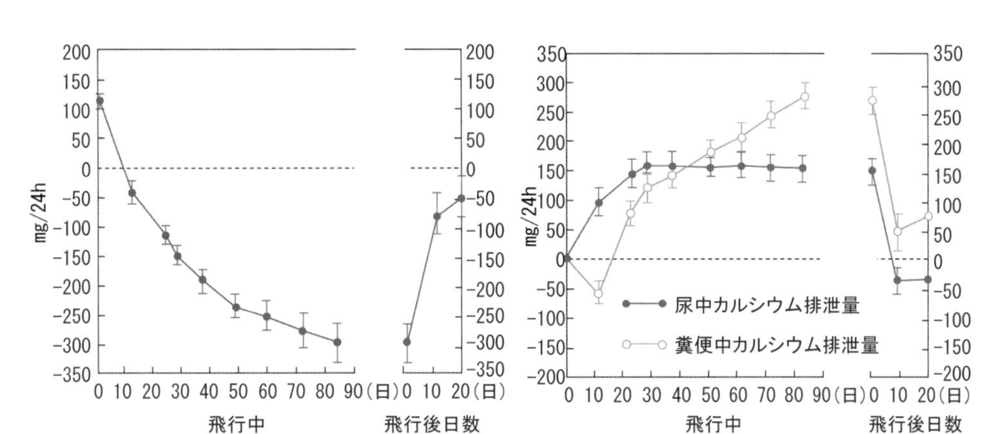

出典）Paul, C. *et al.*:Prolonged weightlessness and calcium loss in man, *Acta. Astronautica*, 6, 1979, p. 1113-1122

図 10.15 宇宙飛行時のカルシウム出納、尿中・糞便中カルシウム排泄量

③ 筋肉への影響

長期間の無重力状態では筋収縮を必要としないため、筋肉の廃用性筋萎縮を引き起こす。筋肉には、収縮するスピードの速い「速筋」と遅い「遅筋」が存在しているが、無重力環境では、遅筋が速筋に変化する。これは、身体を支える必要がないために起こると考えられている。筋肉の萎縮はたんぱく質の代謝回転を促し、宇宙飛行中は尿中窒素排泄量が上昇している（図 10.16）。

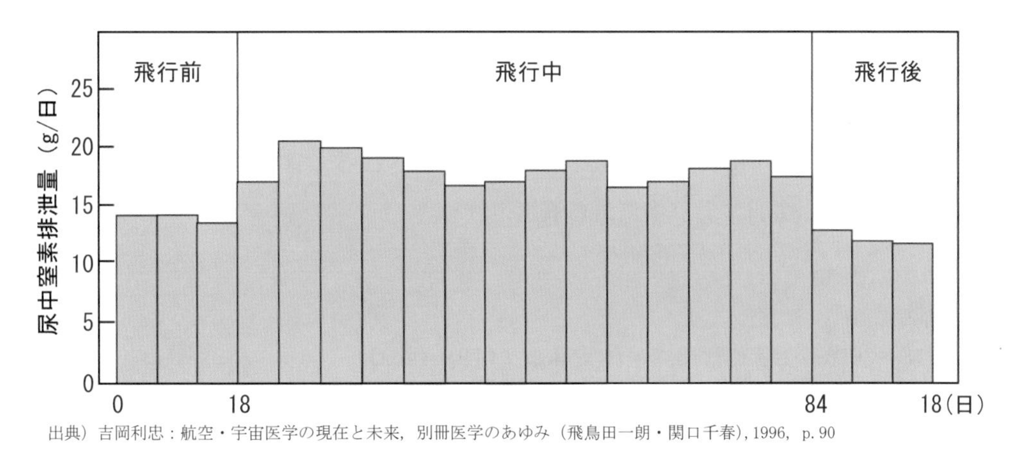

出典）吉岡利忠：航空・宇宙医学の現在と未来，別冊医学のあゆみ（飛鳥田一朗・関口千春），1996，p. 90

図 10.16 宇宙飛行中の尿中窒素排泄量

④ 血液・免疫系への影響

無重力状態では赤血球の形状に変化が起こる。通常赤血球はドーナツ状円盤型であるが、無重力状態では、トゲのある金平糖状やボール状に変形する。これは地上

に帰還するともとに戻る。また赤血球数の減少により貧血を引き起こす。

無重力状態においては、細胞性免疫系の低下が起こる。免疫機能の低下は、易感染性や腫瘍の進展など、生体に悪影響を及ぼすことになるため、我々が有人宇宙飛行を行う以上、免疫機能への影響について十分な検討を行い、対策を講じる必要がある。

(2) 宇宙食

1960年代のマーキュリー時代には、宇宙食はクリーム状およびゼリー状のものがチューブに詰められストローで吸っていた。1970年代のアポロ時代になると、フリーズドライ技術が発達し、お湯を加えスープ状にして食べられるようになった。1980年代のスペースシャトルの時代には、乾燥物とある程度の生鮮食品の搭載も可能となり、2000年代のISS時代には、地上での食事とほぼ変わらないものとなった。

宇宙環境では、栄養摂取状態が負のバランスになっていることが報告されており、宇宙での体重減少の一因となっている。特にたんぱく質やビタミン類・微量元素などが長期間不足すると、免疫機能低下に陥る可能性がある。また宇宙食は、ほとんどが加工食品であり、長期間宇宙食だけの生活を続けていると、腸内細菌叢も変化し免疫機能に影響することも予想される。したがって、免疫機能低下を予防するためには、適切な栄養摂取が必要であることはいうまでもないが、今後は免疫機能強化作用を有した栄養素やプロバイオティクスの概念を導入した新規宇宙食の開発も期待される。宇宙食の役割には、宇宙飛行士の健康を維持するための栄養を確保することの他、おいしくバラエティ豊かな食事をとることによる精神的ストレスの低減や、気分をリフレッシュし、パフォーマンスの維持・向上を図ることなどがあげられる。

宇宙飛行士が宇宙に長期滞在する場合に必要とされる1日のエネルギーは、宇宙飛行士の年代、性別および体重から算出される。

男性

18〜30歳　1.7×（15.3×体重(kg)＋679）（kcal）

30〜60歳　1.7×（11.6×体重(kg)＋879）（kcal）

女性

18〜30歳　1.6×（14.7×体重(kg)＋496）（kcal）

30〜60歳　1.6×（8.7×体重(kg)＋829）（kcal）

NASA（アメリカ航空宇宙局）では、栄養必要量を次のように定めている（表10.4）。

表 10.4　宇宙食の栄養摂取基準

栄養素	摂取基準	単　位	栄養素	摂取基準	単　位
エネルギー	2,400-2,650(男) 1,950-2,000(女)	kcal	ナイアシン	20	mg
			ビオチン	100	μg
たんぱく質	12-15	%エネルギー比	パントテン酸	5	mg
炭水化物	50	%エネルギー比	カルシウム	1,000-1,200	mg
脂質	30-35	%エネルギー比	リン	1,000-1,200	mg
水分	＞2,000	mL/日	マグネシウム	350	mg
ビタミンA	1,000	μg(retinal 当量)	ナトリウム	1,500-3,500	mg
ビタミンD	10	μg	カリウム	3,500	mg
ビタミンE	20	mg(α-tocopherol 当量)	鉄	10	mg
ビタミンK	80	μg	銅	1.5-3.0	mg
ビタミンC	100	mg	マンガン	2.0-5.0	mg
ビタミンB_{12}	2	μg	フッ素	4	mg
ビタミンB_6	2	mg	亜鉛	15	mg
チアミン(VB1)	1.5	mg	セレン	70	μg
リボフラビン(VB2)	2	mg	ヨウ素	150	μg
葉酸	400	μg	クロム	100-200	μg

下線は地上摂取量より多いものを示し、リスク対応策となる。

出典）松本暁子、宇宙での栄養、宇宙航空環境医学会誌、45、p75-97、2008

例題 10　無重力環境に関する問題である。正しいのはどれか。1 つ選べ。

1. 循環血液量が増加する。
2. 筋肉量が増加する。
3. 尿中カルシウム排泄量が増加する。
4. 骨形成が増加する。
5. 免疫機能が高まる。

解説　無重力環境では、体幹維持に必要な骨や筋肉の萎縮がみられる。脱灰が起こり骨密度は低下する。下肢の体液が頭方にシフトすることで、体液量が増加したと誤認し、それにより尿量が増え、循環血液量が減少する。また、無重力状態においては、細胞性免疫系の低下が起こる。　**解答** 3

3 災害と栄養

3.1 災害時の栄養

地震・水害による災害はいつ発生するかは予測不可能である。2011（平成 23）年 3 月 11 日午後 2 時 46 分に発生した東北地方太平洋沖地震とそれに伴って発生した津波、およびその後の余震により引き起こされた東日本大震災は記憶に新しいものであり、甚大な被害をもたらした。被災地における救援活動において最も重要なことは、被災者のサポートを第一に考えることである。避難生活では、特に水分・食事が制限され、偏った食生活を強いられる。この状況が長期化すればさまざまな健康問題へと波及するため、特に被災者への栄養・食生活を支援する場合、時間軸に沿った栄養管理が求められる。食事・栄養補給の面での支援は、炊き出しや栄養相談が行われる。救援活動における支援者としての心構えは重要である（表10.5）。

表10.5　災害時における栄養士の主な活動

〔平常時〕

■ 災害時における栄養・食生活支援活動ガイドライン等に基づく状況把握と体制整備

- ●組織の食料の備蓄状況を把握し、必要に応じて整備（提案等）しておく。
- ●炊き出し体制を把握し、必要に応じて整備（提案等）しておく。
- ●食料・水供給体制を把握し、必要に応じて整備（提案等）しておく。
- ●災害時の備えを（備蓄食品等）一般家庭へ普及させる。
- ●災害弱者（高齢者、乳幼児、妊産婦、慢性疾患者等）を事前に把握しておく。

〔災害発生時〕

- ●状況把握（災害状況、下記の活動等を行うための情報）
- ●炊き出しに関する栄養管理
- ●食料・水の供給に関する栄養管理
- ●災害弱者（高齢者、乳幼児、慢性疾患者等）等への食生活支援
- ●被災者（避難所、避難所外、仮説住宅）全体への食生活支援

出典）新潟県福祉保健部、「新潟県災害時栄養・食生活支援活動ガイドライン」（平成18年3月）

災害発生後の栄養補給としては、第一にエネルギー源と水の確保、次にたんぱく質源となる。災害発生直後から段階的に想定される栄養・食生活課題を図10.17に示す。

災害発生から段階に応じた栄養支援へと移行していく。

(1) フェイズ0

災害発生時から24時間以内では、エネルギー主体の食品として主食（おにぎり、パン類）の提供を中心に、乳児への母乳不足、高齢者（嚥下困難者など）、糖尿病や腎臓病など食事制限のある慢性疾患患者への支援を行う。

(2) フェイズ1

発生時から72時間以内では、炊き出しをはじめ、慢性疾患患者などへの巡回栄養相談を始める。

(3) フェイズ2

4日目から1カ月後ではたんぱく質不足への対応や、ビタミン・ミネラル不足への対応をはじめ、弁当の支給、栄養教室（食事作りの指導）の支援を行っていく。

(4) フェイズ3

1カ月以降では、特に慢性疾患の悪化が顕著な者、高齢者の低栄養状態の悪化が顕著な者などが散見しやすいため、それぞれの被災者が抱えている個々の問題について、被災発生からの段階を考慮した問題解決が必要となる。

フェイズ		フェイズ0	フェイズ1	フェイズ2	フェイズ3
		震災発生から24時間以内	72時間以内	4日目～1カ月	1カ月以降
栄養補給		高エネルギー食品の提供 →	→	たんぱく質不足への対応 → ビタミン、ミネラルの不足への対応	→
被災者への対応		生食(パン類、おにぎり)を中心	炊き出し →	→	→
				弁当支給 →	→
		水分補給 →	→	→	→
		※代替食の検討 →	→	→	→
		・乳幼児 ・高齢者(嚥下困難等) ・食事制限のある慢性疾患患者 糖尿病、腎臓病、心臓病 肝臓病、高血圧、アレルギー	巡回栄養相談 →	→	→
				栄養教育(食事づくりの指導等) → 仮設住宅入居前・入居後 被災住宅入居者	→
場所	炊き出し	避難所	避難所、給食施設	避難所、給食施設	避難所、給食施設
	栄養相談		避難所、被災住宅	避難所、被災住宅	避難所、被災住宅、仮設住宅

出典）「災害時の栄養・食生活マニュアル」日本栄養士会

図10.17　災害時の食事や栄養補給の活動のながれ

3.2 災害時の活動内容

(1) 炊き出し

炊き出しには被災地の状況によりさまざまであるため、炊き出し計画（材料の調達、献立の作成など）は現地で策定されたものに従い実施する。

(2) 避難所での食事相談

避難所では、通常の食事ができない人への個別支援が求められる場合が多い。その際、医師、保健師、他のスタッフなどと連携して、特殊食品の調達、食料調達支援、代替え食品の検討を行い、食材提供や栄養指導を行う必要がある。特に、高齢者、乳児、疾患をもつ方（糖尿病・腎臓病・アレルギーなど）の相談が多く寄せられる。

(3) 備蓄食品

栄養状態の悪化をくい止め、通常の食生活へ回復させるためには、食料・水供給体制部門と連携した支援活動が必要であり、そのためには平常時からの備えが何より重要である。備蓄食料品は、主食（炭水化物）＋主菜（たんぱく質）の組み合わせで、最低でも3日分、できれば1週間分程度を確保してあれば安心である。ライフライン（電気、ガス、水道）が停止する場合を想定し、水と熱源（カセットコンロなど）は、1週間程度（水21ℓ、ボンベ6本程度）の準備が望ましいとされる。農林水産省の配慮者のための災害時に備えた食品ストックガイドでは、配慮者のための食品備蓄のポイントがまとめてある（表 10.6）。

表 10.6　要配慮者のための食品備蓄のポイント

乳幼児	粉ミルク・哺乳瓶・紙コップ、使い捨てスプーン、多めの飲料水、 レトルトなどの離乳食、好物の食品・飲み物
高齢者	レトルトやアルファ米のおかゆ・缶詰、レトルト食品、フリーズドライ食品、 インスタント味噌汁、即席スープ、食べ慣れた乾物、栄養補助食品、 好物の食品・飲み物
食べる機能が弱くなった方	やわらかいレトルトご飯・おかゆ、スマイルケア食などのレトルト介護食品・缶詰 レトルト食品、フリーズドライ食品、とろみ調整食品、好物の食品・飲み物
慢性疾患の方	①代謝疾患〔糖尿病、脂質異常症（高脂血症）、高尿酸血症（痛風）〕 ②高血圧 ⇒一般の方と共通した備えで、献立を工夫 ③腎臓病⇒低たんぱく、低カリウムのレトルト食品など、特殊食品を多めに備える
食物アレルギーの方	アレルギー対応の粉ミルク、アレルギー対応のレトルトなどの離乳食、レトルトなどのおかゆやごはん・缶詰、レトルト食品、フリーズドライ食品、好物の食品・飲み物

出典）農林水産省「要配慮者のための災害時に備えた食品ストックガイド」一部改変

3.3 災害時の栄養ケア

自治体で指定された避難所などに緊急で避難された被災者らの食事は、食糧支援による食料物資が偏る傾向があるので、栄養管理するうえで、避難所における食事提供の計画・評価のための当面目標とする栄養の参照量（表 10.7）を参考に、物資調達の計画・評価をする。ただし、「日本人の食事摂取基準（2020 年版）」では、ビタミン B_1、ビタミン B_2、ビタミン C において、災害時の避難所における食事提供の計画・評価のために当面の目標とする栄養の参照量として活用する際には留意が必要であるとしている。

表 10.7　避難者における食事提供の計画・評価のために当面の目標とする栄養の参照量

（1 歳以上、1 人 1 日当たり）

エネルギー	2,000kcal
たんぱく質	55 g
ビタミン B_1	1.1 mg
ビタミン B_2	1.2 mg
ビタミン C	100 mg

※日本人の食事摂取基準（2010 年版）で示されているエネルギーおよび各栄養素の摂取基準値をもとに、平成 17 年国勢調査結果で得られた性・年齢階級別の人口構成を用いて加重平均により算出。なお、エネルギーは身体活動レベルⅠおよびⅡの中間値を用いて算出。

平時には、災害などの発生に備え、危機管理対策支援計画を整備し、災害支援チームのスタッフ養成を行うことも重要であり、防災計画のなかの栄養の位置づけを組織全体で見直し、認識を共有しておくこと、平常時から関係機関と連携調整を行い、地域の社会資源を機能させることでマンパワー不足を補う体制づくりをすることが必要である。

例題 11　災害時における栄養の問題である。正しいのはどれか。1つ選べ。

1. フェイズ0では、たんぱく質を重視する。
2. フェイズ1では、栄養教室を開始する。
3. フェイズ2では、炊き出しを開始する。
4. フェイズ3では、巡回栄養指導を開始する。
5. 平常時の対策は、栄養支援に対する危機管理体制の整備である。

解説　防災計画のなかの栄養の位置づけを組織全体で見直し、認識を共有しておくこと、平常時から関係機関と連携調整を行い、地域の社会資源を機能させることでマンパワー不足を補う体制づくりをすることが必要である。　**解答** 5

章末問題

1　汎（全身）適応症候群に関する記述である。正しいのはどれか。1つ選べ。

1. 警告反応期のショック相では、血糖値が上昇する。
2. 警告反応期のショック相では、血圧が上昇する。
3. 警告反応期の反ショック相では、生体防御機能が低下する。
4. 抵抗期では、新たなストレスに対する抵抗力は弱くなる。
5. 疲憊期では、ストレスに対して生体が適応力を獲得している。

（第31回国家試験）

解説　1. 血糖値は低下する。　2. 血圧は低下する。　4. 抵抗力が高まっていく。　5. 適応力を失っていく。　**解答** 3

2　ストレス応答の抵抗期に関する記述である。正しいのはどれか。1つ選べ。

1. エネルギー代謝は、低下する。
2. 窒素出納は、負に傾く。
3. 副腎皮質ホルモンの分泌は、減少する。
4. ビタミンCの需要は、減少する。
5. カルシウムの尿中排泄量は、減少する。

（第33回国家試験）

解説　1. エネルギー代謝は亢進する。　3. 副腎皮質ホルモンの分泌は亢進する。
4. ビタミンCの需要が高まる。　5. 尿中カルシウム排泄量が増加する。　**解答** 2

3　高温環境に曝露されたときに起こる身体変化に関する記述である。正しいのはどれか。1つ選べ。

1. 皮膚血管は、収縮する。　2. 換気量は、低下する。
3. 熱産生は、亢進する。　4. 腎臓でのナトリウムの再吸収は、増加する。
5. バソプレシンの分泌は、低下する。　（第30回国家試験）

解説　1. 皮膚血管は拡張する。　2. 換気量は増大する。　3. 熱産生は低下する。
5. バソプレシンの分泌は増加する。　**解答** 4

4　低温環境に曝露されたときに起こる身体変化に関する記述である。正しいのはどれか。1つ選べ。

1. ふるえによる産熱は、減少する。　2. 基礎代謝量は、減少する。
3. 血圧は、低下する。　4. 皮膚血流量は、増加する。
5. アドレナリンの分泌は、増加する。　（第31回国家試験）

解説　1. ふるえによる熱産生は増大する。　2. 基礎代謝量は増大する。　3. 血圧は上昇する。　4. 皮膚血液量は低下する。　**解答** 5

5　特殊環境下での生理的変化に関する記述である。正しいのはどれか。1つ選べ。

1. 高温環境下では、皮膚血管は収縮する。
2. 低温環境下では、ビタミンB_1の必要量が減少する。

3. 低温環境下では、血圧は低下する。
4. 低圧環境下では、動脈血の酸素分圧は低下する。
5. 無重力環境下では、尿中カルシウム排泄量が減少する。　　（第34回国家試験）

解説　1. 皮膚血管は拡張する。　2. ビタミンB_1の需要は高まる。　3. 血圧は上昇する。　5. 尿中カルシウム排泄量が増大する。　**解答** 4

6　特殊環境と栄養に関する記述である。正しいのはどれか。1つ選べ。

1. 外部環境の影響を受けやすいのは、表面温度より中心温度である。
2. WBGT（湿球黒球温度）が上昇したときは、水分摂取を控える。
3. 低温環境下では、皮膚の血流量が増加する。
4. 高圧環境から急激に減圧すると、体内の溶存ガスが気泡化する。
5. 低圧環境下では、肺胞内酸素分圧が上昇する。　　（第33回国家試験）

解説　1. 表面温度の方が影響を受けやすい。　2. WBGTが上昇した際は熱中症のリスクが高まるため水分を積極的に摂取する。　3. 皮膚の血流量は低下する。　5. 肺胞内酸素分圧が低下する。　**解答** 4

7　環境温度と身体機能の変化に関する記述である。正しいのはどれか。1つ選べ。

1. 低温環境では、ふるえ熱産生が起こる。
2. 低温環境では、アドレナリンの分泌が減少する。
3. 高温環境では、熱産生が増加する。
4. 高温環境では、皮膚血管が収縮する。
5. 夏季は、冬季に比べ基礎代謝量が増加する。　　（第32回国家試験）

解説　2. アドレナリンの分泌は上昇する。　3. 熱産生は低下する。　4. 皮膚血管は拡張する。　5. 夏季は、基礎代謝量が低下する。　**解答** 1

参考文献

1）　山崎昌廣　村木里志　坂本和義　関邦博　共著　環境生理学　培風館　2000年

2）　金子佳代子 髙田和子 編著　管理栄養士講座　改訂 環境・スポーツ栄養学　建帛社　2010

3）　Maurice E Shils、 Moshe Shike、 A. Catharine Ross、 Benjamin Caballero、 Robert J Cousins　48　Nutrition in Space、　Modern　Nutrition　Health　and　Disease　9thedition　pp783-788　Lea & Febiger 1999

4）　Scott M. Smith、Sara R.Zwart、 Vickie Kloeris Martina Heer　Nutritional Biochemistry of Space Flight 、 NOVA Science Publishers Inc、 2009

5）　Edited by Nicogossian AE、 Mohler SR、 Gazenko OG、 Grigoriev AI. Space Physiology and Medicine. Washington Dc: NASA SP-447; 1982

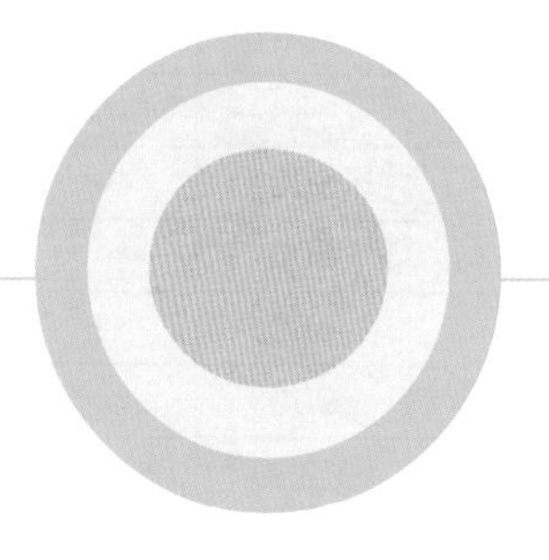

付　表

日本人の食事摂取基準（2020年版）

付表　日本人の食事摂取基準（2020年版）

1．エネルギーの食事摂取基準：推定エネルギー必要量（kcal/ 日）

性 別	男 性			女 性		
身体活動レベル[1]	Ⅰ	Ⅱ	Ⅲ	Ⅰ	Ⅱ	Ⅲ
0～5（月）	－	550	－	－	500	－
6～8（月）	－	650	－	－	600	－
9～11（月）	－	700	－	－	650	－
1～2（歳）	－	950	－	－	900	－
3～5（歳）	－	1,300	－	－	1,250	－
6～7（歳）	1,350	1,550	1,750	1,250	1,450	1,650
8～9（歳）	1,600	1,850	2,100	1,500	1,700	1,900
10～11（歳）	1,950	2,250	2,500	1,850	2,100	2,350
12～14（歳）	2,300	2,600	2,900	2,150	2,400	2,700
15～17（歳）	2,500	2,800	3,150	2,050	2,300	2,550
18～29（歳）	2,300	2,650	3,050	1,700	2,000	2,300
30～49（歳）	2,300	2,700	3,050	1,750	2,050	2,350
50～64（歳）	2,200	2,600	2,950	1,650	1,950	2,250
65～74（歳）	2,050	2,400	2,750	1,550	1,850	2,100
75 以上（歳）[2]	1,800	2,100	－	1,400	1,650	－
妊婦（付加量）[3] 初期 中期 後期				＋50 ＋250 ＋450	＋50 ＋250 ＋450	＋50 ＋250 ＋450
授乳婦（付加量）				＋350	＋350	＋350

[1] 身体活動レベルは、低い、ふつう、高いの三つのレベルとして、それぞれⅠ、Ⅱ、Ⅲで示した。

[2] レベルⅡは自立している者、レベルⅠは自宅にいてほとんど外出しない者に相当する。レベルⅠは高齢者施設で自立に近い状態で過ごしている者にも適用できる値である。

[3] 妊婦個々の体格や妊娠中の体重増加量及び胎児の発育状況の評価を行うことが必要である。

注１：活用に当たっては、食事摂取状況のアセスメント、体重及び BMI の把握を行い、エネルギーの過不足は、体重の変化又は BMI を用いて評価すること。

注２：身体活動レベルⅠの場合、少ないエネルギー消費量に見合った少ないエネルギー摂取量を維持することになるため、健康の保持・増進の観点からは、身体活動量を増加させる必要がある。

2. たんぱく質の食事摂取基準

（推定平均必要量、推奨量、目安量：g/ 日、目標量：%エネルギー）

性 別	男 性				女 性			
年齢等	推定平均必要量	推奨量	目安量	目標量[1]	推定平均必要量	推奨量	目安量	目標量[1]
0～5（月）	—	—	10	—	—	—	10	—
6～8（月）	—	—	15	—	—	—	15	—
9～11（月）	—	—	25	—	—	—	25	—
1～2（歳）	15	20	—	13～20	15	20	—	13～20
3～5（歳）	20	25	—	13～20	20	25	—	13～20
6～7（歳）	25	30	—	13～20	25	30	—	13～20
8～9（歳）	30	40	—	13～20	30	40	—	13～20
10～11（歳）	40	45	—	13～20	40	50	—	13～20
12～14（歳）	50	60	—	13～20	45	55	—	13～20
15～17（歳）	50	65	—	13～20	45	55	—	13～20
18～29（歳）	50	65	—	13～20	40	50	—	13～20
30～49（歳）	50	65	—	13～20	40	50	—	13～20
50～64（歳）	50	65	—	14～20	40	50	—	14～20
65～74（歳）[2]	50	60	—	15～20	40	50	—	15～20
75 以上（歳）[2]	50	60	—	15～20	40	50	—	15～20
妊婦（付加量） 初期					+0	+0	—	—[3]
中期					+5	+5		—[3]
後期					+20	+25		—[4]
授乳婦（付加量）					+15	+20	—	—[4]

[1] 範囲に関しては、おおむねの値を示したものであり、弾力的に運用すること。

[2] 65 歳以上の高齢者について、フレイル予防を目的とした量を定めることは難しいが、身長・体重が参照体位に比べて小さい者や、特に 75 歳以上であって加齢に伴い身体活動量が大きく低下した者など、必要エネルギー摂取量が低い者では、下限が推奨量を下回る場合があり得る。この場合でも、下限は推奨量以上とすることが望ましい。

[3] 妊婦（初期・中期）の目標量は、13～20% エネルギーとした。

[4] 妊婦（後期）及び授乳婦の目標量は、15～20% エネルギーとした。

3．脂質の食事摂取基準

1） 脂質の食事摂取基準（%エネルギー）

性別	男性		女性	
年齢等	目安量	目標量[1]	目安量	目標量[1]
0～5（月）	50	—	50	—
6～11（月）	40	—	40	—
1～2（歳）	—	20～30	—	20～30
3～5（歳）	—	20～30	—	20～30
6～7（歳）	—	20～30	—	20～30
8～9（歳）	—	20～30	—	20～30
10～11（歳）	—	20～30	—	20～30
12～14（歳）	—	20～30	—	20～30
15～17（歳）	—	20～30	—	20～30
18～29（歳）	—	20～30	—	20～30
30～49（歳）	—	20～30	—	20～30
50～64（歳）	—	20～30	—	20～30
65～74（歳）	—	20～30	—	20～30
75以上（歳）	—	20～30	—	20～30
妊婦			—	20～30
授乳婦			—	20～30

[1] 範囲に関しては、おおむねの値を示したものである。

2) 飽和脂肪酸の食事摂取基準（%エネルギー）[1,2]

性 別	男 性	女 性
年齢等	目標量	目標量
0～5（月）	—	—
6～11（月）	—	—
1～2（歳）	—	—
3～5（歳）	10 以下	10 以下
6～7（歳）	10 以下	10 以下
8～9（歳）	10 以下	10 以下
10～11（歳）	10 以下	10 以下
12～14（歳）	10 以下	10 以下
15～17（歳）	8 以下	8 以下
18～29（歳）	7 以下	7 以下
30～49（歳）	7 以下	7 以下
50～64（歳）	7 以下	7 以下
65～74（歳）	7 以下	7 以下
75 以上（歳）	7 以下	7 以下
妊 婦		7 以下
授乳婦		7 以下

[1] 飽和脂肪酸と同じく、脂質異常症及び循環器疾患に関与する栄養素としてコレステロールがある。コレステロールに目標量は設定しないが、これは許容される摂取量に上限が存在しないことを保証するものではない。また、脂質異常症の重症化予防の目的からは、200 mg/ 日未満に留めることが望ましい。

[2] 飽和脂肪酸と同じく、冠動脈疾患に関与する栄養素としてトランス脂肪酸がある。日本人の大多数は、トランス脂肪酸に関する世界保健機関（WHO）の目標（1% エネルギー未満）を下回っており、トランス脂肪酸の摂取による健康への影響は、飽和脂肪酸の摂取によるものと比べて小さいと考えられる。ただし、脂質に偏った食事をしている者では、留意する必要がある。トランス脂肪酸は人体にとって不可欠な栄養素ではなく、健康の保持・増進を図る上で積極的な摂取は勧められないことから、その摂取量は 1% エネルギー未満に留めることが望ましく、1% エネルギー未満でもできるだけ低く留めることが望ましい。

3) n-6 系脂肪酸の食事摂取基準（g/ 日）

性 別	男 性	女 性
年齢等	目安量	目安量
0～5（月）	4	4
6～11（月）	4	4
1～2（歳）	4	4
3～5（歳）	6	6
6～7（歳）	8	7
8～9（歳）	8	7
10～11（歳）	10	8
12～14（歳）	11	9
15～17（歳）	13	9
18～29（歳）	11	8
30～49（歳）	10	8
50～64（歳）	10	8
65～74（歳）	9	8
75 以上（歳）	8	7
妊 婦		9
授乳婦		10

4) n-3 系脂肪酸の食事摂取基準（g/ 日）

性 別	男 性	女 性
年齢等	目安量	目安量
0～5（月）	0.9	0.9
6～11（月）	0.8	0.8
1～2（歳）	0.7	0.8
3～5（歳）	1.1	1.0
6～7（歳）	1.5	1.3
8～9（歳）	1.5	1.3
10～11（歳）	1.6	1.6
12～14（歳）	1.9	1.6
15～17（歳）	2.1	1.6
18～29（歳）	2.0	1.6
30～49（歳）	2.0	1.6
50～64（歳）	2.2	1.9
65～74（歳）	2.2	2.0
75 以上（歳）	2.1	1.8
妊 婦		1.6
授乳婦		1.8

4．炭水化物の食事摂取基準

1）炭水化物の食事摂取基準（%エネルギー）

性　別	男　性	女　性
年齢等	目標量[1,2]	目標量[1,2]
0～5（月）	—	—
6～11（月）	—	—
1～2（歳）	50～65	50～65
3～5（歳）	50～65	50～65
6～7（歳）	50～65	50～65
8～9（歳）	50～65	50～65
10～11（歳）	50～65	50～65
12～14（歳）	50～65	50～65
15～17（歳）	50～65	50～65
18～29（歳）	50～65	50～65
30～49（歳）	50～65	50～65
50～64（歳）	50～65	50～65
65～74（歳）	50～65	50～65
75以上（歳）	50～65	50～65
妊　婦		50～65
授乳婦		50～65

[1] 範囲に関しては、おおむねの値を示したものである。
[2] アルコールを含む。ただし、アルコールの摂取を勧めるものではない。

2) 食物繊維の食事摂取基準（g/日）

性 別	男 性	女 性
年齢等	目標量	目標量
0～5（月）	—	—
6～11（月）	—	—
1～2（歳）	—	—
3～5（歳）	8以上	8以上
6～7（歳）	10以上	10以上
8～9（歳）	11以上	11以上
10～11（歳）	13以上	13以上
12～14（歳）	17以上	17以上
15～17（歳）	19以上	18以上
18～29（歳）	21以上	18以上
30～49（歳）	21以上	18以上
50～64（歳）	21以上	18以上
65～74（歳）	20以上	17以上
75以上（歳）	20以上	17以上
妊 婦		18以上
授乳婦		18以上

5．ビタミンの食事摂取基準

1）ビタミンAの食事摂取基準（μgRAE/日）[1]

性　別	男　性				女　性			
年齢等	推定平均必要量[2]	推奨量[2]	目安量[3]	耐容上限量[3]	推定平均必要量[2]	推奨量[2]	目安量[3]	耐容上限量[3]
0～5（月）	―	―	300	600	―	―	300	600
6～11（月）	―	―	400	600	―	―	400	600
1～2（歳）	300	400	―	600	250	350	―	600
3～5（歳）	350	450	―	700	350	500	―	850
6～7（歳）	300	400	―	950	300	400	―	1,200
8～9（歳）	350	500	―	1,200	350	500	―	1,500
10～11（歳）	450	600	―	1,500	400	600	―	1,900
12～14（歳）	550	800	―	2,100	500	700	―	2,500
15～17（歳）	650	900	―	2,500	500	650	―	2,800
18～29（歳）	600	850	―	2,700	450	650	―	2,700
30～49（歳）	650	900	―	2,700	500	700	―	2,700
50～64（歳）	650	900	―	2,700	500	700	―	2,700
65～74（歳）	600	850	―	2,700	500	700	―	2,700
75以上（歳）	550	800	―	2,700	450	650	―	2,700
妊婦（付加量）初期					+0	+0	―	―
中期					+0	+0	―	―
後期					+60	+80	―	―
授乳婦（付加量）					+300	+450	―	―

[1] レチノール活性当量（μgRAE）
＝レチノール（μg）＋β-カロテン（μg）×1/12＋α-カロテン（μg）×1/24
＋β-クリプトキサンチン（μg）×1/24＋その他のプロビタミンAカロテノイド（μg）×1/24
[2] プロビタミンAカロテノイドを含む。
[3] プロビタミンAカロテノイドを含まない。

機能

レチノールとレチナールは、網膜細胞の保護作用や視細胞における光刺激反応に重要な物質である。レチノイン酸は、転写因子である核内受容体に結合して、その生物活性を発現するものと考えられる。

欠乏症

ビタミンAの典型的な欠乏症として、乳幼児では角膜乾燥症から失明に至ることもあり、成人では夜盲症を発症する。その他、成長阻害、骨及び神経系の発達抑制も見られ、上皮細胞の分化・増殖の障害、皮膚の乾燥・肥厚・角質化、免疫能の低下や粘膜上皮の乾燥などから感染症にかかりやすくなる。上述のとおり、ビタミンAの摂取が不足していても、肝臓のビタミンA貯蔵量が20μg/g以下に低下するまで血漿レチノール濃度の低下は見られない。

過剰症

β-カロテン、α-カロテン、クリプトキサンチンなどのプロビタミンAカロテノイドからのビタミンAへの変換は厳密に調節されているので、ビタミンA過剰症は生じない。ビタミンAの過剰摂取による臨床症状では頭痛が特徴である。急性毒性では脳脊髄液圧の上昇が顕著であり、慢性毒性では頭蓋内圧亢進、皮膚の落屑、脱毛、筋肉痛が起こる。

2) ビタミンDの食事摂取基準（μg/日）[1]

性 別	男 性		女 性	
年齢等	目安量	耐容上限量	目安量	耐容上限量
0～5（月）	5.0	25	5.0	25
6～11（月）	5.0	25	5.0	25
1～2（歳）	3.0	20	3.5	20
3～5（歳）	3.5	30	4.0	30
6～7（歳）	4.5	30	5.0	30
8～9（歳）	5.0	40	6.0	40
10～11（歳）	6.5	60	8.0	60
12～14（歳）	8.0	80	9.5	80
15～17（歳）	9.0	90	8.5	90
18～29（歳）	8.5	100	8.5	100
30～49（歳）	8.5	100	8.5	100
50～64（歳）	8.5	100	8.5	100
65～74（歳）	8.5	100	8.5	100
75以上（歳）	8.5	100	8.5	100
妊 婦			8.5	—
授乳婦			8.5	—

[1] 日照により皮膚でビタミンDが産生されることを踏まえ、フレイル予防を図る者はもとより、全年齢区分を通じて、日常生活において可能な範囲内での適度な日光浴を心掛けるとともに、ビタミンDの摂取については、日照時間を考慮に入れることが重要である。

機能

ビタミンDは、肝臓で25-ヒドロキシビタミンDに代謝され、続いて腎臓で活性型である1α,25-ジヒドロキシビタミンDに代謝される。1α,25-ジヒドロキシビタミンDは、標的細胞の核内に存在するビタミンD受容体と結合し、ビタミンD依存性たんぱく質の遺伝子発現を誘導する。ビタミンDの主な作用は、ビタミンD依存性たんぱく質の働きを介して、腸管や肝臓でカルシウムとリンの吸収を促進することである。

欠乏症

ビタミンDが欠乏すると、石灰化障害（小児ではくる病、成人では骨軟化症）が惹起される。一方、欠乏よりは軽度の不足であっても、腸管からのカルシウム吸収の低下と腎臓でのカルシウム再吸収が低下し、低カルシウム血症となる。これに伴い二次性副甲状腺機能亢進症が惹起され、骨吸収が亢進し、骨粗鬆症及び骨折のリスクとなる。一方、ビタミンDの過剰摂取により、高カルシウム血症、腎障害、軟組織の石灰化などが起こる。

過剰症

紫外線による皮膚での産生は調節されており、必要以上のビタミンDは産生されない。したがって、日照によるビタミンD過剰症は起こらない。また、ビタミンDは、肝臓及び腎臓において活性化（水酸化）を受けるが、腎臓における水酸化は厳密に調節されており、高カルシウム血症が起こると、それ以上の活性化が抑制される。

3）ビタミンＥの食事摂取基準（mg/日）[1]

性　別	男　性		女　性	
年齢等	目安量	耐容上限量	目安量	耐容上限量
0～5（月）	3.0	—	3.0	—
6～11（月）	4.0	—	4.0	—
1～2（歳）	3.0	150	3.0	150
3～5（歳）	4.0	200	4.0	200
6～7（歳）	5.0	300	5.0	300
8～9（歳）	5.0	350	5.0	350
10～11（歳）	5.5	450	5.5	450
12～14（歳）	6.5	650	6.0	600
15～17（歳）	7.0	750	5.5	650
18～29（歳）	6.0	850	5.0	650
30～49（歳）	6.0	900	5.5	700
50～64（歳）	7.0	850	6.0	700
65～74（歳）	7.0	850	6.5	650
75以上（歳）	6.5	750	6.5	650
妊　婦			6.5	—
授乳婦			7.0	—

[1] α-トコフェロールについて算定した。α-トコフェロール以外のビタミンＥは含んでいない。

機能

　ビタミンＥは、生体膜を構成する不飽和脂肪酸あるいは他の成分を酸化障害から防御するために、細胞膜のリン脂質二重層内に局在する。

欠乏症・過剰症

　通常の食品からの摂取において、ビタミンＥの欠乏症や過剰症は発症しない。

4）ビタミンKの食事摂取基準（μg/日）

性　別	男　性	女　性
年齢等	目安量	目安量
0～5（月）	4	4
6～11（月）	7	7
1～2（歳）	50	60
3～5（歳）	60	70
6～7（歳）	80	90
8～9（歳）	90	110
10～11（歳）	110	140
12～14（歳）	140	170
15～17（歳）	160	150
18～29（歳）	150	150
30～49（歳）	150	150
50～64（歳）	150	150
65～74（歳）	150	150
75以上（歳）	150	150
妊　婦		150
授乳婦		150

機能

ビタミンKは、肝臓においてプロトロンビンやその他の血液凝固因子を活性化し、血液の凝固を促進するビタミンとして見いだされた。肝臓以外にもビタミンK依存性に骨に存在するたんぱく質オステオカルシンを活性化し、骨形成を調節すること、さらに、ビタミンK依存性たんぱく質MGP（Matrix Gla Protein）の活性化を介して動脈の石灰化を抑制することも重要な生理作用である。ビタミンKが欠乏すると、血液凝固が遅延する。通常の食生活では、ビタミンK欠乏症 は発症しない。

欠乏症

通常の食生活では、ビタミンK 欠乏症は発症しない。

過剰症

ビタミンK の類縁化合物であるメナジオンは、大量摂取すると毒性が認められる場合があるが、フィロキノンとメナキノンについては大量に摂取しても毒性は認められていない。

5) ビタミン B_1 の食事摂取基準（mg/日）[1,2]

性 別	男 性			女 性		
年齢等	推定平均必要量	推奨量	目安量	推定平均必要量	推奨量	目安量
0～5（月）	—	—	0.1	—	—	0.1
6～11（月）	—	—	0.2	—	—	0.2
1～2（歳）	0.4	0.5	—	0.4	0.5	—
3～5（歳）	0.6	0.7	—	0.6	0.7	—
6～7（歳）	0.7	0.8	—	0.7	0.8	—
8～9（歳）	0.8	1.0	—	0.8	0.9	—
10～11（歳）	1.0	1.2	—	0.9	1.1	—
12～14（歳）	1.2	1.4	—	1.1	1.3	—
15～17（歳）	1.3	1.5	—	1.0	1.2	—
18～29（歳）	1.2	1.4	—	0.9	1.1	—
30～49（歳）	1.2	1.4	—	0.9	1.1	—
50～64（歳）	1.1	1.3	—	0.9	1.1	—
65～74（歳）	1.1	1.3	—	0.9	1.1	—
75以上（歳）	1.0	1.2	—	0.8	0.9	—
妊婦（付加量）				+0.2	+0.2	—
授乳婦（付加量）				+0.2	+0.2	—

1 チアミン塩化物塩酸塩（分子量＝337.3）の重量として示した。
2 身体活動レベルⅡの推定エネルギー必要量を用いて算定した。
特記事項：推定平均必要量は、ビタミン B_1 の欠乏症である脚気を予防するに足る最小必要量からではなく、尿中にビタミン B_1 の排泄量が増大し始める摂取量（体内飽和量）から算定。

機能

ビタミン B_1 は、補酵素型の ThDP として、グルコース代謝と分枝アミノ酸代謝などに関与している。ビタミン B_1 の主要な役割は、エネルギー産生栄養素の異化代謝の補酵素である。

表 15　ビタミン B_1 の食事摂取基準（ｍｇ/日）

欠乏症

ビタミン B_1 欠乏により、神経炎や脳組織への障害が生じる。ビタミン B_1 欠乏症は、脚気とウェルニッケ・コルサコフ症候群がある。

過剰症

過剰摂取による健康障害が発現したという報告は見当たらない。

6) ビタミン B_2の食事摂取基準（mg/日）[1]

性 別	男 性			女 性		
年齢等	推定平均必要量	推奨量	目安量	推定平均必要量	推奨量	目安量
0～5（月）	—	—	0.3	—	—	0.3
6～11（月）	—	—	0.4	—	—	0.4
1～2（歳）	0.5	0.6	—	0.5	0.5	—
3～5（歳）	0.7	0.8	—	0.6	0.8	—
6～7（歳）	0.8	0.9	—	0.7	0.9	—
8～9（歳）	0.9	1.1	—	0.9	1.0	—
10～11（歳）	1.1	1.4	—	1.0	1.3	—
12～14（歳）	1.3	1.6	—	1.2	1.4	—
15～17（歳）	1.4	1.7	—	1.2	1.4	—
18～29（歳）	1.3	1.6	—	1.0	1.2	—
30～49（歳）	1.3	1.6	—	1.0	1.2	—
50～64（歳）	1.2	1.5	—	1.0	1.2	—
65～74（歳）	1.2	1.5	—	1.0	1.2	—
75以上（歳）	1.1	1.3	—	0.9	1.0	—
妊婦（付加量）				+0.2	+0.3	—
授乳婦（付加量）				+0.5	+0.6	—

[1] 身体活動レベルⅡの推定エネルギー必要量を用いて算定した。
特記事項：推定平均必要量は、ビタミン B_2 の欠乏症である口唇炎、口角炎、舌炎などの皮膚炎を予防するに足る最小量からではなく、尿中にビタミン B_2 の排泄量が増大し始める摂取量（体内飽和量）から算定。

機能
　ビタミンB_2は、補酵素FMN及びFADとして、エネルギー代謝や物質代謝に関与している。TCA回路、電子伝達系、脂肪酸の β 酸化等のエネルギー代謝に関わっている。

欠乏症
　ビタミンB_2が欠乏すると、成長抑制を引き起こす。欠乏により、口内炎、口角炎、舌炎、脂漏性皮膚炎などが起こる。

過剰症
　過剰摂取による健康障害が発現したという報告は見当たらない。

7) ナイアシンの食事摂取基準（mgNE/日）[1,2]

性別	男性				女性			
年齢等	推定平均必要量	推奨量	目安量	耐容上限量[3]	推定平均必要量	推奨量	目安量	耐容上限量[3]
0～5（月）[4]	—	—	2	—	—	—	2	—
6～11（月）	—	—	3	—	—	—	3	—
1～2（歳）	5	6	—	60(15)	4	5	—	60(15)
3～5（歳）	6	8	—	80(20)	6	7	—	80(20)
6～7（歳）	7	9	—	100(30)	7	8	—	100(30)
8～9（歳）	9	11	—	150(35)	8	10	—	150(35)
10～11（歳）	11	13	—	200(45)	10	10	—	150(45)
12～14（歳）	12	15	—	250(60)	12	14	—	250(60)
15～17（歳）	14	17	—	300(70)	11	13	—	250(65)
18～29（歳）	13	15	—	300(80)	9	11	—	250(65)
30～49（歳）	13	15	—	350(85)	10	12	—	250(65)
50～64（歳）	12	14	—	350(85)	9	11	—	250(65)
65～74（歳）	12	14	—	300(80)	9	11	—	250(65)
75以上（歳）	11	13	—	300(75)	9	10	—	250(60)
妊婦（付加量）					+0	+0	—	—
授乳婦（付加量）					+3	+3	—	—

[1] ナイアシン当量（NE）＝ナイアシン＋1/60トリプトファンで示した。
[2] 身体活動レベルⅡの推定エネルギー必要量を用いて算定した。
[3] ニコチンアミドの重量（mg/日）、（　）内はニコチン酸の重量（mg/日）。
[4] 単位はmg/日。

機能

ニコチン酸及びニコチンアミドは、体内でピリジンヌクレオチドに生合成された後、アルコール脱水素酵素やグルコース-6-リン酸脱水素酵素、ピルビン酸脱水素酵素、2-オキソグルタル酸脱水素酵素等、酸化還元反応の補酵素として作用する。ATP産生、ビタミンC、ビタミンEを介する抗酸化系、脂肪酸の生合成、ステロイドホルモンの生合成等の反応に関与している。NAD^+は、ADP-リボシル化反応の基質となり、DNAの修復、合成、細胞分化に関わっている。

欠乏症

ナイアシンが欠乏すると、ナイアシン欠乏症（ペラグラ）が発症する。ペラグラの主症状は、皮膚炎、下痢、 精神神経症状である。

過剰症

ナイアシンの強化食品やサプリメントとしては、ニコチン酸又はニコチンアミドが通常使用されている。ナイアシンの食事摂取基準の表に示した数値は、強化食品由来及びサプリメント由来のニコチン酸あるいはニコチンアミドの耐容上限量である。

8)　ビタミンB_6の食事摂取基準（mg/日）[1]

性別	男性				女性			
年齢等	推定平均必要量	推奨量	目安量	耐容上限量[2]	推定平均必要量	推奨量	目安量	耐容上限量[2]
0～5（月）	—	—	0.2	—	—	—	0.2	—
6～11（月）	—	—	0.3	—	—	—	0.3	—
1～2（歳）	0.4	0.5	—	10	0.4	0.5	—	10
3～5（歳）	0.5	0.6	—	15	0.5	0.6	—	15
6～7（歳）	0.7	0.8	—	20	0.6	0.7	—	20
8～9（歳）	0.8	0.9	—	25	0.8	0.9	—	25
10～11（歳）	1.0	1.1	—	30	1.0	1.1	—	30
12～14（歳）	1.2	1.4	—	40	1.0	1.3	—	40
15～17（歳）	1.2	1.5	—	50	1.0	1.3	—	45
18～29（歳）	1.1	1.4	—	55	1.0	1.1	—	45
30～49（歳）	1.1	1.4	—	60	1.0	1.1	—	45
50～64（歳）	1.1	1.4	—	55	1.0	1.1	—	45
65～74（歳）	1.1	1.4	—	50	1.0	1.1	—	40
75以上（歳）	1.1	1.4	—	50	1.0	1.1	—	40
妊婦（付加量）					+0.2	+0.2	—	—
授乳婦（付加量）					+0.3	+0.3	—	—

[1] たんぱく質の推奨量を用いて算定した（妊婦・授乳婦の付加量は除く）。
[2] ピリドキシン（分子量＝169.2）の重量として示した。

機能

ビタミンB_6は、アミノ基転移反応、脱炭酸反応、ラセミ化反応などに関与する酵素の補酵素ピリドキサール 5-リン酸（PLP）として働いている。ビタミンB_6は、免疫系の維持にも重要である。たんぱく質の摂取量が多い者、あるいは食事制限でエネルギー摂取量不足で、たんぱく質・アミノ酸の異化代謝が亢進しているときには必要量が増える。

欠乏症

ビタミンB_6の欠乏により、ペラグラ様症候群、脂漏性皮膚炎、舌炎、口角症、リンパ球減少症が起こり、成人では、うつ状態、錯乱、脳波異常、痙攣発作が起こる。また、PNを大量摂取すると、感覚性ニューロパシーを発症する。

過剰症

過剰摂取による健康障害が発現したという報告は見当たらない。

9) ビタミン B_{12}の食事摂取基準（μg/日）[1]

性 別	男 性			女 性		
年齢等	推定平均必要量	推奨量	目安量	推定平均必要量	推奨量	目安量
0～5（月）	—	—	0.4	—	—	0.4
6～11（月）	—	—	0.5	—	—	0.5
1～2（歳）	0.8	0.9	—	0.8	0.9	—
3～5（歳）	0.9	1.1	—	0.9	1.1	—
6～7（歳）	1.1	1.3	—	1.1	1.3	—
8～9（歳）	1.3	1.6	—	1.3	1.6	—
10～11（歳）	1.6	1.9	—	1.6	1.9	—
12～14（歳）	2.0	2.4	—	2.0	2.4	—
15～17（歳）	2.0	2.4	—	2.0	2.4	—
18～29（歳）	2.0	2.4	—	2.0	2.4	—
30～49（歳）	2.0	2.4	—	2.0	2.4	—
50～64（歳）	2.0	2.4	—	2.0	2.4	—
65～74（歳）	2.0	2.4	—	2.0	2.4	—
75以上（歳）	2.0	2.4	—	2.0	2.4	—
妊婦（付加量）				+0.3	+0.4	—
授乳婦（付加量）				+0.7	+0.8	—

[1] シアノコバラミン（分子量＝1,355.37）の重量として示した。

機能

ビタミン B_{12}は、奇数鎖脂肪酸やアミノ酸（バリン、イソロイシン、トレオニン）の代謝に関与するアデノシル B_{12}依存性メチルマロニル CoA ムターゼと 5-メチルテトラヒドロ葉酸とホモシステインから、メチオニンの生合成に関与するメチルビタミン B_{12}依存性メチオニン合成酵素の補酵素として機能する。小腸での吸収機構において、胃から分泌される内因子によって吸収量が調節されている。

欠乏症

ビタミン B_{12}の欠乏により、巨赤芽球性貧血、脊髄及び脳の白質障害、末梢神経障害が起こる。

過剰症

体内への吸収量が厳密に調節されているため、健康障害の報告はない。

10)　葉酸の食事摂取基準（μg/日）[1]

性　別	男　性				女　性			
年齢等	推定平均必要量	推奨量	目安量	耐容上限量 [2]	推定平均必要量	推奨量	目安量	耐容上限量 [2]
0～5（月）	—	—	40	—	—	—	40	—
6～11（月）	—	—	60	—	—	—	60	—
1～2（歳）	80	90	—	200	90	90	—	200
3～5（歳）	90	110	—	300	90	110	—	300
6～7（歳）	110	140	—	400	110	140	—	400
8～9（歳）	130	160	—	500	130	160	—	500
10～11（歳）	160	190	—	700	160	190	—	700
12～14（歳）	200	240	—	900	200	240	—	900
15～17（歳）	220	240	—	900	200	240	—	900
18～29（歳）	200	240	—	900	200	240	—	900
30～49（歳）	200	240	—	1,000	200	240	—	1,000
50～64（歳）	200	240	—	1,000	200	240	—	1,000
65～74（歳）	200	240	—	900	200	240	—	900
75以上（歳）	200	240	—	900	200	240	—	900
妊婦（付加量）[3,4]					+200	+240	—	—
授乳婦（付加量）					+80	+100	—	—

[1] プテロイルモノグルタミン酸（分子量＝441.40）の重量として示した。
[2] 通常の食品以外の食品に含まれる葉酸（狭義の葉酸）に適用する。
[3] 妊娠を計画している女性、妊娠の可能性がある女性及び妊娠初期の妊婦は、胎児の神経管閉鎖障害のリスク低減のために、通常の食品以外の食品に含まれる葉酸（狭義の葉酸）を400 μg/日摂取することが望まれる。
[4] 付加量は、中期及び後期にのみ設定した。

機能

葉酸は、1 個の炭素単位（一炭素単位）を転移させる酵素の補酵素として機能する。葉酸は、DNAやRNAの合成に必要なプリンヌクレオチド及びデオキシピリミジンヌクレオチドの合成に関与しているため、細胞の増殖と深い関係にある。

欠乏症

葉酸の欠乏症は、巨赤芽球性貧血（ビタミンB_{12}欠乏症によるものと鑑別できない）である。また、葉酸の不足は、動脈硬化の引き金等になる 血清ホモシステイン値を高くする。

過剰症

通常の食品のみを摂取している者で、過剰摂取による健康障害が発現したという報告は見当たらない。

11） パントテン酸の食事摂取基準（mg/日）

性 別	男 性	女 性
年齢等	目安量	目安量
0～5（月）	4	4
6～11（月）	5	5
1～2（歳）	3	4
3～5（歳）	4	4
6～7（歳）	5	5
8～9（歳）	6	5
10～11（歳）	6	6
12～14（歳）	7	6
15～17（歳）	7	6
18～29（歳）	5	5
30～49（歳）	5	5
50～64（歳）	6	5
65～74（歳）	6	5
75以上（歳）	6	5
妊 婦		5
授乳婦		6

機能

パントテン酸の生理作用は、CoAやACPの補欠分子族である4'-ホスホパンテテインの構成成 分として、糖及び脂肪酸代謝に関わっている。パントテン酸は、ギリシャ語で「どこにでもある酸」という意味で、広く食品に存在する。

欠乏症

パントテン酸が不足すると、細胞内のCoA濃度が低下するため、成長停止や副腎傷害、手や足のしびれと灼熱感、頭痛、疲労、不眠、胃不快感を伴う食欲不振などが起こる。

過剰症

通常の食品を摂取している者で、過剰摂取による健康障害が発現したという報告は見当たらない。

12）ビオチンの食事摂取基準（μg/日）

性　別	男　性	女　性
年齢等	目安量	目安量
0～5（月）	4	4
6～11（月）	5	5
1～2（歳）	20	20
3～5（歳）	20	20
6～7（歳）	30	30
8～9（歳）	30	30
10～11（歳）	40	40
12～14（歳）	50	50
15～17（歳）	50	50
18～29（歳）	50	50
30～49（歳）	50	50
50～64（歳）	50	50
65～74（歳）	50	50
75以上（歳）	50	50
妊　婦		50
授乳婦		50

機能

ビオチンは、ピルビン酸カルボキシラーゼの補酵素であるため、欠乏すると乳酸アシドーシスなどの障害が起きる。ビオチンは、抗炎症物質を生成することによってアレルギー症状を緩和する作用がある。

欠乏症

ビオチン欠乏症は、リウマチ、シェーグレン症候群、クローン病などの免疫不全症だけではなく、1型及び2型の糖尿病にも関与している。ビオチンが欠乏すると、乾いた鱗状の皮膚炎、萎縮性舌炎、食欲不振、むかつき、吐き気、憂うつ感、顔面蒼白、性感異常、前胸部の痛みなどが惹起される。

過剰症

通常の食品を摂取している者で、過剰摂取による健康障害が発現したという報告は見当たらない。

13） ビタミンCの食事摂取基準（mg/日）[1]

性別	男性			女性		
年齢等	推定平均必要量	推奨量	目安量	推定平均必要量	推奨量	目安量
0～5（月）	—	—	40	—	—	40
6～11（月）	—	—	40	—	—	40
1～2（歳）	35	40	—	35	40	—
3～5（歳）	40	50	—	40	50	—
6～7（歳）	50	60	—	50	60	—
8～9（歳）	60	70	—	60	70	—
10～11（歳）	70	85	—	70	85	—
12～14（歳）	85	100	—	85	100	—
15～17（歳）	85	100	—	85	100	—
18～29（歳）	85	100	—	85	100	—
30～49（歳）	85	100	—	85	100	—
50～64（歳）	85	100	—	85	100	—
65～74（歳）	80	100	—	80	100	—
75以上（歳）	80	100	—	80	100	—
妊婦（付加量）				+10	+10	—
授乳婦（付加量）				+40	+45	—

[1] L-アスコルビン酸（分子量＝176.12）の重量で示した。
特記事項：推定平均必要量は、ビタミンCの欠乏症である壊血病を予防するに足る最小量からではなく、心臓血管系の疾病予防効果及び抗酸化作用の観点から算定。

機能

ビタミンCは、皮膚や細胞のコラーゲンの合成に必須である。ビタミンCは、抗酸化作用があり、生体内でビタミンEと協力して活性酸素を消去して細胞を保護している。

欠乏症

ビタミンCが欠乏すると、コラーゲン合成ができないので血管がもろくなり出血傾向となり、壊血病となる。壊血病の症状は、疲労倦怠、イライラする、顔色が悪い、皮下や歯茎からの出血、貧血、筋肉減少、心臓障害、呼吸 困難などである。

過剰症

通常の食品を摂取している者で、過剰摂取による健康障害が発現したという報告は見当たらない。

6.　ミネラルの食事摂取基準

1)　ナトリウムの食事摂取基準（mg/日、（　）は食塩相当量 [g/ 日]）[1]

性　別	男　性			女　性		
年齢等	推定平均必要量	目安量	目標量	推定平均必要量	目安量	目標量
0～5（月）	—	100 (0.3)	—	—	100 (0.3)	—
6～11（月）	—	600 (1.5)	—	—	600 (1.5)	—
1～2（歳）	—	—	(3.0 未満)	—	—	(3.0 未満)
3～5（歳）	—	—	(3.5 未満)	—	—	(3.5 未満)
6～7（歳）	—	—	(4.5 未満)	—	—	(4.5 未満)
8～9（歳）	—	—	(5.0 未満)	—	—	(5.0 未満)
10～11（歳）	—	—	(6.0 未満)	—	—	(6.0 未満)
12～14（歳）	—	—	(7.0 未満)	—	—	(6.5 未満)
15～17（歳）	—	—	(7.5 未満)	—	—	(6.5 未満)
18～29（歳）	600 (1.5)	—	(7.5 未満)	600 (1.5)	—	(6.5 未満)
30～49（歳）	600 (1.5)	—	(7.5 未満)	600 (1.5)	—	(6.5 未満)
50～64（歳）	600 (1.5)	—	(7.5 未満)	600 (1.5)	—	(6.5 未満)
65～74（歳）	600 (1.5)	—	(7.5 未満)	600 (1.5)	—	(6.5 未満)
75 以上（歳）	600 (1.5)	—	(7.5 未満)	600 (1.5)	—	(6.5 未満)
妊　婦				600 (1.5)	—	(6.5 未満)
授乳婦				600 (1.5)	—	(6.5 未満)

[1] 高血圧及び慢性腎臓病（CKD）の重症化予防のための食塩相当量の量は、男女とも 6.0 g/ 日未満とした。

機能

ナトリウムは、細胞外液の主要な陽イオン（Na^+）であり、細胞外液量を維持している。浸透圧、酸・塩基平衡の調節にも重要な役割を果たしている。ナトリウムは、胆汁、膵液、腸液などの材料である。

欠乏症

通常の食事をしていれば、ナトリウムが不足することはない。

過剰症

個人の感受性の違いが存在するが、ナトリウムが血圧の上昇に関与していることは確実である。

2）カリウムの食事摂取基準（mg/日）

性　別	男　性		女　性	
年齢等	目安量	目標量	目安量	目標量
0～5（月）	400	―	400	―
6～11（月）	700	―	700	―
1～2（歳）	900	―	900	―
3～5（歳）	1,000	1,400以上	1,000	1,400以上
6～7（歳）	1,300	1,800以上	1,200	1,800以上
8～9（歳）	1,500	2,000以上	1,500	2,000以上
10～11（歳）	1,800	2,200以上	1,800	2,000以上
12～14（歳）	2,300	2,400以上	1,900	2,400以上
15～17（歳）	2,700	3,000以上	2,000	2,600以上
18～29（歳）	2,500	3,000以上	2,000	2,600以上
30～49（歳）	2,500	3,000以上	2,000	2,600以上
50～64（歳）	2,500	3,000以上	2,000	2,600以上
65～74（歳）	2,500	3,000以上	2,000	2,600以上
75以上（歳）	2,500	3,000以上	2,000	2,600以上
妊　婦			2,000	2,600以上
授乳婦			2,200	2,600以上

機能

カリウムは、細胞内液の主要な陽イオン（K^+）であり、体液の浸透圧を決定する重要な因子である。また、酸・塩基平衡を維持する作用がある。神経や筋肉の興奮伝導にも関与している。日本人は、ナトリウムの摂取量が諸外国に比べて多いため、ナトリウムの摂取量の低下に加えて、ナトリウムの尿中排泄を促すカリウムの摂取が重要と考えられる。

欠乏症

健康な人において、下痢、多量の発汗、利尿剤の服用の場合以外は、カリウム欠乏を起こすことはまずない。

過剰症

カリウムのサプリメントなどを使用しない限りは、過剰摂取になるリスクは低いと考えられる。このため、耐容上限量は設定しなかった。

3） カルシウムの食事摂取基準（mg/日）

性　別	男　性				女　性			
年齢等	推定平均必要量	推奨量	目安量	耐容上限量	推定平均必要量	推奨量	目安量	耐容上限量
0～5（月）	—	—	200	—	—	—	200	—
6～11（月）	—	—	250	—	—	—	250	—
1～2（歳）	350	450	—	—	350	400	—	—
3～5（歳）	500	600	—	—	450	550	—	—
6～7（歳）	500	600	—	—	450	550	—	—
8～9（歳）	550	650	—	—	600	750	—	—
10～11（歳）	600	700	—	—	600	750	—	—
12～14（歳）	850	1,000	—	—	700	800	—	—
15～17（歳）	650	800	—	—	550	650	—	—
18～29（歳）	650	800	—	2,500	550	650	—	2,500
30～49（歳）	600	750	—	2,500	550	650	—	2,500
50～64（歳）	600	750	—	2,500	550	650	—	2,500
65～74（歳）	600	750	—	2,500	550	650	—	2,500
75以上（歳）	600	700	—	2,500	500	600	—	2,500
妊婦（付加量）					+0	+0	—	—
授乳婦（付加量）					+0	+0	—	—

機能

血液中のカルシウム濃度は、比較的狭い範囲（8.5～10.4 mg/dL）に保たれており、濃度が低下すると、副甲状腺ホルモンの分泌が増加し、主に骨からカルシウムが溶け出し、元の濃度に戻る。

欠乏症

カルシウムの欠乏により、骨粗鬆症、高血圧、動脈硬化などを招くことがある。カルシウムの過剰摂取によって、高カルシウム血症、高カルシウム尿症、軟組織の石灰化、泌尿器系結石、前立腺がん、鉄や亜鉛の吸収障害、便秘などが生じる可能性がある。現時点でフレイル予防のための量を設定するには、科学的根拠が不足している。

過剰症

カルシウムの過剰摂取によって起こる障害として、高カルシウム血症、高カルシウム尿症、軟組 織の石灰化、泌尿器系結石、前立腺がん、鉄や亜鉛の吸収障害、便秘などが挙げられる。

4） マグネシウムの食事摂取基準（mg/日）

性別	男性				女性			
年齢等	推定平均必要量	推奨量	目安量	耐容上限量[1]	推定平均必要量	推奨量	目安量	耐容上限量[1]
0～5（月）	—	—	20	—	—	—	20	—
6～11（月）	—	—	60	—	—	—	60	—
1～2（歳）	60	70	—	—	60	70	—	—
3～5（歳）	80	100	—	—	80	100	—	—
6～7（歳）	110	130	—	—	110	130	—	—
8～9（歳）	140	170	—	—	140	160	—	—
10～11（歳）	180	210	—	—	180	220	—	—
12～14（歳）	250	290	—	—	240	290	—	—
15～17（歳）	300	360	—	—	260	310	—	—
18～29（歳）	280	340	—	—	230	270	—	—
30～49（歳）	310	370	—	—	240	290	—	—
50～64（歳）	310	370	—	—	240	290	—	—
65～74（歳）	290	350	—	—	230	280	—	—
75以上（歳）	270	320	—	—	220	260	—	—
妊婦（付加量）					+30	+40	—	—
授乳婦（付加量）					+0	+0	—	—

[1] 通常の食品以外からの摂取量の耐容上限量は、成人の場合350 mg/日、小児では5 mg/kg体重/日とした。それ以外の通常の食品からの摂取の場合、耐容上限量は設定しない。

機能

マグネシウム（magnesium）は原子番号12、元素記号Mgの金属元素の一つである。マグネシウムは、骨や歯の形成並びに多くの体内の酵素反応やエネルギー産生に寄与している。生体内には約25gのマグネシウムが存在し、その50～60%は骨に存在する。血清中のマグネシウム濃度は、1.8～2.3mg/dLに維持されている。

欠乏症

マグネシウムが欠乏すると腎臓からのマグネシウムの再吸収が亢進するとともに、骨からマグネシウムが遊離し利用される他、低マグネシウム血症となる。低マグネシウム血症の症状には、吐き気、嘔吐、眠気、脱力感、筋肉の痙攣、ふるえ、食欲不振がある。

過剰症

食品以外からのマグネシウムの過剰摂取によって起こる初期の好ましくない影響は下痢である。多くの人では何も起こらないようなマグネシウム摂取量であっても、軽度の一過性下痢が起こることがある。

5) リンの食事摂取基準（mg/日）

性 別	男 性		女 性	
年齢等	目安量	耐容上限量	目安量	耐容上限量
0～5（月）	120	—	120	—
6～11（月）	260	—	260	—
1～2（歳）	500	—	500	—
3～5（歳）	700	—	700	—
6～7（歳）	900	—	800	—
8～9（歳）	1,000	—	1,000	—
10～11（歳）	1,100	—	1,000	—
12～14（歳）	1,200	—	1,000	—
15～17（歳）	1,200	—	900	—
18～29（歳）	1,000	3,000	800	3,000
30～49（歳）	1,000	3,000	800	3,000
50～64（歳）	1,000	3,000	800	3,000
65～74（歳）	1,000	3,000	800	3,000
75以上（歳）	1,000	3,000	800	3,000
妊 婦			800	—
授乳婦			800	—

機能

リンは、カルシウムとともにハイドロキシアパタイトとして骨格を形成するだけでなく、ATP の形成、その他の核酸や細胞膜リン脂質の合成、細胞内リン酸化を必要とするエネルギー代謝などに必須の成分である。血清中のリン濃度の基準範囲は、2.5～4.5mg/dL（0.8～1.45mmol/L）と、カルシウムに比べて広く、食事からのリン摂取量の増減がそのまま血清リン濃度と尿中リン排泄量に影響する。血清リン濃度と尿中リン排泄量は、副甲状腺ホルモン（PTH）、線維芽細胞増殖因子 23（FGF23）、活性型ビタミンDによって主に調節されている。

欠乏症

リンは多くの食品に含まれており、通常の食事では不足や欠乏することはない。

過剰症

加工食品などでは食品添加物としてのリンの使用も多いが、使用量の表示義務がなく、摂取量に対する食品添加物等の寄与率は不明である。

6) 鉄の食事摂取基準（mg/日）

性別	男性				女性					
年齢等	推定平均必要量	推奨量	目安量	耐容上限量	月経なし 推定平均必要量	月経なし 推奨量	月経あり 推定平均必要量	月経あり 推奨量	目安量	耐容上限量
0～5（月）	—	—	0.5	—	—	—	—	—	0.5	—
6～11（月）	3.5	5.0	—	—	3.5	4.5	—	—	—	—
1～2（歳）	3.0	4.5	—	25	3.0	4.5	—	—	—	20
3～5（歳）	4.0	5.5	—	25	4.0	5.5	—	—	—	25
6～7（歳）	5.0	5.5	—	30	4.5	5.5	—	—	—	30
8～9（歳）	6.0	7.0	—	35	6.0	7.5	—	—	—	35
10～11（歳）	7.0	8.5	—	35	7.0	8.5	10.0	12.0	—	35
12～14（歳）	8.0	10.0	—	40	7.0	8.5	10.0	12.0	—	40
15～17（歳）	8.0	10.0	—	50	5.5	7.0	8.5	10.5	—	40
18～29（歳）	6.5	7.5	—	50	5.5	6.5	8.5	10.5	—	40
30～49（歳）	6.5	7.5	—	50	5.5	6.5	9.0	10.5	—	40
50～64（歳）	6.5	7.5	—	50	5.5	6.5	9.0	11.0	—	40
65～74（歳）	6.0	7.5	—	50	5.0	6.0	—	—	—	40
75以上（歳）	6.0	7.0	—	50	5.0	6.0	—	—	—	40
妊婦（付加量） 初期					+2.0	+2.5	—	—	—	—
妊婦（付加量） 中期・後期					+8.0	+9.5	—	—	—	—
授乳婦（付加量）					+2.0	+2.5	—	—	—	—

機能

　鉄は、ヘモグロビンや各種酵素を構成し、その欠乏は貧血や運動機能、認知機能等の低下を招く。また、月経血による損失と妊娠・授乳中の需要増大が必要量に及ぼす影響は大きい。

欠乏症

　鉄欠乏性貧血は、赤血球細胞内の重要なタンパク質であるヘモグロビンを構成する鉄が不足して起こる貧血である。鉄不足の原因として、偏食や胃腸切除などによる吸収低下、月経などの性器出血や消化管出血による排泄増加、成長期や妊娠・授乳に伴う需要増加で起こる。

過剰症

　鉄サプリメントの使用が総死亡率を上昇させることが認められている。さらに成人では、組織への鉄の蓄積が多くの慢性疾患の発症を促進することが報告されていることから、鉄の長期過剰摂取による鉄沈着症を予防することは重要である。

7） 亜鉛の食事摂取基準（mg/日）

性　別	男　性				女　性			
年齢等	推定平均必要量	推奨量	目安量	耐容上限量	推定平均必要量	推奨量	目安量	耐容上限量
0～5（月）	―	―	2	―	―	―	2	―
6～11（月）	―	―	3	―	―	―	3	―
1～2（歳）	3	3	―	―	2	3	―	―
3～5（歳）	3	4	―	―	3	3	―	―
6～7（歳）	4	5	―	―	3	4	―	―
8～9（歳）	5	6	―	―	4	5	―	―
10～11（歳）	6	7	―	―	5	6	―	―
12～14（歳）	9	10	―	―	7	8	―	―
15～17（歳）	10	12	―	―	7	8	―	―
18～29（歳）	9	11	―	40	7	8	―	35
30～49（歳）	9	11	―	45	7	8	―	35
50～64（歳）	9	11	―	45	7	8	―	35
65～74（歳）	9	11	―	40	7	8	―	35
75以上（歳）	9	10	―	40	6	8	―	30
妊婦（付加量）					+1	+2	―	―
授乳婦（付加量）					+3	+4	―	―

機能

亜鉛は、体内に約2,000mg存在し、主に骨格筋、骨、皮膚、肝臓、脳、腎臓などに分布する。亜鉛の生理機能は、たんぱく質との結合によって発揮され、触媒作用と構造の維持作用に大別される。

欠乏症

亜鉛欠乏の症状は、皮膚炎や味覚障害、慢性下痢、免疫機能障害、成長遅延、性腺発育障害などである。我が国の食事性亜鉛欠乏症は、亜鉛非添加の高カロリー輸液施行時、低亜鉛濃度の母乳や経腸栄養剤での栄養管理時に報告されている。

過剰症

平成28年国民健康・栄養調査における日本人成人（18歳以上）の亜鉛摂取量（平均値±標準偏差）は8.8±2.8mg/日（男性）、7.3±2.2mg/日（女性）であり、通常の食品において過剰摂取が生じることはなく、サプリメントや亜鉛強化食品の不適切な利用に伴って過剰摂取が生じる可能性がある。

8）銅の食事摂取基準（mg/日）

性　別	男　性				女　性			
年齢等	推定平均必要量	推奨量	目安量	耐容上限量	推定平均必要量	推奨量	目安量	耐容上限量
0～5（月）	－	－	0.3	－	－	－	0.3	－
6～11（月）	－	－	0.3	－	－	－	0.3	－
1～2（歳）	0.3	0.3	－	－	0.2	0.3	－	－
3～5（歳）	0.3	0.4	－	－	0.3	0.3	－	－
6～7（歳）	0.4	0.4	－	－	0.4	0.4	－	－
8～9（歳）	0.4	0.5	－	－	0.4	0.5	－	－
10～11（歳）	0.5	0.6	－	－	0.5	0.6	－	－
12～14（歳）	0.7	0.8	－	－	0.6	0.8	－	－
15～17（歳）	0.8	0.9	－	－	0.6	0.7	－	－
18～29（歳）	0.7	0.9	－	7	0.6	0.7	－	7
30～49（歳）	0.7	0.9	－	7	0.6	0.7	－	7
50～64（歳）	0.7	0.9	－	7	0.6	0.7	－	7
65～74（歳）	0.7	0.9	－	7	0.6	0.7	－	7
75以上（歳）	0.7	0.8	－	7	0.6	0.7	－	7
妊婦（付加量）					+0.1	+0.1	－	－
授乳婦（付加量）					+0.5	+0.6	－	－

機能

銅は、成人の体内に約 100mg 存在し、約 65%は筋肉や骨、約 10%は肝臓中に分布する。銅は、約 10 種類の酵素の活性中心に存在し、エネルギー生成や鉄代謝、細胞外マトリクスの成熟神経伝達物質の産生、活性酸素除去などに関与している。

欠乏症

銅欠乏症には、先天的な疾患であるメンケス病と銅の摂取不足に起因する後天的なものとがある。メンケス病では ATPase7A に変異があるため、銅を吸収することができず、血液や臓器中の銅濃度が低下して、知能低下、発育遅延、中枢神経障害などが生じる。

過剰症

銅過剰症のウイルソン病は、肝臓から銅を胆汁に排出する ATPase7B に変異があるため、肝臓、脳、角膜に銅が蓄積し、角膜のカイザー・フライシャー輪、肝機能障害、神経障害、精神障害、関節障害などが生じる。

9) マンガンの食事摂取基準（mg/日）

性　別	男　性		女　性	
年齢等	目安量	耐容上限量	目安量	耐容上限量
0～5（月）	0.01	—	0.01	—
6～11（月）	0.5	—	0.5	—
1～2（歳）	1.5	—	1.5	—
3～5（歳）	1.5	—	1.5	—
6～7（歳）	2.0	—	2.0	—
8～9（歳）	2.5	—	2.5	—
10～11（歳）	3.0	—	3.0	—
12～14（歳）	4.0	—	4.0	—
15～17（歳）	4.5	—	3.5	—
18～29（歳）	4.0	11	3.5	11
30～49（歳）	4.0	11	3.5	11
50～64（歳）	4.0	11	3.5	11
65～74（歳）	4.0	11	3.5	11
75以上（歳）	4.0	11	3.5	11
妊　婦			3.5	—
授乳婦			3.5	—

機能

マンガンは、アルギナーゼ、マンガンスーパーオキシドジスムターゼ（MnSOD）、ピルビン酸脱炭酸酵素の構成成分である。実験動物にマンガン欠乏食を投与しても致命的な障害を観察することは難しいが、実験的にMnSODを欠損させたマウスが生後5～21日で死亡することから、マンガンは高等動物に必須の栄養素と認識されている。

欠乏症

実験動物におけるマンガン欠乏の症状として、骨の異常、成長障害、妊娠障害などが報告されているが、動物種による差異が大きい。ヒトのマンガン欠乏症として最も可能性が高いのは、長期間完全静脈栄養療法下にあった小児に発生した成長抑制とびまん性の骨の脱石灰化である。

過剰症

マンガンは、穀物や豆類などの植物性食品に豊富に含まれるため、成人の目安量設定に用いた日本人成人のマンガン摂取量（約4mg/日）は、欧米人の摂取量を明らかに上回っている。

10） ヨウ素の食事摂取基準（μg/日）

性別	男性				女性			
年齢等	推定平均必要量	推奨量	目安量	耐容上限量	推定平均必要量	推奨量	目安量	耐容上限量
0～5（月）	—	—	100	250	—	—	100	250
6～11（月）	—	—	130	250	—	—	130	250
1～2（歳）	35	50	—	300	35	50	—	300
3～5（歳）	45	60	—	400	45	60	—	400
6～7（歳）	55	75	—	550	55	75	—	550
8～9（歳）	65	90	—	700	65	90	—	700
10～11（歳）	80	110	—	900	80	110	—	900
12～14（歳）	95	140	—	2,000	95	140	—	2,000
15～17（歳）	100	140	—	3,000	100	140	—	3,000
18～29（歳）	95	130	—	3,000	95	130	—	3,000
30～49（歳）	95	130	—	3,000	95	130	—	3,000
50～64（歳）	95	130	—	3,000	95	130	—	3,000
65～74（歳）	95	130	—	3,000	95	130	—	3,000
75以上（歳）	95	130	—	3,000	95	130	—	3,000
妊婦（付加量）					+75	+110	—	—[1]
授乳婦（付加量）					+100	+140	—	—[1]

[1] 妊婦及び授乳婦の耐容上限量は、2,000 μg/日とした。

機能

人体中ヨウ素の70～80%は甲状腺に存在し、甲状腺ホルモンを構成する。ヨウ素を含む甲状腺ホルモンは、生殖、成長、発達等の生理的プロセスを制御し、エネルギー代謝を亢進させる。また、甲状腺ホルモンは、胎児の脳、末梢組織、骨格などの発達と成長を促す。

欠乏症

なヨウ素欠乏は、甲状腺刺激ホルモン（TSH）の分泌亢進、甲状腺の異常肥大、又は過形成（いわゆる甲状腺腫）を起こし、甲状腺機能を低下させる。妊娠中のヨウ素欠乏は、死産、流産、胎児の先天異常及び胎児甲状腺機能低下（先天性甲状腺機能低下症）を招く。重度の先天性甲状腺機能低下症は全般的な精神遅滞、低身長、聾唖、痙直を起こす。また、重度の神経学的障害を伴わず、甲状腺の萎縮 と線維化を伴う粘液水腫型胎生甲状腺機能低下症を示すこともある。

過剰症

ヨウ素は、海藻類、特に昆布に高濃度で含まれるため、日本人は世界でも稀な高ヨウ素摂取の集団である。通常の食生活においてヨウ素過剰障害がほとんど認められないことから、日本人のヨウ素摂取 量、日本人を対象にした実験及び食品中ヨウ素の吸収率に基づき策定した。

11) セレンの食事摂取基準（μg/日）

性別	男性				女性			
年齢等	推定平均必要量	推奨量	目安量	耐容上限量	推定平均必要量	推奨量	目安量	耐容上限量
0～5（月）	—	—	15	—	—	—	15	—
6～11（月）	—	—	15	—	—	—	15	—
1～2（歳）	10	10	—	100	10	10	—	100
3～5（歳）	10	15	—	100	10	10	—	100
6～7（歳）	15	15	—	150	15	15	—	150
8～9（歳）	15	20	—	200	15	20	—	200
10～11（歳）	20	25	—	250	20	25	—	250
12～14（歳）	25	30	—	350	25	30	—	300
15～17（歳）	30	35	—	400	20	25	—	350
18～29（歳）	25	30	—	450	20	25	—	350
30～49（歳）	25	30	—	450	20	25	—	350
50～64（歳）	25	30	—	450	20	25	—	350
65～74（歳）	25	30	—	450	20	25	—	350
75以上（歳）	25	30	—	400	20	25	—	350
妊婦（付加量）					+5	+5	—	—
授乳婦（付加量）					+15	+20	—	—

機能

セレンは、セレノシステイン残基を有するたんぱく質（セレノプロテイン）として生理機能を発現し、抗酸化システムや甲状腺ホルモン代謝において重要である。ゲノム解析の結果、ヒトには25種類のセレノプロテインの存在が明らかにされている。代表的なものに、グルタチオンペルオキシダーゼ（GPX）、ヨードチロニン脱ヨウ素酵素、セレノプロテインP、チオレドキシンレダクターゼなどがある。

欠乏症

セレン欠乏症は、心筋障害を起こす克山病(Keshan disease)、カシン・ベック病(KashinBeck disease)などに関与している。また、完全静脈栄養中に、血漿セレン濃度の著しい低下（9μg/L)、下肢筋肉痛、皮膚の乾燥・薄片状などを生じた症例、心筋障害を起こして死亡した症例などが報告され、セレン欠乏症と判断された。類似症例は、我が国でも報告されている。

過剰症

成人のセレンの摂取量は平均で約100μg/日に達すると推定されている。セレンの場合、我が国の通常の食生活において過剰摂取が生じる可能性は低いが、サプリメントの不適切な利用に伴って過剰摂取の生じる可能性がある。

12）クロムの食事摂取基準（μg/日）

性　別	男　性		女　性	
年齢等	目安量	耐容上限量	目安量	耐容上限量
0～5（月）	0.8	—	0.8	—
6～11（月）	1.0	—	1.0	—
1～2（歳）	—	—	—	—
3～5（歳）	—	—	—	—
6～7（歳）	—	—	—	—
8～9（歳）	—	—	—	—
10～11（歳）	—	—	—	—
12～14（歳）	—	—	—	—
15～17（歳）	—	—	—	—
18～29（歳）	10	500	10	500
30～49（歳）	10	500	10	500
50～64（歳）	10	500	10	500
65～74（歳）	10	500	10	500
75以上（歳）	10	500	10	500
妊　婦			10	—
授乳婦			10	—

機能

耐糖能異常を起こしたラットや糖尿病の症例に3価クロムを投与すると、症状の改善が認められる。一方、クロムを投与した動物の組織には、四つの3価クロムイオンが結合しているクロモデュリンと呼ばれるオリゴペプチドが存在する。クロモデュリンは、インスリンによって活性化されるインスリン受容体のチロシンキナーゼ活性を維持して、インスリン作用を増強する。したがって、クロムは必須栄養素であると考えられる。

欠乏症

日本人のクロム摂取量に関しては、献立の化学分析による実測からの推定値と、食品成分表を用いた算出値との間に大きな乖離（かいり）が認められ、正確な数値を推定することは難しい。しかし、栄養素の摂取量推定や献立の作成において食品成分表が活用されていることを考慮すると、食品成分表を用いた日本人のクロム摂取量（約10μg/日）を優先するのが現実的である。クロムの欠乏症は、ほとんど報告されていない。

過剰症

クロムの場合、通常の食品において過剰摂取が生じることは考えられないが、3価クロムを用いたサプリメントの不適切な使用が過剰摂取を招く可能性がある。

13）モリブデンの食事摂取基準（μg/日）

性別	男性				女性			
年齢等	推定平均必要量	推奨量	目安量	耐容上限量	推定平均必要量	推奨量	目安量	耐容上限量
0～5（月）	—	—	2	—	—	—	2	—
6～11（月）	—	—	5	—	—	—	5	—
1～2（歳）	10	10	—	—	10	10	—	—
3～5（歳）	10	10	—	—	10	10	—	—
6～7（歳）	10	15	—	—	10	15	—	—
8～9（歳）	15	20	—	—	15	15	—	—
10～11（歳）	15	20	—	—	15	20	—	—
12～14（歳）	20	25	—	—	20	25	—	—
15～17（歳）	25	30	—	—	20	25	—	—
18～29（歳）	20	30	—	600	20	25	—	500
30～49（歳）	25	30	—	600	20	25	—	500
50～64（歳）	25	30	—	600	20	25	—	500
65～74（歳）	20	30	—	600	20	25	—	500
75以上（歳）	20	25	—	600	20	25	—	500
妊婦（付加量）					+0	+0	—	—
授乳婦（付加量）					+3	+3	—	—

機能

モリブデンは、キサンチンオキシダーゼ、アルデヒドオキシダーゼ、亜硫酸オキシダーゼの補酵素（モリブデン補欠因子）として機能している。

欠乏症

モリブデンをほとんど含まない高カロリー輸液を用いた完全 静脈栄養を18か月間継続されたアメリカのクローン病患者において、血漿メチオニンと尿中チオ硫酸の増加、血漿と尿中尿酸及び尿中硫酸の減少、神経過敏、昏睡、頻脈、頻呼吸などが発症している。

過剰症

モリブデンは穀類や豆類に多く含まれることから、穀物や豆類の摂取が多い日本人のモリブデン摂取量は欧米人よりも多く、平均的には225μg/日である。

索　引

え

お

か

き

く

け

『栄養管理と生命科学シリーズ』
応用栄養学

2020 年 10 月 25 日　初版第 1 刷発行

編著者　多　賀　昌　樹

発行者　柴　山　斐呂子

発行所　**理工図書株式会社**

〒102-0082　東京都千代田区一番町 27-2
電話 03（3230）0221（代表）
FAX03（3262）8247
振替口座　00180-3-36087 番
http://www.rikohtosho.co.jp

ISBN978-4-8446-0901-8
印刷・製本　丸井工文社